高职高专“十三五”规划教材

计算机应用基础案例教程

杨红飞 主 编
梅松青 李 骊 副主编

中国铁道出版社有限公司
CHINA RAILWAY PUBLISHING HOUSE CO., LTD.

内 容 简 介

本书是以培养计算机应用能力为导向的计算机基础课程教材，注重基础性、实用性和目的性。全书分为7章，内容包括计算机系统、Office办公软件、Photoshop图像处理技术、会声会影视频处理等。

本书坚持学以致用的原则，强调应用性，采用案例驱动的方法，从案例分析入手，将知识点融入案例中，便于教师课堂讲授演示，适合学生进行上机操作学习。

本书内容安排合理、通俗易懂、实例丰富，突出理论与实践相结合。通过本书的学习，读者能在较短时间内快速、全面地掌握计算机基础知识和常用技能。

本书适合作为高职高专等院校公共课的教材，也可以作为各类计算机培训和计算机爱好者的参考用书。

图书在版编目（CIP）数据

计算机应用基础案例教程/杨红飞主编. 一北京：中国铁道出版社，2017.9（2021.7重印）

高职高专“十三五”规划教材

ISBN 978-7-113-23441-6

Ⅰ.①计… Ⅱ.①杨… Ⅲ.①电子计算机-高等职业教育-教材 Ⅳ.①TP3

中国版本图书馆CIP数据核字（2017）第181148号

书　　名：计算机应用基础案例教程
作　　者：杨红飞

策　　划：唐　旭　周海燕　　　**编辑部电话**：（010）51873090
责任编辑：周海燕　彭立辉
封面设计：白　雪
封面制作：刘　颖
责任校对：张玉华
责任印制：樊启鹏

出版发行：中国铁道出版社有限公司（100054，北京市西城区右安门西街8号）
网　　址：http:// www.tdpress.com/51eds/
印　　刷：三河市航远印刷有限公司
版　　次：2017年9月第1版　2021年7月第4次印刷
开　　本：889 mm×1 194 mm　1/16　**印张**：15.5　**字数**：482千
书　　号：ISBN 978-7-113-23441-6
定　　价：45.00元

前　言

FOREWORD

计算机应用基础课程是高等职业院校学生必修的一门公共基础课，计算机的普及和应用已成为现代科学技术和生产力发展的重要标志，掌握计算机基础知识及其应用技术已成为各类人员必须具备的基本素质。本书旨在培养学生在较短的时间内快速、全面地掌握日常学习和生活中所需要的计算机基础知识和常用技能，为其职业生涯发展和后期的专业学习奠定基础。

本书的编者长期工作在高等职业院校的教学一线，具有丰富的教学经验。编者前期花了大量时间对大学生的就业前景进行了广泛的实地调研，与通常的计算机应用基础教材相比，本书特别增加了与艺术类专业相关的图像和视频编辑处理方法，以提高学生综合处理各种多媒体信息的能力。

本书在内容选取上，选择与学生日常学习和生活相关的案例，使得学与用相结合，突出案例的实用性；内容安排合理，通俗易懂，实例丰富，突出理论与实践相结合。因此，学生在学习过程中不仅能掌握独立的知识点，而且能提高综合分析问题和解决问题的能力。

全书共分7章，主要内容如下：

第1章　计算机系统，内容包括计算机工作原理及计算机系统的组成、操作系统的基本知识及Windows 7的使用方法、计算机病毒及防护措施。

第2章　Word文字处理，内容包括基础排版、高效排版的方法和技巧、表格的制作、邮件合并的应用。

第3章　PowerPoint演示文稿，内容包括PowerPoint基本操作、演示文稿的美化、幻灯片的动画效果以及放映设置等。

第4章　Excel电子表格处理，内容包括Excel的基本操作、公式和函数的应用、图表的应用、数据的分析和管理方法。

第5章　Photoshop图像处理基础，内容包括图像的有关概念和基本操作、常用工具的使用、图层及蒙版的应用、滤镜的使用。

第6章　Photoshop高级应用，内容包括数码照片后期处理、数码照片合成、宣传海报的制作。

第7章　会声会影视频处理，内容包括视频编辑的基础知识，视频剪辑的技巧，字幕、音频的添加与编辑方法，滤镜、转场等效果的添加以及视频的输出方法。

本书适合作为高职高专院校公共课的教材，也可以作为各类计算机培训和计算机爱好者的参考用书。正文中涉及的素材可到www.tdpress.com/51eds/下载。

本书由杨红飞任主编并进行规划与统稿，梅松青、李骊任副主编。具体编写分工：杨红飞编写第1～3章、第5章，梅松青编写第6～7章，李骊编写第4章。王红丽、江旭东、田卫东、黄乐媚等老师对本书的编写给予了帮助，并参与了部分核对工作，在此表示衷心的感谢。

由于时间紧迫，编者水平有限，书中难免会有疏漏与不妥之处，敬请专家和读者提出宝贵意见。

编　者

2017年3月

目 录

CONTENTS

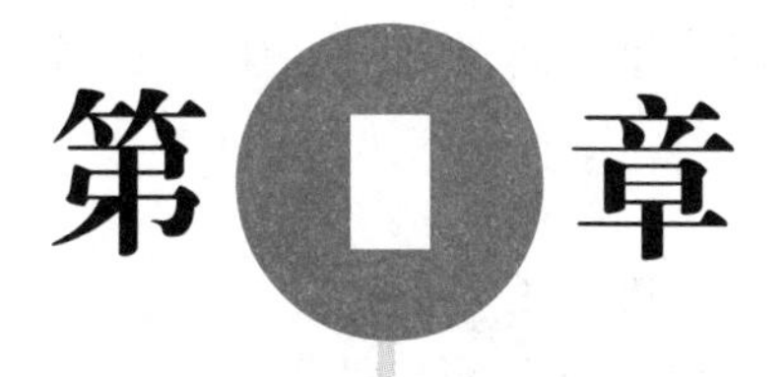

计算机系统

学习目标

- 了解计算机的发展历史及工作原理。
- 掌握计算机系统的组成。
- 掌握Windows 7的桌面、文件、磁盘管理。
- 掌握控制面板的操作方法。
- 了解计算机病毒及安全防护措施。

计算机是20世纪一项重大的科学成就，它的出现给人类社会的各个领域带来了一场深刻的技术革命。计算机的广泛应用，对整个社会产生了深远的影响，这是历史上任何一门科学技术和成果所无法比拟的。掌握计算机的使用，已成为学习和工作所必需的基本技能之一。

操作系统是计算机中不可缺少的基本系统软件，计算机的任何软件都必须在操作系统的支持下使用，用户只有在操作系统的支持下才能对计算机的软件和硬件进行有效的组织和管理。

本章从计算机系统的组成、计算机的性能指标等方面介绍计算机基础知识。以操作系统 Windows 7 为例，介绍操作系统的基本知识、桌面管理、文件管理、磁盘管理、控制面板的操作以及计算机的安全防护知识。

1.1 案例简介

小明今年大学毕业，应聘到某公司的设备科工作，主要负责公司计算机的采购、日常计算机软硬件维护、计算机安全的管理。小明决定利用入职前的空闲时间，深入学习计算机的相关基础知识，以便更快融入到工作中。主要包括：计算机系统的组成、Windows 7 操作系统的应用、计算机安全及防护。

1.2 计算机基础知识

21世纪，人类进入了一个全新的信息时代。信息技术给人们的工作、学习、生活带来了巨大的变化与便利，它们渗透到社会生活和工作的方方面面，任何行业、任何学科都无法离开信息技术的支撑。作为20世纪的一项伟大发明，计算机是现代科学技术与人类智慧的结晶。随着信息时代的到来，计算机已经成为人类生活、工作中不可缺少的工具。

1946年诞生了ENIAC（Electronic Numerical Integrator and Calculator，电子数字积分计算机），是世界上第一台真正意义上的电子数字计算机。ENIAC的出现，使人类社会从此进入了电子计算机时代。

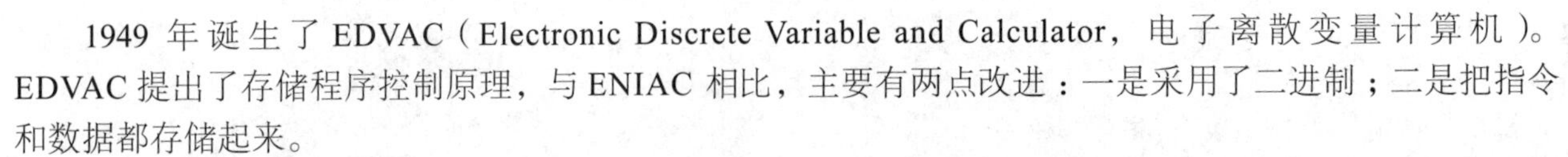

1949 年诞生了 EDVAC（Electronic Discrete Variable and Calculator，电子离散变量计算机）。EDVAC 提出了存储程序控制原理，与 ENIAC 相比，主要有两点改进：一是采用了二进制；二是把指令和数据都存储起来。

直到目前的各种计算机，不管机型大小、功能强弱，他们的基本结构和工作原理都是相同的，都属于冯•诺依曼结构计算机，其原理都是基于存储程序控制原理，基本内容包括 3 个方面：

（1）采用二进制形式表示计算机的指令和数据。

（2）计算机系统由 5 个基本组成部分：运算器、控制器、存储器、输入设备和输出设备。

（3）将程序（由一系列指令组成）和数据存放在存储器中，并让计算机自动地执行程序。

从第一台计算机产生至今的半个多世纪里，计算机的应用得到不断拓展，计算机类型不断分化，这就决定计算机的发展也朝不同的方向延伸。当今计算机技术正朝着巨型化、微型化、网络化和智能化方向发展，在未来还会有一些新技术融入计算机的发展中。

计算机的应用已经渗透到社会的各个领域，正在改变着人类传统的工作、学习、生活方式，推动社会的发展。计算机的应用领域主要包括信息管理、过程控制、辅助技术、多媒体应用、计算机网络等方面，同时在艺术领域也有广泛的应用。

从计算机信息处理角度看，艺术创作可被看作是对视、听、触觉等模式信息的一种艺术性加工处理工作。其中有规律、重复、相称等性质的大量烦琐的技巧性体力劳动和一些非创造性脑力劳动，可用计算机完成，从而使人集中精力更好地发挥创作才能，在一定程度上改变了艺术专业学习和艺术创作的方式。

计算机艺术是在计算机图形学的应用发展影响下产生的。在图形显示技术中广泛采用了光笔，使计算机具有人机交互功能，可以对图形信息的处理过程进行实时的人工干预和修改，即时得到处理的结果，使非计算机专业人员易于运用计算机，这就促进了计算机在美术、设计、影视、音乐、舞蹈等艺术领域的应用。

1.3 计算机系统的组成

计算机系统包括硬件系统和软件系统两大部分，如图 1-1 所示。硬件系统是指所有构成计算机的物理实体，包括计算机系统中的一切电子、机械、光电等设备。软件系统是指计算机运行时所需要的各种程序、数据以及有关信息资料。软件和硬件是密切相关、互相依存的。

1.3.1 计算机硬件系统

计算机系统（见图 1-1）是硬件和软件的结合体，硬件是计算机的“身躯”，软件是计算机的“灵魂”，两者缺一不可，互相协作，互相依赖。

计算机的硬件系统，从设计原理上来讲，由运算器、控制器、存储器、输入设备和输出设备五大部分组成，图 1-2 所示为计算机五大部分间的联系与合作。控制器和运算器合称为中央处理器（CPU），它是计算机的核心部分。存储器分为内存储器和外存储器。输出、输入设备叫作外围设备。

一台普通的计算机，通常由主机、显示器、键盘、鼠标构成。另外，根据不同的工作还需要配上扬声器（俗称音箱）、打印机、扫描仪、投影仪、摄像头等。主机是计算机的核心部件，所有重要部件都装在主机里面，打开机箱就能看到内部的结构，在一块主板上面插着很多的功能卡，由系统总线将它们连接在一起。具体的组成部分包括主板、CPU、内存、外存储器、光盘驱动器、数据线、移动存储器、显卡、声卡、电源机箱、鼠标、键盘、显示器等。

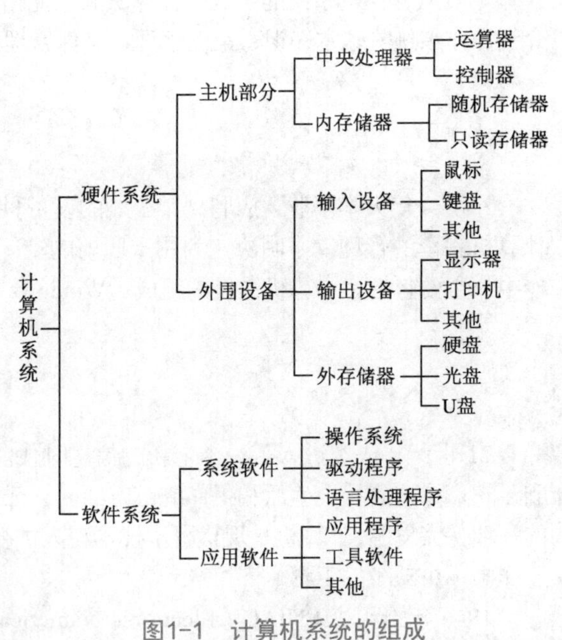

图1-1　计算机系统的组成

1. 主板

每台计算机的主机箱内都有一块比较大的电路板，称为主板或母板，如图 1-3 所示。主板是计算机中其他部件的载体，是计算机最重要的组件之一。主板上安装着 CPU、内存储器、显卡、声卡、扩展槽、芯片组以及与硬盘、光驱、电源等外围设备，共同决定了计算机的性能水平。

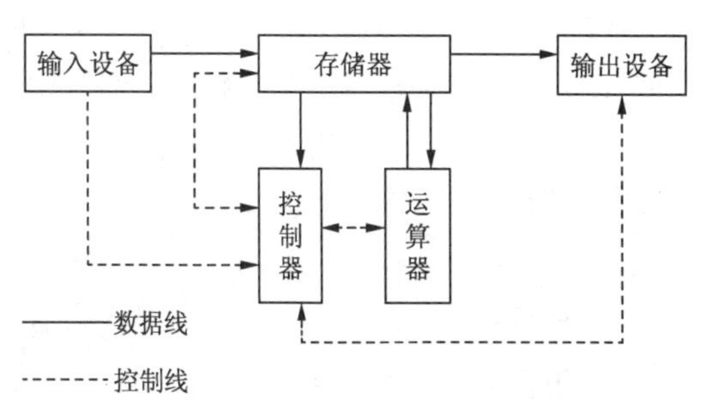

图1-2　计算机硬件系统

芯片组是直接封装在主板上的电子元件，主板的主要芯片组是由南桥芯片和北桥芯片构成的。北桥芯片是一块位于 CPU 插座附近的控制芯片，负责计算机系统的数据传输和各种信号的控制，北桥芯片的类型确定了主板所能支持的 CPU 类型和最高频率、内存类型和最大容量、AGP 插槽的性能等。南桥芯片一般位于 PCI 插槽的附近，负责控制和管理各种输出 / 输入设备（通常所说的 I/O 总线设备，如 PCI 设备、USB 设备、硬盘等）的调配和数据传输。

图1-3　主板

主板的优劣主要取决于采用的芯片组及焊接技术，因为主板的线路全部是激光焊接的，精细的线路走向对主板的性能有很大的影响。选购主板时主要考虑它的稳定性、可扩展性及安全保护性等，参考指标有外频、倍频、总线类型等。

2. CPU

CPU（Central Processing Unit，中央处理器）的性能基本决定了计算机的性能，是计算机系统的核心，计算机的所有运作都受 CPU 控制。CPU 主要由运算器和控制器组成，其外形如图 1-4 和图 1-5 所示。

图1-4　CPU（1）

图1-5　CPU（2）

（1）运算器：运算器是对数据进行加工处理的部件，也称为算术逻辑单元（Arithmetic LogicUnit，ALU）。它的功能是在控制器的控制下对内存或内部寄存器中的数据进行算术运算（加、减、乘、除）和逻辑运算（与、或、非、比较、移位）的操作。

（2）控制器：控制器的作用是使计算机能够自动地执行程序，控制计算机的各个部件协调地工作。它不具有运算功能，只负责对指令进行分析，并根据指令的要求，有序地向各部件发出控制信号，协调和指挥整个计算机系统的操作。

CPU 最主要的性能指标是主频，即 CPU 的时钟频率，代表 CPU 每秒钟能运算的次数。主频越高，执行一条指令的单位时间就越短，速度就越快。

目前，世界上最大的 CPU 生产商是 Intel。Intel 的 CPU 从 286、386，到赛扬系列、奔腾系列，再到现在的多核 CPU，每一代 CPU，速度都会有革命性的进步。

3. 内存

计算机系统的一个重要特征是具有极强的存储能力。存储器是计算机的记忆部件，是存放计算机的程序和数据的地方，存储器容量越大，能存储的信息越多。存储器分为内存储器和外存储器。其中，内存储器需要和 CPU 进行数据的交互，其存取速度应该与 CPU 处理速度相配，因此，存储器的设计需要兼顾容量和访问速度这两个需求，还要考虑成本。

内存储器简称内存，又称主存储器，如图 1-6 所示。内存主要用来存放当前运行的程序与待处理的数据以及运算结果。它可以直接跟 CPU 进行数据交换，因此存取速度快。

图1-6 内存

内存一般按字节分成许许多多存储单元，每个存储单元都有一个编号，称为地址。CPU 通过地址可以找到所需的存储单元。当 CPU 从存储器中取出数据时叫作读操作，把数据存入存储器中叫作写操作，写、读操作又叫作存取或访问。

内存储器主要由 RAM（Random-Access Memory，随机存储器）和 ROM（Read- Only Memory，只读存储器）构成。

（1）RAM 也就是通常所说的内存，主要用来临时存放程序或软件运行时，各种需要处理的数据，不是永久性存储信息。在计算机断电后，RAM 中的数据或信息将会全部丢失。

（2）ROM 的信息一般由出产厂家写入，使用时通常只能读取，不能写入，所以用来存放固定的程序。存放在 ROM 中的信息是永久性的，不会在断电后消失。一般认为 ROM 是只能读取、不能擦写的。

现在使用的 DDR4 内存，是为新一代 CPU 和操作系统开发的内存，内存容量更大，传输更可靠，功耗降低更节能。内存容量包括 2GB、4GB、8GB、16GB 等，随着 CPU 速度大大提高、新的操作系统版本不断更新，高速、大容量内存的出现，使计算机的运行达到最佳效果。

4. 硬盘

外存储器（简称外存）存放着计算机所有的主要信息，计算机通过内外存之间不断的信息交换来使用外存中的信息，其中的信息要被送入内存后才能被使用，CPU 不能直接访问。外存是访问速度相对较慢但容量很大的存储器，外存主要有磁带、光盘、硬盘、移动硬盘、U 盘等。

硬盘是最主要的外存储设备，容量较大、存取速度较快。硬盘（见图 1-7）是由多个金属盘片组成，并有多个磁头同时读 / 写。硬盘存储器通常采用温彻斯特技术，它把磁头、盘片及执行机构都密封在一个容器内与外界环境隔绝，这样不但可避免空气尘埃的污染，而且可以把磁头与盘面的距离减少到最小，加大数据存储密度，从而增加了存储容量。

图1-7 硬盘

硬盘片的每个面上有若干个磁道，每个磁道分成若干个扇区，每个扇区有 512 B，目前硬盘的转速一般是 7 200 r/min。现在计算机所用的硬盘，其容量越来越大，常见的为 320 GB ~ 2 TB 不等。选购硬盘时，主要标准是容量、读取速度等。

固态硬盘，是用固态电子存储芯片阵列制成的硬盘，如图 1-8 所示。固态硬盘的存储介质分为两种：一种是采用闪存（Flash 芯片）作为存储介质；另一种是采用 DRAM 作为存储介质。固态硬盘在接口的规范和定义、功能及使用方法上与普通硬盘完全相同，在产品外形和尺寸上也完全与普通硬盘一致。它被广泛应用于军事、车载、工控、视频监控、网络监控、网络终端、电力、医疗、航空、导航设备等领域。它的优点主要是读/写速度快、防震抗摔、低功耗、无噪声、工作温度范围大、轻便等;缺点主要是容量不够大、寿命短、售价高等。

5. 光盘驱动器

光盘驱动器是近年来发展的一种外部存储器，可以存放声音、图像、动画、视频、电影等多媒体信息，具有容量大、价格便宜、保存时间长、适宜保存大量的数据等特点，所以光驱是计算机不可缺少的硬件配置。

DVD 光驱（见图 1-9）是指读取光盘驱动器的设备,可以同时兼容 CD 与 DVD。标准 DVD 盘片的容量为 4.7 GB，相当于 CD-ROM 光盘的 7 倍，可以存储 133 min 电影。DVD 盘片可分为：DVD-ROM、DVD-R（可一次写入）、DVD-RAM（可多次写入）、DVD-RW（读和重写）、单面双层 DVD 和双面双层 DVD。目前的 DVD 光驱多采用 ATAPI/EIDE 接口或 Serial ATA（SATA）接口，这意味着 DVD 光驱能像硬盘一样连接到 IDE 或 SATA 接口上。选购 DVD 光驱时，主要标准是其纠错能力、读/写速度、噪声等。

图1-8　固态硬盘

图1-9　DVD光驱

6. 数据线

数据线负责把硬盘、光驱、刻录机等部件连到主板上，数据就通过它在主板和这些部件之间进行传输。

目前，数据线包括两种：并口数据线，也称并行 ATA 数据线，如图 1-10 所示；另一种是串口数据线，也称 SATA 数据线，如图 1-11 所示。并行 ATA 是 80 针排线的接口，缺点是并行线路的信号可能会干扰；如果数据不能同步，就会出现反复读取数据，导致性能的下降；也不易铺设，阻碍空气流通。

SATA 是一种新的接口标准，与并行 ATA 的主要不同就在于它的传输方式，它只有两对数据线，采用点对点传输，以比并行 ATA 更高的速度将数据分组传输。SATA 具有传输速率高、数据可靠、连线简单等特点。现在硬盘大部分是 SATA 标准；而光驱、刻录机等设备，并行 ATA 的传输速率可以满足其需要，故个别还在使用行 ATA。

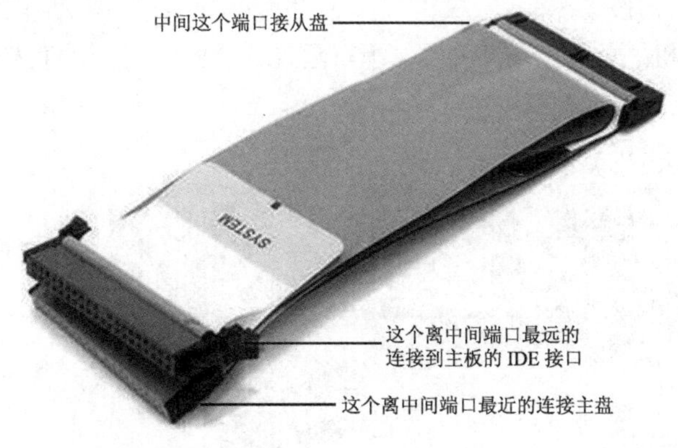

图1-10　并口数据线

图1-11　串口数据线

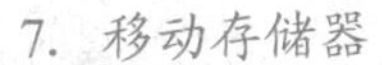

7. 移动存储器

移动存储器是指可以随身携带的存储器。目前，常用的移动存储器有移动硬盘、闪存盘、光盘等。

移动硬盘主要指采用计算机外设标准接口的硬盘，作为一种便携式的大容量存储系统，它具有容量大、单位存储成本低、速度快、兼容性好等特点。移动硬盘还具有极高的安全性，一般采用玻璃盘片和巨阻磁头，并且在盘体上精密设计了专有的防震、防静电保护膜，提高了抗震能力、防尘能力和传输速度。

闪存盘已经成为移动存储器的主流产品，如图 1-12 所示。它是一种新型半导体存储器，其主要特点是在不加电的情况下可以长期保持存储的信息，闪存盘容量大、体积小、重量轻且不易损坏，容量一般在 1 ~ 128 GB 之间。随着闪存盘技术的日渐成熟，带有各种附加属性的闪存盘不断推出，如无驱型（无须用户安装驱动程序）、加密型（对其中的数据进行加密处理）和启动型（可以引导系统）等。

8. 显卡

显卡全称显示接口卡，又称显示适配器，如图 1-13 所示。显卡作为计算机主机中的一个重要组成部分，是计算机进行数模信号转换的设备，承担输出显示图形的任务，它将计算机的数字信号转换成模拟信号通过显示器显示出来。

图1-12 各类闪存盘

图1-13 显卡

显卡的质量参数包括显示芯片、显示内存等。选购显卡的标准取决于消费者的使用要求，普通用户使用一般的显卡就可以；对于一些图形图像设计者，显卡在真彩色渲染、显存频率上要有出色的性能。目前，有些主板或 CPU 中集成了显卡，也可不单独购买。

9. 声卡

声卡（见图 1-14）是多媒体技术中基本的组成部分，负责实现声波 / 数字信号相互转换。声卡的基本功能是把来自传声器（俗称话筒）、磁带、光盘的原始声音信号加以转换，输出到耳机、扬声器、扩音机、录音机等声响设备。

一般的用户对声卡的要求都不高，大部分主板集成了声卡的功能，可不单独购买。对于一些音乐制作人士或者音乐发烧友，可配置较好的声卡。选购声卡的标准包括采样率、失真度、信噪比等。

10. 电源

计算机电源（见图 1-15）是把 220 V 交流电，转换成直流电，并专门为计算机配件如主板、驱动器、显卡等供电的设备，是计算机各部件供电的枢纽，是计算机的重要组成部分。电源有两种：一种是早期的 AT 结构，电源的启动是机械式的；另一种是现在通用的 ATX 结构，电源的启动是电容脉冲式。

图1-14 声卡

图1-15 电源

11. 机箱

机箱（见图 1-16）作为计算机配件中的一部分，它起的主要作用是放置和固定各计算机配件，起到承托和保护作用。此外，计算机机箱具有屏蔽电磁辐射的重要作用。机箱虽然在组装计算机中不是很重要的配置，但是使用质量不良的机箱容易让主板和电源短路，使计算机系统变得很不稳定。选购机箱时，主要看它的稳定性、可扩展性、散热性，其次才是外观。

大部分的外围设备，如显示器、打印机、鼠标、键盘、扫描仪等需要连接在机箱后面的接口，如图 1-17 所示，下面介绍一些常见的接口。

（1）PS2 鼠键通用接口：连接鼠标或键盘，目前逐步被淘汰。

（2）USB 接口：连接鼠标键盘、移动存储设备、打印机等，传输速度快，即插即用。

（3）RJ-45 网络接口：用于以太网连接。

（4）VGA 接口：连接显示器。

（5）串行接口：采用 9 针的连接方式直接集成在主板上，连接游戏手柄、手写板等。

（6）并行接口：采用 25 针的双排插口，除普遍应用于连接打印机外，还可用于连接扫描仪、ZIP 驱动器甚至外置网卡、磁带机以及某些扩展硬盘等设备。

图1-16　机箱

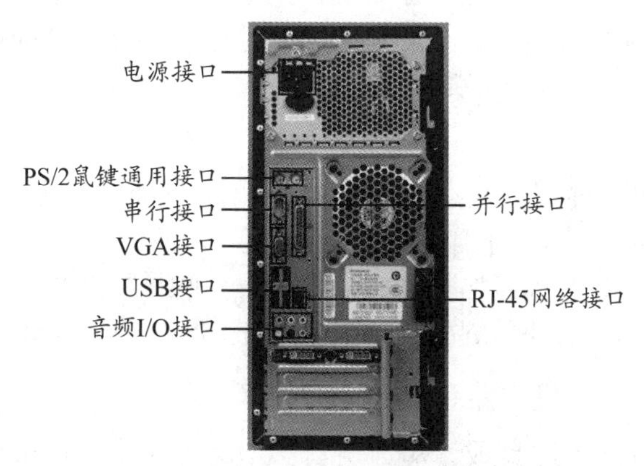

图1-17　外围设备接口

12. 鼠标、键盘

输入/输出（I/O）设备是计算机系统与外界进行信息交流的工具。输入设备将信息用各种方法传入计算机，并将原始信息转化为计算机能接收的二进制数，以使计算机能够处理。

鼠标、键盘是最主要的输入设备，如图 1-18、图 1-19 所示。随着 Windows 操作系统的流行和普及，鼠标已成为计算机必备的标准输入装置。在图形界面的环境下，鼠标可以取代键盘进行光标定位或完成某些特定的操作功能。鼠标的最大优点是可以更快、更准确地移动光标，只需用两个按键便可灵活地使用整个系统。常见的鼠标可分为机械式和光电式两种，两者仅在控制原理上有所不同，在使用方法上基本一样，但在移动精度方面，光电式鼠标优于机械式鼠标。近年来又出现了无线鼠标和 3D 鼠标。

图1-18　鼠标

图1-19　键盘

用户的各种数据、命令和程序通常都是通过键盘输入计算机。在键盘内部有专门的控制电路，当用户按下键盘上的任意一个键时，键盘内部的控制电路会产生一个相应的二进制代码，然后把这个代码传入计算机。

以下介绍一些常用键的使用方法：

（1）【Enter】键：即常说的回车键，按下此键表示开始执行命令或结束一个输入行并跳到下一行开头。

（2）空格键，它是在键盘中下方的长条键，每按一次键即在当前输入位置空出一个字符。

（3）【Shift】键：即常说的上挡键。在打字区中一左一右共分布两个（方便左右手协作输入）。在键盘上有一部分按键上有两个符号，凡是要输入上部的符号时，需同时按该符号键和【Shift】键（通常是先按【Shift】键，再按符号键）；此键与字母键结合，可进行大小写字母的输入。

（4）【Delete】键：即删除键，删除当前光标位置右边的字符。

（5）【Backspace】键：即退格键，删除当前光标位置左边的字符。

（6）【Ctrl】键：即控制键，通常与其他键组合成为快捷键。

（7）【Alt】键：即交替换挡键，通常配合其他键组合使用，多用于选择软件上的菜单，例如打开 Word 软件，按【Alt + F】组合键，等于打开“文件”菜单。

（8）【Tab】键：即制表定位键，一般情况下按此键可使光标移动 8 个字符的位置或移动到下一个定点。

（9）【Caps Lock】键：即英文大 / 小写锁定键，当锁定大写字母时，按字母键会输入大写字母，结合【Shift】键才能输入小写字母。

（10）双态键：包括前面所说的【Insert】键和 3 个锁定键：【Insert】键实现插入 / 改写的状态转换，【Caps Lock】键实现英文字母大 / 小写的状态转换，【Num Lock】键实现小键盘的数字 / 编辑的状态转换，【Scroll Lock】键实现滚屏 / 锁定的状态转换。

13. 显示器

输出设备是将信息从计算机中送出来，同时把计算机内部的数据转换成便于人们利用的形式。常用的输出设备有显示器、打印机、绘图仪和扬声器等。

显示器也称为监视器，包括两种：一种是阴极摄像管显示器（CRT）；另一种是液晶显示器（LCD）。目前常用的显示器是液晶显示器，它具有工作电压低、能耗低、辐射低、质量轻、超薄等优点。

1.3.2 计算机软件系统

前面介绍了组成计算机的物质实体，称为计算机的硬件。计算机的硬件系统只是一个受指挥的工具，要想发挥其功能来完成具体的计算，就必须为其提供相应的程序指令和数据。没有任何软件支持的计算机称为裸机。裸机本身几乎不能完成任何功能，只有配备一定的软件才能发挥其作用。

计算机软件是指实现算法指令的程序及其文档，一般可分为系统软件和应用软件两大类，如图 1-20 所示。

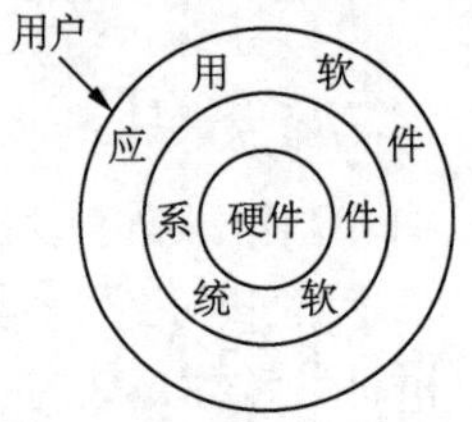

用户 应用软件 系统软件 硬件

图1-20 软件和硬件的关系

系统软件包括计算机本身运行所需要的软件，通常负责管理、控制和维护计算机的各种软硬件资源，具有生成、准备和执行其他程序的功能，并且为用户提供友好的操作界面。系统软件包括操作系统、驱动程序、计算机语言及其编译系统。

应用软件是为解决各种应用问题而编制的程序，涉及计算机应用的各个领域，绝大多数用户都要使用应用软件，为工作和生活服务。应用软件处于软件系统的最外层，直接面向用户，为用户服务，例如常见的文字处理软件、特定用户程序、科学计算软件包等，如图 1-20 所示。

1.3.3 计算机的主要性能指标

一台计算机功能的强弱或性能的好坏，不是由某项指标来决定的，而是由它的系统结构、指令系统、硬件组成、软件配置等多方面的因素综合决定的。对于大多数普通用户来说，可以从以下几个指标来大体评价计算机的性能。

（1）运算速度：指计算机每秒能执行多少指令，是衡量计算机性能的一项主要指标。它取决于指令的执行时间。

（2）字长：CPU 一次能直接处理的二进制数据位数，是计算机性能的一个重要标志。字长越长，计算精度越高，处理能力越强。早期的计算机字长一般是 8 位、16 位、32 位，现在大多数是 64 位。

（3）内存容量：反映计算机及时存储信息的能力，内存容量越大，系统功能越强大，能处理的数据量也越庞大。

（4）外存储器的容量：通常是指硬盘容量，外存储器容量越大，可存储的信息就越多，可安装的应用软件就越丰富。

（5）存取速度：指存储器完成一次读或写操作所需的时间。连续两次读或写操作所需要的时间，称为存取周期。对于半导体存储器来说，存取周期大约为几十毫秒，它的快慢会影响到计算机的速度。

此外，机器的兼容性、系统的可靠性及可维护性、外围设备的配置等也都常作为计算机的技术指标。在实际应用时，应该把它们综合起来考虑，同时遵循性能价格比的原则。

1.4　操作系统

操作系统是一种管理计算机软硬件资源的系统软件。广为人们所熟知的操作系统有 DOS、Windows、UNIX、Linux 等。一般情况下，不同用途的计算机有着不同的操作系统，例如大中型计算机多数都采用 UNIX 操作系统，而目前绝大多数个人计算机采用的则是Windows操作系统。本节将介绍Windows 7操作系统及其应用。

1.4.1　Windows 7操作系统

Windows 7 是由微软公司开发的操作系统，核心版本号为 Windows NT 6.1。Windows 7 可供家庭及商业工作环境、笔记本式计算机、平板计算机、多媒体中心等使用。2009 年 7 月，Windows 7 RTM（Build7600.16385）正式上线；2009 年 10 月，微软于美国正式发布 Windows 7。Windows 7 具有界面友好、连接便捷、操作快捷、安全性更高等特点。

由于 Windows 7 操作系统比较庞大，所以在安装之前，必须检查一下计算机是否满足安装的条件。Windows 7 硬件配置要求如表 1–1 所示。

表1–1　Windows 7硬件配置要求

设备名称	推荐配置	备　注
CPU	1 GHz 及以上的 32 位或 64 位处理器	Windows 7 包括 32 位及 64 位两种版本，如果安装 64 位版本，则需要支持 64 位运算的 CPU 的支持
内存	1 GB（32 位）/2 GB（64 位）	最低允许 1 GB
硬盘	20 GB 以上可用空间	不要低于 16 GB
显卡	有 WDDM 1.0 驱动的支持 DirectX 10 以上级别的独立显卡	显卡支持 DirectX 9 就可以开启 Windows Aero 特效
其他设备	DVD-R/RW 驱动器或者 U 盘等其他储存介质	安装使用
激活要求	互联网连接 / 电话	需在线激活或电话激活

1.4.2　桌面管理

启动 Windows 7 后，呈现在用户面前的屏幕区域称为桌面，如图 1–21 所示。Windows 7 的桌面主题由桌面图标、位于下方的“开始”按钮、桌面背景和任务栏等组成。

1.4.2.1　设置桌面主题

主题是用于个性化计算机中的图片、颜色和声音的组合，包括桌面背景、屏幕保护程序，声音方案等。操作方法如下：

（1）右击桌面的空白处，在弹出的快捷菜单中选择“个性化”命令。

（2）在窗口底部，单击“桌面背景”后，选择需要的图片，也可设置“更改图片时间间隔”。

（3）单击“保存修改”按钮即可。

1.4.2.2　使用桌面图标

桌面上的小图形称为图标，是代表文件、文件夹、程序和其他项目的小图片，为用户提供了在日常操作时打开程序或文档的简便方法。首次启动 Windows 时，将在桌面上至少看到一个图标：回收站。其他图标可以根据需要添加或删除。图 1-22 所示为显示了一些常用桌面图标的示例。

图1-21　Windows 7的桌面

图1-22　桌面图标

1. 向桌面上添加快捷方式

（1）选择要创建快捷方式的项目。

（2）右击该项目，在弹出的快捷菜单中选择【发送到→桌面快捷方式】命令，该快捷方式图标即出现在桌面上。

2. 添加或删除常用的桌面图标

常用的桌面图标包括“计算机”、个人文件夹、“回收站”和“控制面板”。

（1）右击桌面上的空白区域，在弹出的快捷菜单中选择“个性化”命令。

（2）在左窗格中，单击“更改桌面图标”。

（3）在“桌面图标”下面，选中想要添加到桌面的图标复选框，或取消选择想要从桌面上删除的图标复选框，单击“确定”按钮。

3. 删除不使用的桌面图标

右击该图标，选择“删除”命令。如果该图标是快捷方式，则只会删除该快捷方式，原始项目不会被删除。

4. 回收站

当删除文件或文件夹时，系统并不立即将其删除，而是将其放入回收站，如图 1-23 所示。如果决定使用已删除的文件，则可以将其取回。

如果确定无须再次使用已删除的文体，则可以清空回收站。执行该操作将永久删除，并回收它们所占用的所有磁盘空间。

若要还原文件，可选中该文件，单击“还原此项目”按钮，如图 1-24 所示。若要还原所有文件，则确保未选择任何文件，“还原所有项目”按钮，文件将还原到它们在计算机上的原始位置。

图1-23　回收站为空（左）、已满（右）

5. 桌面小工具

Windows 中包含称为“小工具”的小程序，这些小程序可以提供即时信息以及可轻松访问常用工具的途径。例如，可以使用小工具显示图片幻灯片或查看不断更新的标题。Windows 7 随附的一些小工具包括日历、时钟、天气、源标题、幻灯片放映和图片拼图板等，如图 1-25 所示。

添加、删除小工具的操作方法如下：

（1）右击桌面，在弹出的快捷菜单中选择“小工具”命令。

（2）双击小工具将其添加到桌面。

（3）右击小工具，选择“关闭小工具”，即可将其删除。

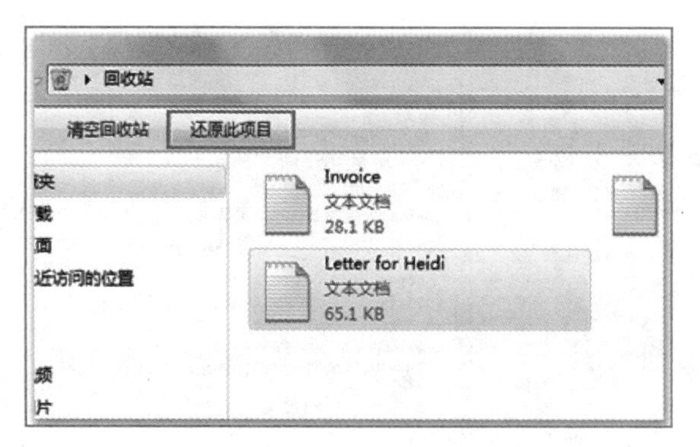

图1-24　还原文件

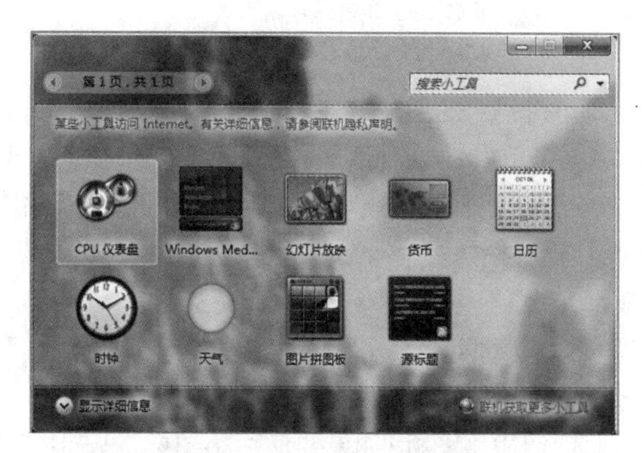

图1-25　小工具库窗口

1.4.2.3　任务栏

任务栏位于屏幕底部，如图 1-26 所示。其主要功能是显示任务、任务之间的切换和关闭操作。

图1-26　任务栏

任务栏有 3 个主要部分：

（1）“开始”按钮：用于打开“开始”菜单。

（2）窗口管理区：显示已打开的程序和文件，并可以在它们之间进行快速切换。

（3）通知区域：包括时钟以及一些告知特定程序和计算机设置状态的图标（小图片）。

1. 开始菜单

系统中大部分操作都是从“开始”菜单开始的，包括搜索框、常用程序列表和 Windows 内置功能区域。可以通过单击“开始”按钮 或按键盘上的【Win】键，在弹出的“开始”菜单中执行任务。图 1-27 所示为单击“开始”按钮时弹出的“开始”菜单。

图1-27　“开始”菜单

2. 窗口管理区

如果一次打开多个程序或文件，则可以将打开窗口快速堆叠在桌面上。由于窗口经常相互覆盖或者占据整个屏幕，因此有时很难看到下面的其他内容，或者不记得已经打开的内容。

Windows 会在任务栏上创建对应的按钮，按钮会显示已打开程序的图标，其中有一个按钮会突出显示，表示该按钮所代表的窗口当前是活动窗口。

3. 通知区域

在任务栏最右边的区域是系统提示区，也叫通知区域。通知区域可以显示运行中的应用程序、系统音量、网络图标等，通过图标显示状态可以直观地查看目前程序的状况。如果在一段时间内没有使用的图标，Windows 会将其隐藏在通知区域内。如果想要查看被隐藏的图标，可以单击“显示隐藏的图标”按钮 临时显示隐藏的图标。

4. 任务栏菜单

在任务栏的空白处右击，弹出如图 1-28 所示的任务栏菜单。用户通过选择菜单中的命令，可以实现对任务栏和正在运行的程序窗口进行一些常用操作。

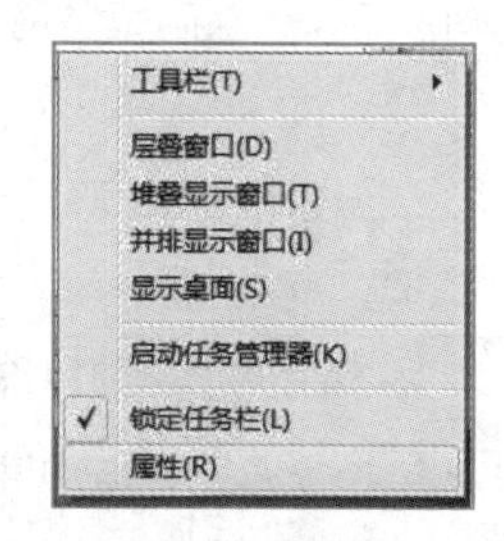

图1-28　任务栏菜单

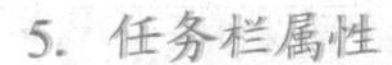

5. 任务栏属性

选择图 1–28 中的“属性”命令,弹出如图 1–29 所示的“任务栏和「开始」菜单属性”对话框。“任务栏”选项卡的 4 个选项功能如下：

（1）锁定任务栏：如果选中此复选框，不能移动任务栏到其他位置。要将任务栏移至新位置，可再次单击“锁定任务栏”以清除复选标记。

（2）自动隐藏任务栏：如果选中此复选框，只要打开或显示任一个窗口，任务栏自动隐藏。

（3）使用小图标：如果要使用小图标，可选中“使用小图标”复选框；若要使用大图标，则清除该复选框。

（4）任务栏按钮：包括始终合并、隐藏标签，当任务栏被占满时合并，从不合并 3 个选项。

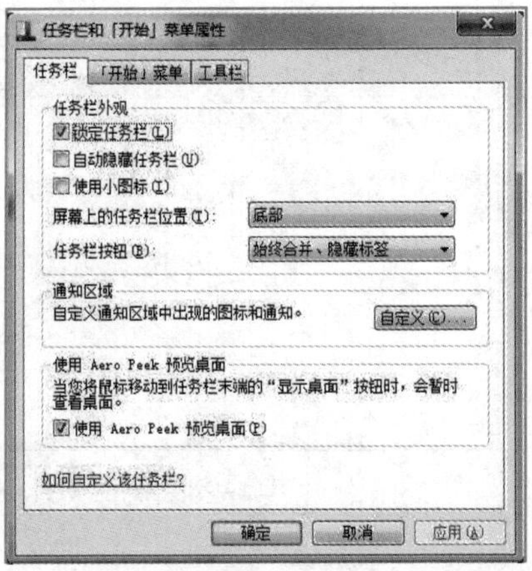

图1–29 “任务栏和‘开始’菜单属性”对话框

1.4.2.4 Windows窗口

窗口是操作系统中的基本对象，Windows 7 中的所有应用程序都是以窗口形式出现的，启动一个应用程序后，用户看见的是该应用程序的窗口。虽然每个窗口的内容各不相同，但所有窗口都始终在桌面显示，且大多数窗口都具有相同的基本部分。

选择【开始→所有程序→附件→记事本】命令，打开记事本程序窗口，如图 1–30 所示。记事本程序窗口是一个标准的窗口，由标题栏、菜单栏、滚动条、文本编辑区域等组成。

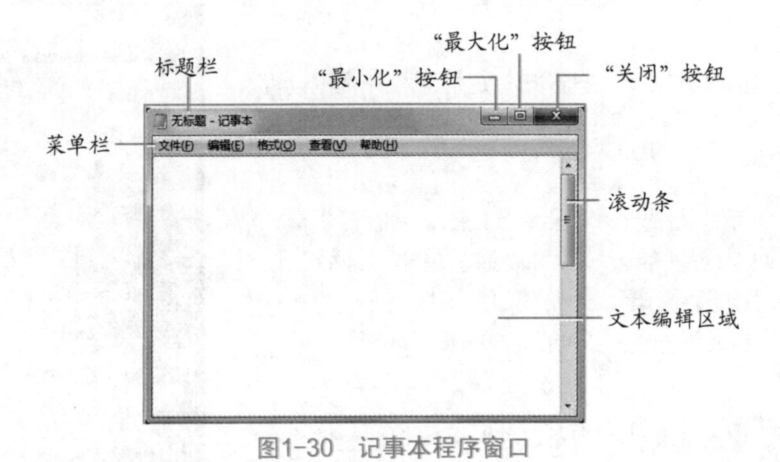

图1–30 记事本程序窗口

1. 移动窗口

在打开一个窗口后,在标题栏上按住鼠标左键拖动,移动到合适的位置后再松开,即可完成移动窗口的操作。

2. 缩放窗口

把鼠标放在窗口的垂直或水平边框上，当鼠指针变成双向的箭头时，可以任意拖动。当需要对窗口进行垂直和水平双向缩放时，可以把鼠标放在边框的任意角上进行拖动。

3. 窗口的最大化、最小化

通过单击窗口右上角的按钮可以最小化、最大化、关闭窗口。

4. 对话框

对话框是一种特殊的窗口，是用户和计算机交流的平台，用户在这里可以对计算机的一些属性、选项进行设置。每个对话框的主要组成部分基本一样，例如右击“回收站”，在弹出的快捷菜单中选择“属性”命令，弹出“回收站属性”对话框，如图 1–31 所示。对话框由标题栏、选项卡、复选框、单选框、文本框、下拉列表框等组成。

1.4.3 文件管理

计算机中所有的程序、数据都是以文件的形式存放的。文件夹可以将这些文件分门别类地保存起来。掌握文件和文件夹的操作是进一步学习计算机应用的必要条件。

1.4.3.1 文件的概念

1. 文件名

用户保存信息的基本单位是文件。文件名是文件的标识符，计算机对文件的管理，就是通过对文件名的管理来实现的。

文件名的格式为：主文件名.扩展名。主文件名简称文件名，一般都与文件的内容有关；扩展名一般与文件的类型有关。

文件名的命名方式必须遵守以下规则：

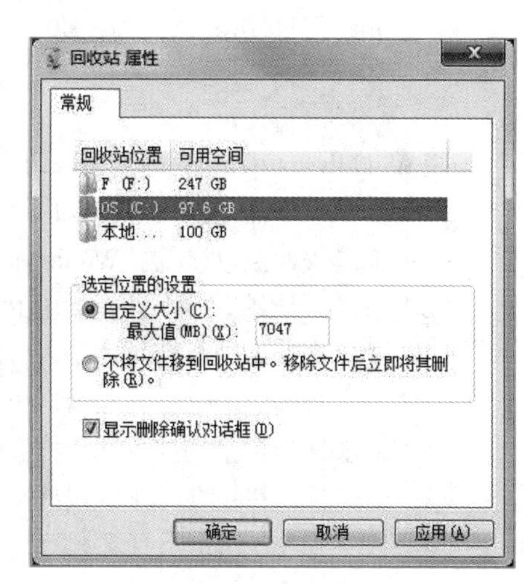

图1-31 对话框

（1）文件名由主文件名和扩展名两部分组成，中间用小圆点分隔，其中扩展名可以省略。

（2）主文件名必须是 1 ～ 255 个数字或字符。

（3）组成扩展名的数字或字符，最多不得超过 3 个。如果文件名中包含多个小圆点，系统默认最后一个小圆点起分隔作用，即其后的字符为扩展名。

（4）文件名不允许使用 /、\、:、?、*、"、|、<、> 这些特殊符号。

（5）允许字符的大小写格式，但不利用大小写区别文件及文件夹的名字。例如，MyFile.txt 与 myfile.txt 被认为是同一个文件名。

2. 文件的类型

文件名后面一般有文件扩展名，其文件名与文件扩展名之间用一个点隔开（如：CDPLAYER.EXE），中间不允许有空格。

文件扩展名用于表示文件的不同类型，对于每个文件都有其所归属的文件类型。在 Windows 7 中较常用的文件类型及其表示的含义如表 1-2 所示。

表1-2 常见的文件类型

扩 展 名	文 件 类 型	扩 展 名	文 件 类 型
docx、doc	Word 文件	wma、mp3	音频文件
hlp	帮助文件	jpg、gif	图像文件
rar、zip	压缩文件	avi、mpg	视频文件
exe、com	可执行文件	drv	设备驱动文件
txt	文本文件		

3. 文件的属性

文件的属性有 4 种：系统、隐藏、只读和存档。

（1）系统：表示文件是否为系统文件，系统文件是计算机中最重要的一类文件，如果系统文件丢失或遭到破坏，就会造成极为严重的后果。

（2）隐藏：表示文件是否隐藏，隐藏后如果不知道其名称就无法查看和使用文件。

（3）只读：表示文件是否只读，如果只读，则只能浏览这类文件，但不能修改。

（4）存档：表示文件是否已存档，可以根据这一属性来判断文件是否需要做备份。

4. 路径

路径是指从根目录开始（或从当前目录开始）直至文件所在的目录所构成的字符串。

例如，“C:\Winnt\System32\cdplayer.exe”，第一个反斜杠（“\”）代表根目录，第二、三个反斜杠（“\”）说明 Winnt 和 System32 是一个子目录。因此，一个完整的文件说明应具备下面的格式：“盘符:\路径\文件名.扩展名”（中间无空格）。

5. 资源管理器

在Windows环境下，使用资源管理器可以管理计算机中的全部软、硬件资源，实现对文件的各种通用操作。

打开资源管理器的操作方法有以下几种：

（1）单击快速启动区的“Windows资源管理器”按钮。

（2）右击“开始”按钮，在弹出的快捷菜单中选择“打开Windows资源管理器”命令。

（3）选择【开始→所有程序→附件→Windows资源管理器】命令。

关闭资源管理器的操作方法有以下几种：

（1）单击标题栏上的“关闭”按钮。

（2）右击标题栏，在弹出的快捷菜单中选择“关闭”命令。

（3）按下【A1+F4】组合键。

（4）选择“文件”菜单中的“关闭”命令。

1.4.3.2 文件与文件夹的操作

1. 文件夹和文件的选择

在对任何文件夹和文件进行操作之前，必须先进行选择。在资源管理器的右工作区中，用户除了可以选择单个文件夹和文件之外，还可以同时选择多个文件夹和多个文件。操作方法如表1-3所示。

表1-3 选定对象操作

选定对象	操作
单个对象	单击所要选定的对象
多个连续对象	单击所要选定的第一个对象，按住【Shift】键不放，单击所要选定的最后一个对象
多个不连续对象	单击所要选定的第一个对象，按住【Ctrl】键不放，单击其他每一个要选定的对象
全选	按【Ctrl+A】组合键

2. 文件和文件夹的改名

文件和文件夹改名的操作方法如下：

（1）单击要改名的文件或文件夹。

（2）选择【文件→重命名】命令，或者按下【F2】键。

（3）文件或文件夹的名字反蓝显示，并出现闪烁光标，输入新名称，按【Enter】键即可。

3. 文件和文件夹的删除

删除文件和文件夹的操作方法如下：

（1）单击要删除的文件或文件夹。

（2）选择【文件→删除】命令，或者按【Delete】键。

（3）弹出如图1-32所示的“删除文件夹”对话框，单击“是”按钮。

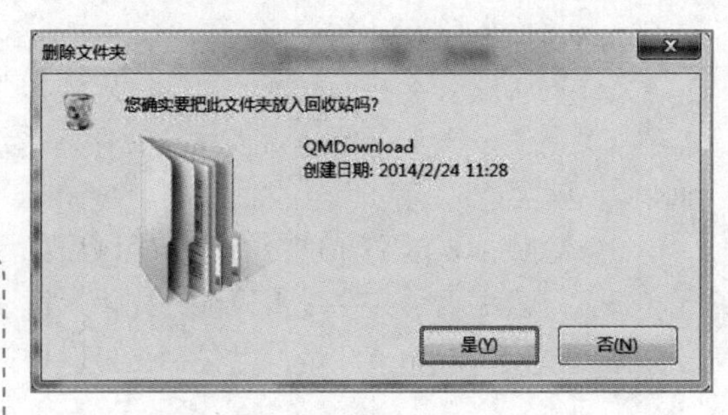

图1-32 “删除文件夹”对话框

提示

回收站用来存放用户删除的文件，这些文件在需要的时候可以恢复。存放到回收站里的文件，直到用户把回收站清空，这些文件才会被永久删除。如果要一次性永久删除文件，可按【Shift+Delete】组合键。

4. 文件和文件夹的剪贴

剪贴文件和文件夹的操作方法如下：

（1）单击要剪贴的文件或文件夹。

（2）选择【编辑→剪切】命令，或者按【Ctrl+X】组合键，该文件或文件夹会变成灰色。

（3）在资源管理器的左工作区中单击目标文件夹，然后选择【编辑→粘贴】命令，或者按下【Ctrl+V】组合键，文件或文件夹就被粘贴到新的文件夹中。

5. 文件和文件夹的复制

复制文件和文件夹的操作方法如下：

（1）单击要复制的文件或文件夹。

（2）选择【编辑→复制】命令，或者按【Ctrl+C】组合键。

（3）在资源管理器的左工作区中单击目标文件夹，然后选择【编辑→粘贴】命令，或者按【Ctrl+V】组合键，文件或文件夹就被复制到新的文件夹中。

6. 为当前文件或文件夹创建桌面快捷方式

为当前文件或文件夹创建桌面快捷方式的操作方法如下：

（1）单击要创建快捷方式的文件或文件夹。

（2）选择【文件→发送到→桌面快捷方式】命令，即可在桌面上生成快捷方式。

1.4.3.3　库的管理

Windows 7 的库功能和文件夹有着完全的不同功能，“库”是把“搜索”和“文件管理”两大功能整合在一起，倡导的是通过搜索和索引方式来访问所有资源。

“库”其实是一个特殊的文件夹，不是将所有的文件保存到“库”中，而是将分布在不同位置的同类型文件进行索引，将文件信息保存到“库”中，简单地说库保存的只是一些文件夹或文件的快捷方式，并没有改变文件的原始路径，库主要是用于管理文档、音乐、图片和其他文件的位置。可以使用与在文件夹中浏览文件相同的方式浏览文件，也可以查看按属性（如日期、类型和作者）排列的文件，如图 1-33 所示。

1. 新建库

右击“库”图标，在弹出的快捷菜单中选择【新建→库】命令，在库窗口中出现新建的库，输入名称即可，如图 1-34 所示。

2. 添加文件到库

添加文件到库有两种方法：

（1）右击新建的库，选择“属性”命令，在如图 1-35 所示的库属性对话框中单击“包含文件夹”按钮，然后选择要添加进去的文件夹，打钩的代表默认存储位置，如图 1-36 所示。

（2）右击要添加到库的文件夹，在弹出的快捷菜单中选择“包含到库中”命令，然后选择合适的库即可，如图 1-37 所示。

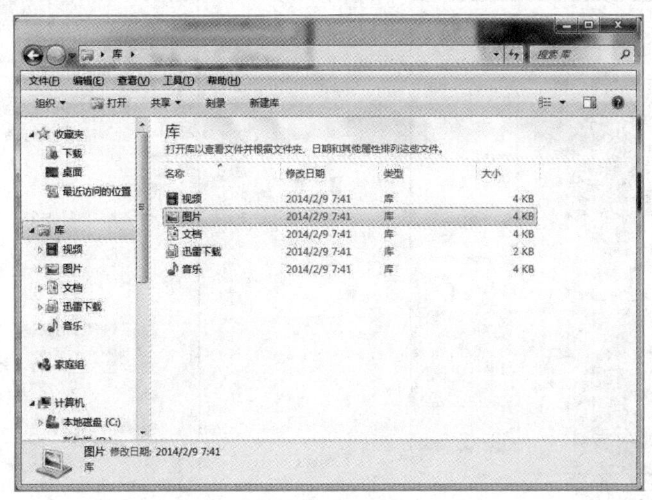

图1-33　资源管理器中的库

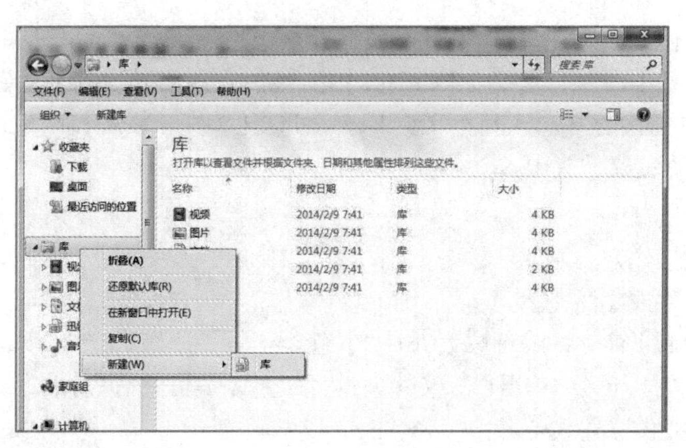

图1-34　新建库

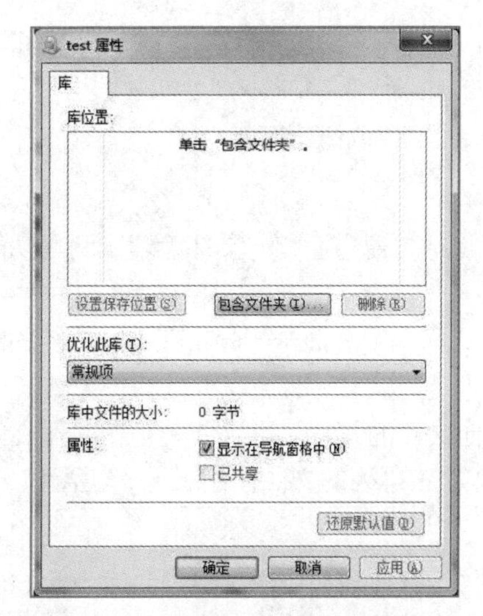

图1-35　新建“库”属性窗口

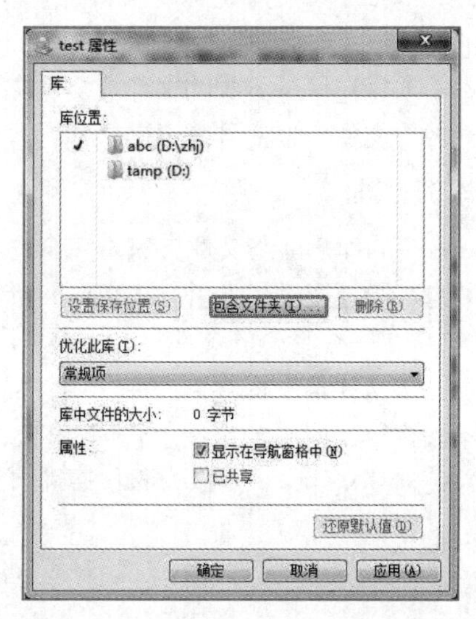

图1-36　包含文件夹到“库”后的属性窗口

3. 库搜索

Windows 7 系统强大的搜索功能也渗入了“库”的功能中，只需要输入查找的文件信息就可以快速找到。

如果要查找文件内容中的关键字和压缩包内的关键字，在搜索之前需要做如下设置：选择【工具→文件夹选项】命令，在弹出的“文件夹选项”对话框中，单击“搜索”选项卡，选中“始终搜索文件名和内容”及“包括压缩文件”，如图 1-38 所示。

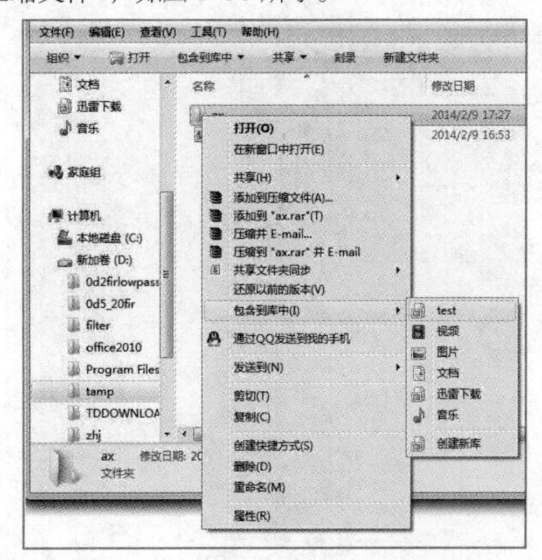

图1-37　右击文件夹的快捷菜单

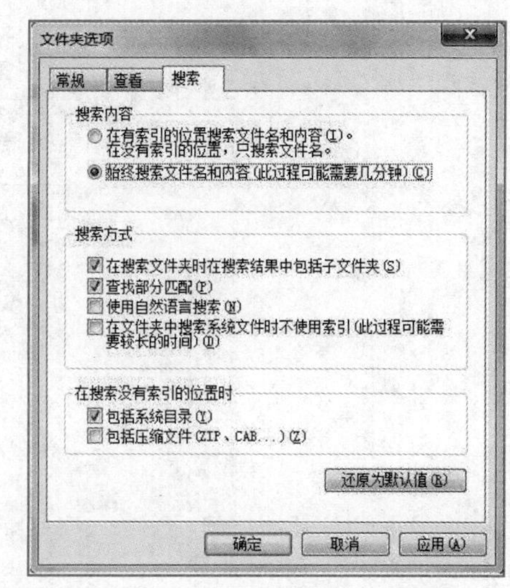

图1-38　“文件夹选项”对话框

搜索时，在“库”窗口上面的搜索框中输入需要搜索文件的关键字，可以是文件标题、文件中的内容等。Windows 7 库的搜索功能非常强大，不但能搜索到文件夹、文件标题、文件信息和压缩包的关键字，还可以对一些文件中的信息进行检索。

1.4.4　磁盘管理

1. 磁盘清理

用户可以对磁盘进行清理，删除不必要的文件、应用程序和 Windows 组件，以释放磁盘空间。如果有些应用程序在系统中已经注册，直接删除不安全。用户可以选用磁盘清理工具安全地清理磁盘。清理磁盘的步骤如下：

（1）在“资源管理器”窗口中选取磁盘图标，例如“本地磁盘（C：）”。

（2）右击磁盘图标，弹出磁盘属性对话框，单击“常规”选项卡中的“磁盘清理”按钮，弹出如图 1-39 所示的“磁盘清理”对话框。

图1-39　“磁盘清理”对话框

（3）在“要删除的文件”列表框中选择要删除的文件，然后单击“确定”按钮，系统会弹出询问对话框，单击“是”按钮，磁盘清理程序开始检查磁盘空间和可以被清理的数据。

2. 检查磁盘

当计算机磁盘出现错误，磁盘有坏道时，需要使用检查磁盘工具修复这些问题。检查磁盘的操作步骤如下：

（1）在“资源管理器”窗口中选取磁盘图标，例如“本地磁盘（C：）”。

（2）右击磁盘图标，在弹出的“磁盘属性”对话框中单击“工具”选项卡，如图 1-40 所示。

（3）单击“开始检查”按钮，弹出如图 1-41 所示的“检查磁盘”对话框。

（4）选中“自动修复文件系统错误”复选框，系统会自动修复所发现的逻辑性错误；选中“扫描并试图恢复扇区”复选框，系统会自动修复所发现的物理性错误。

（5）单击“开始”按钮，开始检查磁盘空间，并自动进行修复。

> **提　示**
>
> 如果用户选中“自动修复文件系统错误”或“扫描并尝试恢复扇区”复选框，必须关闭这个磁盘上所有应用程序，否则其文件系统会受到破坏。在检查过程中，用户也不能打开该磁盘。选择这两项，将使检查的速度变慢。此时，不要随意中断检查过程，否则可能会破坏文件系统。

图1-40　“磁盘属性”对话框

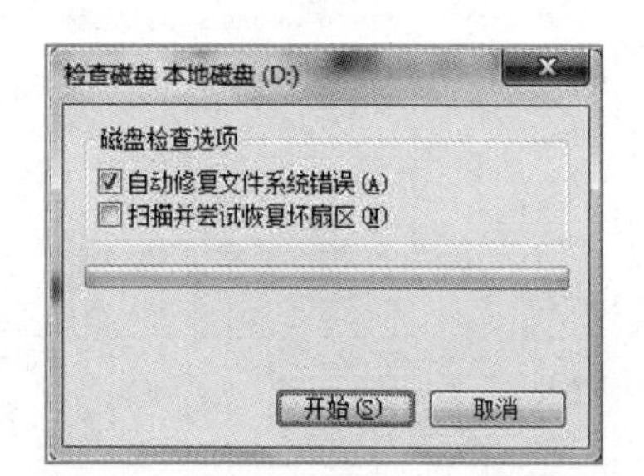

图1-41　“检查磁盘”对话框

3. *磁盘碎片整理*

文件在磁盘上的存放空间是以“簇”为单位进行存储的，一簇由若干个连续的扇区组成。文件也许被存放在磁盘一个连续的大区域中，也许在磁盘中被分割成若干个区域存放。磁盘碎片整理程序，是对磁盘在长期使用过程中产生的碎片和凌乱文件重新整理，可提高计算机的整体性能和运行速度。

磁盘在使用一段时间后，由于对文件反复的写入和删除操作，使得文件被分散保存到整个磁盘的不同地方，而不是连续地保存在磁盘连续的簇中，从而形成文件碎片。这些碎片的存在使得文件的存取速度受到影响，也影响了计算机的整体运行速度。磁盘碎片整理程序可以优化磁盘、重组信息，以提高磁盘的读 / 写速度。

启动磁盘碎片整理程序的操作步骤如下：

（1）单击图 1–40 所示“工具”选项卡中的“立即进行碎片整理”按钮，打开如图 1–42 所示的“磁盘碎片整理程序”窗口。

（2）在磁盘列表中选择要操作的磁盘，单击“分析磁盘”按钮，系统将分析磁盘中的碎片状况。分析完毕，系统弹出对话框，提供碎片整理的意见。

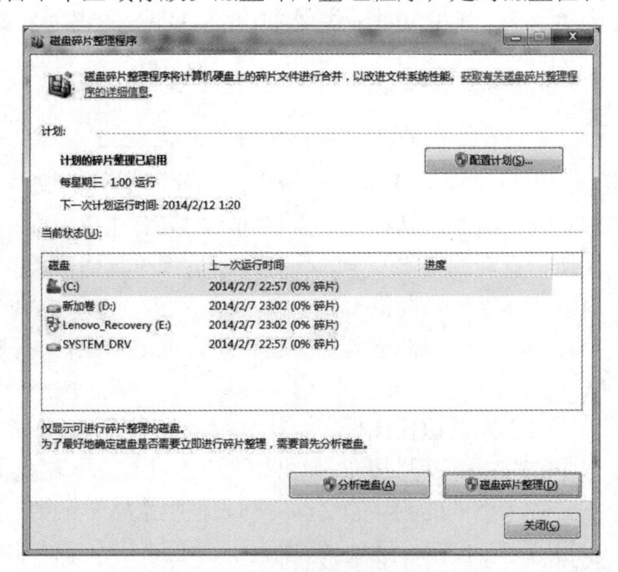

图1–42 “磁盘碎片整理程序”窗口

（3）单击“磁盘碎片整理”按钮，系统会重新分析磁盘中的碎片状况，并显示整个过程。

1.4.5 控制面板

控制面板为用户提供了丰富的专门用于更改 Windows 的外观和行为方式的工具。在控制面板中包含了系统提供的应用程序，用户可以根据自己的需要对桌面、显示器等进行设置和管理，还可以进行添加 / 删除程序、输入法设置等操作。

打开控制面板的操作方法有以下 3 种：

（1）选择【开始→控制面板】命令。

（2）打开“计算机”窗口，在左窗格中选择“控制面板”。

（3）选择【开始→所有程序→附件→系统工具→控制面板】命令。

控制面板中有 50 多个功能图标，包含了配置计算机软硬件资源的工具软件。通过选择工具栏“查看方式”菜单中的“类别”选项可以把配置计算机资源的功能分为 8 大类显示，如图 1–43 所示。

图1–43 控制面板

1.4.5.1 个性化环境设置

对计算机环境进行个性化设置，包括设置桌面背景、屏幕保护、显示设置、任务栏和开始菜单、文件夹选项、字体等设置。下面以更改显示分辨率和屏幕保护程序为例进行讲解。

显示分辨率就是屏幕上显示的像素个数，屏幕尺寸一样的情况下，分辨率越高，显示效果就越精细和细腻。更改显示分辨率的操作步骤如下：

（1）打开控制面板，选择【外观和个性化→调整屏幕分辨率】命令，打开“屏幕分辨率”窗口，如图 1–44 所示。

图1-44 “屏幕分辨率”窗口

（2）在“分辨率”下拉列表框中，选择需要的分辨率，单击“确定”按钮，即可完成分辨率的调整。如果还要设置显示器的刷新频率，可通过单击“高级设置”完成。

当用户需要离开计算机而不想关闭计算机，也不想让别人看到屏幕上的内容时，可以设置屏幕保护程序。更改屏幕保护的操作步骤如下：

（1）打开控制面板，选择【外观和个性化→更改屏幕保护程序】，弹出“屏幕保护程序设置”对话框，如图 1–45 所示。

（2）设置“屏幕保护程序”为“照片”，单击“设置”按钮，弹出“照片屏幕保护程序设置”对话框，如图 1–46 所示。

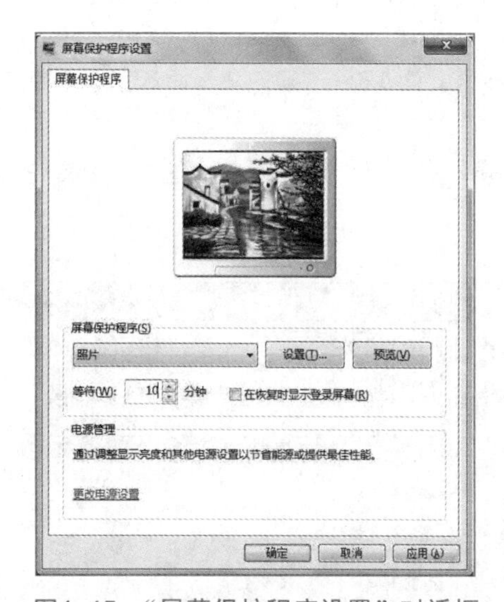

图1-45 “屏幕保护程序设置”对话框

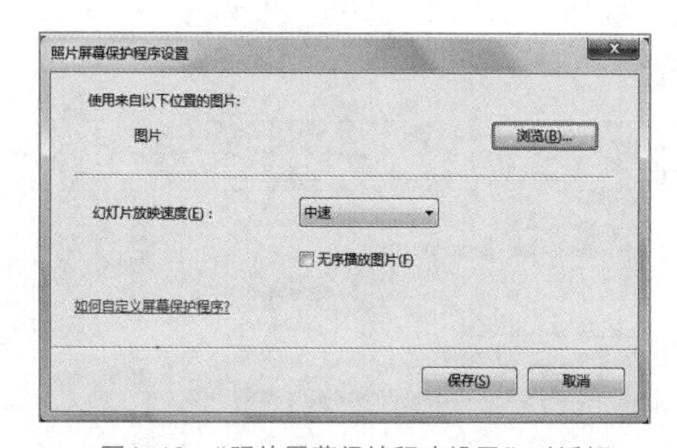

图1-46 “照片屏幕保护程序设置”对话框

（3）单击“浏览”按钮，选择显示图片的文件夹为“图片”，单击“保存”按钮，返回“屏幕保护程序设置”对话框，最后单击“确定”按钮即可。

1.4.5.2 添加、删除程序

1. 安装程序

目前大多数软件安装光盘都有自动安装功能，将安装光盘放入光驱后自动启动安装程序，根据安装向导完成安装即可。手动安装时，找到安装程序的可执行文件 setup.exe 或安装程序名 .exe 等，双击可执行文件，再按安装向导完成安装。

2. 卸载或更改程序

如果软件带有卸载程序，可通过执行卸载程序删除应用程序。对于没有卸载程序的软件，可通过控制面板来删除应用程序。选择【控制面板→程序→卸载程序】命令，打开“卸载或更改程序”窗口，如图 1–47 所示。在程序列表中选择要操作的程序，再单击“卸载”“更改”“修复”按钮，即可完成相应操作。

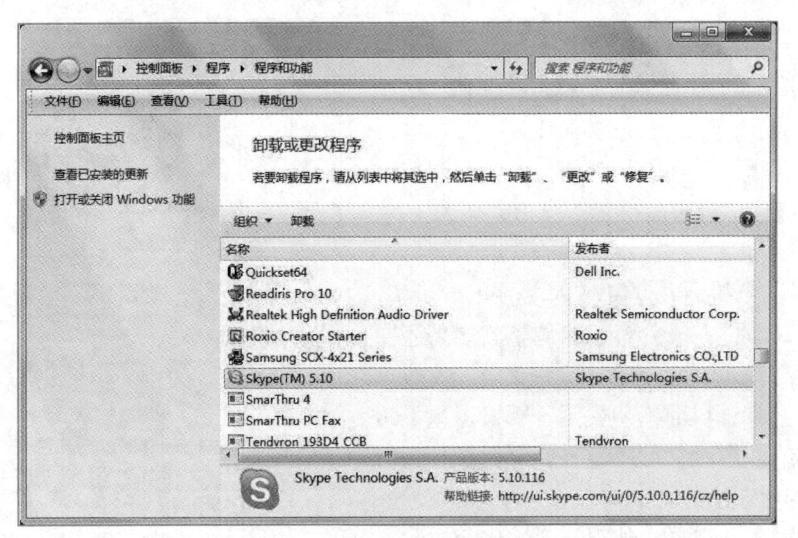

图1-47 “卸载或更改程序”窗口

1.4.5.3 输入法管理

Windows 7 系统提供多种输入法，用户可根据自已的使用习惯进行切换、添加或者删除输入法。

添加／删除输入法的操作步骤如下：

（1）打开控制面板，选择【时钟、语言和区域→更改键盘或其他输入法】命令，弹出“区域和语言”对话框，如图 1–48 所示。

（2）单击“更改键盘”按钮，弹出如图 1–49 所示的“文本服务和输入语言”对话框，在“已安装的服务”列表中显示已安装的输入法。

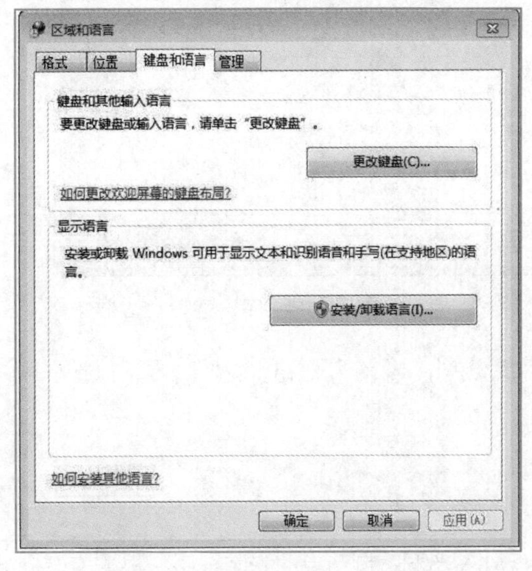

图1-48 “区域和语言”对话框

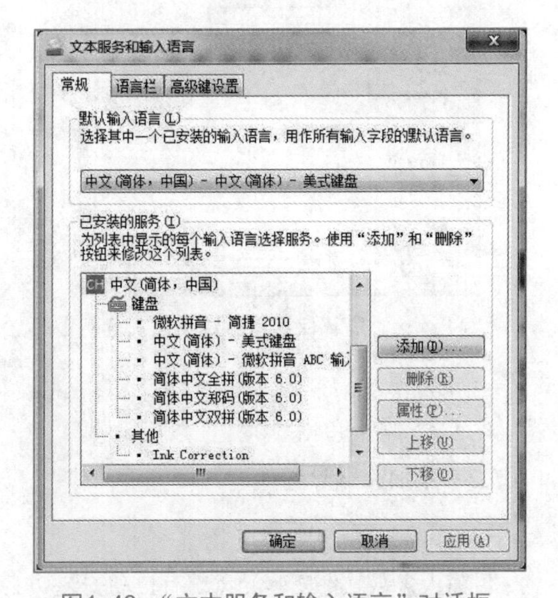

图1-49 “文本服务和输入语言”对话框

（3）若要添加输入法，单击“添加”按钮，弹出如图 1–50 所示的“添加输入语言”对话框，选择要添加的输入法，单击“确定”按钮即添加完毕。

（4）如果删除输入法，可在“已安装的服务”的列表中选择要删除的输入法，然后单击“删除”按钮。

输入法的切换通常有两种方法：

- 鼠标操作法：单击“任务栏”中的语言栏图标，屏幕上会显示当前系统已安装的输入法，单击要切换的输入法即可。
- 键盘操作法：按【Ctrl+Shift】组合键依次切换系统中所有的输入法；按【Ctrl+Space】组合键可快速在现有的输入法与英文输入法之间切换。

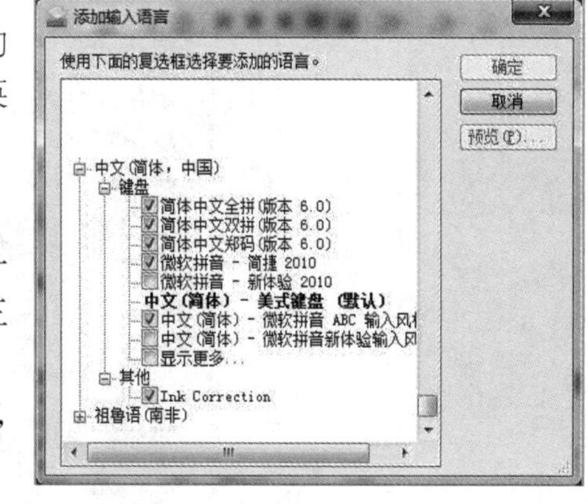

图1-50　“添加输入语言”对话框

1.4.5.4　硬件的添加

附加的硬件设备需要安装才能正常使用，打印机是计算机的一个基本操作，要完成打印任务，必须要先安装打印机。安装一台三星打印机的操作步骤如下：

（1）打开控制面板，选择【硬件和声音→查看设备和打印机】，打开“设备和打印机”窗口，如图1-51所示。

（2）单击“添加打印机”按钮，弹出“添加打印机”对话框，如图1-52所示。

（3）单击“添加本地打印机”选项，选择相应的连接打印机的端口，如图1-53所示。通常，打印机使用LPT1口（并口）或USB端口。

（4）单击“下一步”按钮，在“厂商”列表中选择打印机厂商，在“打印机”列表中选择对应的打印机型号，如图1-54所示。

图1-51　“设备和打印机”窗口

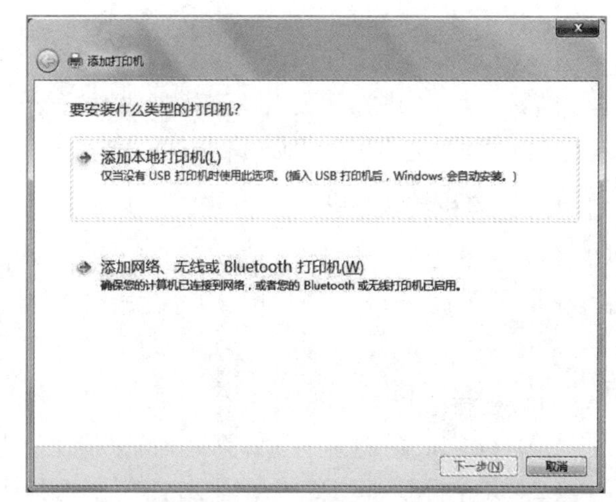

图1-52　“添加打印机”对话框

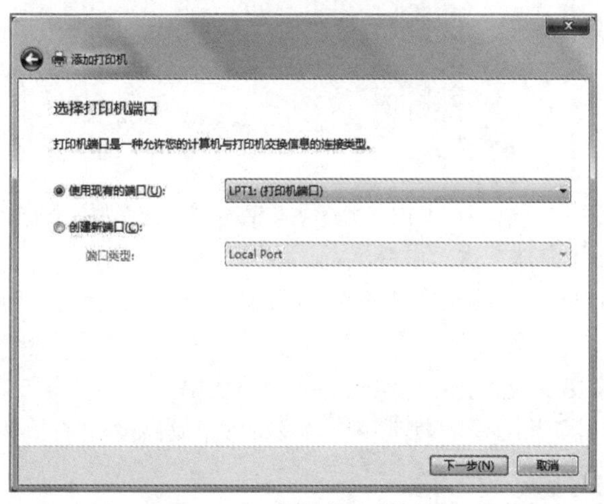

图1-53　选择打印机端口

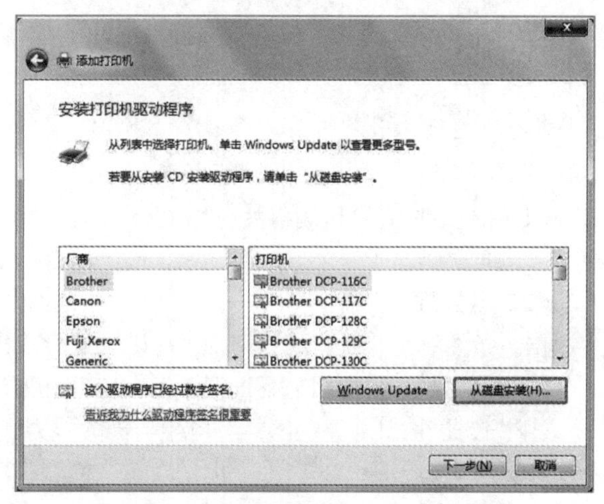

图1-54　“安装打印机驱动程序”窗口

（5）若没有所安装的型号，则单击“从磁盘安装”按钮，选择驱动程序。完成打印机安装后，会出现一个打印机图标，如图 1-55 所示。安装打印机驱动也可打开安装光盘，双击 Setup.exe 文件进行安装。

图1-55 完成安装

1.5 计算机安全

随着计算机的快速发展以及计算机网络的普及，伴随而来的计算机安全问题越来越受到人们广泛的重视与关注，大量计算机病毒借助网络进行传播。

1.5.1 计算机病毒概述

计算机病毒是入侵并隐藏在计算机系统内，对计算机系统具有破坏作用，影响计算机操作，而且能够自我复制的计算机程序。计算机病毒实际上就是人为造成的，像病毒在生物体内部繁殖导致生物患病一样。

1. 计算机病毒的分类

计算机病毒主要分为以下三类：

（1）网络病毒：通常通过计算机网络来传播并使网络上的计算机感染。

（2）文件病毒：专门感染计算机内的执行文件或文档文件，如 .com、.exe、.doc 等类型文件。

（3）引导型病毒：感染硬盘启动区和系统引导区。

另外，还有上述 3 种情况的混合型，通常具有复杂的算法，使用非常规的方法侵入系统，同时使用了加密和变形算法。

2. 计算机病毒的特性

计算机病毒具有以下 5 种特性：

（1）潜伏性：计算机病毒具有寄生能力，依附在其他程序上，入侵计算机的病毒可以在一段时间内不发作，经过一段时间到达了一个预定的日期，或者满足一定的条件才发作，进行破坏活动。

（2）激发性：计算机病毒一般具有一定的激活条件，这些条件可能是日期、时间、文件类型或者某些特定数据。条件满足时就启动感染，进行破坏或者攻击。

（3）隐藏性：计算机病毒一般不易被觉察和发现，通常伪装成为普通的文件存于计算机中。

（4）传播性：计算机病毒具有再生与扩散能力，它能够自动将自身的复制品或者变种感染到其他程序上。这是计算机病毒最根本的属性，也是判断、检测病毒的重要依据。

（5）破坏性：绝大部分的计算机病毒具有破坏性，它不仅耗尽系统资源，使计算机网络瘫痪，删除破坏文件与数据，格式化硬盘，甚至有些病毒会破坏硬件，造成灾难性的后果。

3. 计算机病毒的传播途径

计算机病毒的传染性是计算机病毒的一项最基本的特性，如果计算机缺乏传播渠道，其破坏性只能局限在一台计算机上，无法大肆破坏其他计算机。只要充分地了解计算机病毒的传播路径，便可以有效地防止病毒对计算机的入侵。计算机病毒主要通过文件复制、传送等方式传播，而主要的传播媒介包移动存储设备、光盘和网络。

（1）移动存储设备以其传输的高速度、高稳定性的特性，成为现在流行的存储工具，它主要是通过文件的复制和安装来传播文件型病毒。

（2）光盘是容量大、能存储大量文件、价格便宜的存储设备。市场中的光盘大多是只读性光盘，不能进行写的操作，所以一旦在光盘制作时感染病毒，就不能清除它。盗版光盘的泛滥，给病毒的传播带来很大的方便，甚至在翻版的杀毒软件中就带有病毒。

（3）随着网络的普及与 Internet 的兴起，网络病毒也随之发展起来。其主要出现在邮件附件或者浏览网站中。很多病毒会伪装在一封匿名或者假装是用户朋友的邮件的附件中，通常是可执行文件格式（.exe 文件），而且附有欺骗信息使用户运行文件。一旦附件下载到计算机并且运行，病毒就会不知不觉地感染计算机系统。另外一种形式比较多出现在一些不知名的网站，一些不法分子通常会制作一些含有恶性代码的网页，或者在网页的文件中嵌入一些病毒文件，当用户用浏览器访问这些网站时，恶性代码会破坏其计算机系统，或者病毒文件会驻留在显示网页的临时文件夹中，并感染计算机系统。

4. 计算机感染病毒的现象

计算机一旦感染了病毒，会表现出各种各样的现象，人们比较熟悉的现象如下：

（1）计算机启动或者运行速度明显变慢，程序加载与运行的时间比平时长。

（2）内存空间骤然变小，出现内存空间不足，不能加载执行文件的提示。

（3）突然出现许多来历不明的隐藏文件或者其他文件。

（4）个人文件无故被修改或者破坏。

（5）可执行文件运行后，神秘地消失，或者产生出新的文件。

（6）屏幕上出现特殊的显示。

（7）系统出现无故重启，或者经常出现死机现象。

1.5.2 常见病毒

1. CIH 病毒

CIH 病毒的破坏性比较大，它发作时不仅破坏硬盘的引导区和分区表，而且损坏计算机主板芯片。CIH 病毒是第一种直接破坏计算机硬件系统的病毒。

CIH 病毒是一位大学生所编写的，最早于 1998 年被发现，之后经互联网传播，短短几个月内便在全球爆发，对全世界特别是亚洲国家造成了巨大的损害。CIH 病毒只感染 Windows 系统下运行的扩展名为 exe、com 等应用程序。感染 CIH 病毒后会出现如下症状：系统不能正常启动，这时如果重新热启动，将会给病毒破坏计算机主板芯片带来机会：如果是不可升级的 BIOS 主板芯片，将会使 CMOS 参数变为出厂时的状态；如果是可升级的 BIOS，将使主板受到破坏。

2. 蠕虫病毒

蠕虫病毒对计算机的威胁很大。从“熊猫烧香”“爱虫”到“欢乐时光”，都属于蠕虫病毒家族。蠕虫病毒属于脚本病毒，它本身的病毒代码很短，但利用了 Windows 系统的开放性特点，通过脚本程序调用功能更强的组件来完成自己的功能。蠕虫病毒具有很强的传播性，破坏力很强。

蠕虫病毒一旦进入计算机，就会迅速地吞噬大量的内存和大量的带宽从而造成机器停止响应，并且使用网络连接将其自身复制到其他的计算机系统中。蠕虫主程序一旦在计算机中得到建立，就可以去收集与当前

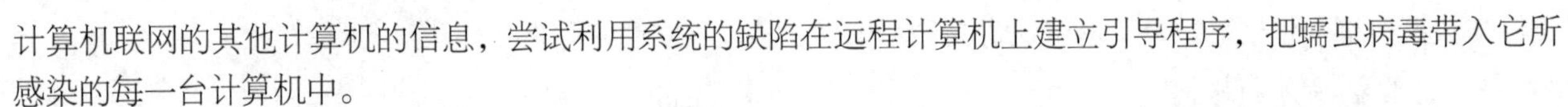

计算机联网的其他计算机的信息，尝试利用系统的缺陷在远程计算机上建立引导程序，把蠕虫病毒带入它所感染的每一台计算机中。

蠕虫病毒程序能够常驻于一台或多台计算机中，并有自动重新定位的能力。假如它能够检测到网络中的某台计算机没有被占用，就把自身的一个程序段副本发送到那台计算机。每个程序段都能复制自身重新定位于另一台计算机上，并且能够识别自己所占用的那台计算机。而在网络环境下，蠕虫病毒可以按几何级数增长模式进行传染并侵入计算机网络，可以导致计算机网络效率急剧下降、系统资源遭到严重破坏，短时间内造成网络系统瘫痪。而且，蠕虫病毒清除难度大，网络中只要有一台工作站未能完全杀净病毒，就可使整个网络重新全部被病毒感染，甚至刚刚完成杀毒工作的一台工作站马上会被网上另一台工作站的带毒程序所传染。

"求职信"病毒、"欢乐时光"病毒、"熊猫烧香"病毒都是典型的蠕虫病毒。它们利用系统的漏洞，使没有修复漏洞的用户会自动运行该病毒，使计算机感染病毒之后能主动关闭许多杀毒软件的运行，正是这个特点使得它的传播速度明显快于其他病毒。

3. 木马病毒

木马病毒，是指通过特定的程序来控制另一台计算机。木马通常有两个可执行程序：一个是控制端（客户端），另一个是被控制端（服务端）。运行了木马程序的服务端，会产生一个有着容易迷惑用户的名称的进程，暗中打开端口，向指定地点发送数据（如网络游戏的密码，即时通信软件密码和用户上网密码等），黑客甚至可以利用这些打开的端口进入计算机系统。

木马这个名字来源于古希腊传说，木马病毒与一般的病毒不同，它不会自我繁殖，也并不刻意地去感染其他文件，它通过将自身伪装吸引用户下载执行，向施种木马者提供打开被种主机的门户，使施种者可以任意毁坏、窃取被种者的文件，甚至远程操控被种主机。

木马病毒的产生严重危害着现代网络的安全运行，属于恶性病毒，计算机一旦被感染，就会被黑客操纵，使计算机上的文件、密码毫无保留地向黑客展现，黑客甚至还可以打开和关闭用户计算机上的程序。病毒通常隐藏在电子邮件中，并且其隐蔽性非常好，用户在不知情下即会安装程序，且安装程序会自动消失，以致目标用户被感染后仍不知道。木马程序容量十分轻小，运行时不会浪费太多资源，因此没有使用杀毒软件是难以发觉的，运行时很难阻止它的行动。木马病毒运行后，立刻自动登录在系统引导区，之后每次在Windows加载时自动运行，或立刻自动变更文件名，甚至隐形，或马上自动复制到其他文件夹中，运行连用户本身都无法运行的动作。

木马病毒在互联网时代让无数网民深受其害。无论是"网购""网银"还是"网游"的账户密码，只要与钱有关的网络交易，都是木马攻击的重灾区，用户稍有不慎极有可能遭受重大钱财损失甚至隐私被窃。以下几种都属于木马病毒：

（1）支付大盗：2012年，一款名为"支付大盗"的网购木马被发现。木马网站利用百度排名机制伪装为"阿里旺旺官网"，诱骗网友下载运行木马，再暗中劫持受害者网上支付资金，把付款对象篡改为黑客账户。

（2）QQ黏虫：在2011年度就被业界评为十大高危木马之一，之后该木马变种卷土重来，伪装成QQ登录框窃取用户QQ账号及密码。值得警惕的是不法分子盗窃QQ后，除了窃取账号关联的虚拟财产外，还有可能假冒身份向被害者的亲友借钱。

（3）网银刺客：2012年大名鼎鼎的"网银刺客"木马开始大规模爆发，该木马恶意利用某截图软件，把正当合法软件作为自身保护伞，从而避开了不少杀毒软件的监控。运行后会暗中劫持网银支付资金，影响十余家主流网上银行。

（4）怪鱼：该木马充分利用了新兴的社交网络，在中招计算机上自动登录受害者微博账号，发布虚假中奖等钓鱼网站链接。

（5）新鬼影：此木马主要寄生在硬盘MBR（主引导扇区）中，如果用户计算机没有开启安全软件防护，中招后无论重装系统还是格式化硬盘，都无法将其彻底清除干净。

4. 攻击系统漏洞的病毒

2003年，破坏力极强"冲击波"病毒，便是利用Windows系统的RPC漏洞实现的。RPC中处理通过

TCP/IP 的消息交换的部分有一个漏洞。攻击者利用该漏洞能在受其影响的系统上以本地系统权限运行代码，能执行任何操作，包括安装程序，查看、更改或者删除数据，或者建立系统管理员权限的帐号。利用此漏洞的蠕虫病毒也应运而生。

病毒运行时会不停地利用 IP 扫描技术寻找网络上系统为 Windows 的计算机，找到后就利用 DCOM RPC 缓冲区漏洞攻击该系统，一旦攻击成功，病毒体将会被传送到对方计算机中进行感染，使系统操作异常、不停地重启，甚至导致系统崩溃。另外，该病毒还会对微软的一个升级网站进行拒绝服务攻击，导致该网站堵塞，使用户无法通过该网站升级系统，还会使被攻击的系统丧失更新该漏洞补丁的能力。

1.5.3　计算机的安全防护

1. 计算机病毒的防治

自计算机病毒出现以来，病毒与反病毒之间的斗争一直在持续。虽然现在没有出现不能杀除的病毒，但病毒对反病毒来说永远是超前的。因此对计算机病毒，应该采取“预防为主，防治结合”的策略，同时也要增强用户的防病毒意识，防患于未然。

一般可以采用以下预防防治措施：

（1）用户应该增强防病毒的安全意识。

（2）在使用他人光盘或移动设备时，要先检测病毒再使用。

（3）在他人机器上使用自己的移动设备时，最好处于写保护状态。

（4）用户应养成对重要文件做备份的习惯。

（5）应购买并安装正版的具有实时监控的杀毒软件和网络防火墙，并定时升级病毒描述库以及操作系统，并及时修复漏洞。

（6）对于上网的用户，不要轻易打开来历不明的邮件中的附件；不要浏览一些不太了解的网站；不要执行从 Internet 下载后未经杀毒处理的软件；应调整好浏览器的安全设置，并且禁止一些脚本和 ActiveX 控件的运行，防止恶性代码的破坏，这些必要的习惯会使用户的计算机更安全。

（7）迅速隔离受感染的计算机。当用户的计算机发现病毒或异常时应立刻断网，以防止计算机受到更多的感染，或者成为传播源，再次感染其他计算机。

（8）了解一些病毒知识，这样就可以及时发现新病毒并采取相应措施，在关键时刻使自己的计算机免受病毒破坏；了解一些注册表知识，可以定期看一看注册表的自启动项是否有可疑键值；了解一些内存知识，可以经常看看内存中是否有可疑程序。

2. 防范黑客的攻击

黑客是指一些对计算机着迷的、具有冒险精神和恶作剧心理、把入侵行为看成对自己计算机技术挑战的人。

随着人们对计算机网络依赖的日益加深，网络安全也越来越重要。由于网络的互联共享，来自网络内部和全世界各个地方的黑客都可能对其进行攻击。现今的黑客活动主要通过掌握的技术进行犯罪活动。如窥视政府、军队的机密信息，企业内部的商业秘密，个人的隐私资料等；截取银行账号，信用卡密码，以盗取巨额资金；攻击网上服务器，使其瘫痪，或取得控制权，修改、删除重要文件，发布不法言论等。

因此，如何有效地防范黑客越来越受到广泛关注。通常可采用以下方式防范黑客攻击。

（1）防火墙技术。防火墙实际上是控制两个网络间互相访问的系统，在软件与硬件相结合的情况下，能在内部网络与外部网络之间构造出一个保护层，内、外部的通信必须经过此保护层进行检查与连接，只有授权的通信才能通过。使用防火墙技术可以阻止外部对内部网络的非法访问。对于个人用户而言，可以安装防火墙软件，其技术大致与防火墙系统相似，可以实时监控网络与计算机之间信息的进出和访问的端口，用户可以按照预定的策略，或者自己定义的策略来规范进出计算机的信息的安全性，以防止黑客的入侵。

（2）利用加密技术，对数据与信息在传输过程中进行加密。

（3）对系统文件和重要的数据文件进行磁盘的写保护或加密。

（4）提供授权认证，为特许的用户提供访问权限，并对权限进行有效控制。

（5）不定时更换系统的密码，且提高密码的复杂度，以增强入侵者破译的难度。

（6）关闭或删除系统中不需要的服务。默认情况下，许多操作系统会安装一些辅助服务，如FTP客户端、Telnet和Web服务器。这些服务为攻击者提供了方便，且对用户没有太大用处，如果删除它们，可大大减少被攻击的可能性。

课后练习

一、单选题

1. 控制器和（　　）组成计算机的中央处理器。
   A. 存储器　B. 运算器　C. 显示器　D. 主板
2. 中央处理器的英文缩写是（　　）。
   A. GPU　B. BBU　C. OCU　D. CPU
3. 内存储器分为只读存储器（ROM）和（　　）。
   A. 硬盘　B. 随机存储器（RAM）　C. 光盘　D. 软盘
4. 以下设备不属于存储设备的是（　　）。
   A. 硬盘　B. 内存　C. U盘　D. 主板
5. 在存储设备中，计算机关机后数据会丢失的是（　　）。
   A. 硬盘　B. 光盘　C. U盘　D. 内存
6. 微型计算机系统包括（　　）。
   A. 主机和外设　B. 硬件系统和软件系统
   C. 主机和各种应用软件　D. 运算器和控制器
7. 以下设备不属于输出设备的是（　　）。
   A. 显示器　B. 打印机　C. 扬声器　D. 电视卡
8. 软件分为系统软件和（　　）。
   A. 应用软件　B. 财务软件　C. 教学软件　D. 网络软件
9. 冯·诺依曼对计算机的两点设计思想是（　　）。
   A. 引入CPU和存储器概念　B. 采用机器语言和汇编语言
   C. 采用二进制和存储程序控制的概念　D. 采用高级语言编程
10. 十进制数55对应的二进制数是（　　）。
    A. 110111　B. 101001　C. 101000　D. 111001
11. 把二进制数1101001转换成十六进制数为（　　）。
    A. 69　B. D2　C. D1　D. 6A
12. 在计算机中，1 KB等于（　　）。
    A. 1000 B　B. 1024 B　C. 1024 MB　D. 1024 GB
13. 在微机中，一个字节包含（　　）。
    A. 4位二进制位　B. 8位二进制位　C. 16位二进制位　D. 32位二进制位
14. 微型计算机中运算器的主要功能是进行（　　）。
    A. 实现算术运算和逻辑运算　B. 保存各种指令信息供系统其他部件使用
    C. 对指令进行分析和译码　D. 按主频指示规定发出时钟脉冲
15. 下列属于计算机系统软件的是（　　）。
    A. 程序和数据　B. 系统软件和应用软件
    C. 程序、数据与文档　D. 操作系统与程序设计语言
16. 在下列存储器中，访问速度最快的是（　　）。

A. 硬盘存储器　　B. 光盘存储器　　C. 内存储器　　D. 磁带存储器

17. 属于显示器性能指标的是（　　）。

A. 速度　　B. 可靠性　　C. 分辨率　　D. 精度

18. 下面不是系统软件的是（　　）。

A. DOS 和 Windows　　B. DOS 和 UNIX　　C. WPS 和 Word　　D. UNIX 和 Linux

19. 下面列出的四项中，不属于计算机病毒特征的是（　　）。

A. 潜伏性　　B. 激发性　　C. 传染性　　D. 免疫性

20. 下列对计算机病毒的叙述正确的是（　　）。

A. 计算机病毒只感染扩展名为 .exe 或 .com 的文件

B. 计算机病毒可以通过读 / 写盘或 Internet 进行传播

C. 计算机病毒是通过电力网进行传播的

D. 计算机病毒是一种被破坏了的程序

21. 下面（　　）不属于“关机”选项中的内容。

A. 切换用户　　B. 锁定　　C. 重新启动　　D. 关闭硬盘

22. 在 Windows 7 下，下列（　　）不属于窗口内的组成部分。

A. 标题栏　　B. 状态栏　　C. 菜单栏　　D. 对话框

23. 在 Windows 7 中，用户可以同时启动多个应用程序，按（　　）组合键可以在各应用程序之间进行切换。

A.【Alt+Tab】　　B.【Alt+Shift】　　C.【Ctrl+Alt】　　D.【Ctrl+Esc】

24. 在 Windows 7 中，按（　　）组合键切换中 / 英文输入法。

A.【Ctrl+Space】　　B.【Alt+Shift】　　C.【Shift +Space】　　D.【Ctrl+Shift】

25. 在进行文件操作时，要选择多个不连续的文件，必须首先按住（　　）键。

A.【Ctrl】　　B.【Alt】　　C.【Shift】　　D.【Space】

二、操作题

小明的计算机用了 4 年，积累了很多照片、电影、歌曲等资料，小明如何整理这些资料，合理地设置库和文件夹，将资料存放得更有规律、更合理?

第2章 Word文字处理

学习目标

- 了解Word 2010的常用功能和使用技巧。
- 掌握字体、段落、项目编号、图文混排等基础排版方法。
- 掌握插入艺术字、图片、表格等对象的方法。
- 掌握目录、页眉页脚、样式等高效排版方法。
- 掌握邮件合并的应用。
- 了解页面设置的操作方法。

Word 2010 是一个基于 Windows 环境的文字处理软件，主要用于文字处理和表格制作。使用 Word 2010 可以编排出精美的文档、规整的工作报告、美观的书稿等。

本章通过通知的制作、求职简历的制作、毕业论文排版、邀请函等案例来讲解 Word 2010 文字、表格、图文混排、页面布局等操作。

2.1 预备知识

2.1.1 Word 2010简介

Microsoft Office 2010 是微软公司推出的 Office 系列软件，是办公处理软件的代表产品。它不仅在功能上进行了优化，还增添了许多更实用的功能，且安全性和稳定性等方面得到巩固。Office 2010 集成了 Word、Excel、PowerPoint、Access 和 Outlook、OneNote 等常用的办公组件的功能。

Word 2010 主要用于制作通知、信函、广告、小报、论文等，广泛应用于各行各业的多样化文档处理及日常办公事务中。Word 2010 在 Word 2007 的基础上进行了功能扩充和改进，如改进的搜索和导航体验、向文本添加视觉效果、将用户的文本转化为引人注目的图表、向文档加入视觉效果、恢复用户认为已丢失的工作、将屏幕快照插入到文档中等功能，为协同办公提供了更加简便的途径。

2.1.2 Word 2010工作界面

打开 Word 2010 看到的文档窗口如图 2-1 所示。窗口主要包括标题栏、快速访问工具栏、8 个选项卡、选项组、功能区域文档编辑区、状态栏等。

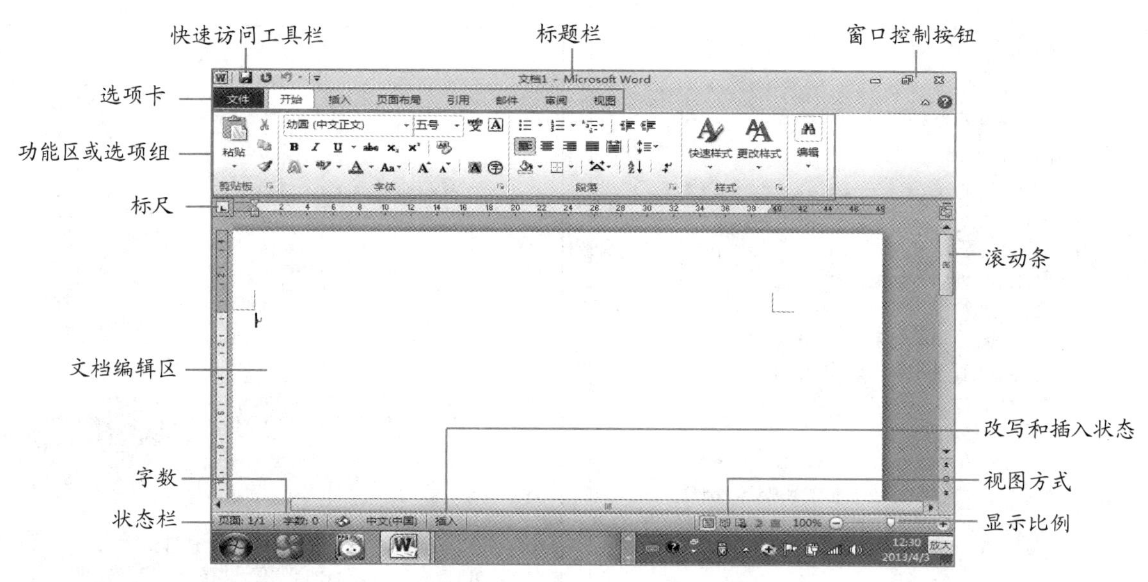

图2-1 Word 2010工作界面

（1）标题栏：位于窗口最上边，左侧是快速访问工具栏，中间是标题，右侧是窗口控制按钮。

快速访问工具栏：包含一组常用命令按钮，位于标题栏左侧，它是可自定义的工具栏。若要向快速启动工具栏添加命令按钮，右击某个按钮，选择快捷菜单中的“添加到快速启动工具栏”命令，在快速启动工具栏上将出现该按钮。

（2）选项卡：Word 2010 中所有的命令以按钮的形式放在选项卡下，单击选项卡中的功能区按钮就可以执行相关的命令。在 Word 2010 中包括文件、开始、插入、页面布局、引用、邮件、审阅和视图等 8 个选项卡。

（3）功能区或选项组：在选项卡的功能区中，所有命令按钮都根据功能分组，便于查找各种命令按钮。

（4）文档编辑区：位于窗口中间，是用户编写文档的区域。

（5）状态栏：位于窗口最下面，左侧显示当前页数、总页数、总字数、语言地区、插入方式等，右侧显示各种视图的按钮和显示比例。

2.2 文档基础排版

2.2.1 案例简介

以文字为主体的文档称为“文字型文档”，常见的文字型文档有通知、产品说明书、会议安排、宣传小报等。通知是办公中使用率较高的文档类型，必须符合办公行文的格式和要求，应简洁、清楚地说明通知的内容。

学院团委拟于近期组织全体同学进行户外拓展活动，由相关老师负责写一份通知，并进行排版，排版的效果如图 2-2 所示。

本案例主要涉及文档基础排版的内容，包括：创建文档、保存文档、输入文本及字符、设置字符格式、设置段落格式、项目编号的设置、查找与替换、首字下沉、分栏、边框底纹、图片、艺术字、文本框、页面设置、打印等。

关于户外素质拓展活动的通知

各位同学：

新的学期刚刚开始，作为大一的新生，同学们需要更多相互了解和学习的机会。为了提高同学们的身体及心理素质，增强同学们的团队凝聚力，团委拟于近期组织全体同学进行户外拓展活动，现将具体事宜通知如下：

一、活动时间：10月29日—30日。

二、活动地点：广州“白云山”户外拓展基地。

三、活动项目：室内课程及户外活动。

四、注意事项：

(一)着长袖运动装、防滑运动鞋，女同学着裤装；

(二)严格按照教练的要求参加活动，以确保人身安全；

(三)活动期间将手机等随身物品放在房间，以免丢失。

请同学们准时参加活动，特此通知。

联系人：李佴　　电话：34810×××

院团委

二〇一六年十月十三日

和谐云山　和谐广州

白云山，景色秀丽，自古以来就是广州有名的风景胜地。如“蒲涧濂泉”、“白云晚望”、“景泰僧归”等，均被列入古代“羊城八景”。白云山位于广州市的东北部，为南粤名山之一，自古就有“羊城第一秀”之称。山体相当宽阔，由30多座山峰组成，为广东最高峰九连山的支脉。面积20.98平方公里，主峰摩星岭高382米，峰峦重叠，溪涧纵横，登高可俯览全市，遥望珠江。每当雨后天晴或暮春时节，山间白云缭绕，蔚为奇观，白云山之名由此得来。

白云山风景区从南至北共有7个游览区，依次是：麓湖游览区、三台岭游览区、鸣春谷游览区、摩星岭游览区、明珠楼游览区、飞鹅岭游览区及荷依岭游览区。景区内有三个全国之最的景点，分别是：全国最大的园林式花园——云台花园；全国最大的天然式鸟笼——鸣春谷；全国最大的主题式雕塑专类公园——雕塑公园。

60年代和80年代，白云山分别以“白云松涛”和“云山锦秀”胜景两度被评为“羊城新八景”之一。清末时有白云寺、双溪寺、能仁寺、弥勒寺等古寺及白云仙馆、明珠、百花冢等名胜古迹。每逢九九重阳佳节，羊城人民更以登白云山为乐事，每逢此时，扶老携幼，人流熙熙攘攘的热闹场景便构成羊城一幅独特的风情画。

“何处云山不生云，此处白云独占春”，置身这一幅幅绚丽的画卷之中，感受这一张张喜悦的笑脸，一阵阵欢乐的歌声……和谐云山，就是和谐广州的一张靓丽名片！

景区交通

环保游览观光电瓶车是白云山风景区近期推出的一项游览交通工具，目的是为了更好地保护广州市肺白云山，以营造一个山幽、林绿、水清、气爽的生态环境，这种以蓄电池为动力的无污染车辆，时速为每小时二十公里，一辆车可以乘坐十人，制动系统安全可靠。

游客须知

为了确保您和家人、朋友的安全，请您在白云山风景区期间注意以下事项：

一、爱护景区绿化和设施，禁止采摘花果，攀登树木和践踏草地；讲究卫生，文明游览。

二、严格保护风景区水资源，禁止上山取水。

三、禁止在景区内放风筝、溜冰及滑板，不得在风景区内开展越野寻宝和攀岩等活动。

四、未经同意，不准在景区内拍摄电影、电视、广告、婚纱录像等。

五、禁止携带易燃、易爆物品和其它妨碍公共秩序的危险物品进园。

六、禁止在景区内进行一切违法犯罪活动。

图2-2　活动通知效果图

2.2.2　文档的创建与保存

1. 创建文档

创建文档常用的方法有3种：

（1）启动Word 2010，自动创建一个名为“文档1”的新文档，用户可以在这个文档中开始工作。

（2）单击“快速访问工具栏”中的“新建”按钮。

（3）选择【文件→新建】命令，在“可用模板”列表中选择“空白文档”。

2. 保存文档

（1）保存新文档。完成新建文档后，将新文档保存在指定路径下，命名为“户外拓展通知.docx”，操作步骤如下：

单击“快速访问工具栏”中的“保存”按钮，弹出“另存为”对话框，如图2-3所示；在对话框中选择保存文档的路径，如选择路径“E:\ 第2章项目”，在“文件名”下拉列表中输入“户外拓展通知”，在“保存类型”下拉列表中选择“Word文档（*.docx）”；最后单击“保存”按钮。

提　示

保存文档时，要设置好3个参数：保存位置、文件名、保存类型，特别注意文档的默认扩展名是.docx。用户可以把扩展名改为.doc，方法是在“另存为”对话框的“保存类型”下拉列表中选择“Word 97—2003文档”选项。

（2）保存已有文档。一般有3种方法：

• 单击“快速访问工具栏”中的“保存”按钮。

• 选择“文件”菜单中的“保存”命令。
• 按【Ctrl+S】组合键。

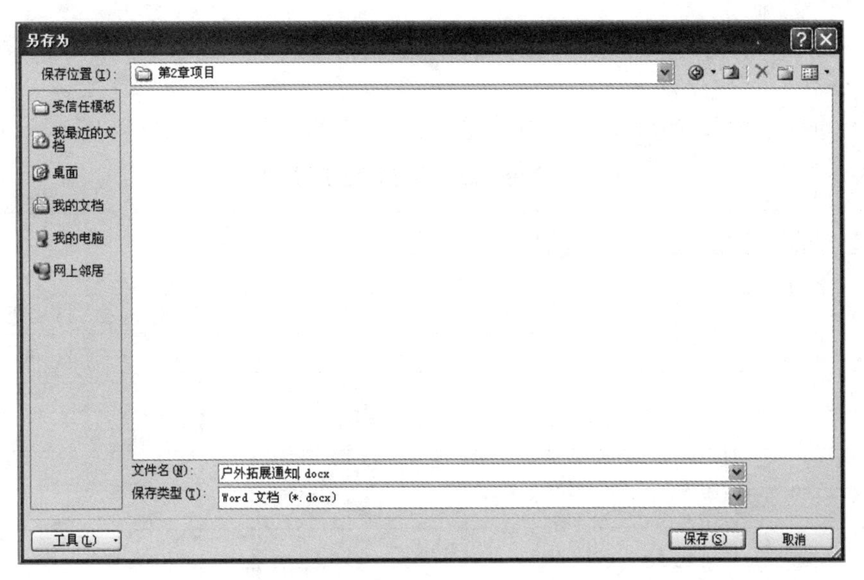

图2-3 “另存为”对话框

（3）自动保存文档。“自定义保存文档方式”可以设置文档默认文件位置、文档保存格式、文档保存间隔时间等信息。操作步骤如下：

选择【文件→选项】命令，在弹出的“Word 选项”对话框中，选择“保存”选项，可根据需要进行设置，如将“文档保存间隔”设置为5分钟，将“文件保存为此格式”设置为.docx等信息，如图2–4所示。

图2-4 “Word选项”对话框

2.2.3　输入文本与字符

文档的内容一般可包括英文字母、数字、符号、汉字、表格和图形等，可通过键盘、复制粘贴、插入符号等方式来完成。

☞对照活动通知的效果图，通过适当的方式录入通知的文字。

1. 使用键盘输入

在文档编辑区中，先切换到合适的输入法，如五笔、搜狗等，然后在光标处输入标题“关于户外素质拓展活动的通知”。

常用的中文标点符号也可由键盘输入，在中文输入状态，常用标点符号与键盘字符对照表如表 2-1 所示。

表2-1 常用标点符号与键盘字符对照表

名 称	标 点	输 入 键	说 明
顿号	、	＼	
单引号	‘’	'	自动配对
双引号	“”	Shift+ “〃“	自动配对
破折号	——	Shift+ “－”	
省略号	……	Shift+ “^”	
间隔号	·	Shift+ “@”	
连接号	—	Shift+ “&”	
人民币号	￥	Shift+ “$”	
左书名号	《	Shift+ “<”	
右书名号	》	Shift+ “>”	

提 示

输入文本时要注意以下事项：

- 中英文切换用【Ctrl+空格】组合键。
- 用【Delete】键来删除光标后的字符；用【Backspace】键来删除光标前的字符。
- 为了排版方便，在各行结尾处不要按【Enter】键，当一段结束时，按【Enter】键。【Enter】键表示插入一个段落标记。

2. 使用复制粘贴输入

操作步骤如下：

（1）打开本章素材“素材—通知 .docx”，选中第一页文字。

（2）选择右键菜单中的“复制”命令（或者按【Ctrl+C】组合键）。

（3）打开文件“户外拓展通知”，将光标定位在第 2 行，选择右键菜单中的“粘贴”命令，即可将文字复制到当前文件（或者按【Ctrl+V】组合键）。

常用组合键与功能的对照表如表 2-2 所示。

表2-2 常用组合键与功能对照表

组 合 键	功 能	组 合 键	功 能
Ctrl+C	复制	Ctrl+X	剪切
Ctrl+V	粘贴	Ctrl+A	全选
Ctrl+S	保存	Ctrl+F	查找
Ctrl+O	打开	Ctrl+N	新建

3. 输入特殊符号

有些特殊符号，而且符号是键盘上没有的符号如生僻字、版权符号、商标符号等，可以进行特殊符号的插入。

输入符号的操作步骤如下：

（1）将光标定位在倒数第三行的文字“电话”前。

（2）输入“人”，选中输入的“人”。

（3）选择【插入→符号→其他符号】，弹出“符号”对话框，如图 2-5 所示。

（4）选择所需的文字“侀”，单击【插入】按钮。

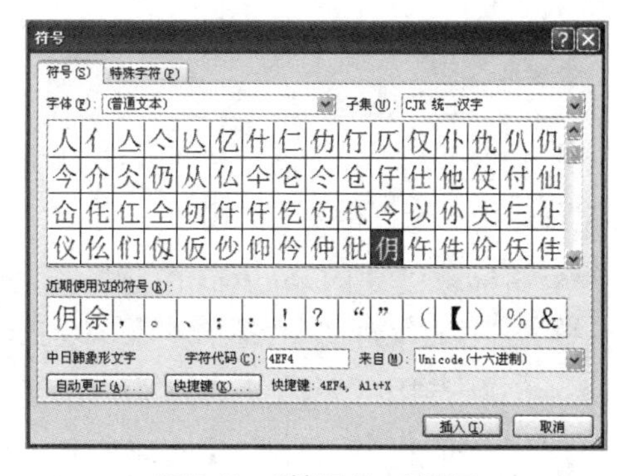

图2-5 “符号”对话框

2.2.4 设置字体与段落格式

1. 设置字体格式

字体的格式设置包括字体、字形、字号、字体颜色、字符间距等。在【开始→字体】功能区或者“字体”菜单中可设置相关的格式。在对文档进行编辑时，要遵循“先选定，后操作”的原则，用鼠标选择文本的操作方法如表 2-3 所示。

表2-3 使用鼠标选择文本操作方法

选 择 文 本	操 作 方 法
一个单词	双击该单词
一个句子	按住【Ctrl】键，单击该句子的任何位置
一行文字	在选定区，单击该行
连续多行文字	在选定区，单击首行，向下拖动鼠标
一段	在选定区，双击该段中的任意一行
整个文档	按【Ctrl+A】组合键，或按【Ctrl】键同时单击选定区
矩形区域	按住【Alt】键，拖动鼠标
任意数量文字	拖动鼠标选择文字

☞ 将标题“关于户外素质拓展活动的通知”设置为“宋体、小二号、加粗、字符间距加宽 1 磅”，其他文字设置为“仿宋 _GB2312、三号”。操作步骤如下：

（1）选中标题“关于户外素质拓展活动的通知”。

（2）在【开始→字体】功能区中，单击右下角的 按钮。弹出“字体”对话框，在“字体”选项卡中设置“中文字体”为宋体，“字形”为加粗，“字号”为小二号，如图 2-6 所示。或者直接在“字体”功能区中的字体、字形、字号按钮设置相关格式，如图 2-7 所示。

（3）打开“字体”对话框的“高级”选项卡，设置“字符间距（加宽）”1 磅，然后单击“确定”按钮，如图 2-8 所示。

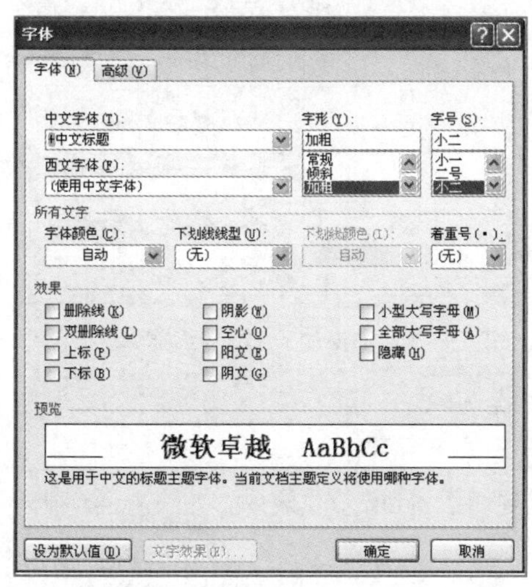

图2-6 “字体”对话框

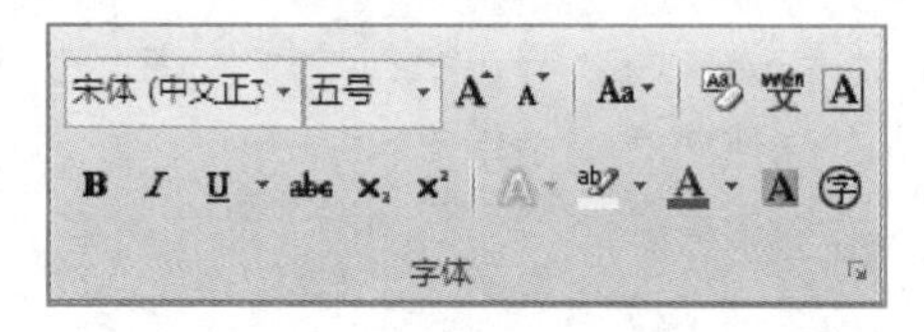

图2-7 “字体”功能区

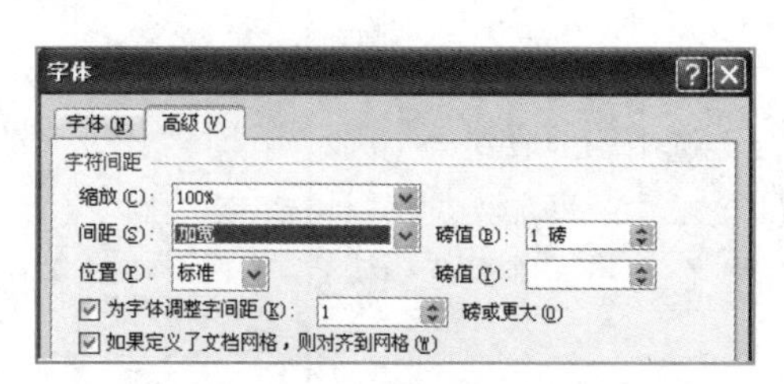

图2-8 “高级”选项卡

（4）按上述方法设置其他文字的格式。

2. 设置段落格式

段落的格式设置包括对齐方式、大纲级别、左右缩进、首行缩进、段前段后间距、行距等。在【开始→段落】功能区中可设置相关的格式。

☞ 将标题“关于户外素质拓展活动的通知”设置为“居中对齐、段后间距 0.5 行”，将第 2 段到第 12 段设置为“首行缩进 2 个字符、行距 30 磅”，将最后两行设置“右对齐”。操作步骤如下：

（1）选中标题“关于户外素质拓展活动的通知”。

（2）在【开始→段落】功能区中，单击右下角的 按钮。弹出“段落”对话框，在“缩进和间距”选项卡中设置“对齐方式”为居中，“间距（段后）”为 0.5 行，然后单击“确定”按钮，如图 2-9 所示。

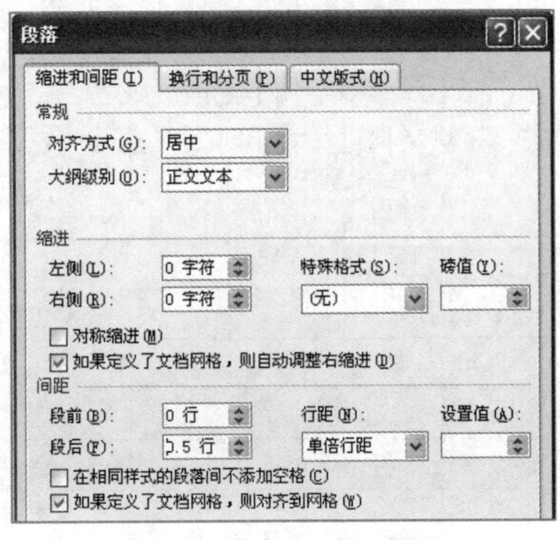

图2-9 “段落”对话框

（3）选中第 2 段到第 12 段，弹出“段落”对话框，设置“特殊格式（首行缩进）”为 2 字符，“行距（固定值）”为 30 磅。

（4）选中最后两行，弹出“段落”对话框，设置“对齐方式”为右对齐。

提 示

在编辑文档的过程中，经常会遇到多处文本或段落具有相同格式的情况，为了减少重复的排版操作，可以使用“格式刷”工具，以便实现字符格式、段落格式的复制。

2.2.5 设置项目符号与编号

在文档中，对于按一定顺序或层次结构排列的项目，可以为其添加项目符号和编号。给文档添加了项目符号和编号，可使文档更具有层次感，有利于阅读和理解。项目编号一般使用阿拉伯数字、中文数字或英文字母，以段落为单位进行标识。项目符号主要用于区分文档中不同类别的文本内容，使用原点、星号等符号表示项目符号。

☞ 参考图 2-10，给第 4 段到第 10 段加上项目编号，操作步骤如下：

（1）选中第 4 段到第 10 段。

（2）在【开始→段落】功能区中，单击“编号”按钮 ，在编号库中，选择样式“一、二、三”，如图 2-11 所示。

一、活动时间：10 月 29 日—30 日。

二、活动地点：广州“白云山”户外拓展基地。

三、活动项目：室内课程及户外活动。

四、注意事项：

(一)着长袖运动装、防滑运动鞋，女同学着裤装；

(二)严格按照教练的要求参加活动，以确保人身安全；

(三)活动期间将手机等随身物品放在房间，以免丢失。

图2-10 “项目编号”效果

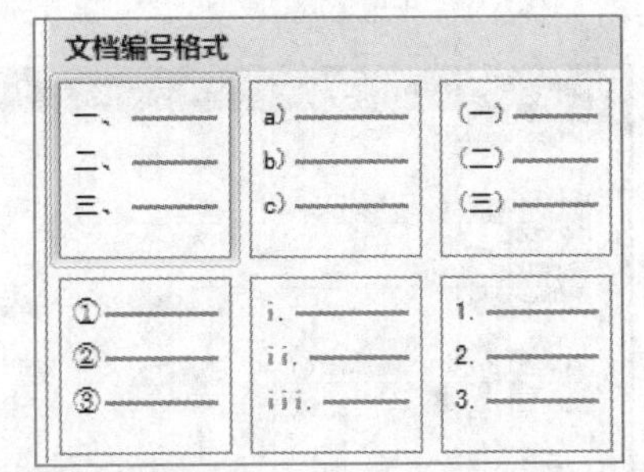

图2-11 项目编号库

（3）选中第 8 段到第 10 段，此时为一级编号，如图 2-12 所示。

（4）单击“增加缩进量”按钮 ，编号更新为二级标题，效果如图 2-13 所示。

（5）在编号库中，选择样式“（一）、（二）、（三）”，即可看到图 2-10 所示的效果。

五、着长袖运动装、防滑运动鞋，女同学着裤装；
六、严格按照教练的要求参加活动，以确保人身安全；
七、活动期间将手机等随身物品放在房间，以免丢失。

图2-12 一级编号效果图

a）着长袖运动装、防滑运动鞋，女同学着裤装；
b）严格按照教练的要求参加活动，以确保人身安全；
c）活动期间将手机等随身物品放在房间，以免丢失。

图2-13 二级编号效果图

提 示

- 设置项目编号格式的方法：在【开始→段落】功能区中，单击“编号”按钮，选择“定义新编号格式”，在弹出的对话框中设置“编号样式”“编号格式”“对齐方式”“字体”等。
- 删除项目符号的方法：选择已添加项目符号的段落，在【开始→段落】功能区中，单击“编号”按钮，选择“无”。

2.2.6 图文混排

在文档排版中，常常需要制作一些具有吸引力的图文混排的文档，借助丰富的图来装饰文档，如音乐会宣传、社团招新、旅游景点宣传、服装表演宣传等。图文混排，就是将文字与图片混合排列，通过搜集相关的素材，对素材进行布局设计，以及各种修饰手段美化文档。常用的图文混排包括：首字下沉、分栏、边框底纹、图片、艺术字、文本框。案例的第二页是对白云山的介绍文字进行图文混排操作，排版的效果如图 2-14 所示。

和谐云山 和谐广州

白云山，景色秀丽，自古以来就是广州有名的风景胜地。如“蒲涧濂泉”、“白云晚望”、“景泰僧归”等，均被列入古代“羊城八景”。白云山位于广州市的东北部，为南粤名山之一，自古就有“羊城第一秀”之称。山体相当宽阔，由 30 多座山峰组成，为广东最高峰九连山的支脉。面积 20.98 平方公里，主峰摩星岭高 382 米，峰峦重叠，溪涧纵横，登高可俯览全市，遥望珠江。每当雨后天晴或暮春时节，山间白云缭绕，蔚为奇观，白云山之名由此得来。

白云山风景区从南至北共有 7 个游览区，依次是：麓湖游览区、三台岭游览区、鸣春谷游览区、摩星岭游览区、明珠楼游览区、飞鹅岭游览区及荷依岭游览区。景区内有三个全国之最的景点，分别是：全国最大的园林式花园——云台花园；全国最大的天然式鸟笼——鸣春谷；全国最大的主题式雕塑专类公园——雕塑公园。

60 年代和 80 年代，白云山分别以“白云松涛”和“云山锦秀”胜景两度被评为“羊城新八景”之一。清末时有白云寺、双溪寺、能仁寺、弥勒寺等古寺及白云仙馆、明珠、百花冢等名胜古迹。每逢九九重阳佳节，羊城人民更以登白云山为乐事，每逢此时，扶老携幼，人流熙熙攘攘的热闹场景便构成羊城一幅独特的风情画。

“何处云山不生云，此处白云独占春”，置身这一幅幅绚丽的画卷之中，感受这一张张喜悦的笑脸，一阵阵欢乐的歌声……和谐云山，就是和谐广州的一张靓丽名片！

景区交通

环保游览观光电瓶车是白云山风景区近期推出的一项游览交通工具，目的是为了更好地保护广州市肺白云山，以营造一个山幽、林绿、水清、气爽的生态环境，这种以蓄电池为动力的无污染车辆，时速为每小时二十公里，一辆车可以乘坐十人，制动系统安全可靠。

游客须知

为了确保您和家人、朋友的安全，请您在白云山风景区期间注意以下事项：
一、爱护景区绿化和设施，禁止采摘花果，攀登树木和践踏草地；讲究卫生，文明游览。
二、严格保护风景区水资源，禁止上山取水。
三、禁止在景区内放风筝、溜冰及滑板，不得在风景区内开展越野寻宝和攀岩等活动。
四、未经同意，不准在景区内拍摄电影、电视、广告、婚纱录像等。
五、禁止携带易燃、易爆物品和其它妨碍公共秩序的危险物品进园。
六、禁止在景区内进行一切违法犯罪活动。

图2-14 “图文混排”效果图

☞ 打开素材“素材－通知”，选中第二页文字中“和谐云山和谐广州”的文字，复制粘贴到当前文档“户外拓展通知”的第二页。

1. 分栏

分栏功能可以调整文档的布局，使文档更具有灵活性。利用分栏功能可以将文档设置为两栏、三栏等，还可根据需要控制栏的宽度和间距。

☞ 参考图 2-14 的效果图，将正文前三段的文字分成三栏，操作步骤如下：

（1）选中文字。

（2）在【页面布局→页面设置】功能区中，单击“分栏”按钮，在下拉列表中选择“更多分栏”，在“分栏”对话框中选择“三栏”，然后单击“确定”按钮，如图 2-15 所示。

2. 边框和底纹

为文本或段落添加边框和底纹，从而让文档的某些部分突出显示，加以强调，文档也更加独特美观。

☞ 参考图 2-14 的效果图，将最后一段添加浅绿色的粗实线边框、浅绿色的浅色下斜线底纹。操作步骤如下：

（1）选中最后一段文字。

（2）在【开始→段落】功能中，单击“框线”按钮田，选择“边框和底纹”，在“边框和底纹”对话框中，选择“边框”选项卡，设置“样式”为粗实线、“颜色”为浅绿色、“应用于”段落，如图 2–16 所示。

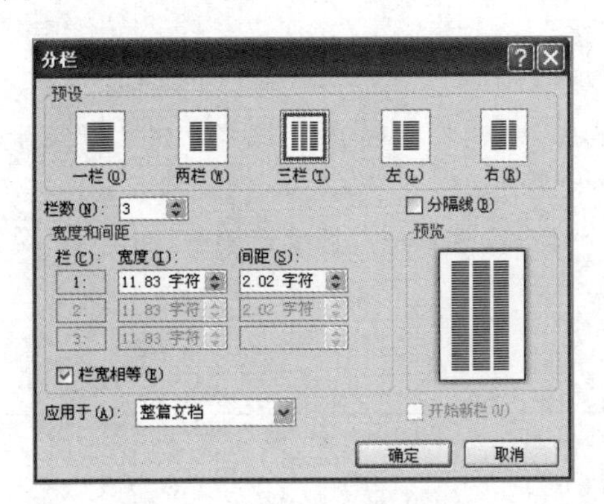

图2–15 “分栏”对话框

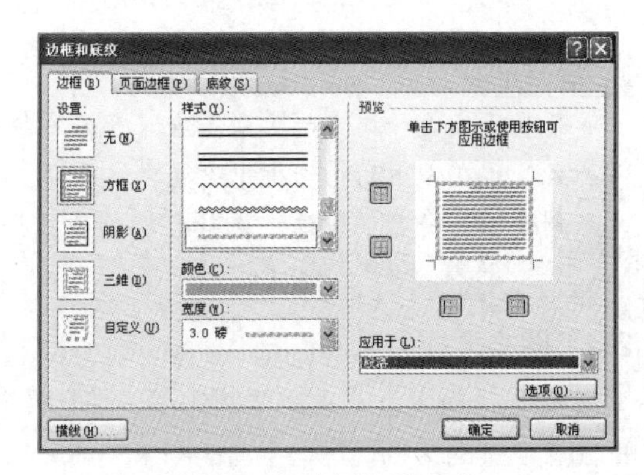

图2–16 “边框”选项卡

（3）选择“底纹”选项卡，设置“样式”为浅色下斜线、“颜色”为浅绿色、“应用于”段落，如图 2–17 所示。

（4）单击“确定”按钮，效果如图 2–18 所示。

提 示

注意边框和底纹“应用于段落”和“应用于文字”的区别。

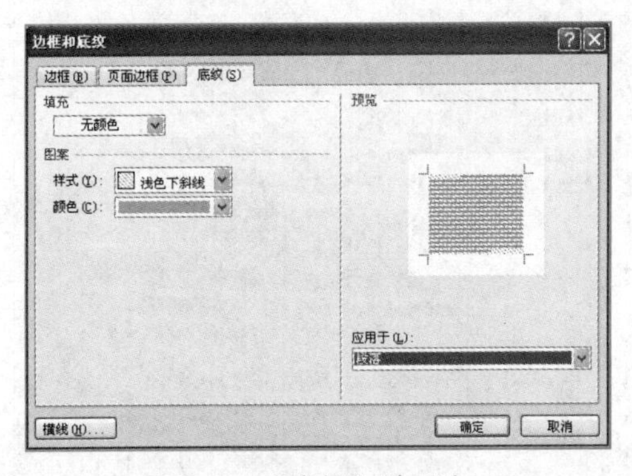

图2–17 “底纹”选项卡

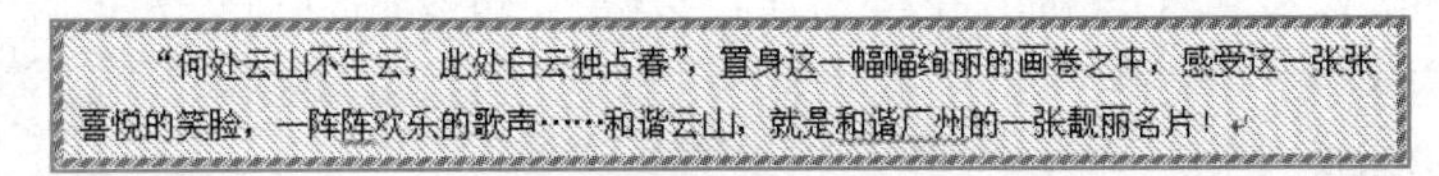

图2–18 添加边框底纹效果

3. 查找和替换

使用查找和替换功能，可在文档中查找某一字符或字符串，或把文档的某些内容批量替换或修改。

☞将正文中所有的文字“白云山”替换为绿色、华文新魏、加粗的“白云山”。操作步骤如下：

（1）选中正文的文字。

（2）在【开始→编辑】功能区中，单击“替换”按钮 ab→ac，在“查找和替换”对话框中，在“查找内容”文本框中输入“白云山”，在“替换为”文本框中输入“白云山”，如图 2–19 所示。

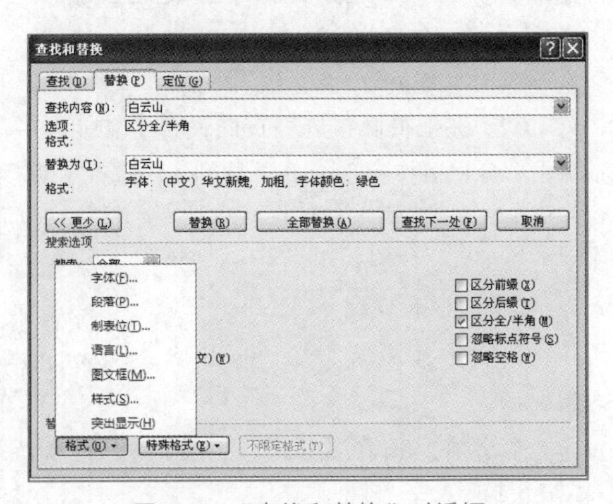

（3）单击“更多”按钮，选择【格式→字体】命令，在“替

图2–19 “查找和替换”对话框

换字体”对话框中设置“字体”为华文新魏、加粗，“字体颜色”为绿色，然后单击“全部替换”按钮。

提 示

如果“替换字体”的格式设置错误，单击“不限定格式”按钮后，再重新设置新的格式。

4. 艺术字

利用艺术字功能可生成具有特殊视觉效果的文字。在文档中插入艺术字，能为文档增加特色。

☞ 参考图 2-14 的效果图，将标题“和谐云山 和谐广州”设置为艺术字，“样式”为“填充 - 橄榄色、强调文字颜色 3、粉状棱台”，“文本效果”为上弯弧，“环绕方式”为紧密型环绕。操作步骤如下：

（1）选中标题“和谐云山　和谐广州”。

（2）在【插入→文本】功能区中，单击“艺术字”按钮，选择样式“填充 - 橄榄色、强调文字颜色 3、粉状棱台”，即可添加艺术字，如图 2-20 所示。

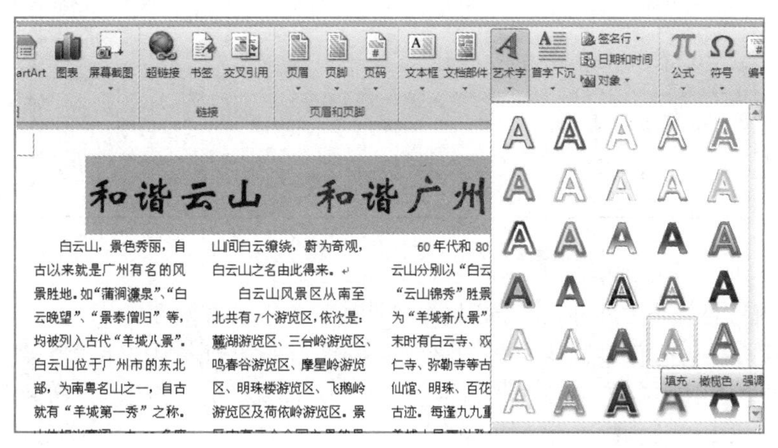

图2-20　“艺术字”样式

（3）选中艺术字“和谐云山　和谐广州”，在【格式→艺术字样式】功能区中，单击【文本效果→转换】，选择“跟随路径”中的“上弯弧”，如图 2-21 所示。

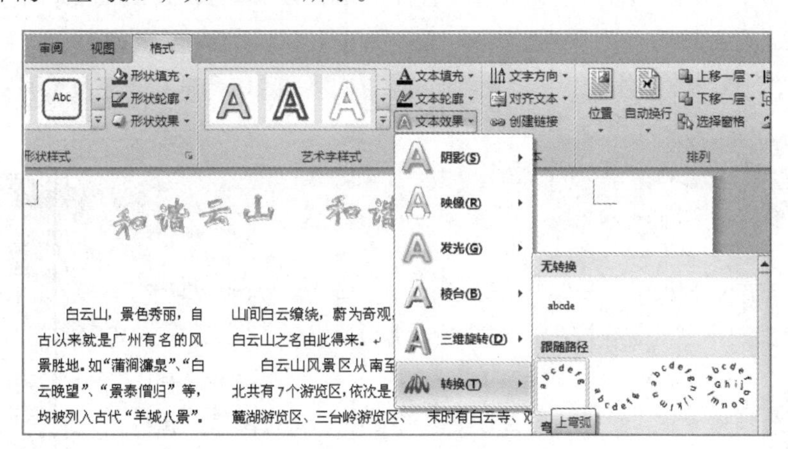

图2-21　“艺术字”文本效果

（4）在【格式→排列】功能区中，单击自动换行按钮，选择下拉列表中的“四周型环绕”。

（5）拖动艺术字，适当调整位置和大小。

5. 图片

在文档中插入适当的图片，可使文档变得更加丰富多彩。Word 2010 中插入的图片包括剪贴画、来自用户文件的图片、形状等。

☞ 参考图 2-14 的效果图，将本章素材中的图片“白云山 .jpg”插入在第三段末尾，设置图片样式为“柔化边缘椭圆”，环绕方式为“紧密型”，并适当调整图片大小。操作步骤如下：

（1）把光标定位在第三段的末尾。

（2）在【插入→插图】功能区中，单击“图片”按钮，在“插入图片”对话框中，选择要插入的图片“白云山 .jpg”，然后单击“插入”按钮，如图 2-22 所示。

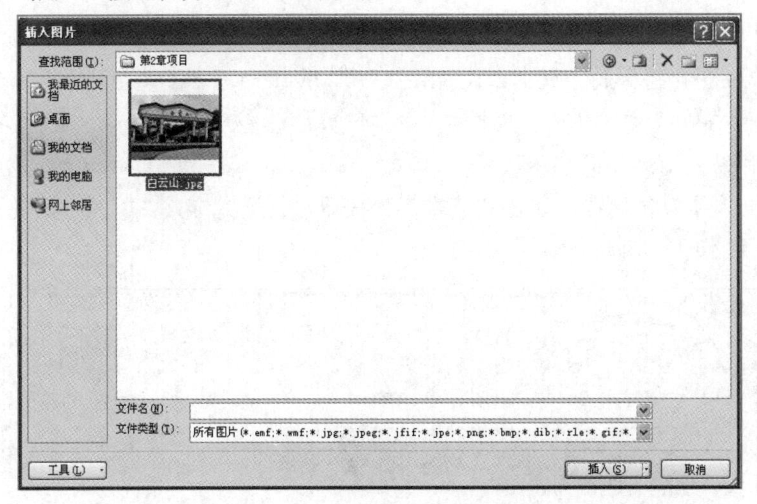

图2-22 “插入图片”对话框

（3）选中图片，在【格式→图片样式】功能区中，选择“柔化边缘椭圆”。

（4）在【格式→排列】功能区中，单击自动换行按钮，在下拉列表中选择“紧密型环绕”。

（5）将光标移到图片四周的 8 个控制点处，当光标变为双向箭头时，按住鼠标左键拖动图片控制点，适当调整图片的大小，并拖动图片调整到合适的位置。

6. 首字下沉

首字下沉就是加大字符，主要用在文档或章节的开头处。首字下沉分为下沉与悬挂两种方式，下沉是首个字符在文档中加大，占据文档中多行的位置；悬挂是首个字符悬挂在文档的左侧部分，不占据文档中的位置。

☞ 参考图 2-14 所示的效果图，将第一个文字“白”设置为首字下沉 2 行，字体为“华文新魏”。操作步骤如下：

（1）把光标定位在要设置首字下沉的段落。

（2）在【插入→文本】功能区中，单击“首字下沉”按钮，在打开的下拉列表中选择“首字下沉”选项。

（3）在“首字下沉”对话框中，设置“位置”为下沉，“字体”为华文新魏，“下沉行数”为 2，然后单击“确定”按钮，如图 2-23 所示。

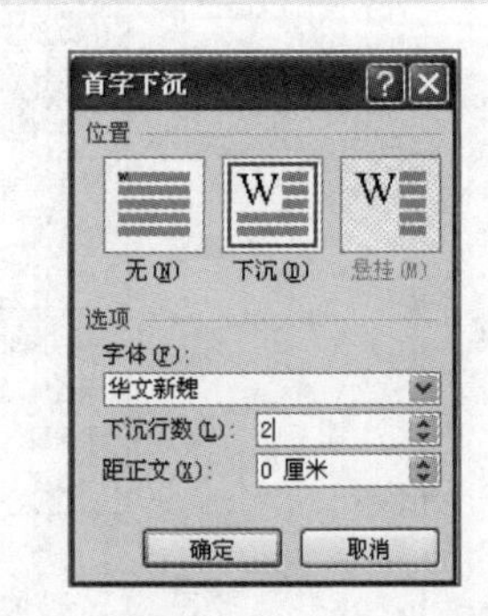

图2-23 “首字下沉”对话框

提 示

取消首字下沉的操作方法：把光标定位在要取消首字下沉的段落，在“首字下沉”按钮的下拉列表中选择“无”。

7. 文本框

文本框是一种可移动、可调大小的文字或图形容器。使用文本框，可以在一页上放置数个文字块，或使文字按与文档中其他文字不同的方向排列，对文档进行轻松布局。在文档中不仅可以添加内置文本框，还可以绘制“横排”或“竖排”文本框。

☞ 参考图 2-14 的效果图，将“素材 – 通知”第二页文字中的“景区交通”文字放在竖排文本框中，设置文本框的形状轮廓为“无轮廓”。操作步骤如下：

（1）在【插入→文本】功能区中，单击“文本框”按钮，在打开的下拉列表中选择“绘制竖排文本框”。

（2）光标变为“十”形状，拖动鼠标可绘制合适大小的“竖排”文本框。

（3）将“素材 - 通知”中的“景区交通”的文字复制到“竖排”文本框中。

（4）选择“竖排”文本框，在【格式→形状样式】功能区中，选择“形状轮廓”按钮，在打开的下拉列表中选择“无轮廓”，文本框的边框即会取消。

☞ 参考图 2-14 的效果图，将“素材 – 通知”中的“游客须知”的文字放在横排文本框中，设置文本框的形状轮廓为“绿色、2.25 磅实线”，形状填充为“浅蓝色”。操作步骤如下：

（1）在【插入→文本】功能区中，选择“文本框”按钮，在打开的下拉列表中选择“绘制文本框”。

（2）光标变为“十”形状，拖动鼠标可绘制合适大小的“横排”文本框。

（3）将“素材 – 通知”中的“游客须知”的文字复制到“横排”文本框中。

（4）选择“横排”文本框，在【格式→形状样式】功能区中，单击“形状轮廓”按钮，在打开的下拉列表中选择“颜色为绿色、粗细为 2.25 磅”。选择“形状填充”按钮，在打开的下拉列表中选择“颜色为浅蓝色”。

2.2.7 设置文档页面格式

1. 页面设置

由于排版的需要，通常需要打印不同规格的文档，所以在编辑文档之前需要对页面进行适当的设置来达到要求。页面设置通常包括页边距、纸张方向、纸张大小等设置，页边距是指打印纸的边缘与正文之间的距离，分为上、下、左、右页边距。

☞ 将文档“户外拓展通知”的页边距设置为“上、下 2.5 厘米，左、右 3 厘米”，纸张方向为“纵向”，纸张大小为 A4。操作步骤如下：

（1）在【页面布局→页面设置】功能区中，单击“页边距”按钮，在打开的下拉列表中选择“自定义边距”。

（2）在弹出的“页面设置”对话框中，在“页边距”选项卡，上、下框中输入 2.5 厘米，左、右框中输入 3 厘米，“纸张方向”选择“纵向”；在“纸张”选项卡中，设置纸张大小为 A4，然后单击“确定”按钮，如图 2-24 所示。

2. 设置页面边框

太单调的页面看起来会很枯燥，尤其是打印之后，除了黑就是白，用户可根据需要为文档添加页面边框。设置页面边框可以为打印出来的文档增加效果。给文档添加页面边框的操作步骤如下：

（1）在【页面布局→页面背景】功能区中，单击“页面边框”按钮，在弹出的“边框和底纹”对话框中，设置“样式”“颜色”“宽度”等，如图 2-25 所示。

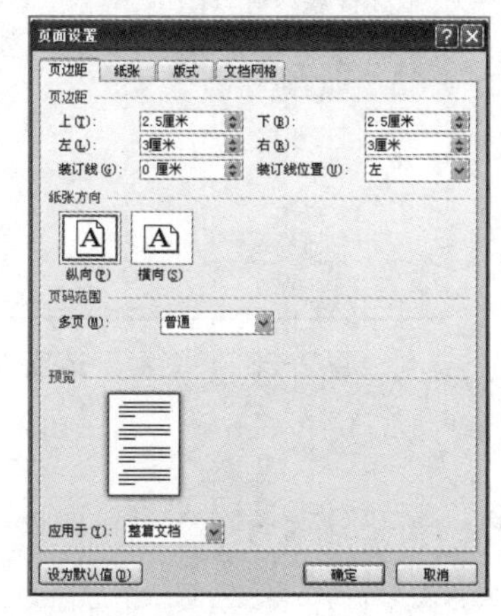

图2-24 “页面设置”对话框

图2-25 “页面边框”选项卡

（2）也可以在“艺术型”下拉列表框中选择带图案符的边框线，作为页面边框。

（3）还可以单击“横线”按钮，在弹出的“横线”对话框中选择合适的横线样式。

（4）单击“确定”按钮即可看到效果。

3. 设置页面颜色

利用背景填充效果中的渐变、纹理、图案、图片等选项，可以为背景增加许多新的元素，使文档更加美观、亮丽。给文档添加页面背景的操作步骤如下：

（1）在【页面布局→页面背景】功能区中，单击“页面颜色”按钮，在下拉列表中选择合适的颜色；如果选择“其他颜色”，可以在“颜色”对话框中，选择背景颜色。

（2）在下拉列表中选择“填充效果”选项，在弹出的“填充效果”对话框中选择“渐变”选项卡，设置合适的“颜色”“底纹样式”等，如图 2-26 所示。

（3）在“填充效果”对话框中，选择“纹理”选项卡，选择一种纹理效果，即可得到纹理背景效果，如图 2-27 所示。

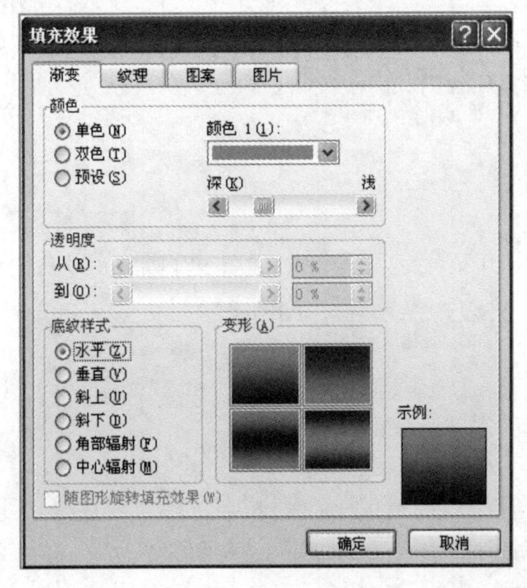

图2-26 “渐变”选项卡

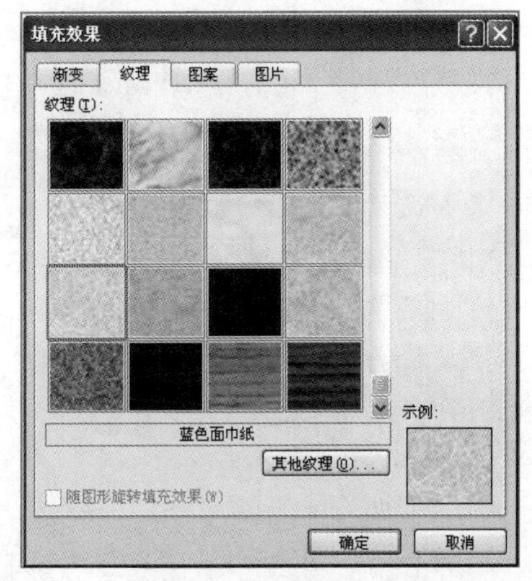

图2-27 “纹理”选项卡

（4）在“填充效果”对话框中，选择“图案”选项卡，设置合适的“图案”“前景”“背景”等，即可得到图案背景效果，如图 2-28 所示。

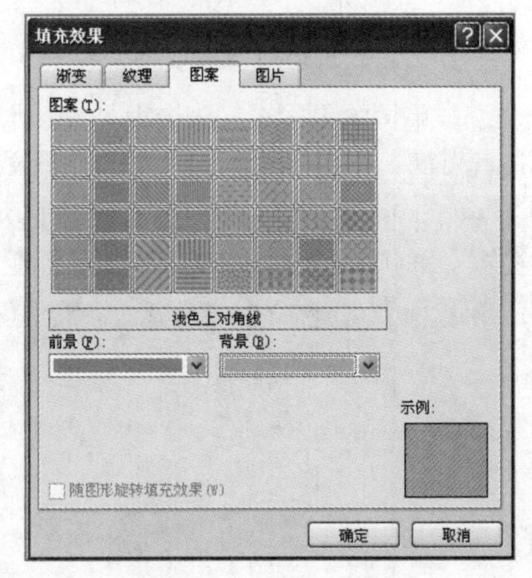

图2-28 “图案”选项卡

（5）在“填充效果”对话框中，选择“图片”选项卡，单击“选择图片”按钮，弹出“选择图片”对话框，在对话框中选择合适的背景图片，单击“插入”按钮，可得到图片效果的背景。

4. 设置水印

水印是向文档中添加某些信息以达到文件真伪鉴别、版权保护等功能。嵌入的水印信息隐藏于文件中，不影响原始文件的可观性和完整性。给文档添加水印的操作方法如下：

（1）在【页面布局→页面背景】功能区中，单击“水印”按钮，在下拉列表中选择“机密”或“紧急”类的水印样式。

（2）也可以在下拉列表中选择“自定义水印”选项，在弹出的“水印”对话框中，选择“图片水印”，单击“选择图片”按钮，在“插入图片”对话框中选择图片，创建图片水印，如图 2-29 所示。

（3）在“水印”对话框中，选择“文字水印”，在文字框输入文字，设置字体、字号、颜色和版式，创建文字背景，如图 2-30 所示。

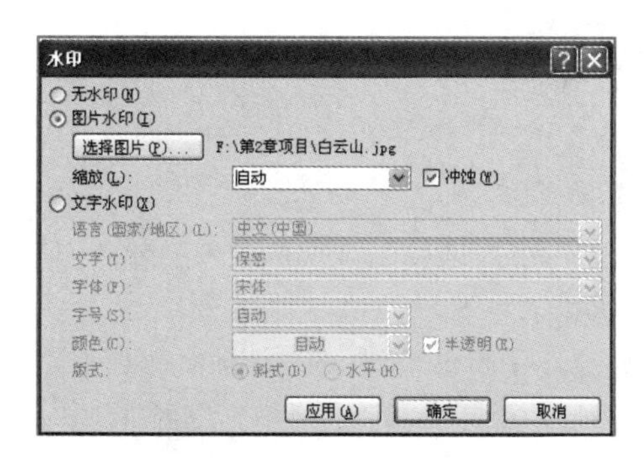

图2-29　图片水印对话框

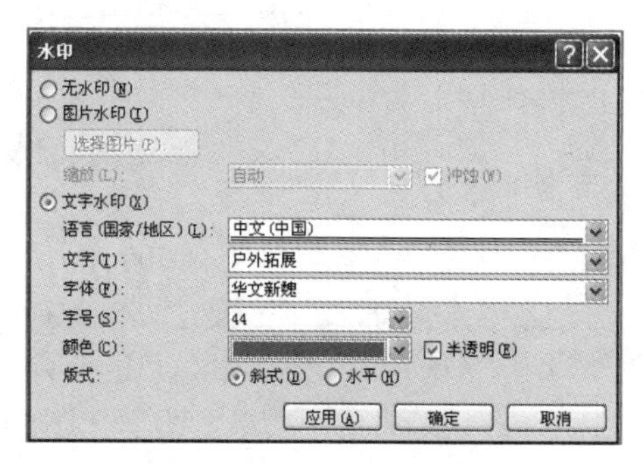

图2-30　文字水印对话框

（4）在“水印”下拉列表中，选择“删除水印”选项，可将水印删除。

5. 设置页眉页脚

☞ 在文档的页眉处输入文字“户外拓展”，页脚处插入页码。操作步骤如下：

（1）将光标定位在第一页，双击页眉区域，进入页眉页脚视图，输入文字“户外拓展”。

（2）在【设计→关闭】功能区中，单击“关闭页眉页脚”按钮，退出编辑页眉页脚的视图。观察效果，所有页面都添加了页眉。

（3）在【插入→页眉页脚】功能区中，选择“页码”按钮，在下拉列表中，选择【页眉底端→普通数字 2】，即可看到文档的页脚处添加了页码。

提　示

在文档未分节还是一个整体的情况下，插入页眉页脚，所有页面的页眉页脚都是统一的。

6. 文档视图方式

视图方式指的是浏览文档的模式。Word 2010 提供了多种在屏幕上显示文档的视图方式，目的是为了让用户能更好、更方便地浏览文档的某些部分，从而更好地完成不同的操作。

常用的视图方式有以下几种：页面视图、阅读版式视图、Web 版式视图、大纲视图、草稿。要切换到不同的视图，可在【视图→文档视图】功能区中，单击要切换的视图方式。

7. 打印文档

如果要更改打印设置，可选择【文件→打印】命令，在打开的列表中进行设置，如图 2-31 所示。

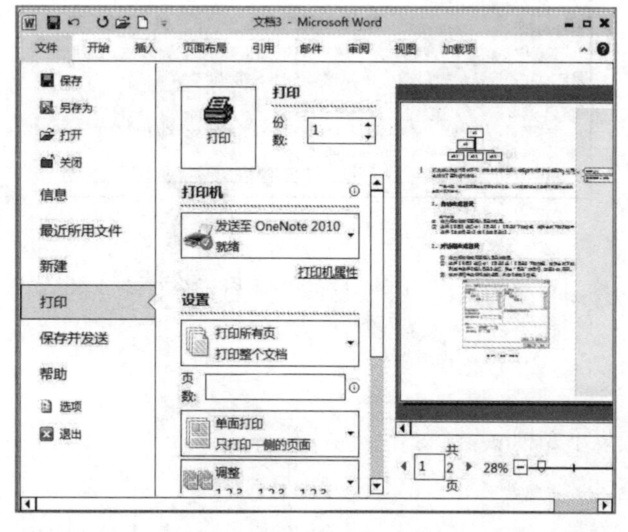

图2-31　“打印”列表

2.3 表格制作

2.3.1 案例简介

据有关资料统计，全国每年有500余万大学毕业生，并在逐年快速增长。在这种激烈的就业竞争之中，制作一份大方得体的简历，在就业之路上往往会起到事半功倍的效果。

刘 ×× 是音乐系毕业班的学生，近期有一场艺术类专业的专场招聘会，刘 ×× 计划制作一份简历参加招聘会。为了在应聘时给用人单位留下良好的印象，在众多的简历中让用人单位挑中，设计的简历应该尽量丰富，内容简洁明了，将自己所有的特长体现在简历中。

用表格表达内容，效果比较直观，往往一张表格就可以代替大篇的文字叙述，所以在简历制作中使用表格，可让内容简洁明了，也方便排版。刘 ×× 制作的简历效果如图 2-32 所示。

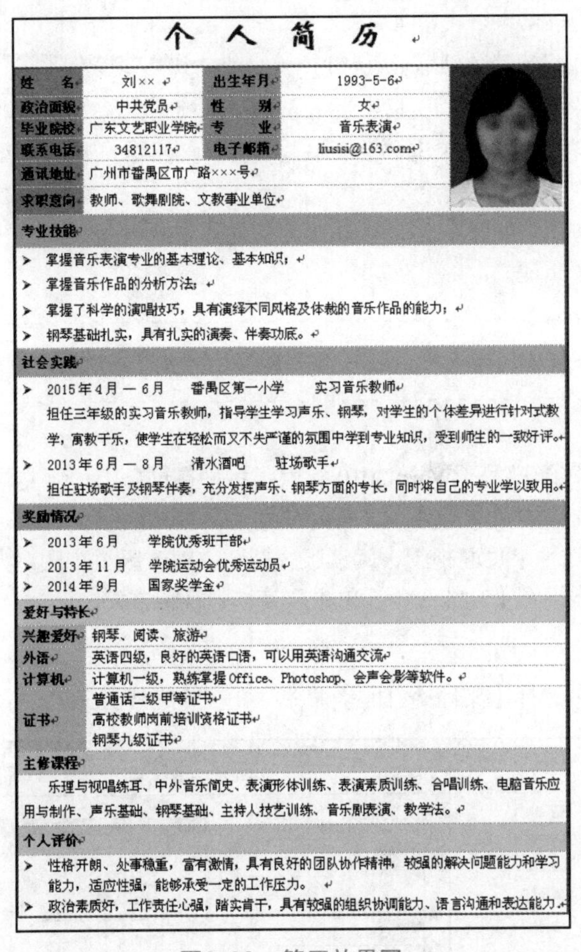

个人简历

姓　名	刘××	出生年月	1993-5-6
政治面貌	中共党员	性　别	女
毕业院校	广东文艺职业学院	专　业	音乐表演
联系电话	34812117	电子邮箱	liusisi@163.com
通讯地址	广州市番禺区市广路×××号		
求职意向	教师、歌舞剧院、文教事业单位		

专业技能

- 掌握音乐表演专业的基本理论、基本知识；
- 掌握音乐作品的分析方法；
- 掌握了科学的演唱技巧，具有演绎不同风格及体裁的音乐作品的能力；
- 钢琴基础扎实，具有扎实的演奏、伴奏功底。

社会实践

- 2015年4月 — 6月　番禺区第一小学　实习音乐教师
  担任三年级的实习音乐教师，指导学生学习声乐、钢琴，对学生的个体差异进行针对式教学，寓教于乐，使学生在轻松而又不失严谨的氛围中学到专业知识，受到师生的一致好评。
- 2013年6月 — 8月　清水酒吧　驻场歌手
  担任驻场歌手及钢琴伴奏，充分发挥声乐、钢琴方面的专长，同时将自己的专业学以致用。

奖励情况

- 2013年6月　学院优秀班干部
- 2013年11月　学院运动会优秀运动员
- 2014年9月　国家奖学金

爱好与特长

兴趣爱好	钢琴、阅读、旅游
外语	英语四级，良好的英语口语，可以用英语沟通交流
计算机	计算机一级，熟练掌握 Office、Photoshop、会声会影等软件。
证书	普通话二级甲等证书 高校教师岗前培训资格证书 钢琴九级证书

主修课程

乐理与视唱练耳、中外音乐简史、表演形体训练、表演素质训练、合唱训练、电脑音乐应用与制作、声乐基础、钢琴基础、主持人技艺训练、音乐剧表演、教学法。

个人评价

- 性格开朗、处事稳重，富有激情，具有良好的团队协作精神，较强的解决问题能力和学习能力，适应性强，能够承受一定的工作压力。
- 政治素质好，工作责任心强，踏实肯干，具有较强的组织协调能力、语言沟通和表达能力。

图2-32　简历效果图

本案例涉及的知识点包括：表格的制作、单元格的合并与拆分、表格的格式设置、边框底纹的设置、表格样式应用等。

2.3.2 创建表格

创建表格的方法主要有以下 3 种：

1. 拖动鼠标创建表格

在文档中，将光标定位在需要插入表格的位置，在【插入→表格】功能区中，单击“表格”按钮，在下拉列表中选择表格的行数和列数，松开鼠标即可创建表格，如图 2-33 所示。

2. 通过对话框创建表格

通过对话框创建表格的操作步骤如下：

（1）将光标定位在需要插入表格的位置。

（2）在【插入→表格】功能区中，单击“表格”按钮，在下拉列表中选择“插入表格”，在弹出的“插入表格”对话框中，输入列数、行数，并在“自动调整”操作中，选择所需的选项，如图 2-34 所示。

图2-33　“插入表格”下拉列表

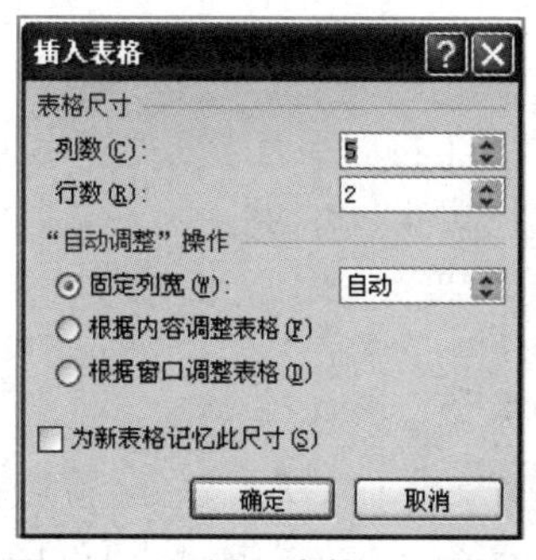

图2-34　“插入表格”对话框

3. 使用表格模板创建表格

在【插入→表格】功能区中，单击“表格”按钮，在下拉列表中选择“快速表格”，选择所需的表格模板即可。

Word 2010 为用户提供了表格式列表、带副标题 1 等 9 种表格模板。为了更直观地显示模板效果，在每个表格模板中都自带了表格数据。

☞ 新建一个 Word 文档，保存文件名为“简历 .docx”。参考图 2-32 所示的效果，输入表格标题“个人简历”，然后创建一个 5 列 21 行的表格。操作步骤如下：

（1）启动 Word 2010，自动新建一个空白的文档，选择【文件→保存】命令，在弹出的“另存为”对话框中选择保存位置，并在文件名文本框中输入文件名“简历 .docx”，然后单击“保存”按钮。

（2）在文档的第一行，输入文字“个人简历”，按【Enter】键创建新行。

（3）将光标定位在第二行，在【插入→表格】功能区中，单击“表格”按钮，在下拉列表中选择“插入表格”，在弹出的“插入表格”对话框中，输入“列数为 5，行数为 21”，然后单击“确定”按钮，如图 2-35 所示。

个 人 简 历

图2-35　“插入表格”效果图

（4）选择第一行的文字“个人简历”，设置格式为“华文新魏、一号、加粗，居中”。

2.3.3 编辑表格

1. 调整表格大小

为了使表格更加美观，同时使表格与文档更加协调，可以调整表格的大小。

☞ 将文档“简历”中的表格，设置表格的宽度为 15.5 厘米。操作步骤如下：

（1）将光标定位到表格中。

（2）在【布局→表】功能区中，单击“属性”按钮，在弹出的“表格属性”对话框中，在“尺寸”栏中设置度量单位为“厘米”，指定宽度为 15.5 厘米。

（3）单击“确定”按钮，如图 2-36 所示。

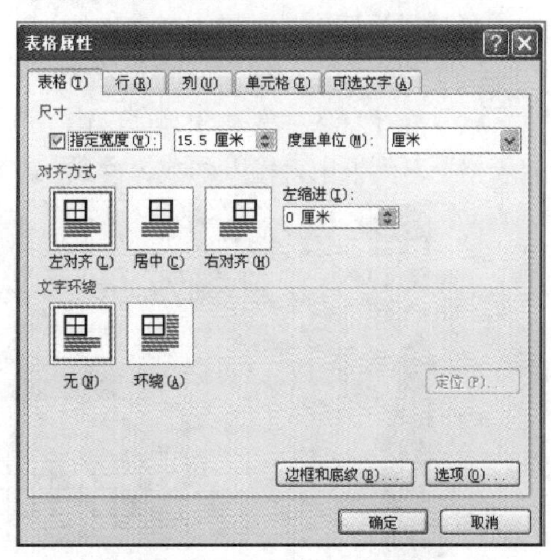

图2-36 “表格属性”对话框

提 示

调整表格大小的方法还有以下两种：

- 使用鼠标调整：移动光标到表格的右下角，当光标变成双向箭头“↘”时，拖动鼠标即可调整表格大小。
- 使用自动调整：在【布局→单元格大小】功能区中，单击“自动调整”按钮，在打开的下拉列表中，选择所需的选项即可。

2. 调整行高、列宽

☞ 将文档“简历”中的表格，设置第 1 行至第 6 行的高度为 0.6 厘米，第 1、3 列的宽度为 2 厘米，第 2、4 列的宽度为 4 厘米。操作步骤如下：

（1）选中第 1 行至第 6 行。

（2）在【布局→表】功能区中，单击“属性”按钮，在弹出的“表格属性”对话框中，选择“行”选项卡，设置“指定高度”为 0.6 厘米，“行高值”为“固定值”，如图 2-37 所示。

（3）按住 Ctrl 键，选中第 1、3 列。

（4）在【布局→表】功能区中，单击“属性”按钮，在弹出的“表格属性”对话框中，选择“列”选项卡，设置“指定宽度”为 2 厘米，“度量单位”为“厘米”，如图 2-38 所示。

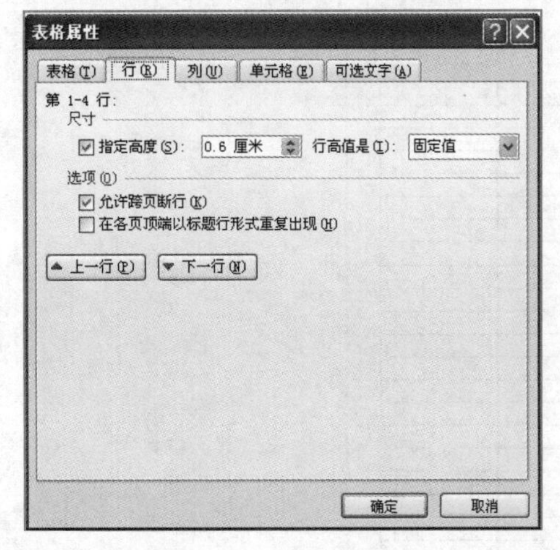

图2-37 “行”选项卡

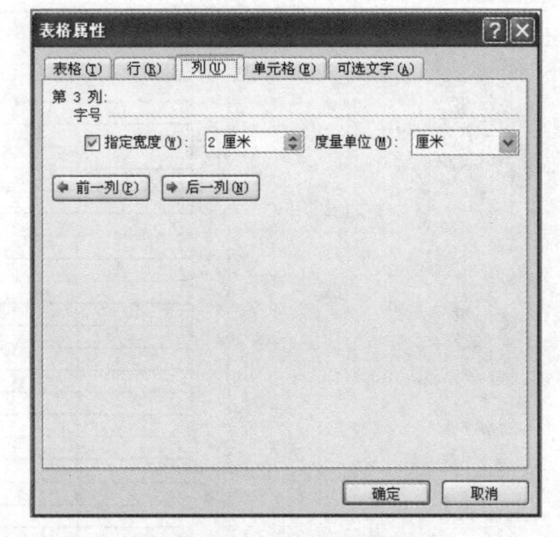

图2-38 “列”选项卡

（5）用上述方法设置第 2、4 列的宽度为 4 厘米，然后单击“确定”按钮。

> **提　示**
>
> 行高、列宽还可以使用鼠标或标尺直接进行调整。

3. 合并、拆分单元格

通过使用合并、拆分单元格功能可以对单元格进行自定义的组合大小，从而制作出多种形式、多种功能的表格。

☞ 参考图 2-32 所示的效果，对单元格进行合并操作。操作步骤如下：

（1）选中第 5 列的前 6 个单元格。

（2）在【布局→合并】功能区中，选择“合并单元格”按钮，可将所选的 6 个单元格合并为一个单元格。

（3）利用上述方法将其他单元格进行合并，效果如图 2-39 所示。

图2-39 “合并单元格”效果图

> **提　示**
>
> 拆分单元格的操作方法：选择需要拆分的单元格，在【布局→合并】功能区中，单击“拆分单元格”按钮，在“拆分单元格”对话框中设置拆分的列数和行数。

4. 输入内容、设置格式

☞ 参考图 2-32 所示的效果，在表格中输入文字，将第 1 行至第 6 行的文字的对齐方式设置为水平、垂直均居中对齐；插入图片，设置图片的环绕方式为“浮于文字上方”。操作步骤如下：

（1）参考效果图，在表格中输入文字。

（2）将内容为标题的单元格，文字设置为加粗；有多行文字的单元格，设置其行间距为“多倍行距：1.25”，并设置合适的项目符号。

（3）选中第 1 行至第 6 行，选择右键菜单中的“单元格对齐方式”命令，单击第 2 行第 2 列的对齐方式，如图 2-40 所示。

（4）光标定位在第 5 列第 1 个单元格。

（5）插入本章素材中的图片“简历照片”，在【格式→排列】功能区中，单击“自动换行”按钮，选择下拉列表中的“浮于文字上方”，调整图片大小。

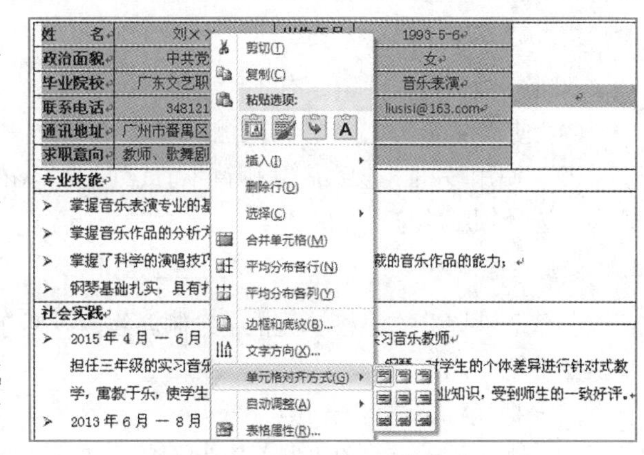

图2-40 “单元格对齐方式”菜单

5. 设置边框底纹

用户可以通过设置表格边框的线条类型与颜色、表格底纹颜色，来增加表格的美观性与可视性。

☞ 将文档“简历”中的表格，设置外边框“样式”为实线、“颜色”为“深蓝，文字 2，淡色 40%”、“粗细”为 2.25 磅；内边框“样式”为虚线、“颜色”为“深蓝，文字 2，淡色 40%”、“粗细”为 1 磅；内容为标题的单元格，设置底纹填充颜色为“白色，背景 1，深色 15%”。操作步骤如下：

（1）单击表格左上角的全选按钮，选中整个表格。

（2）在【设计→表格样式】功能区中，单击“边框”按钮，在打开的下拉列表中选择“边框和底纹”选项。

（3）在打开的“边框和底纹”对话框中选择“边框”选项卡，在设置栏选择“自定义”，选择“样式”为实线、

“颜色”为“深蓝,文字2,淡色40%”、“粗细”为2.25磅，在预览栏单击上、下、左、右表格线，添加外边框。选择“样式”为虚线、“粗细”为0.75磅，在预览栏单击中间的2条表格线，添加内边框。然后单击“确定”按钮，如图2-41所示。

（4）选择第1列的第1至6个单元格，在【设计→表格样式】功能区中，单击“底纹”按钮，在打开的下拉列表中选择颜色“白色,背景1,深色15%”，如图2-42所示。

图2-41 “边框和底纹”对话框

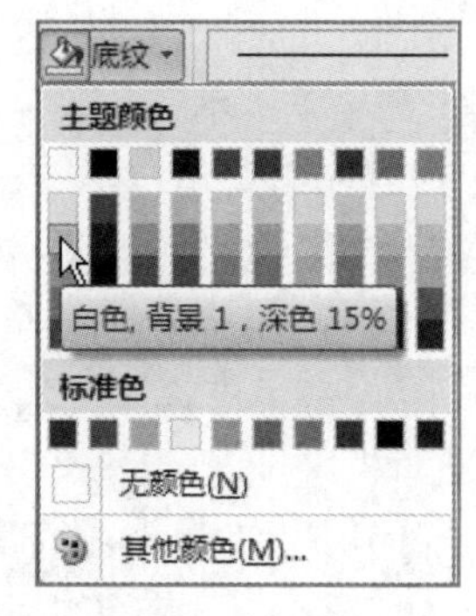

图2-42 设置底纹

6. 插入行、列

插入行或列的方法主要有2种：

（1）使用快捷菜单。在表格中选择需要插入的行或列，右击，在弹出的快捷菜单中选择“插入”命令，在弹出的列表中选择所需的选项即可。

（2）使用按钮。在表格中选择需要插入的行或列，在【布局→行和列】功能区中，根据需要单击相应的按钮，即可插入行或列。

7. 删除行、列

删除行或列的方法主要有2种：

（1）使用快捷菜单。选择需要删除的行或列，右击，在弹出的快捷菜单中选择“删除行”或“删除列”命令。

（2）使用按钮。选择需要删除的行或列，在【布局→行和列】功能区中，单击“删除”按钮，在下拉列表中选择相应的选项即可。

8. 绘制斜线表头

斜线表头是指在表格单元格中绘制斜线，以便在斜线单元格中添加表格项目名称。绘制斜线表头的操作步骤如下：

（1）把光标定位到表格中。

（2）在【设计→绘图边框】功能区中，单击“绘制表格”按钮。

（3）鼠标变为笔的形状，在单元格中拖动鼠标，可绘制斜线。

（4）如果不再需要绘制斜线，再单击一次【绘制表格】按钮，鼠标恢复原状。

提 示

如果在表头要绘制多根斜线，在【插入→插图】功能区中，单击“形状”按钮，选择“斜线”，再进行绘制即可。

9. 表格样式

表格样式是包含线条颜色、文字颜色等格式的集合，Word 2010一共为用户提供了98种内置表格样式。用户可根据实际情况，应用内置样式或自定义表格样式，来设置表格的外观。

（1）应用内置样式，操作步骤如下：选择需要应用样式的表格，在【设计→表格样式】功能区中，选择合适的样式即可。

（2）修改表格样式，操作步骤如下：选择应用样式的表格，在【设计→表格样式】功能区中，右击所应用的样式，在弹出的快捷菜单中选择“修改表格样式”命令，在弹出的“修改样式”对话框中，在“将格式应用于”的下拉列表中，选择要修改的表格项目，然后在相应的项目中设置格式，进行修改，如图 2–43 所示。

（3）删除表格样式，操作步骤如下：选择应用样式的表格，在【设计→表格样式】功能区中，右击所应用的样式，在弹出的快捷菜单中选择“删除表格样式”命令即可。

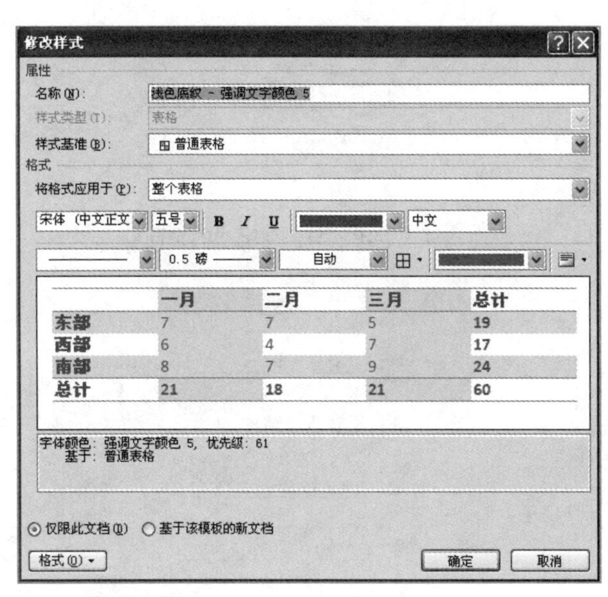

图2–43 “修改样式”对话框

2.4 文档高效排版

2.4.1 案例简介

文字型文档、图文混排型文档、表格型文档虽然采用不同的修饰手法，但它们一般只有一页或者两三页。而长文档一般少则几十页，多则几百页，掌握文档高效排版的方法，可以大大提高工作效率。对于长文档的驾驭能力可以充分检验对 Word 工具软件掌握的程度。

我们在学习和生活中常常需要处理一些长文档，如实验指导书、毕业论文等。针对长文档的编辑，Word 提供了很多专用的功能，例如只需要一个命令就可以从几百页的书中将这些目录提取出来，很轻松地进行目录的调整。

长文档撰写的一般步骤主要包括：页面设置、样式的修改与新建、构建文档结构、编辑正文文字、插入图片并添加题注、插入表格并添加题注、为图和表添加引用、设置节、封面制作、设置页眉页脚、自动生成目录与索引等。

毕业论文是要在学业完成前写作并提交的论文，是教学或科研活动的重要组成部分之一。刘 ×× 是音乐系毕业班的学生，近期要完成毕业论文的撰写、排版，并进行答辩。本案例通过“毕业论文”的制作，讲解 Word 文档高效排版的技巧。毕业论文一般包括几下部分：

• 封面；
• 摘要、关键字；
• 目录；
• 正文；
• 结论；
• 参考文献；
• 致谢、附录等。

其中，正文是毕业论文的主体，一般由若干章节组成。

本案例涉及的知识点包括：导航目录、分节、样式、页眉页脚、图片、题注与引用、自动生成目录、自动生成图索引、自动生成表索引。刘 ×× 制作的毕业论文部分页面的效果如图 2–44 所示。

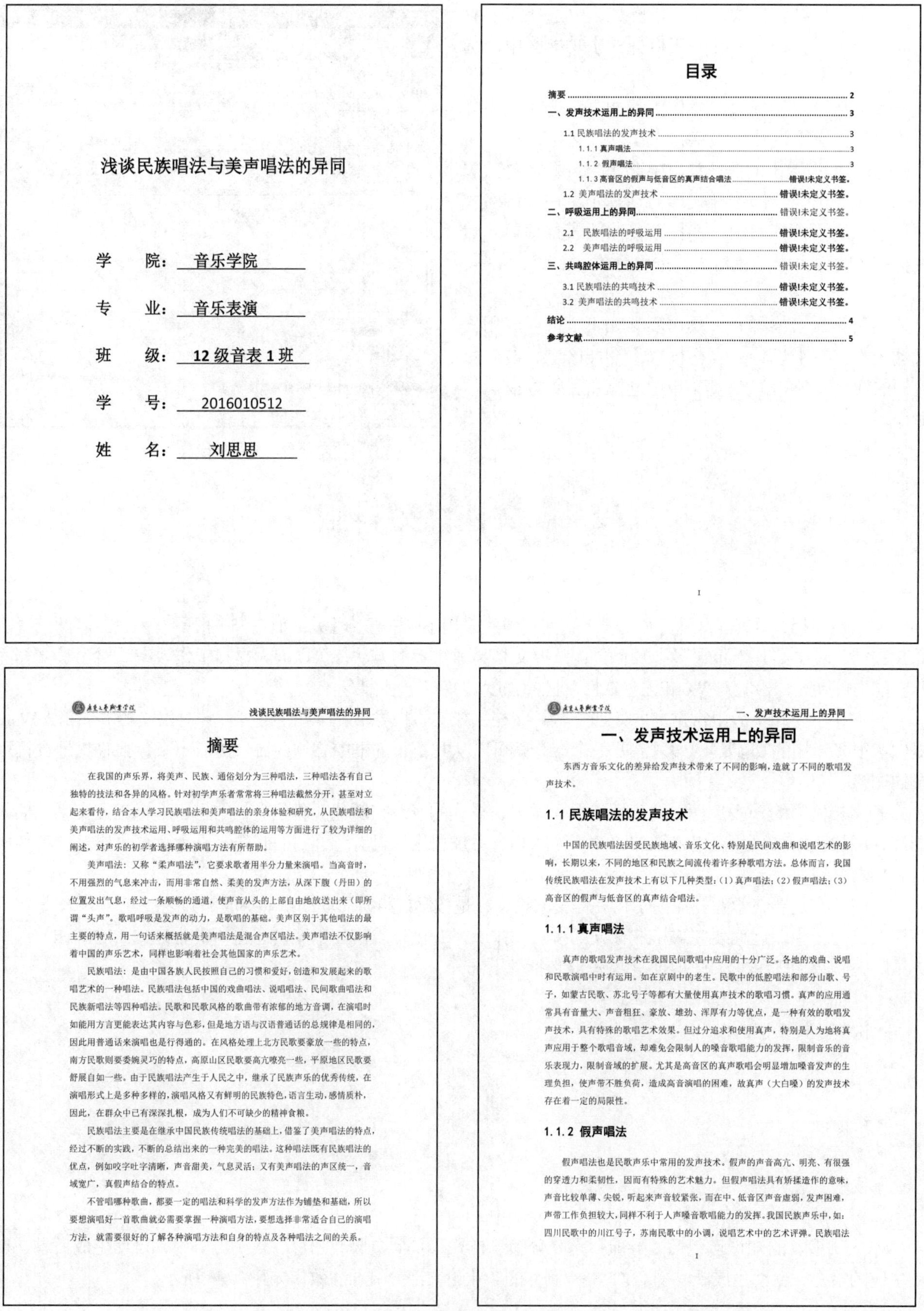

浅谈民族唱法与美声唱法的异同

学　院：音乐学院

专　业：音乐表演

班　级：12 级音表 1 班

学　号：2016010512

姓　名：刘思思

目录

摘要

在我国的声乐界，将美声、民族、通俗划分为三种唱法，三种唱法各有自己独特的技法和各异的风格。针对初学声乐者常常将三种唱法截然分开，甚至对立起来看待，结合本人学习民族唱法和美声唱法的亲身体验和研究，从民族唱法和美声唱法的发声技术运用、呼吸运用和共鸣腔体的运用等方面进行了较为详细的阐述，对声乐的初学者选择哪种演唱方法有所帮助。

美声唱法：又称“柔声唱法”，它要求歌者用半分力量来演唱。当高音时，不用强烈的气息来冲击，而用非常自然、柔美的发声方法，从深下腹（丹田）的位置发出气息，经过一条顺畅的通道，使声音从头的上部自由地放送出来（即所谓“头声”。歌唱呼吸是发声的动力，是歌唱的基础。美声区别于其他唱法的最主要的特点，用一句话来概括就是美声唱法是混合声区唱法。美声唱法不仅影响着中国的声乐艺术，同样也影响着社会其他国家的声乐艺术。

民族唱法：是由中国各族人民按照自己的习惯和爱好，创造和发展起来的歌唱艺术的一种唱法。民族唱法包括中国的戏曲唱法、说唱唱法、民间歌曲唱法和民族新唱法等四种唱法。民歌和民歌风格的歌曲带有浓郁的地方音调，在演唱时如能用方言更能表达其内容与色彩，但是地方语与汉语普通话的总规律是相同的，因此用普通话来演唱也是行得通的。在风格处理上北方民歌要豪放一些的特点，南方民歌则要委婉灵巧的特点，高原山区民歌要高亢嘹亮一些，平原地区民歌要舒展自如一些。由于民族唱法产生于人民之中，继承了民族声乐的优秀传统，在演唱形式上是多种多样的，演唱风格又有鲜明的民族特色，语言生动，感情质朴，因此，在群众中已有深深扎根，成为人们不可缺少的精神食粮。

民族唱法主要是在继承中国民族传统唱法的基础上，借鉴了美声唱法的特点，经过不断的实践，不断的总结出来的一种完美的唱法。这种唱法既有民族唱法的优点，例如咬字吐字清晰，声音甜美，气息灵活；又有美声唱法的声区统一，音域宽广，真假声结合的特点。

不管唱哪种歌曲，都要一定的唱法和科学的发声方法作为铺垫和基础，所以要想演唱好一首歌曲就必需要掌握一种演唱方法，要想选择非常适合自己的演唱方法，就需要很好的了解各种演唱方法和自身的特点及各种唱法之间的关系。

一、发声技术运用上的异同

东西方音乐文化的差异给发声技术带来了不同的影响，造就了不同的歌唱发声技术。

1.1 民族唱法的发声技术

中国的民族唱法因受民族地域、音乐文化、特别是民间戏曲和说唱艺术的影响，长期以来，不同的地区和民族之间流传着许多种歌唱方法。总体而言，我国传统民族唱法在发声技术上有以下几种类型：(1) 真声唱法；(2) 假声唱法；(3) 高音区的假声与低音区的真声结合唱法。

1.1.1 真声唱法

真声的歌唱发声技术在我国民间歌唱中应用的十分广泛。各地的戏曲、说唱和民歌演唱中时有运用。如在京剧中的老生。民歌中的低腔唱法和部分山歌、号子，如蒙古民歌、苏北号子等都有大量使用真声技术的歌唱习惯。真声的应用通常具有音量大、声音粗狂、豪放、雄劲、浑厚有力等优点，是一种有效的歌唱发声技术，具有特殊的歌唱艺术效果。但过分追求和使用真声，特别是人为地将真声应用于整个歌唱音域，却难免会限制人的嗓音歌唱能力的发挥，限制音乐的音乐表现力，限制音域的扩展。尤其是高音区的真声歌唱会明显增加嗓音发声的生理负担，使声带不胜负荷，造成高音演唱的困难，故真声（大白嗓）的发声技术存在着一定的局限性。

1.1.2 假声唱法

假声唱法也是民歌声乐中常用的发声技术。假声的声音高亢、明亮、有很强的穿透力和柔韧性，因而有特殊的艺术魅力。但假声唱法具有矫揉造作的意味，声音比较单薄、尖锐，听起来声音较紧张，而在中、低音区声音虚弱，发声困难，声带工作负担较大，同样不利于人声嗓音歌唱能力的发挥。我国民族声乐中，如：四川民歌中的川江号子，苏南民歌中的小调，说唱艺术中的艺术评弹。民族唱法

图2-44　毕业论文排版效果

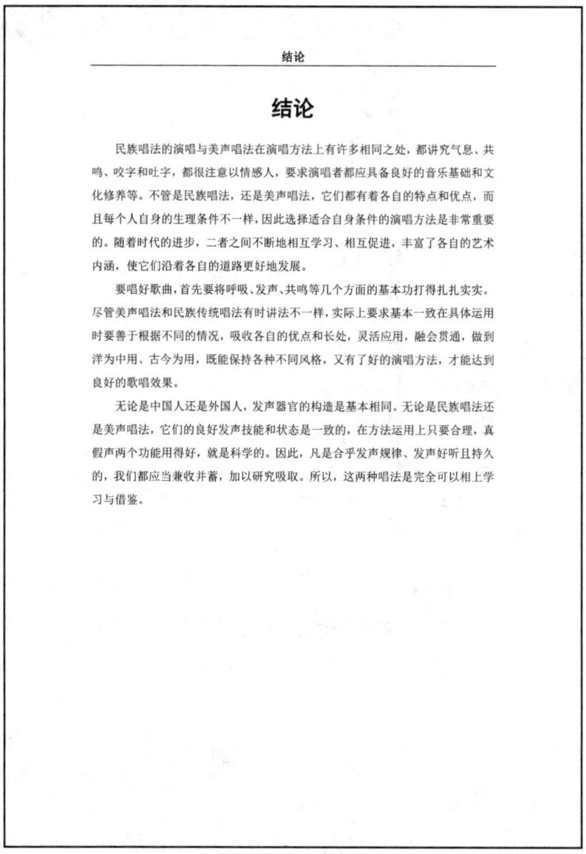

结论

结论

民族唱法的演唱与美声唱法在演唱方法上有许多相同之处，都讲究气息、共鸣、咬字和吐字，都很注意以情感人，要求演唱者都应具备良好的音乐基础和文化修养等。不管是民族唱法，还是美声唱法，它们都有着各自的特点和优点，而且每个人自身的生理条件不一样，因此选择适合自身条件的演唱方法是非常重要的。随着时代的进步，二者之间不断地相互学习、相互促进，丰富了各自的艺术内涵，使它们沿着各自的道路更好地发展。

要唱好歌曲，首先要将呼吸、发声、共鸣等几个方面的基本功打得扎扎实实。尽管美声唱法和民族传统唱法有时讲法不一样，实际上要求基本一致在具体运用时要善于根据不同的情况，吸收各自的优点和长处，灵活应用，融会贯通，做到洋为中用、古今为用，既能保持各种不同风格，又有了好的演唱方法，才能达到良好的歌唱效果。

无论是中国人还是外国人，发声器官的构造是基本相同。无论是民族唱法还是美声唱法，它们的良好发声技能和状态是一致的，在方法运用上只要合理，真假声两个功能用得好，就是科学的。因此，凡是合乎发声规律、发声好听且持久的，我们都应当兼收并蓄，加以研究吸取。所以，这两种唱法是完全可以相上学习与借鉴。

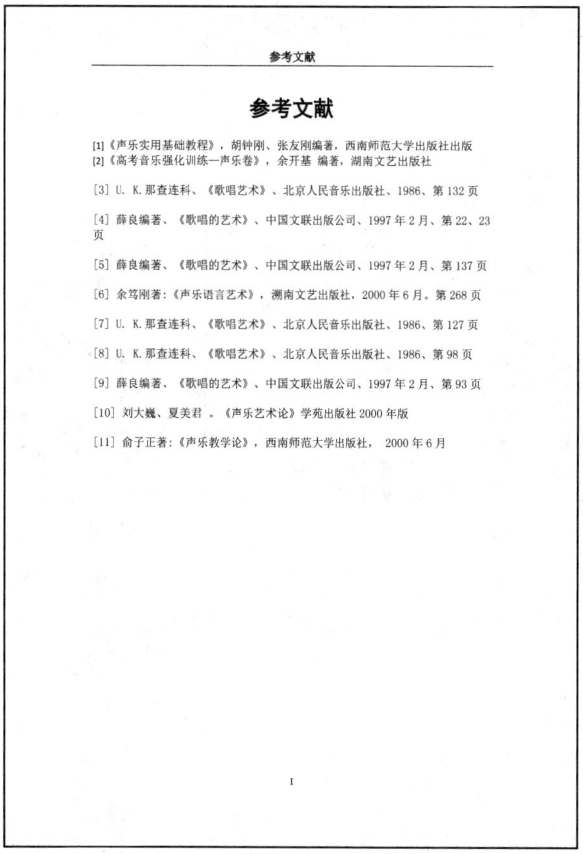

参考文献

参考文献

[1]《声乐实用基础教程》，胡钟刚、张友刚编著，西南师范大学出版社出版
[2]《高考音乐强化训练—声乐卷》，余开基 编著，湖南文艺出版社

[3] U. K.那查连科、《歌唱艺术》、北京人民音乐出版社、1986、第132页

[4] 薛良编著、《歌唱的艺术》、中国文联出版公司、1997年2月、第22、23页

[5] 薛良编著、《歌唱的艺术》、中国文联出版公司、1997年2月、第137页

[6] 余笃刚著:《声乐语言艺术》，溯南文艺出版社，2000年6月。第268页

[7] U. K.那查连科、《歌唱艺术》、北京人民音乐出版社、1986、第127页

[8] U. K.那查连科、《歌唱艺术》、北京人民音乐出版社、1986、第98页

[9] 薛良编著、《歌唱的艺术》、中国文联出版公司、1997年2月、第93页

[10] 刘大巍、夏美君 。《声乐艺术论》学苑出版社2000年版

[11] 俞子正著:《声乐教学论》，西南师范大学出版社， 2000年6月

I

图2-44 毕业论文排版效果（续）

2.4.2 案例准备

1. 页面设置

☞打开本章素材“素材－论文.docx”,将其另存为“毕业论文.docx”,设置文档的页边距为“上、下2.5厘米，左、右3厘米”，纸张方向为“纵向”，纸张大小为A4;设置文档属性标题为“毕业论文”，作者为“刘思思”，单位为“广东文艺职业学院”。操作步骤如下：

（1）打开“素材－论文.docx”，选择【文件→另存为】命令，在“另存为”对话框中，输入文件名为“毕业论文.docx”。

（2）在【页面布局→页面设置】功能区中，单击“页边距”按钮，在打开的下拉列表中选择“自定义边距”。

（3）在弹出的“页面设置”对话框中按要求设置页边距、纸张方向、纸张大小，然后单击“确定”按钮，如图2-45所示。

（4）选择【文件→信息】命令,在信息面板中,单击“属性”按钮,在打开的下拉列表中选择“高级属性”，如图2-46所示。

（5）在打开的“属性”对话框中，选择“摘要”选项卡，设置标题为“毕业论文”，作者为“刘思思”，单位为“广东文艺职业学院”，然后单击“确定”按钮，如图2-47所示。

2. 构建文档结构

文档结构图是一个独立的窗格，在窗口左侧的导航窗格中显示，它由文档各个不同等级的标题组成，显示整个文档的层次结构。文档中如果有合理的文档结构图，不仅能快速定位到某一章节的内容，还能通过查看文档结构图对文章主要内容有大致了解。

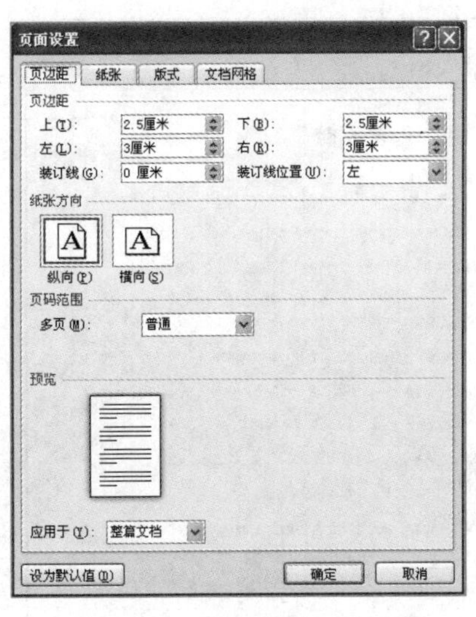

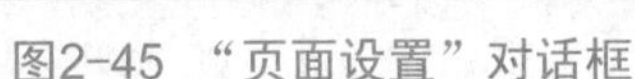
图2-45 “页面设置”对话框

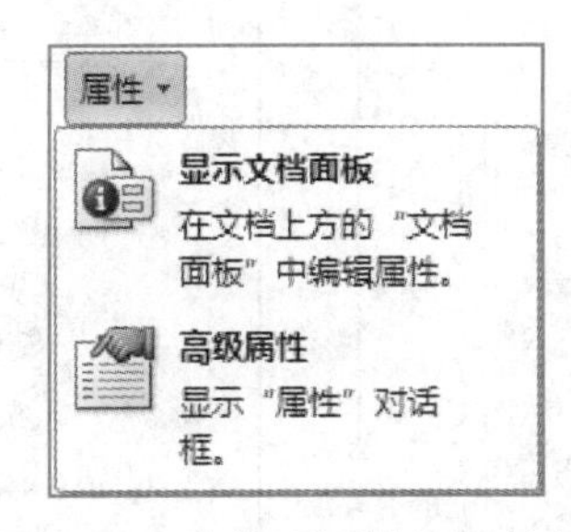

图2-46 文件“属性”下拉菜单

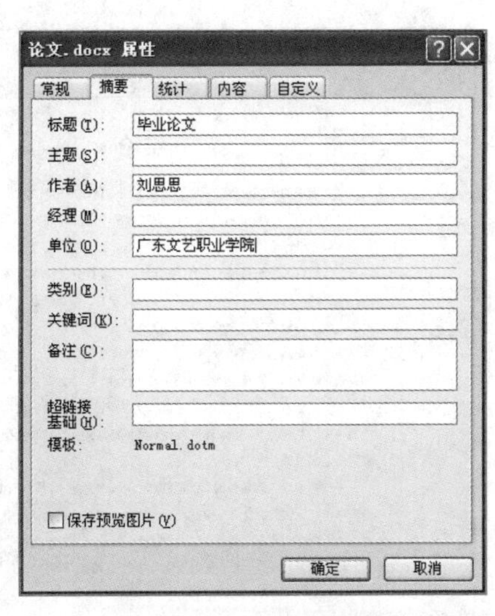

图2-47 属性对话框

“大纲视图”主要用于设置 Word 文档的格式和显示标题的层级结构，易于编辑，并可以方便地折叠和展开各种层级的文档。大纲级别包括正文文本、1 至 9 级标题，只有 1 至 9 级标题会出现在文档结构图中，正文文本不会出现在文档结构图中。大纲的级别体现内容的包含关系，比如 2 级内容从属于 1 级，3 级内容从属于 2 级。

☞ 打开文档“毕业论文 .docx”，在大纲视图中，设置如图 2-48 所示的文档结构图。操作步骤如下：

（1）打开文档“毕业论文 .docx”。

（2）在【视图→显示】功能区中，选择“导航窗格”，在窗口左侧出现导航窗格。

（3）在【视图→文档视图】功能区中，单击“大纲视图”按钮，进入大纲视图。

（4）选择第 3 页的文字“摘要”，在【大纲→大纲工具】功能区中的“大纲级别”下拉框中，选择“1 级”，“摘要”即被设置为“1 级”标题的格式，在导航窗格中，出现文字“摘要”，如图 2-49 所示。

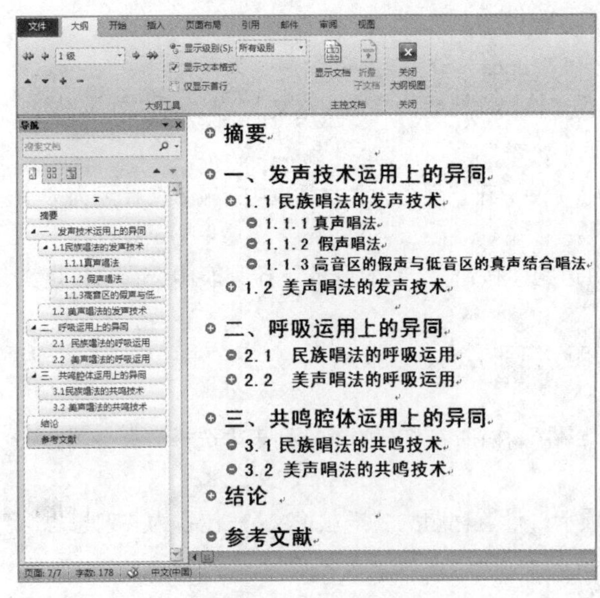

图2-48 文档结构图

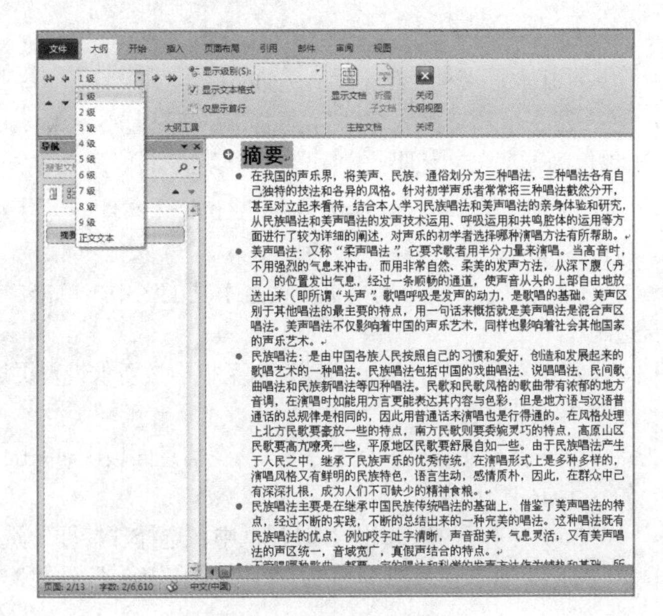

图2-49 设置“大纲级别”

（5）选择第 5 页的文字“一、发声技术运用上的异同”，设置为“1 级”标题；选择文字“1.1 民族唱法的发声技术”，设置为“2 级”标题；选择文字“1.1.1 真声唱法”，设置为“3 级”标题。

（6）使用上述方法，设置第二章、第三章、结论、参考文献等标题为对应的大纲级别，效果见图 2-48。

（7）在【大纲→关闭】功能区中，单击“关闭大纲视图”按钮，退出大纲视图，返回页面视图。

提　示

对于长文档排版，利用导航窗格显示文档结构图，页面视图中显示具体的内容，可快速地对文档进行定位，方便操作。

2.4.3　样式的应用

样式是一组命名的字符和段落格式的组合，可以使用 Word 提供的各种样式对文档进行格式化。在文档中使用样式不仅可以减少重复操作，而且还可以快速地格式化文档，确保文本格式的一致性。

当 Word 自带的样式不能满足用户的需求时，可以修改样式的格式设置，或者新建样式。若文档中使用了某个样式，当修改了该样式后，文档中使用此样式的文本将自动更新。

1. 新建样式

☞ 新建样式“毕业论文正文”，设置字体格式为“宋体、小四”，段落格式为“1.5 倍行距、首行缩进 2 字符”。操作步骤如下：

（1）在【开始→样式】功能区中，单击按钮，打开“样式”任务窗格，在窗格的左下角单击“新建样式”按钮，如图 2-50 所示。

（2）在弹出的新建样式对话框中，设置名称为“毕业论文正文”，样式类型为“段落”，设置字体格式为“宋体、小四”。

（3）单击“格式”按钮，在弹出的列表中选择“段落”，在弹出的“段落”对话框中设置段落格式为“1.5 倍行距、首行缩进 2 字符”，如图 2-51 所示。

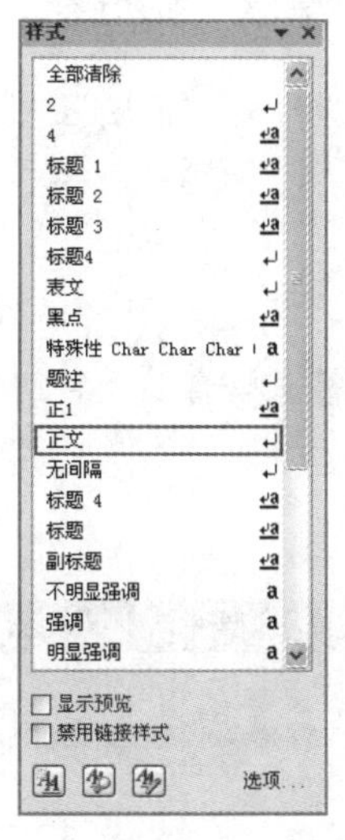

图2-50　“样式”任务窗格

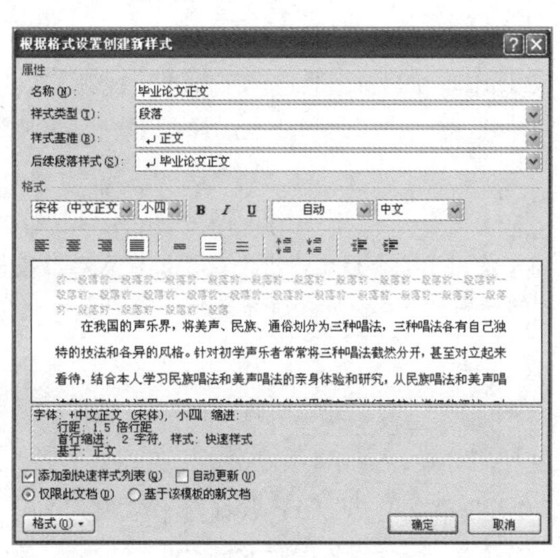

图2-51　新建样式对话框

（4）单击“确定”按钮，在“样式”任务窗格中出现新样式“毕业论文正文”。

2. 应用样式

☞ 将文档中的所有正文文字，设置为“毕业论文正文”样式。操作步骤如下：

（1）在文档第 3 页“摘要”部分，选择所有的正文文字。

（2）在【开始→样式】功能区中，单击样式“毕业论文正文”，如图 2-52 所示。

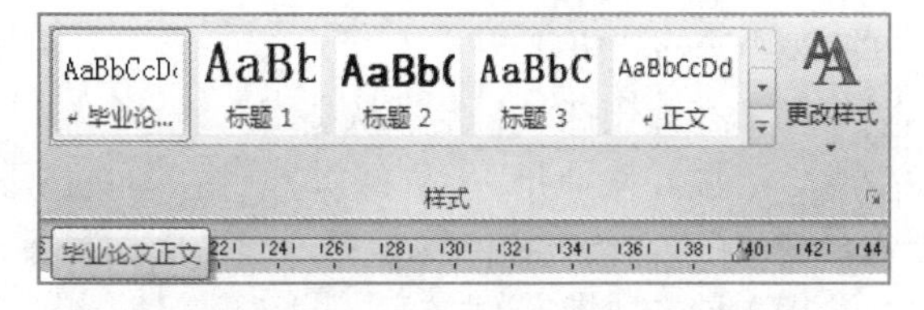

图2-52　应用“毕业论文正文”样式

（3）使用上述方法，对其他章节的正文文字应用样式“毕业论文正文”。

3. 编辑样式

☞将样式“标题 1”，段落对齐方式更改为“居中”。操作步骤如下：

（1）将光标定位在第 3 页“摘要”处。

（2）在【开始→样式】功能区中，右击样式“标题 1”，在弹出的快捷菜单中选择“修改”命令，如图 2-53 所示。

（3）在弹出的“修改样式”对话框中，设置对齐方式为“居中”，然后单击“确定”按钮，如图 2-54 所示。

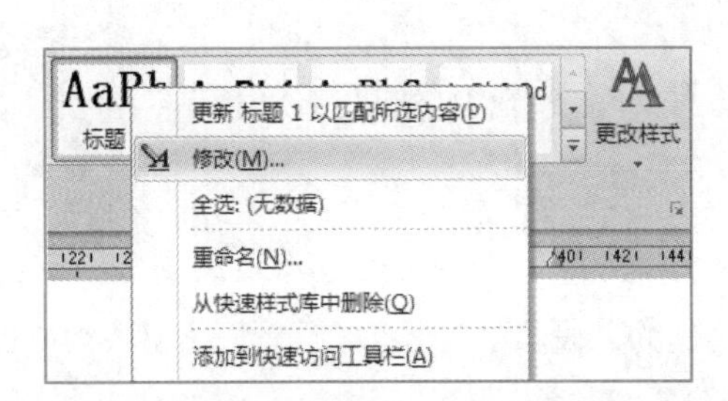

图2-53 “样式”右键菜单

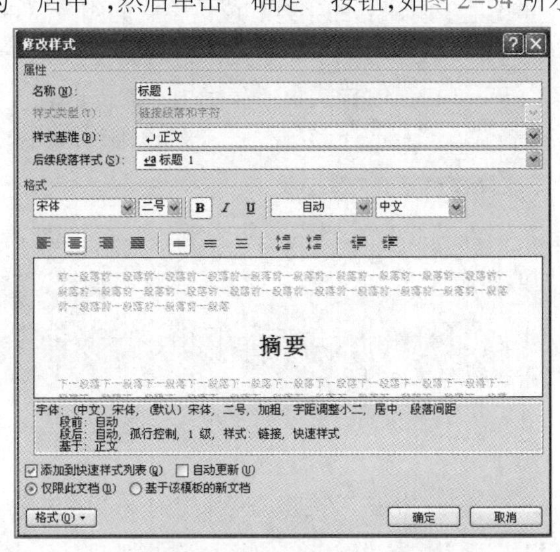

图2-54 “修改样式”对话框

（4）在文档中可看到，所有应用了样式“标题 1”的文字，包括所有的一级标题“摘要”“一、发声技术运用上的异同”“二、呼吸运用上的异同”“三、共鸣腔体运用上的异同”“结论”“参考文献”都自动居中对齐。

提 示

若文档中使用了某个样式，当修改了该样式后，文档中使用此样式的文本格式将自动更新。样式的应用为长文档的编辑和修改提供了非常方便的操作。

4. 为样式设置快捷键

当文档中使用了比较多种类的样式时，为样式设置快捷键可以快速使用样式，提高排版效率。

☞为样式“毕业论文正文”设置快捷键【Alt+Q】，对各章节的正文部分应用该样式。操作步骤如下：

（1）在【开始→样式】功能区中，右击样式“毕业论文正文”，在弹出的菜单中选择“修改”命令。

（2）在弹出的“修改样式”对话框中，单击“格式”按钮，在列表中选择“快捷键”。

（3）在弹出的“自定义快捷键”对话框中，将光标定位在“请按新快捷键”下的文本框，在键盘按下【Alt+Q】组合键，在文本框中出现 Alt+Q，如图 2-55 所示。

（4）单击“指定”按钮。

（5）依次单击“关闭”按钮、“确定”按钮。

（6）选中正文部分的文字，按【Alt+Q】组合键，即可

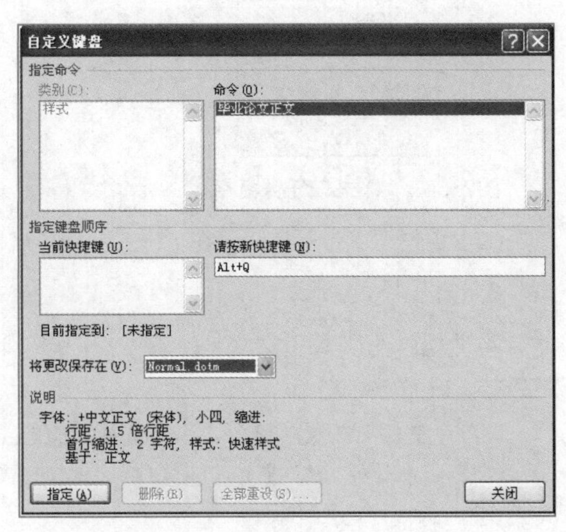

图2-55 “自定义键盘”对话框

应用样式“毕业论文正文”。

2.4.4　目录的制作

一般书籍、论文等在正文之前都会提供目录，以方便读者通过目录来了解整个文档的主要内容和结构。要在较长的 Word 文档中成功添加目录，首先应该正确采用带有级别的样式，例如“标题 1”~“标题 9”样式，或者在“段落”对话框中设置大纲级别。

1. 新建目录

☞ 在文档第 2 页“目录”的下方，生成带有三级标题的文档目录。操作步骤如下：

（1）将光标定位在“目录”的下一行。

（2）在【引用→目录】功能区中，单击“目录”按钮，在下拉列表中选择“插入目录”。

（3）在打开的“目录”对话框中，选择“目录”选项卡，设置“格式”“显示级别”等项目，单击“确定”按钮，如图 2-56 所示。

（4）在“目录”的下方则添加了目录，效果如图 2-57 所示。

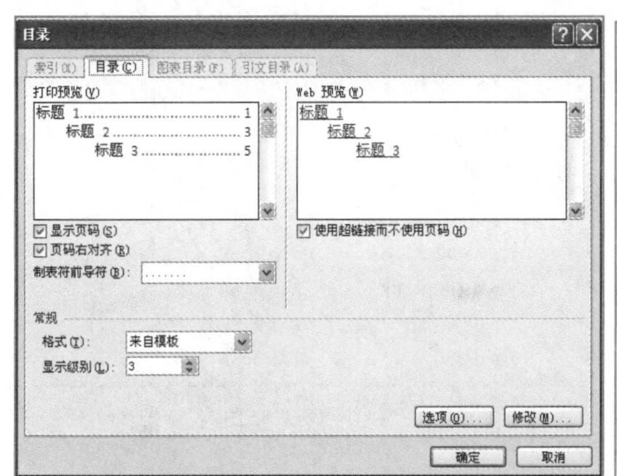

图2-56　“目录”对话框

目录

摘要……3
一、发声技术运用上的异同……5
1.1 民族唱法的发声技术……5
1.1.1 真声唱法……5
1.1.2 假声唱法……5
1.1.3 高音区的假声与低音区的真声结合唱法……5
1.2 美声唱法的发声技术……6
二、呼吸运用上的异同……7
2.1 民族唱法的呼吸运用……7
2.2 美声唱法的呼吸运用……7
三、共鸣腔体运用上的异同……9
3.1 民族唱法的共鸣技术……9
3.2 美声唱法的共鸣技术……9
结论……10
参考文献……11

图2-57　“目录”效果图

> **提　示**
>
> 要在较长的 Word 文档中成功添加目录，首先应该正确采用带有级别的样式，例如“标题 1”~“标题 9”样式，具体操作见“2.4.2 案例准备”中的“构建文档结构”。

2. 修改目录

在 Word 中，一般采用目录模板的默认样式编制目录。如果想让目录具有不同的格式，可以修改目录的样式。

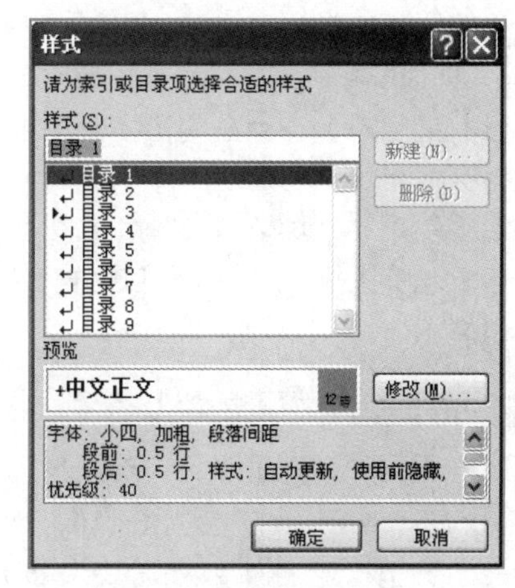

图2-58　“样式”对话框

☞ 设置文档目录的格式，一级标题为“宋体、小四号、加粗，段前 0.5 行、段后 0.5 行、单倍行距”，二级标题为“宋体、小四号，行距固定值 20 磅”，三级标题为“宋体、五号，行距固定值 20 磅”。操作步骤如下：

（1）将光标定位在“目录”的某一位置。

（2）在【引用→目录】功能区中，单击“目录”按钮，在下拉列表中选择“插入目录”。在打开的“目录”对话框中，单击“修改”按钮，弹出“样式”对话框，如图 2-58 所示。

（3）在“样式”对话框中选择样式“目录 1”，单击“修改”按钮，弹出“修改样式”对话框，如图 2-59 所示。

（4）在“修改样式”对话框中，设置样式的字体格式为“宋体、小四号、加粗”，段落格式为“段前 0.5 行、段后 0.5 行、单倍行距”，单击“确定”按钮，返回“样式”对话框。

（5）在“样式”对话框中，使用上述方法，按照要求，设置“目录 2”、“目录 3”的格式。

（6）单击“确定”按钮，返回“目录”对话框，再单击“确定”按钮。

（7）弹出提示信息框，提示用户是否将设置的目录替换所选目录，单击“确定”按钮，如图 2-60 所示。

（8）修改格式后的目录效果如图 2-61 所示。

图2-59 “修改样式”对话框

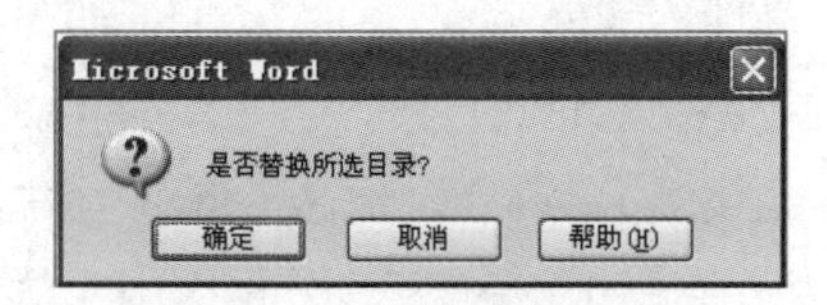

图2-60 “是否替换”提示框

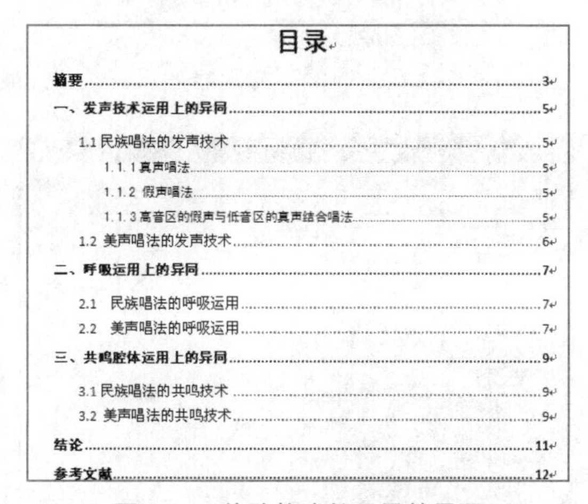

目录

摘要……3
一、发声技术运用上的异同……5
1.1 民族唱法的发声技术……5
1.1.1 真声唱法……5
1.1.2 假声唱法……5
1.1.3 高音区的假声与低音区的真声结合唱法……5
1.2 美声唱法的发声技术……6
二、呼吸运用上的异同……7
2.1 民族唱法的呼吸运用……7
2.2 美声唱法的呼吸运用……7
三、共鸣腔体运用上的异同……9
3.1 民族唱法的共鸣技术……9
3.2 美声唱法的共鸣技术……9
结论……11
参考文献……12

图2-61 修改格式的目录效果图

提 示

“目录 1”～“目录 3”的格式分别对应目录显示的“标题 1”～“标题 3”的格式。修改某个级别的目录格式后，所有该级别的目录都会自动更新格式。

3. 更新目录

如果文档中用于创建目录的样式内容发生变化，利用该样式生成的目录需要进行更新，以保持与样式内容一致。更新目录的操作步骤如下：

（1）将光标定位在“目录”的某一位置。

（2）在【引用→目录】功能区中，单击“更新目录”按钮，或者右击已有的目录，在弹出的快捷菜单中选择“更新域”命令，弹出“更新目录”对话框，如图 2-62 所示。

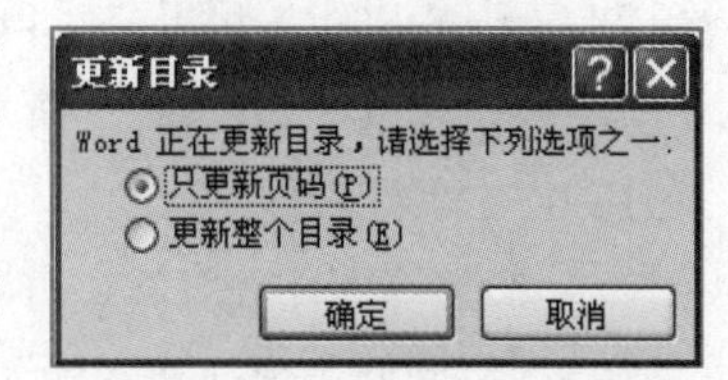

图2-62 “更新目录”对话框

（3）在“更新目录”对话框中，选择“更新整个目录”选项，将目录的内容和页码都更新；选中“只更新页码”单选按钮，则只对目录的页码进行更新，内容不更新。

2.4.5 制作页眉页脚

页眉和页脚通常用于显示文档的附加信息，如页码、日期、作者名称、单位名称、徽标或章节名称等。其中，页眉在页面的顶部，页脚在页面的底部。

分节符是指为表示节的结尾插入的标记，起着分隔文本及其格式的作用。通常，长文档各个章节的页眉页脚是不同的，通过插入“分节符”，使长文档的各个章节相对独立，从而制作不同的页眉页脚。

☞ 文档“毕业论文 .docx”需要制作页眉页脚的要求如下：

页眉：

（1）封面、目录没有页眉。

（2）正文奇数页页眉：学校 logo+ 一级标题。

（3）正文偶数页页眉：学校 logo+ 论文名称。

（4）结论、参考文献页眉：学校 logo+ 一级标题。

页脚：

（1）封面没有页脚。

（2）目录页脚：页码，居中，页码格式 I、II、III。

（3）正文页脚：页码，居中，页码格式 1、2、3。

在长文档未分节还是一个整体的情况下，插入页眉页脚，所有页面的页眉页脚都是统一的，不能制作不同的页眉页脚。

为了满足要求中的效果，需要使用分节符将文档的各个章节独立开。例如，在“目录”的开头、结尾处插入分节符，将“目录”的内容从整体中独立出来。按照要求，需要将文档分成 7 节，如图 2-63 所示。

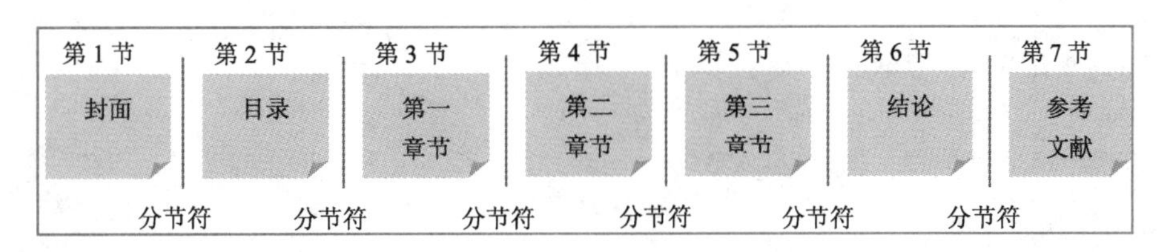

图2-63 文档分节图

1. 插入分节符

☞ 在“封面”“目录”“摘要”“第一章节”“第二章节”“第三章节”“结论”的末尾分别插入分节符，使各部分分成单独的一节。操作步骤如下：

（1）将光标定位在“封面”的最后一个回车符，在【页面布局→页面设置】功能区中，单击“分隔符”按钮，在打开的下拉列表的“分节符”区域中，选择“下一页”，则在光标处插入了一个“::::::::分节符(下一页)::::::::”。

（2）将光标分别定位在“目录”“摘要”“第一章节”“第二章节”“第三章节”“结论”的最后一个回车符，使用上述操作方法，在相应位置插入“::::::::分节符(下一页)::::::::”。

如果在插入分节符后，没有显示“::::::::分节符(下一页)::::::::”，在【开始→段落】功能区中，单击“显示 / 隐藏编辑标记”按钮，即可显示出来。

2. 断开分节符链接

长文档各节之间，虽然文本被分隔成不同节，但默认状态是“链接”，在修改上一节的页眉页脚时会使下一节也修改，为了达到各节不同的页眉页脚，需要在各节之间断开链接。

☞ 在“封面”“目录”“摘要”“第一章节”“第二章节”“第三章节”“结论”的各节之间，断开链接。操作步骤如下：

（1）将光标定位在“目录”的某一位置。

（2）双击页眉区域，进入如图 2-64 所示的编辑状态。

（3）在【设计→选项】功能区中，选择“奇偶页不同”选项。

（4）在【设计→导航】功能区中，单击“链接到前一条页眉”按钮，取消“与上一节相同”的状态。同理，在页脚位置也取消链接。

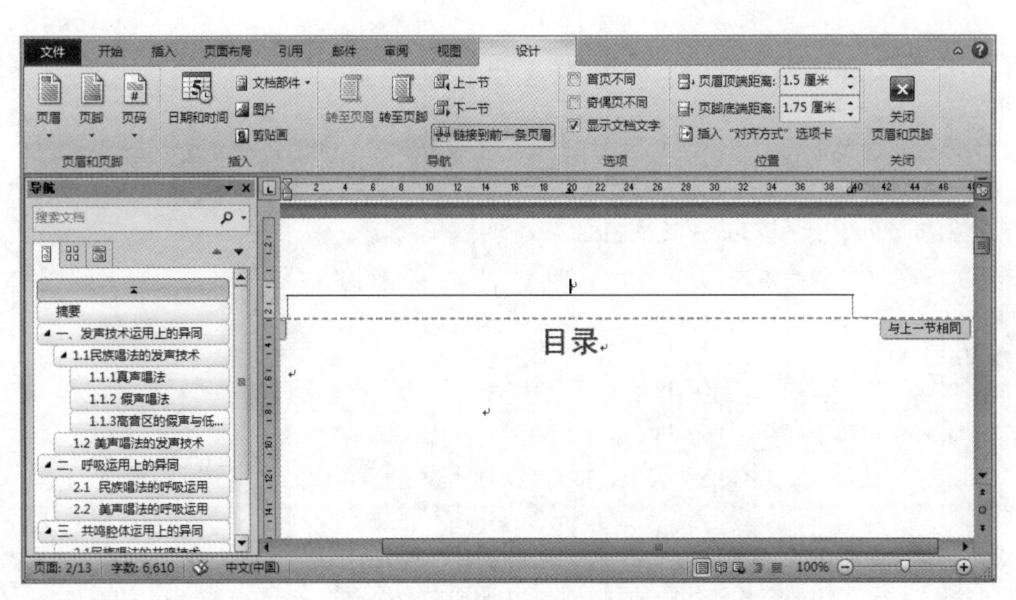

图2-64 "页眉页脚"编辑状态

（5）将光标分别定位在"摘要""第一章节""第二章节""第三章节""结论"的页眉位置，取消各节的链接。

（6）在"摘要"的页脚位置，取消链接。

3. 输入页眉页脚的内容

每节内容的页眉页脚的制作方法是一样的，内容通常包括文字、图片、边框底纹等格式设置。制作页眉页脚时，每节不管有多少页，通常只需要制作一次。如果选择了"奇偶页不同"选项，则奇数页、偶数页分别要制作一次。

☞ 设置正文奇数页页眉为"学校 logo+ 一级标题"，正文偶数页页眉为"学校 logo+ 论文名称"，结论、参考文献页眉为"学校 logo+ 一级标题"。操作步骤如下：

（1）将光标定位在第 5 页"第一章节"的某一位置。

（2）双击页眉区域，进入页眉页脚视图，显示"奇数页页眉"，插入图片"学校 logo"，调整图片到合适大小，设置为靠左对齐；输入文字"一、发声技术运用上的异同"，设置为靠右对齐，效果如图 2-65 所示。

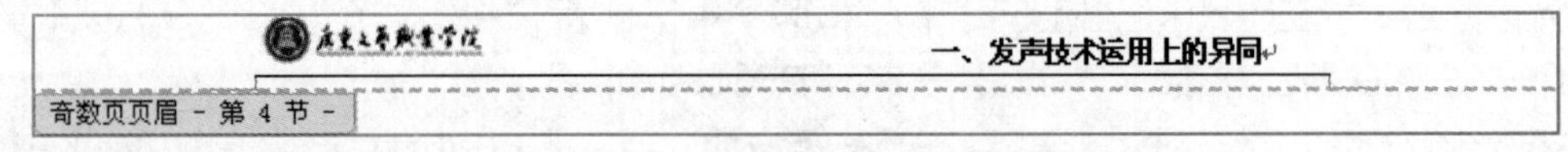

图2-65 "奇数页页眉"效果图

（3）将光标定位在第 6 页的页眉位置。

（4）显示"偶数页页眉"，插入图片"学校 logo"，调整图片到合适大小，设置为靠左对齐；输入文字"浅谈民族唱法与美声唱法的异同"，设置为靠右对齐，效果如图 2-66 所示。

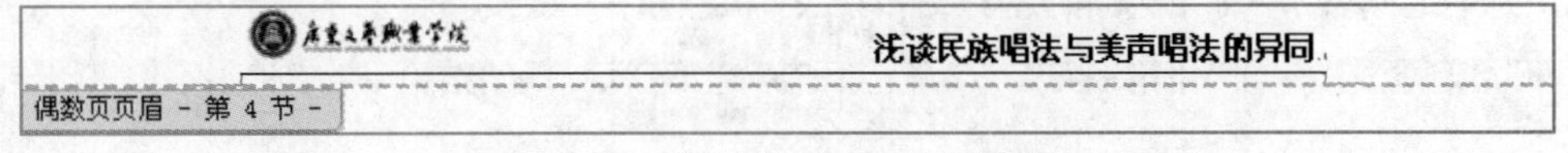

图2-66 "偶数页页眉"效果图

（5）使用上述方法，设置"第二章节""第三章节""结论""参考文献"的页眉。

（6）在【设计→关闭】功能区中，单击"关闭页眉页脚"按钮，退出编辑页眉页脚的视图。观察各节的页眉的内容，是否达到要求。

☞ 设置目录页脚为"页码，居中，页码格式 I、II、III"，正文页脚为"页码，居中，页码格式 1、2、3"。操作步骤如下：

图2-67　“页码格式”对话框

（1）将光标定位在第 2 页“目录”的某一位置。

（2）双击页脚区域，进入页眉页脚视图，在【设计→页眉页脚】功能区中，单击“页码”按钮，在打开的菜单中选择“设置页码格式”，弹出如图 2-67 所示的“页码格式”对话框。

（3）在“页码格式”对话框中，设置“编号格式”为“I、II、III”；在“页码编号”栏，设置“起始页码”为 I。

（4）在【设计→页眉页脚】功能区中，单击“页码”按钮，在打开的菜单中选择“页面底端”，单击菜单中的“普通数字 2”，即可为“目录”添加页码，效果如图 2-68 所示。

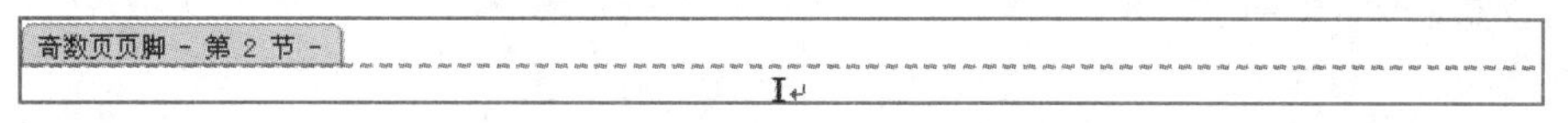
图2-68　“目录”页脚效果图

（5）将光标定位在第 3 页“摘要”的页脚位置。

（6）在【设计→页眉页脚】功能区中，单击“页码”按钮，在打开的菜单中选择“设置页码格式”，在“页码格式”对话框中，设置“编号格式”为“1、2、3”；在“页码编号”栏，设置“起始页码”为 1。

（7）在【设计→页眉页脚】功能区中，单击“页码”按钮，在打开的菜单中选择“页面底端”，单击菜单中的“普通数字 2”，即可为“正文”添加页码，效果如图 2-69 所示。

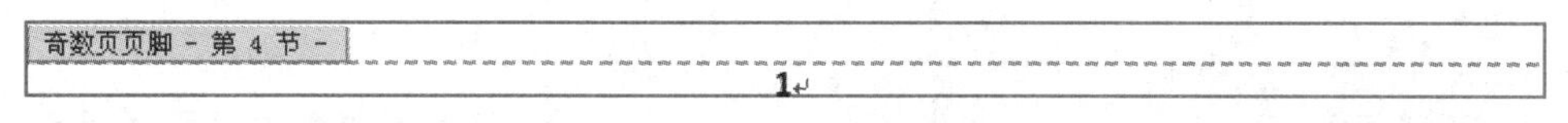
图2-69　“正文”页脚效果图

（8）在【设计→关闭】功能区中，单击“关闭页眉页脚”按钮，退出编辑页眉页脚的视图。

提　示

在【插入→页眉页脚】功能区中，也可进行页码的添加。

4．设置页眉页脚的格式

页眉页脚的内容输入后，如果需要对内容进行字体格式、段落格式、边框底纹等格式的设置，方法和和普通视图下的操作是一样。

☞设置正文的页眉字体格式为“宋体、五号、加粗”，设置文字下方的横线为“双实线”。操作步骤如下：

（1）将光标定位在第 5 页的位置。

（2）双击页眉区域，进入页眉页脚视图。

（3）选中页眉的文字“一、发声技术运用上的异同”，在【开始→字体】功能区中，设置字体格式为“宋体、五号、加粗”。

（4）在【开始→段落】功能区中，单击“边框和底纹”按钮，在打开的列表中选择“边框和底纹”。

（5）在弹出的“边框和底纹”对话框中，选择样式为“双实线”，在预览处单击按钮，应用于“段落”，如图 2-70 所示。

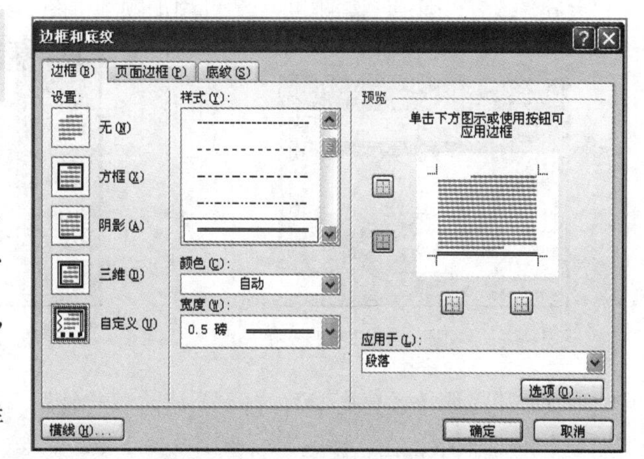
图2-70　“边框和底纹”对话框

（6）单击“确定”按钮，即为页眉设置好格式，效果如图 2–71 所示。

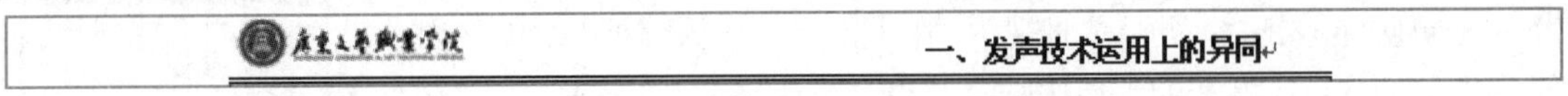

一、发声技术运用上的异同

图2–71　设置页眉格式效果图

2.4.6　题注与引用

题注就是给图片、表格、图表、公式等项目添加的名称和编号。例如，在本书的图片和表格中，就在图片和表格的下面输入了编号和标题，方便读者查找和阅读。

在长文档中，使用题注功能可以保证图片、表格等项目能够顺序地自动编号。如果移动、插入、删除带题注的项目时，Word 可以自动更新题注的编号。同时，对于带有题注的项目，还可以对其进行交叉引用。

1. 添加题注

☞在文档中插入图片“贝多芬”“莫扎特”，并添加题注为“图 1–1”“图 1–2”。操作步骤如下：

（1）在文档中插入图片“贝多芬”，并设置图片的格式。

（2）右击图片“贝多芬”，在弹出的快捷菜单中选择“插入题注”，弹出“题注”对话框，如图 2–72 所示。

（3）在“题注”对话框中单击“新建标签”按钮，在弹出的“新建标签”对话框中，输入标签为“图 1-”，然后单击“确定”按钮，返回“题注”对话框，如图 2–73 所示。

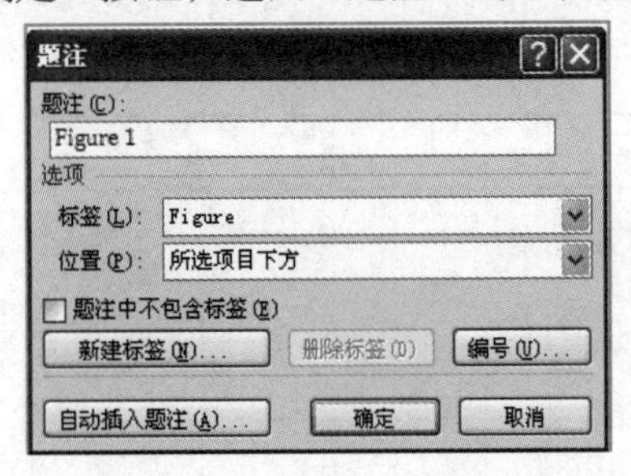

图2–72　“题注”对话框

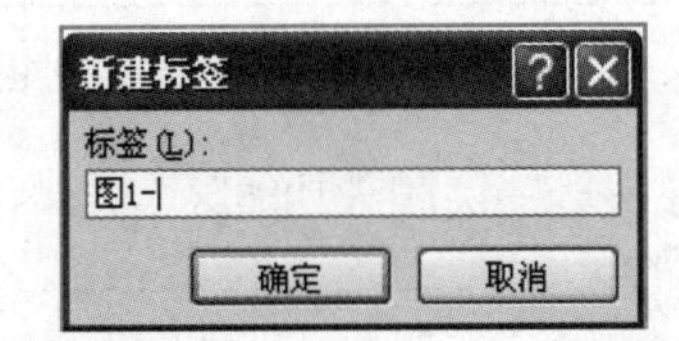

图2–73　“新建标签”对话框

（4）在“题注”对话框中单击“编号”按钮，在弹出的“题注编号”对话框中，选择格式为“1，2，3”，然后单击“确定”按钮，返回“题注”对话框，如图 2–74 所示。

（5）在“题注”对话框中，在“标签”栏选择“图 1–”，在“题注”栏则自动显示“图 1–1”，如图 2–75 所示。

（6）单击“确定”按钮，可为图片添加题注“图 1–1”，在题注后输入图片标题“贝多芬”，如图 2–76 所示。

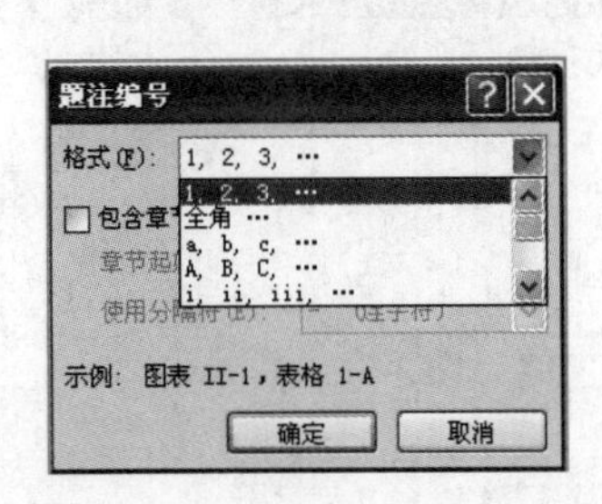

图2–74　“题注编号”对话框

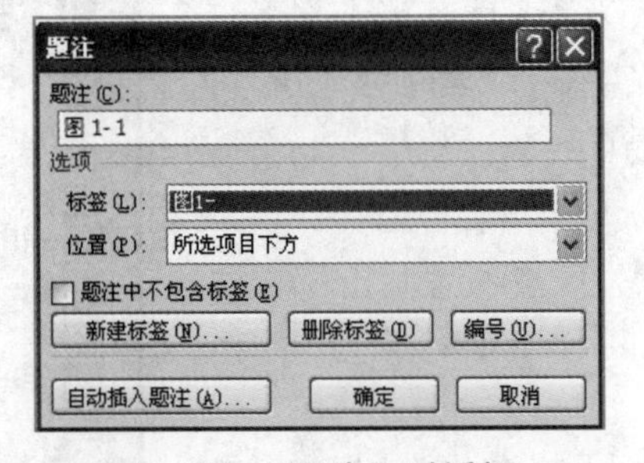

图2–75　“题注”对话框

图2–76　添加题注效果

（7）插入图片“莫扎特”，右击图片“莫扎特”，在弹出的快捷菜单中选择“插入题注”命令，在弹出的“题注”对话框中，在“标签”栏选择“图 1–”，单击“确定”按钮，则可自动为图片添加题注“图 1–2”，在题注后输入图片标题“莫扎特”。

2. 添加引用

文档中图和表编号后，一般在正文中会对其进行描述，例如在文中显示文字“如图 1–1 所示”，可在文中添加交叉引用。这样，当图表发生增删情况时，引用自动会修改。

☞在文字“如所示”中间,添加引用图片贝多芬,显示为“如图 1-1 所示”。操作步骤如下：

（1）将光标定位在文字“如”后面。

（2）在【引用→题注】功能区中，单击“交叉引用”按钮，弹出“交叉引用”对话框。

（3）在“交叉引用”对话框中，设置“引用类型”为“图 1-”，“引用内容”为“只有标签和编号”，在“引用哪一个题注”栏中选择“图 1-1 贝多芬”，如图 2-77 所示。

（4）单击“插入”按钮，在文中自动添加引用“图 1-1”，显示的效果为“如图 1-1 所示”。

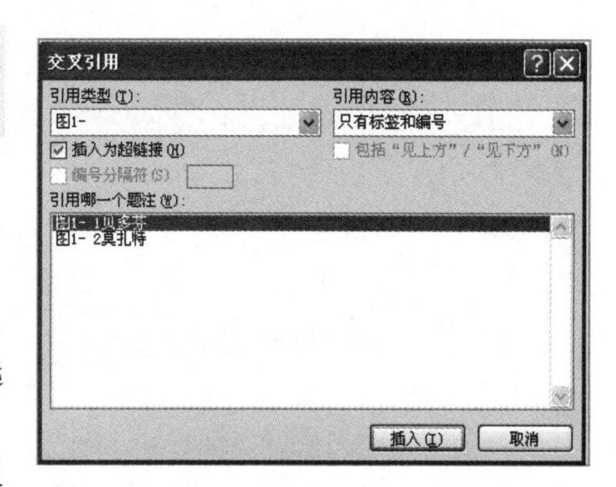

图2-77 “交叉引用”对话框

提 示

在添加了题注或者引用的位置,将光标放在插入的文字(例如“图 1-1”)上,会发现文字有灰色底纹,代表该文字为“域”。域是可以动态改变的对象，使图片能够自动编号。如果插入、删除带题注和引用的项目，Word 可以自动更新题注和引用的编号。

2.5 邮 件 合 并

2.5.1 案例简介

在日常工作中，经常需要制作邀请函、通知书、贺卡、水电费缴费单、工资条等，这类文档主要内容基本都是相同的,大量内容是重复的,只是少量数据有变化。如果使用复制粘贴的方法效率低下,而且容易出错。

针对这类文档的制作，Word 2010 提供了“邮件合并”的高级应用功能，所有大量内容相似的文档都可以通过“邮件合并”功能实现，很大程度上提高工作效率。

“邮件合并”最初是在批量处理“邮件文档”时提出的。具体地说，就是在邮件文档（主文档）的固定内容中，合并与发送信息相关的一组通信资料（数据源：如 Word 表格、Excel 表、Access 数据表等），从而批量生成需要的邮件文档。

应用“邮件合并”时，通常需要制作的数量比较大，文档内容可分为两部分：

（1）固定不变的部分：称为主文档，通常是 Word 文档，比如制作信封时，信封上的寄信人地址、邮政编码等信息是固定不变的部分。

（2）变化的部分：称为数据源，制作信封时，信封上的收信人地址、邮政编码等信息是变化的部分。Word 2010 邮件合并支持的数据源类型包括：如 Word 表格、Excel 表、Access 数据表、Outlook 联系人列表、HTML 文件等。本案例所使用的数据源是 Word 表格“嘉宾信息 .docx”，要求在文档的第一行插入表格，在表格前面不能有其他文字，并且要求表格的第一行是标题行，否则邮件合并不能识别其中的信息。

合并域是一个变量，它随着数据源中的内容而变化。数据源则包含合并域中使用的数据，如姓名、地址等信息。

邮件合并就是把来自数据源中的数据分别加入到主文档对应的合并域中，由此批量生成多个与主文档相似，但在合并域中插入了不同数据的页面。

本节主要通过案例“制作邀请函”来讲解“邮件合并”功能的使用。从而掌握 Word 2010 的高级应用功能。邀请函的效果如图 2-78 所示。

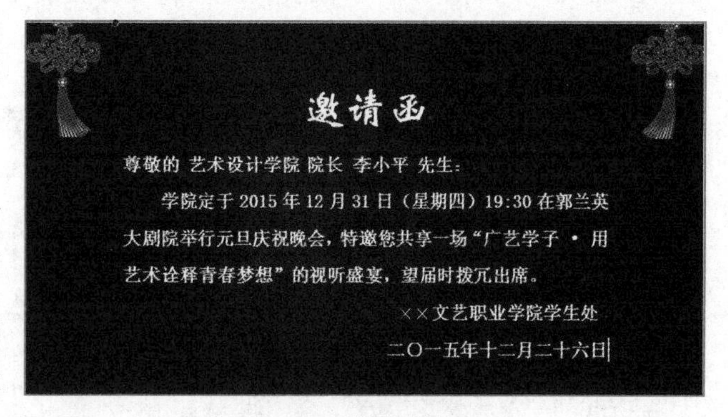

图2-78 邀请函效果图

2.5.2 案例准备

邮件合并制作之前，通常需要准备两份文件：主文档和数据源。在本案例中，数据源已经准备好，主文档需要用户建立，并编辑排版。

☞ 新建一个Word文件，保存文件名为“邀请函（主文档）.docx”，设置“页边距”为“上、下为1.5厘米、左、右为3厘米”，设置“纸张大小”为“宽21厘米，高12厘米”，设置页面背景为图片“邀请函背景.jpg”。操作步骤如下：

（1）新建一个Word文件，选择【文件→另存为】命令，在弹出的“另存为”对话框中，输入文件名为“邀请函（主文档）.docx”。

（2）在【页面布局→页面设置】功能区中，单击“页边距”按钮，在打开的下拉列表中选择“自定义边距”。

（3）在弹出的“页面设置”对话框中，单击“页边距”选项卡，设置“页边距”为“上、下为1.5厘米，左、右为3厘米”，如图2-79所示。

（4）在“页面设置”对话框中，单击“纸张”选项卡，设置“纸张大小”为“自定义大小”，“宽度”为“21厘米”，“高度”为“12厘米”，如图2-80所示。

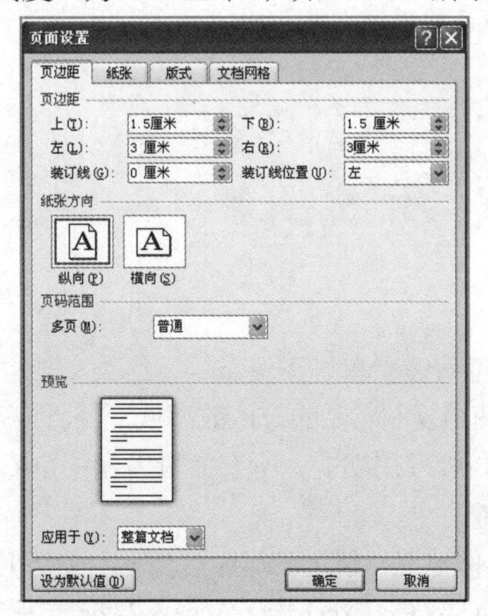

图2-79 “页边距”选项卡

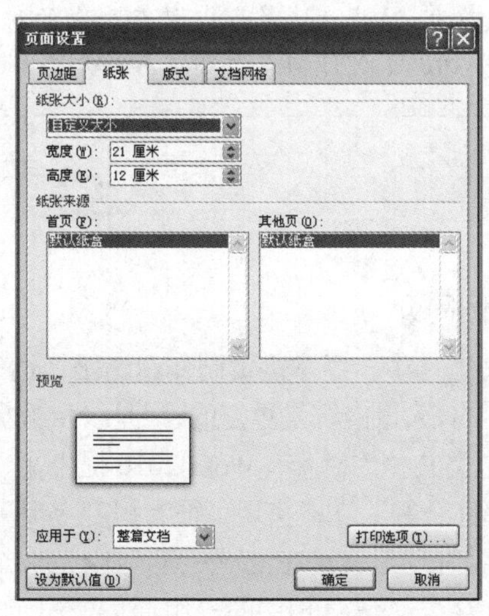

图2-80 “纸张”选项卡

（5）在【页面布局→页面背景】功能区中，单击“页面颜色”按钮，在下拉列表中选择“填充效果”选项，弹出“填充效果”对话框。

（6）在“填充效果”对话框中，选择“图片”选项卡，单击“选择图片”按钮，弹出“选择图片”对话框，在对话框中选择本章素材中的图片“邀请函背景.jpg”，单击“插入”按钮，返回“填充效果”对话框，如图2-81所示。

（7）单击“确定”按钮，将图片设置为文档的背景。

☞ 参考图2-82，将本章素材中的“素材-邀请函文字.docx”中的文字，复制到“邀请函（主文档）.docx”，设置标题的字体格式为“华文新魏、小初、加粗、白色”，设置其他文字的字体格式为“宋体、三号、加粗、白色”。操作步骤如下：

（1）打开文件“素材-邀请函文字.docx”，将文字全部选中，按【Ctrl+C】组合键，复制文字。

（2）将光标定位在“邀请函（主文档）.docx”的第一行，按【Ctrl+V】组合键，粘贴文字。

（3）将标题的文字“邀请函”，设置字体格式为“华文新魏、小初、加粗、白色”。将其他文字设置字体格式为“宋体、三号、加粗、白色”。

（4）删除多余的回车符。

☞ 参考图2-82，在文档左上方、右上方都插入图片“中国结.gif”，设置图片大小为“高3.5厘米，高2.3厘米”，环绕方式为“浮于文字上方”。操作步骤如下：

（1）将光标定位在文档第 1 行。

（2）在【插入→插图】功能区中，单击“图片”按钮，在“插入图片”对话框中，选择图片“中国结 .jpg”，然后单击“插入”按钮，将图片插入到文档中。

（3）选中图片，在【格式→排列】功能区中，单击自动换行按钮，选择下拉列表中的“浮于文字上方”。

（4）在【格式→大小】功能区中，设置图片高 3.5 厘米，高 2.3 厘米。

（5）将图片拖动到文档右上角。

（6）按【Ctrl+C】组合键，复制图片；再按【Ctrl+V】组合键，粘贴图片。

（7）将粘贴的图片 2 拖动到文档左上角，在【格式→排列】功能区中，单击旋转按钮，选择下拉列表中的“水平翻转”，效果如图 2–82 所示。

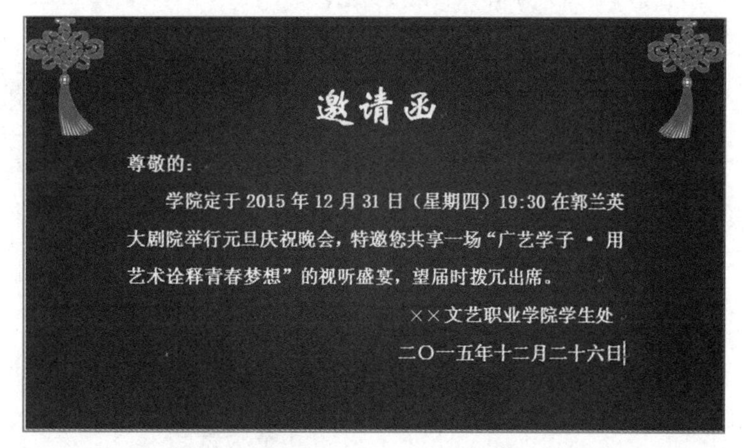

图2–81　“填充效果”对话框　　　图2–82　“主文档”效果图

2.5.3　实现方法

Word 2010 提供了“邮件”菜单来完成邮件合并，在对应的功能区中包括完成邮件合并的所有工具。

1. 选择收件人

在邮件合并中，变化的部分（如信封上的收信人地址、邮政编码等信息）来源于数据源，所以要先打开数据源作为收件人，才能将对应的信息插入到主文档中。

☞ 打开文档“邀请函（主文档）.docx”，选择“嘉宾信息 .docx”作为收件人。操作步骤如下：

（1）打开文档“邀请函（主文档）.docx”。

（2）在【邮件→开始邮件合并】功能区中，单击“选取收件人”按钮，在弹出的下拉列表中选择“使用现有列表”。

（3）在“选取数据源”对话框中，选择“嘉宾信息 .docx”，然后单击“打开”按钮，如图 2–83 所示。

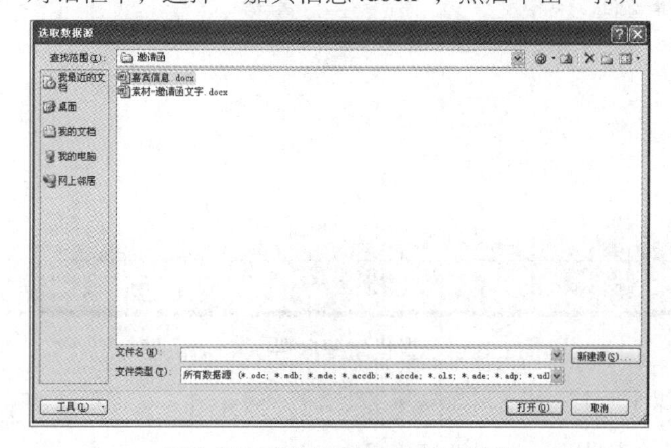

图2–83　“选取数据源”对话框

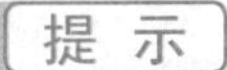

在打开数据源之前，“编写和插入域”“预览结果”等功能区中工具是灰色的、不可用的状态。打开数据源后，这些工具被激活。

2. 编辑收件人

在选取了收件人后，默认表格中的所有记录都为收件人。可根据需要，对收件人进行排序、筛选、查找重复收件人、查找收件人、验证地址等操作。

☞ 编辑收件人列表，将重复的收件人删除，筛选出“办公地址”在“教学楼”的收件人。操作步骤如下：

（1）在【邮件→开始邮件合并】功能区中，单击“编辑收件人列表”按钮，弹出“邮件合并收件人”对话框，如图 2-84 所示。

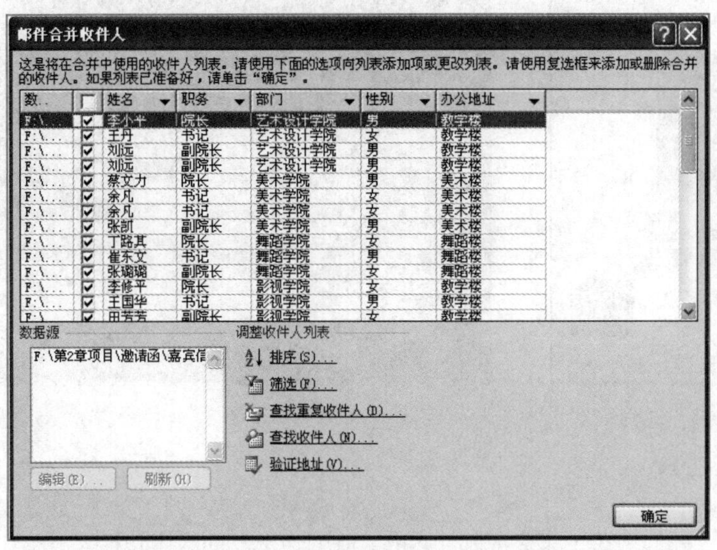

图2-84 “邮件合并收件人”对话框

（2）在“邮件合并收件人”对话框中，单击“查找重复收件人”按钮，弹出“查找重复收件人”对话框，如图 2-85 所示。

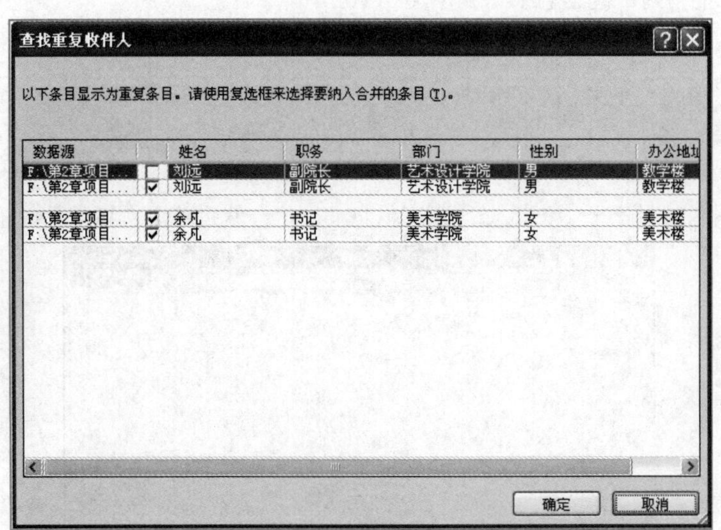

图2-85 “查找重复收件人”对话框

（3）在“查找重复收件人”对话框中，将重复的记录取消其中一条，然后单击“确定”按钮，则将重复的收件人删除。返回“邮件合并收件人”对话框。

（4）单击“筛选”按钮，弹出“查询选项”对话框，如图 2-86 所示。

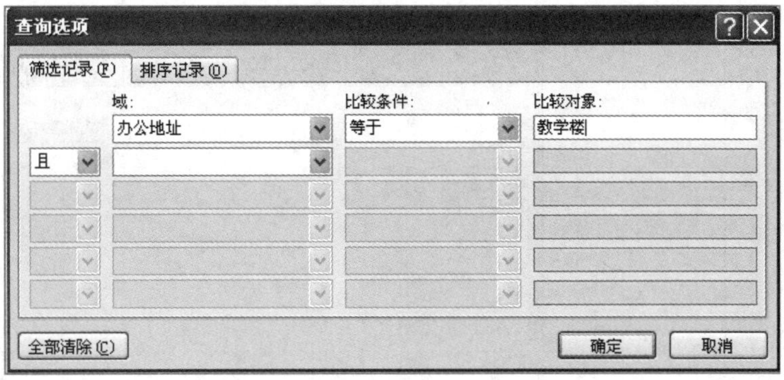

图2-86　“查询选项”对话框

（5）在“查询选项”对话框中，设置筛选条件，“域”为“办公地址”，“比较条件”为“等于”，“比较对象”为“教学楼”，然后单击“确定”按钮，则筛选出“办公地址”在“教学楼”的收件人。

（6）返回“邮件合并收件人”对话框，单击“确定”按钮。

3．插入合并域

合并域是在主文档中插入的变化的内容，每个收件人的内容都不一样，这些内容来自数据源。

☞ 在主文档中插入收件人列表中的“部门”“职务”“姓名”等域。操作步骤如下：

（1）将光标定位在文字“尊敬的”后面，输入一个空格。

（2）在【邮件→编写和插入域】功能区中，单击“插入合并域”按钮，在弹出的下拉列表中选择“部门”，即在文档中增加合并域“« 部门 »”，如图 2-87 所示。

（3）输入一个空格后，用上述方法在文档中插入合并域“« 职务 »”“« 姓名 »”，效果如图 2-88 所示。

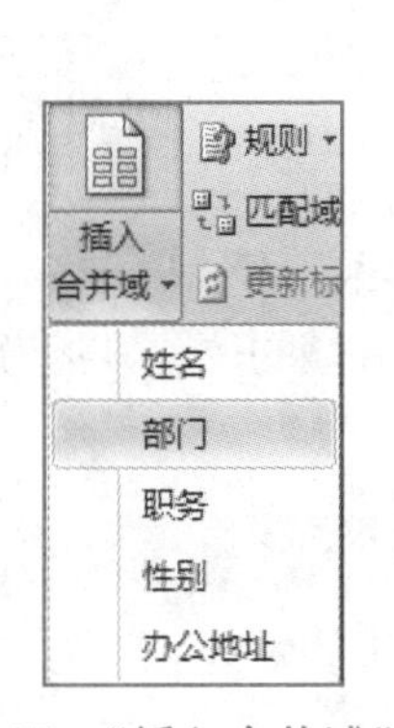

图2-87　“插入合并域”列表

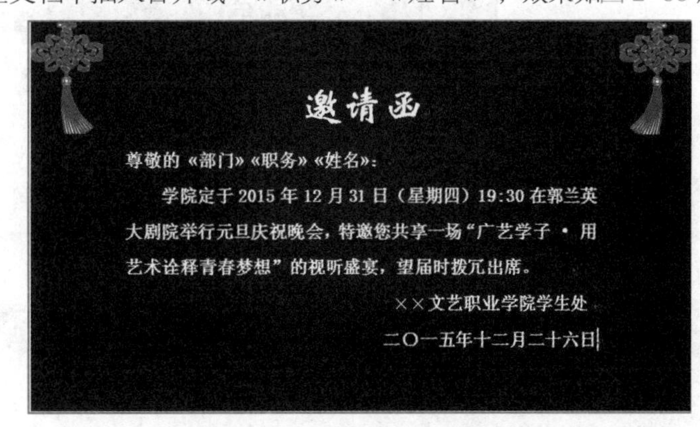

图2-88　插入合并域的效果

4．插入规则

规则是在邮件合并时，可以通过添加判断条件或命令，根据收件人列表中的信息返回不同的内容，实现邮件合并的智能决策功能。

☞ 在合并域“« 姓名 »”后，添加规则“如果…那么…否则…”，如果收件人的性别为“男”，则显示为“先生”，否则显示为“女士”。操作步骤如下：

（1）将光标定位在合并域“« 姓名 »”的后面，输入一个空格。

（2）在【邮件→编写和插入域】功能区中，单击“规则”按钮，在弹出的下拉列表中选择“如果…那么…否则…”，弹出“插入 Word 域：IF”对话框，如图 2-89 所示。

（3）在“插入 Word 域:IF”对话框中，设置“域名”为“性别”，“比较条件”为“等于”，“比较对象”为“男”，在“则插入此文字”处输入“先生”,在“否则插入此文字”处输入“女士”,然后单击“确定”按钮,如图 2-90 所示。

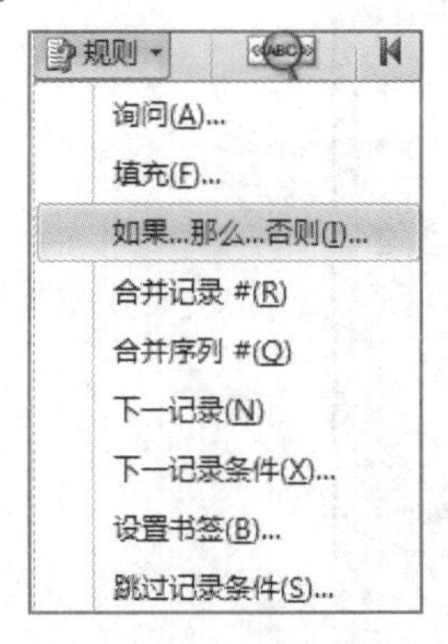

图2-89 “规则”列表

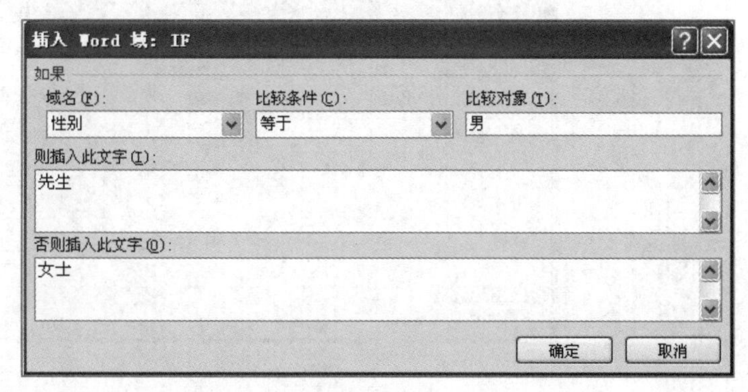

图2-90 “插入Word域:IF”对话框

(4)选择插入的合并域,设置字体格式为“宋体、三号、加粗、白色”,效果如图 2-91 所示。

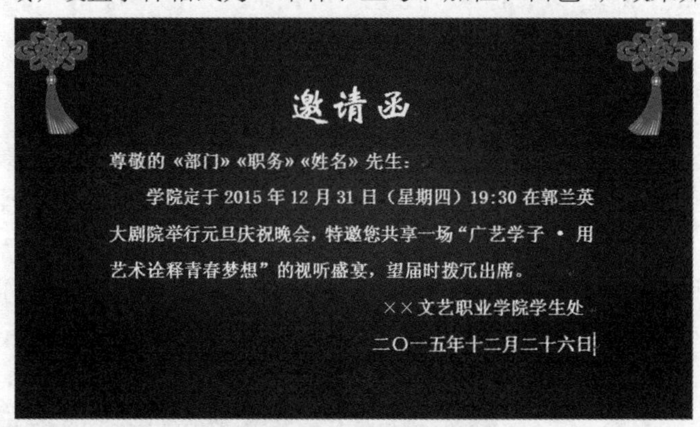

图2-91 插入规则的效果

5. 预览结果

在完成邮件合并之前,可对结果进行预览,如果有错误的地方可以及时修改。操作步骤如下:

(1)在【邮件→预览结果】功能区中,单击“预览结果”按钮,可看到在合并域的位置显示为具体的收件人的信息,如图 2-92 所示。

尊敬的 艺术设计学院 院长 李小平 先生:

图2-92 预览结果

(2)单击 1 按钮,可对其他收件人的信息进行预览。

(3)再次单击“预览结果”按钮,可返回合并域的内容。

6. 完成邮件合并

完成邮件合并后,可将最后的结果保存到一个新的文档中,方便查阅或者打印。

完成邮件合并,将生成的新文档保存为“邀请函(效果).docx”。操作步骤如下:

(1)在【邮件→完成】功能区中,单击“完成并合并”按钮,在打开的下拉列表中选择“编辑单个文档”,如图 2-93 所示。

(2)在弹出的“合并到新文档”对话框中,设置“合并记录”为“全部”,如图 2-94 所示。

(3)单击“确定”按钮,生成新文档“信函 1”,内容为所有符合条件的收件人的邀请函,将新文档另存为“邀请函(效果).docx”。

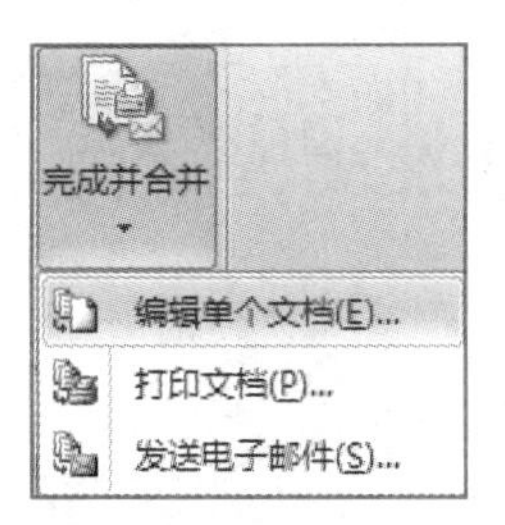

图2-93 “完成并合并”列表

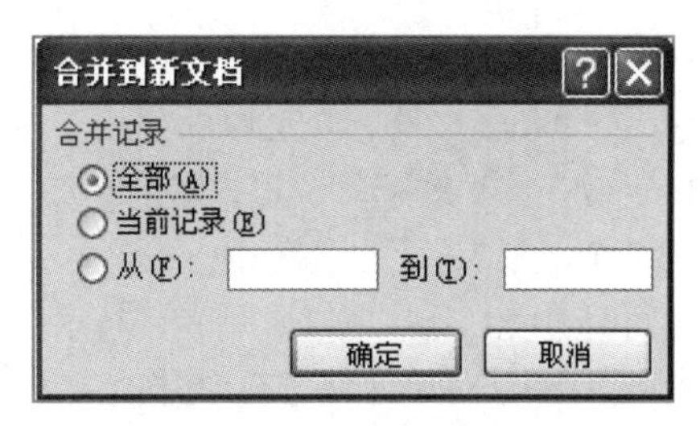

图2-94 “合并到新文档”对话框

课后练习

1. 打开本章“课后练习”文件夹下的文档“羊城八景.docx”（见图 2-95），对文档进行如下设置：

（1）页面设置。自定义纸张宽度为 21 厘米，高度为 29 厘米；页边距为上、下各 2.5 厘米，左、右各 3 厘米。

（2）将标题“新世纪羊城八景”设置为艺术字，“样式”为“填充 - 红色、强调文字颜色 2、暖色粗糙棱台”，文字环绕方式为上下型。

（3）将正文的文字设置为“仿宋、四号”，首行缩进 2 个字符，段前间距 0.5 行，段后间距 0.5 行，行间距设为固定值 25 磅。

（4）将文中所有“广州”一词格式化为红色、加粗的字体。（提示：使用查找替换功能快速格式化所有对象）。

（5）在文中插入图片“广州.jpg”，设置为椭圆形效果、四周型环绕，适当调整合适大小和位置。

（6）将正文第三段添加方框，线型为双波浪型，颜色为蓝色；设置底纹，颜色为淡紫色，边框和底纹都应用于段落。

（7）将正文第五段到末尾，设置为两栏格式。

（8）页眉页脚。在页眉位置输入文字“新世纪羊城八景”，页脚位置插入页码，格式为“第 * 页共 * 页”。

（9）将制作的结果保存至“课后练习”文件夹中。

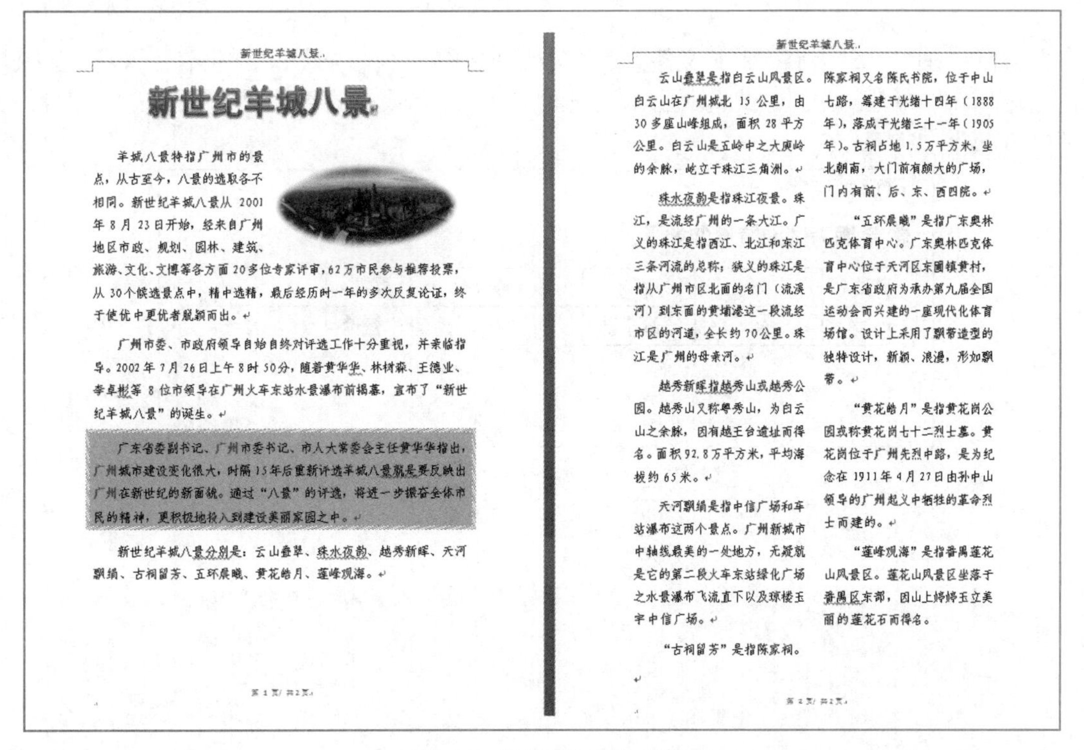

新世纪羊城八景

新世纪羊城八景

羊城八景特指广州市的景点，从古至今，八景的选取各不相同。新世纪羊城八景从 2001 年 8 月 23 日开始，经来自广州地区市政、规划、园林、建筑、旅游、文化、文博等各方面 20多位专家评审，62 万市民参与推荐投票，从 30个候选景点中，精中选精，最后经历时一年的多次反复论证，终于使优中更优者脱颖而出。

广州市委、市政府领导自始自终对评选工作十分重视，并亲临指导。2002 年 7月 26 日上午 8时 50分，随着黄华华、林树森、王德业、李卓彬等 8 位市领导在广州火车东站水景瀑布前揭幕，宣布了“新世纪羊城八景”的诞生。

广东省委副书记、广州市委书记、市人大常委会主任黄华华指出，广州城市建设变化很大，时隔 15 年后重新评选羊城八景就是要反映出广州在新世纪的新面貌。通过“八景”的评选，将进一步振奋全体市民的精神，更积极地投入到建设美丽家园之中。

新世纪羊城八景分别是：云山叠翠、珠水夜韵、越秀新晖、天河飘绢、古祠留芳、五环晨曦、黄花皓月、莲峰观海。

新世纪羊城八景

云山叠翠是指白云山风景区。白云山在广州城北 15 公里，由 30 多座山峰组成，面积 28 平方公里。白云山是五岭中之大庾岭的余脉，屹立于珠江三角洲。

珠水夜韵是指珠江夜景。珠江，是流经广州的一条大江。广义的珠江是指西江、北江和东江三条河流的总称；狭义的珠江是指从广州市区北面的名门（流溪河）到东面的黄埔港这一段流经市区的河道，全长约 70公里。珠江是广州的母亲河。

越秀新晖指越秀山或越秀公园。越秀山又称粤秀山，为白云山之余脉，因有越王台遗址而得名。面积 92.8 万平方米，平均海拔约 65 米。

天河飘绢是指中信广场和车站瀑布这两个景点。广州新城市中轴线最美的一处地方，无疑就是它的第二段火车东站绿化广场之水景瀑布飞流直下以及琼楼玉宇中信广场。

“古祠留芳”是指陈家祠。陈家祠又名陈氏书院，位于中山七路，筹建于光绪十四年（1888 年），落成于光绪三十一年（1905 年）。古祠占地 1.5 万平方米，坐北朝南，大门前有颇大的广场，门内有前、后、东、西四院。

“五环晨曦”是指广东奥林匹克体育中心。广东奥林匹克体育中心位于天河区东圃镇黄村，是广东省政府为承办第九届全国运动会而兴建的一座现代化体育场馆。设计上采用了飘带造型的独特设计，新颖、浪漫，形如飘带。

“黄花皓月”是指黄花岗公园或称黄花岗七十二烈士墓。黄花岗位于广州先烈中路，是为纪念在 1911 年 4 月 27 日由孙中山领导的广州起义中牺牲的革命烈士而建的。

“莲峰观海”是指番禺莲花山风景区。莲花山风景区坐落于番禺区东部，因山上婷婷玉立美丽的莲花石而得名。

图2-95 “羊城八景”效果

2. 参考图 2-96，进行表格的制作与编辑。

（1）新建一个 Word 文件，将文件保存在“课后练习”文件夹中，文件名为“课程表 .docx”。

（2）鼠标定位在文档的起始位置，参考图 2-96，输入表格标题“课程表”。

（3）绘制一个 7 列 10 行的表格。

（4）设置行高列宽。第一行 1.4 厘米，其余行 1 厘米。列宽为 2.1 厘米。

（5）参考图 2-96，对单元格进行合并。

（6）输入文字，将文字设置为水平与垂直方向都居中对齐。

（7）边框和底纹。设置表格的外边框为 1.5 磅、蓝色的双实线边框，内边框为 1.5 磅的虚线。参照图 2-96 设置部分行的底纹为灰色。

课程表

星期 节次		星期一	星期二	星期三	星期四	星期五
上午	第一节					
	第二节					
	课间休息					
	第三节					
	第四节					
午间休息						
下午	第五节					
	第六节					
	第七节					

图2-96 “课程表”效果

3. 邮件合并。打开本章“课后练习”文件夹下的文档“成绩单模板 .docx”和“学生信息 .xlsx”，参照图 2-97 进行邮件合并，制作 50 位同学的考试成绩通知，将邮件合并后的结果保存至“课后练习”文件夹下，文件名为“成绩单 .docx”。

田苗苗同学：

本学期考试成绩通知如下：

英语	98	思政	94	计算机	84
体育	68	绘画基础	76	艺术概论	81

教务处

图2-97 “成绩单”效果

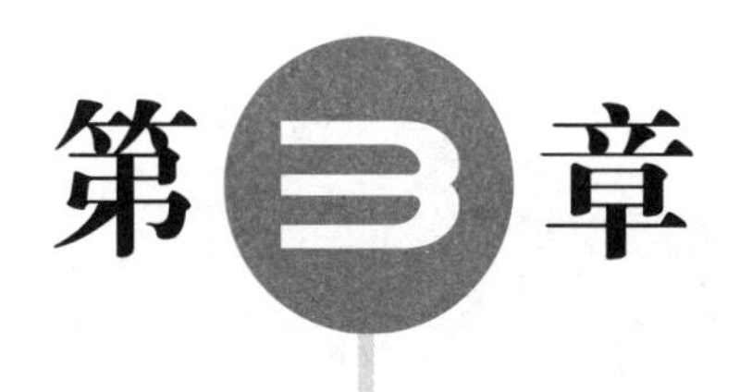

第三章 PowerPoint演示文稿

学习目标

- 了解PowerPoint 2010的常用功能和使用技巧。
- 了解创建演示文稿的一般步骤。
- 掌握在演示文稿中添加文本及各种对象的方法。
- 掌握布局与修饰幻灯片的方法。
- 掌握幻灯片的动画、超链接设置。
- 掌握演示文稿的放映方法。

PowerPoint 2010 是 Microsoft Office 2010 中的一个应用软件，专门用于编制和播放演示文稿。演示文稿是由若干张幻灯片组成的一种计算机文档，PowerPoint 2010 默认的文件扩展名为 .pptx。演示文稿被广泛应用于演讲、教学、学术报告、产品演示等展示中。

用 PowerPoint 2010 制作演示文稿，可以在其中插入声音、图片、图表及视频信息，使文稿内容充实；可以设置幻灯片中各种对象的动画效果，增强文稿的可观性；可以设置幻灯片超链接，实现互动式放映；可以将演示文稿以 Web 页的方式发布到网上，用浏览器观看；可以实现 Office 系列软件之间的数据共享。

3.1 预备知识

3.1.1 PowerPoint工作界面

启动 PowerPoint 2010 后，系统将出现 PowerPoint 2010 的基本操作界面，主要有快速访问工具栏、标题栏、选项卡、功能区、工作区、状态栏、备注区、视图切换按钮，如图 3-1 所示。

3.1.2 PowerPoint视图

PowerPoint 2010 提供了 4 种视图：普通视图、幻灯片浏览视图、阅读视图、幻灯片放映。单击视图控制按钮可在各种视图间进行切换，也可在“视图”选项卡进行切换。

1. 普通视图

普通视图是最常用的视图，也是默认视图，包含 3 个区：大纲区、幻灯片区、备注区。这些工作区使得用户可以在同一位置使用幻灯片的各种特征，拖动工作区边框可调整不同区域的大小。

（1）大纲区：用于显示、编辑演示文稿的缩略图或者大纲。可组织演示文稿中的内容，可输入演示文稿中的所有文本。

（2）幻灯片区：可以查看每张幻灯片中的文本外观。可以在单张幻灯片中添加图形、视频和声音等元素，并创建超链接以及向其中添加动画效果。

（3）备注区：在备注窗格中可以添加演说者备注或其他说明性的信息。

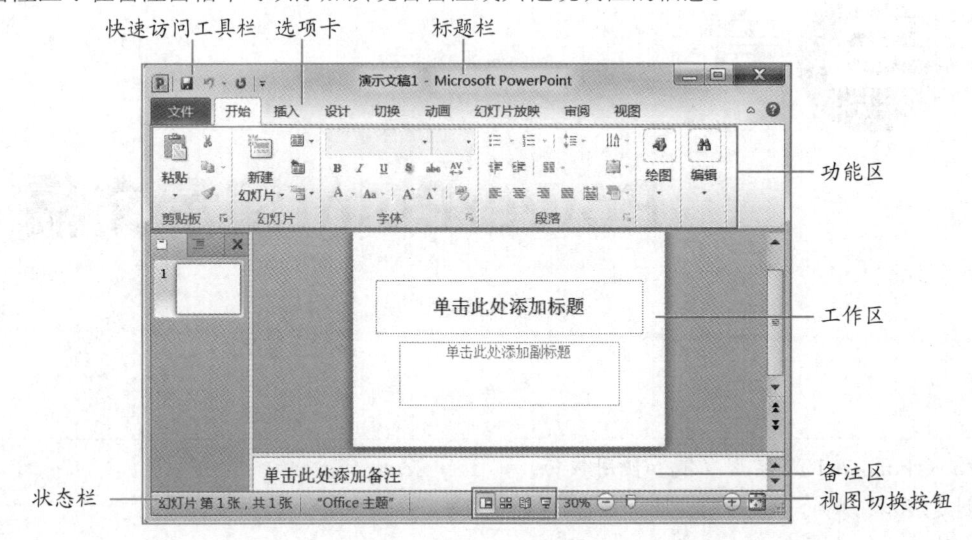

图3-1　PowerPoint窗口

2. 幻灯片浏览视图

在幻灯片浏览视图中，按照编号由小到大的顺序显示演示文稿中全部幻灯片的缩略图，在该视图中可以清楚地综观全部幻灯片的排列顺序。

在该视图中，不能改变幻灯片中的内容，但可以删除幻灯片、复制幻灯片、调整幻灯片的位置，向其他演示文稿或应用程序传送幻灯片等。同时，可以在该视图中设置如定时、切换方式和切换效果等幻灯片的演示特征。

3. 阅读视图

阅读视图用于在一个设有简单控件以方便审阅的窗口中查看演示文稿。如果要更改演示文稿，可随时从阅读视图切换至某个其他视图。

4. 幻灯片放映视图

幻灯片放映视图会占据整个计算机屏幕，可以看到图形、计时、电影、动画效果和切换效果在实际演示中的具体效果。按【Esc】键可退出幻灯片放映视图，返回之前的视图编辑状态。

3.1.3　制作步骤

要制作理想的演示文稿，一般要遵从以下步骤：

（1）任务描述：先设计标题幻灯片，以及其他幻灯片的张数、标题、内容、布局等。

（2）素材准备：准备需要的图片、视频、音频等。

（3）选取或者创建应用设计主题。

（4）逐张制作幻灯片，包括文本、图片、动画、切换等。

（5）修改演示文稿。

（6）放映演示文稿。

（7）保存、打印演示文稿。

3.2 案 例 简 介

本章通过案例“艺术作品赏析”来讲解 PowerPoint 2010 中添加文本及各种对象、布局与修饰幻灯片、动画设置、超链接设置等操作。制作的演示文稿的效果如图 3-2 所示。

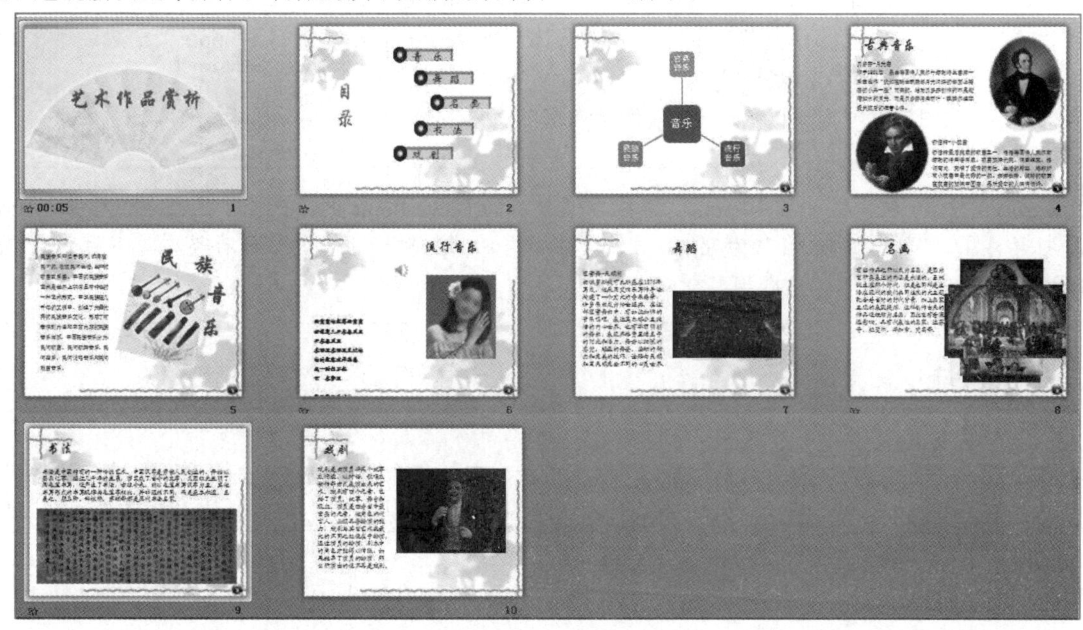

图3-2 案例效果

3.3 创建与编辑演示文稿

3.3.1 创建演示文稿

演示文稿是由同一个主题的若干张幻灯片组成的，新建一个演示文稿就是新建若干张幻灯片，选择【文件→新建】命令，可以创建“空白演示文稿”，也可以使用样本模板或者主题，如果联网可以选择 Office.com 模板，如图 3-3 所示。

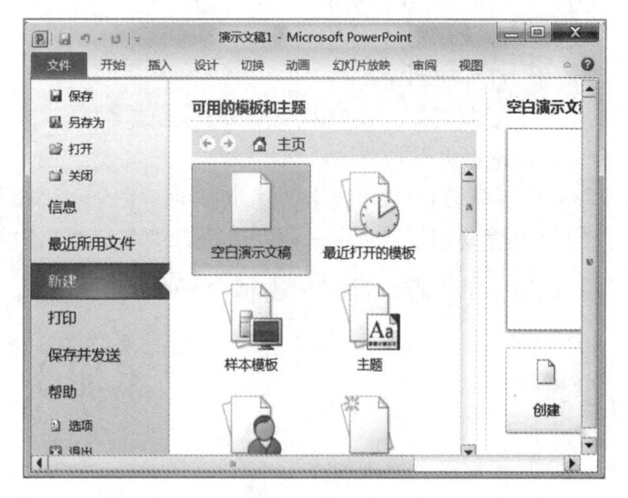

图3-3 新建演示文稿

1. 空白演示文稿

选择“空白演示文稿”，显示如图 3-1 所示的标题演示文稿，可以根据自己的需要设计幻灯片。

2. 样本模板

选择“样本模板”，有 9 种模板可以选择，选择其中一种模板，里面有若干张已经完成的幻灯片，可以根据自己的需要更改内容。

3. 主题

主题是一种包含背景图形、字体选择以及对象效果的设置，一个主题只能包含一种设置。选择其中一种主题，就会新建一张该主题的标题幻灯片，内容是空白的，可以根据自己的需要设计内容，然后添加幻灯片。

4. Office.com模板

如果联网，“Office.com 模板”提供了数十种模板，可根据需要选择合适的类别。

☞ 新建并保存演示文稿“艺术作品赏析 .pptx”。操作步骤如下：

（1）启动 PowerPoint 2010，自动创建一个空白演示文稿。

（2）单击快速访问工具栏中的“保存”按钮。

（3）在“另存为”对话框中选择保存文档的路径，如选择路径“E:\ 第 3 章项目”，在文件名的下拉列表中输入“艺术作品赏析”，在保存类型的下拉列表中选择“PowerPoint 演示文稿（*.pptx）”；最后单击“保存”按钮。

（4）在第一张幻灯片的标题处输入“艺术作品赏析”。

提 示

PowerPoint 2010 默认扩展名是 .pptx，不能在低版本的 PowerPoint 中打开。如果想在低版本的 PowerPoint 中打开，用户可以把扩展名改为 .ppt，方法是在“另存为”对话框中的“保存类型”下拉列表中选择“PowerPoint 97-2003 演示文稿”选项。

3.3.2 编辑幻灯片

1. 幻灯片的选择

在演示文稿中，如果要对幻灯片进行增删、复制、移动等编辑操作，要先选中相关幻灯片。

（1）选中一张幻灯片的操作：单击幻灯片窗格中的幻灯片，则选中该张幻灯片；或者将窗口设置为“幻灯片浏览视图”方式，单击待选的幻灯片。

（2）选中连续多张幻灯片的操作：在幻灯片窗格中或在幻灯片浏览视图中，先选中第一张幻灯片，再按住【Shift】键，单击连续多张幻灯片中的最后一张。

（3）选中不连续的多张幻灯片的操作：先按住【Ctrl】键，再逐个单击待选的多张幻灯片。

2. 幻灯片的编辑操作

选中相关幻灯片后，可以进行新建、删除、复制、移动等操作。

（1）新建幻灯片：先选中要插入的位置（将光标定位在某幻灯片上），按【Enter】键，则在光标所在的幻灯片后面插入新的幻灯片。

（2）删除幻灯片：选中待删除的一张或多张幻灯片，右击，选择“删除幻灯片”（或按【Delete】键）命令，选中的幻灯片被删除。

（3）复制幻灯片：选中要复制的一张或多张幻灯片，右击，选择“复制幻灯片”（或按【Ctrl+C】组合键）命令，再选择粘贴位置进行粘贴操作。

（4）移动幻灯片：选中要移动的幻灯片，然后拖动到新位置。

（5）隐藏幻灯片：右击要隐藏的幻灯片，在弹出的快捷菜单中选择“隐藏幻灯片”命令。

☞ 练习：在“艺术作品赏析 .pptx”演示文稿中，插入 10 张新幻灯片。

3.4 添加文本及各种对象

3.4.1 添加文本

幻灯片的文本直接在文本框中输入，一张幻灯片中可以插入多个文本框输入文字，方便排版及美观。

☞ 在第 4 张幻灯片中输入标题“古典音乐”“贝多芬 – 月光曲”及“舒伯特 – 小夜曲”的介绍文字。操作步骤如下：

（1）选择第 4 张幻灯片。

（2）在“单击此处添加标题”中，输入标题“古典音乐”。

（3）从本章素材“文字 .docx”中，复制“贝多芬 – 月光曲”的文字粘贴在“单击此处添加文本”中，调整文本框的大小。

（4）在【插入→文本】功能区中，单击“文本框”按钮，在打开的下拉列表中选择“横排文本框”。光标变为“十”形状，拖动鼠标可绘制合适大小的横排文本框。

（5）从素材中复制“舒伯特－小夜曲”的文字粘贴在插入的横排文本框中。

☞ 设置第4张幻灯片的文本格式，标题“字体为华文行楷、字号为44，对齐方式为左对齐”，其他文字“字体为宋体、字号为18，行距为1.3倍”。操作步骤如下：

（1）选择第4张幻灯片，选择标题。

（2）在【开始→字体】功能区中，设置“字体”为华文行楷、“字号”为44。在【开始→段落】功能区中，设置“对齐方式”为左对齐。

（3）选择其他文字。

（4）在【开始→字体】功能区中，设置“字体”为宋体、“字号”为18。在【开始→段落】功能区中，单击行距按钮，选择“行距选项”，在弹出的“段落”对话框中，设置“行距”为多倍行距、“设置值”为1.3，如图3–4所示。

（5）单击“确定”按钮，效果如图3–5所示。

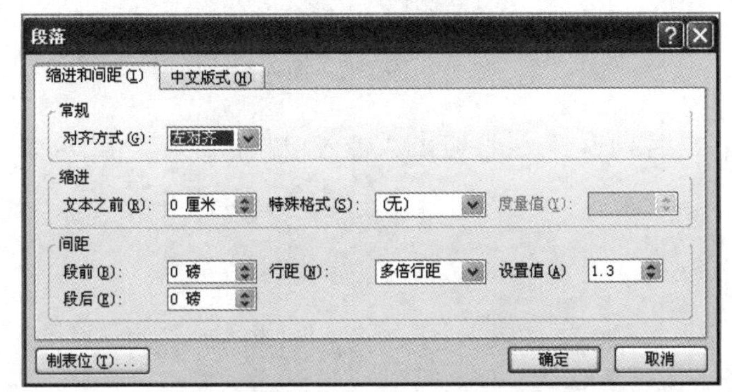

图3–4 “段落”对话框

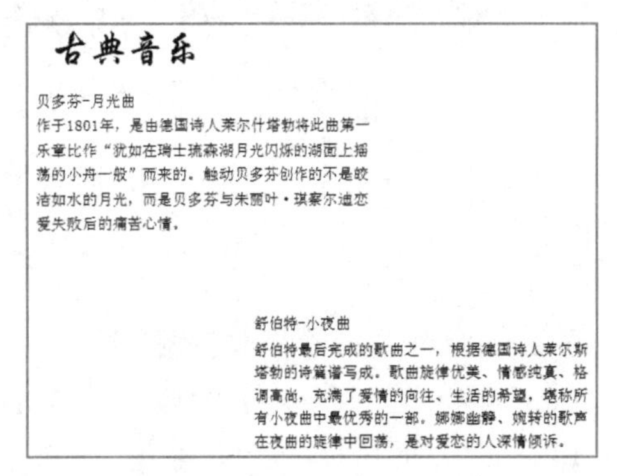

图3–5 添加文本效果

☞ 设置第1张幻灯片标题的格式“字体为华文行楷、字号为65，加粗，对齐方式为居中”。操作步骤如下：

（1）选择第1张幻灯片，选择标题。

（2）在【开始→字体】功能区中，设置“字体”为华文行楷、“字号”为65、加粗。在【开始→段落】功能区中，设置“对齐方式”为居中，效果如图3–6所示。

练 习

在第5张幻灯片的文本框中输入民族音乐的文字介绍。在第6张幻灯片中输入标题“流行音乐”及歌词。在第7张幻灯片中输入标题“舞蹈”，“芭蕾舞－天鹅湖”的介绍文字。在第8张幻灯片中输入标题“名画”及介绍文字。在第9张幻灯片中输入标题“书法”及介绍文字。

所有幻灯片的标题格式设置为“字体为华文行楷、字号为44，对齐方式为左对齐”，其他文字格式设置“字体为宋体、字号为18，行距为1.3倍”。

图3–6 设置标题格式

3.4.2 插入图片

☞ 在第4张幻灯片中插入图片“贝多芬.jpg”“舒伯特.jpg”，设置图片样式为“柔化边缘椭圆”。操作步骤如下：

（1）选择第 4 张幻灯片。

（2）在【插入→图像】功能区中，单击“图片”按钮，在“插入图片”对话框中选择要插入的图片“贝多芬 .jpg”，然后单击“插入”按钮，将图片调整到合适的大小。

（3）在【格式→图片样式】功能区中，在图片样式库中，选择“柔化边缘椭圆”，如图 3–7 所示。

（4）同样的方法插入图片“舒伯特 .jpg”，并设置格式。效果如图 3–8 所示。

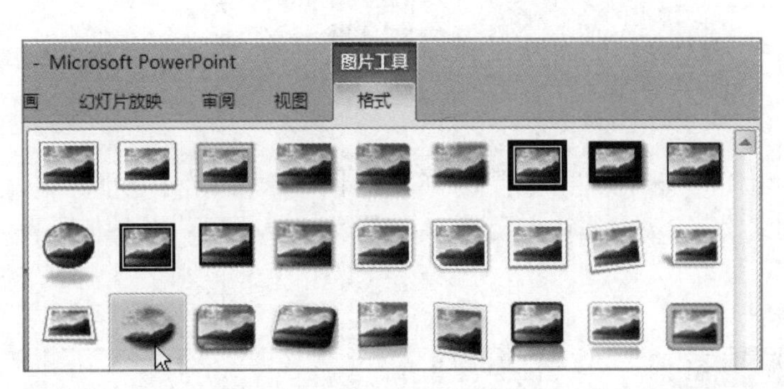

图3–7 设置图片样式

图3–8 插入图片效果

☞ 在第 2 张幻灯片（目录）中，插入图片“目录按钮 1”“目录按钮 2”，输入相应的目录。操作步骤如下：

（1）选择第 2 张幻灯片。

（2）将默认的 2 个文本框删除。

（3）在【插入→文本】功能区中，单击“文本框”按钮，插入一个竖排文本框，并输入文字“目录”。在【开始→字体】功能区中，设置“字体”为华文行楷，“字号”为 72。

（4）在【插入→图像】功能区中，单击“图片”按钮，在“插入图片”对话框中，选择“目录按钮 1”和“目录按钮 2”，然后单击“插入”按钮。效果如图 3–9 所示。

（5）选择图片“目录按钮 2”，右击，在弹出的快捷菜单中选择【置于底层→下移一层】，调整叠放次序后的效果，如图 3–10 所示。

（6）选择图片“目录按钮 2”，在【插入→文本】功能区中，单击“文本框”按钮，插入一个横排文本框，并输入目录文字“音乐”。在【开始→字体】功能区中，设置“字体”为华文新魏、“字号”为 40，“颜色”为紫色，如图 3–11 所示。

图3–9 插入图片

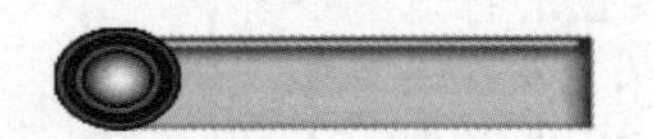

图3–10 调整叠放次序效果

图3–11 输入目录文字

（7）将图片“目录按钮 1”、“目录按钮 2”、文字“音乐”所在的文本框选中，右击，在弹出的快捷菜单中选择“组合”命令，3 个对象则组合成一个整体。

（8）选择组合后的第一个目录“音乐”，按【Ctrl+C】组合键进行复制，在下方的空白位置，按【Ctrl+V】组合键进行粘贴，然后将文字“音乐”更改为“舞蹈”。

（9）使用相同的方法制作目录“名画”“书法”“戏剧”，效果如图 3–12 所示。

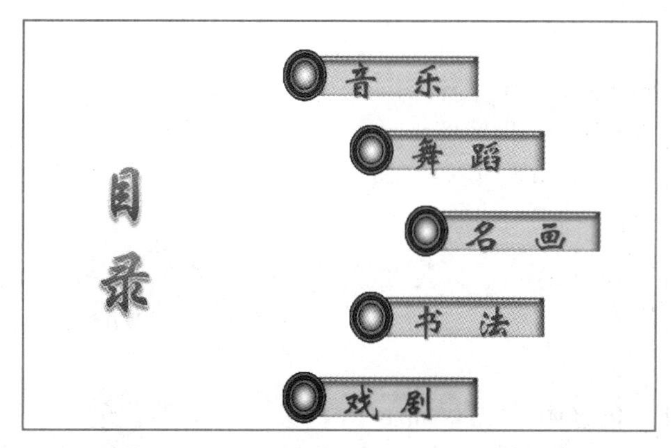

图3-12 “目录”幻灯片的效果

练 习

在第 5 张幻灯片中插入图片“民族音乐 .jpg”。在第 6 张幻灯片中插入图片“流行音乐 .jpg”。在第 8 张幻灯片中依次插入图片“蒙娜丽莎 .jpg”“最后的晚餐 .jpg”“西斯廷圣母 .jpg”“雅典学院 .jpg”。在第 9 张幻灯片中依次插入图片“郑板桥书法 .jpg”“颜真卿书法 .jpg”“王羲之书法 .jpg”。

3.4.3 插入艺术字

☞在第 5 张幻灯片中，插入艺术字“民族音乐”，艺术字样式为“填充 - 红色，强调文字颜色 2，粗糙棱台”，字体为“华文行楷”，字号为 72，适当调整艺术字的角度。操作步骤如下：

（1）选择第 5 张幻灯片，如图 3-13 所示。

（2）在【插入→文本】功能区中，单击“艺术字”按钮A，选择样式“填充 - 红色，强调文字颜色 2，粗糙棱台”。

（3）输入文字“民”，在【开始→字体】功能区中，设置“字体”为华文行楷、“字号”为 72。

（4）选择艺术字“民”，将鼠标放在艺术字上方的绿色圆点处，鼠标成弧形箭头时，按住鼠标旋转艺术字到合适角度，如图 3-14 所示。

（5）使用相同的方法创建艺术字“族”“音”“乐”，并将艺术字放在合适的位置，效果如图 3-15 所示。

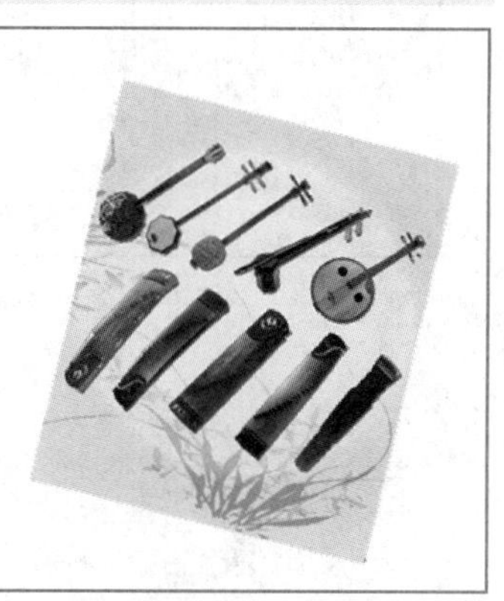

图3-13 原效果

提 示

将“民族音乐”分解为 4 个独立的艺术字，可以根据幻灯片的版面特点对艺术字进行灵活的排版。

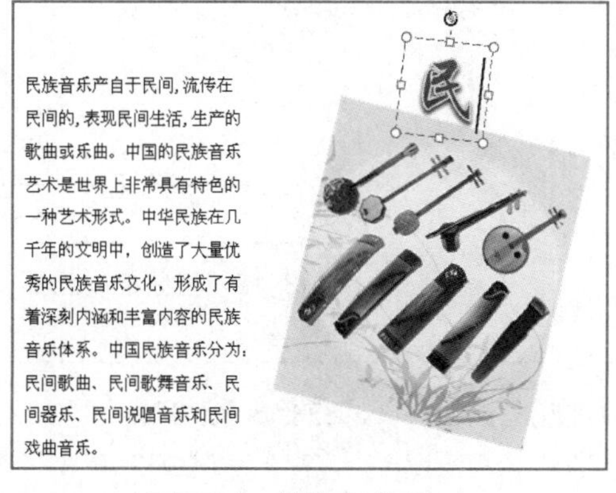

图3-14 旋转艺术字

图3-15 添加艺术字效果

3.4.4 插入SmartArt图形

SmartArt 图形是 PowerPoint 2010 已经内置的图形与文本的组合，便于用户直接使用。它能自动生成包含一系列美观整齐的形状，这些形状里可以放置文本和图片，让图片和文本混合编排的工作更简捷、美观、具有艺术性，是制作图文并茂的幻灯片的快速有效方法。PowerPoint 2010 有列表、流程、循环、层次结构、关系、矩阵、棱锥图等组合的 SmartArt 图形。

☞ 在第 3 张幻灯片中，插入 SmartArt 图形，类别为“循环”，布局为“射线群集”，更改颜色为“彩色－强调文字颜色”，并依次输入文字“音乐”“古典音乐”“民族音乐”“流行音乐”。操作步骤如下：

（1）选择第 3 张幻灯片。

（2）在【插入→插图】功能区中，单击 SmartArt 按钮，在弹出的“选择 SmartArt 图形”对话框中，选择类别为“循环”，布局为“射线群集”（如图 3-16），然后单击“确定”按钮，插入 SmartArt 图形。

（3）在【设计→ SmartArt 样式】功能区中，单击更改颜色按钮，在下拉列表中，选择“彩色”类的“彩色－强调文字颜色”。

（4）依次在文本框中输入文字“音乐”“古典音乐”“民族音乐”“流行音乐”，效果如图 3-17 所示。

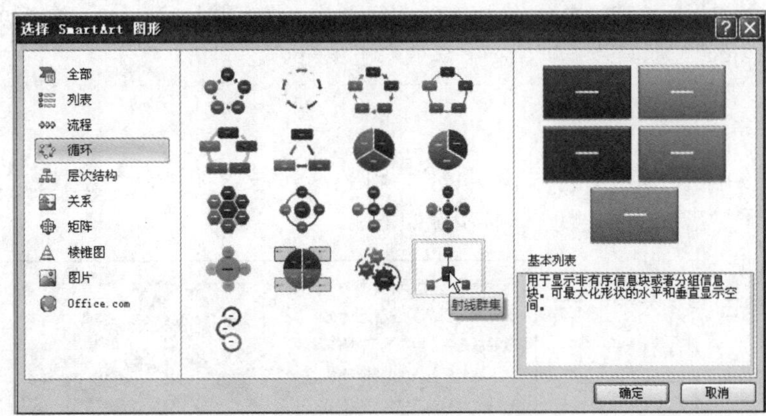

图3-16“选择SmartArt图形”对话框

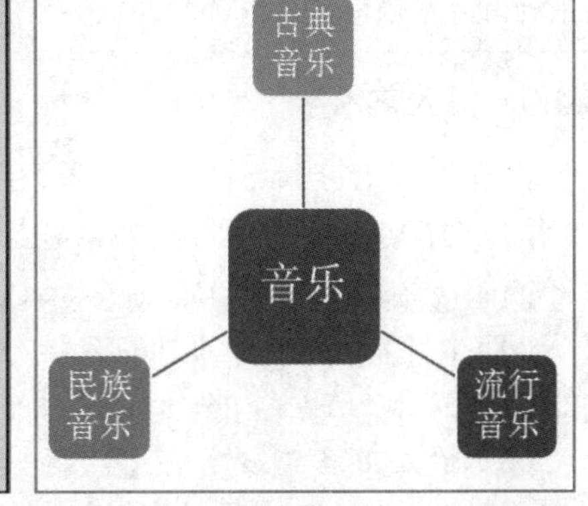

图3-17 插入SmartArt图形效果

3.4.5 插入音频视频

在幻灯片中，插入音频、视频等多媒体元素，可大大提高幻灯片的美观性与可读性。插入音频后会显示一个表示音频文件的图标，插入视频后会以矩形框表示视频播放的范围，并将其作为一个动画添加到动画窗格中。

☞ 在第 4 张幻灯片中，插入音乐“月光曲 .mp3”“小夜曲 .mp3”。操作步骤如下：

（1）选择第 4 张幻灯片。

（2）在【插入→媒体】功能区中，单击“音频”按钮，在下拉列表中选择“文件中的音频”，在弹出的“插入音频”对话框中选择音乐“月光曲 .mp3”。

（3）单击“插入”按钮。

（4）幻灯片中出现表示音频文件的图标，将图标移动到合适位置。

（5）单击音频图标，在下方出现音频控制工具，如图 3-18 所示。单击“播放”按钮 ▶ 即可播放音乐。

图3-18 音频控制工具

（6）同样的方法插入音乐“小夜曲 .mp3”，效果如图 3-19 所示。

练 习

在第 5 张幻灯片中，插入“民族音乐 .mp3”；在第 6 张幻灯片中，插入“流行音乐 .mp3”。

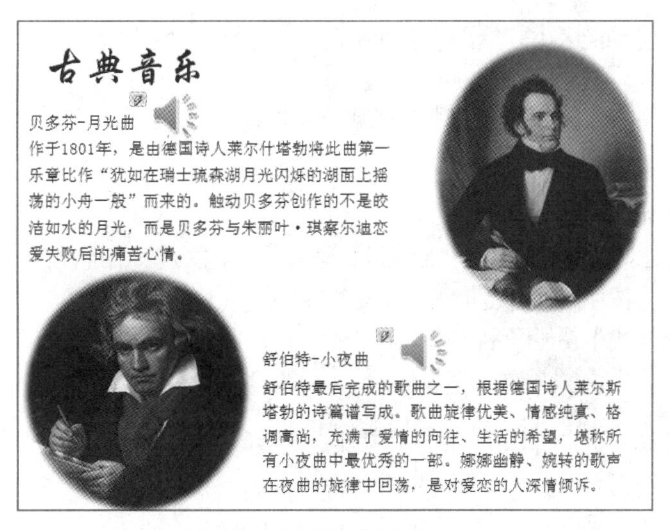

图3-19 插入音频效果

☞ 在第7张幻灯片中，插入视频“芭蕾舞-天鹅湖.avi”。操作步骤如下：

（1）选择第7张幻灯片。

（2）在【插入→媒体】功能区中，单击“视频”按钮，在下拉列表中选择“文件中的视频”，在弹出的“插入视频文件”对话框中，选择视频“芭蕾舞-天鹅湖.avi”。

（3）单击“插入”按钮。

（4）幻灯片中出现播放视频的方框，将方框移动到合适位置。单击视频方框，在下方出现视频控制工具。

（5）如果对视频播放尺寸不满意，在【格式→大小】功能区中，单击“裁剪”按钮，可对视频尺寸进行裁剪，效果如图3-20所示。

图3-20 插入视频效果

提 示

在PowerPoint 2010中，插入的视频文件格式一般为avi和wmv。

3.4.6 插入其他对象

1. 插入文本框

幻灯片的文本需要在文本框中输入，一张幻灯片中可以插入多个文本框输入文字，方便排版及美观。插入文本框的操作步骤如下：

（1）在【插入→文本】功能区中，单击“文本框”按钮，在下拉列表中选择“横排文本框”或者“垂直文本框”。

（2）在幻灯片空白处，按住鼠标左键拖动，出现一个文本框，然后输入文字。

2. 插入形状

插入形状的操作步骤如下：

（1）在【插入→插图】功能区中，单击“形状”按钮，在下拉列表中选择合适的形状，如图 3-21 所示。

（2）在幻灯片空白处，按住鼠标左键拖动，出现需要的形状。

（3）在【格式→形状样式】功能区中，选择适当的工具，可以对形状进行格式设置。

3. 插入表格

在【插入→表格】功能区中，单击“表格”按钮，可以插入表格、绘制表格或者插入 Excel 电子表格。

4. 插入Flash动画

提前准备好 Flash 动画，例如 music.swf，把 Flash 动画与演示文稿放在同一个文件夹内。如果需要移动演示文稿，需要将 Flash 动画一起移动。

检查菜单栏是否有“开发工具”。如果菜单栏没有“开发工具”，先按以下步骤操作：

（1）选择【文件→选项】命令，弹出“PowerPoint 选项”对话框。

（2）在“PowerPoint 选项”对话框中，单击“自定义功能区”，然后选择“开发工具”，如图 3-22 所示。

（3）单击“确定”按钮，可看到菜单栏增加了一项“开发工具”。

图3-21　插入形状

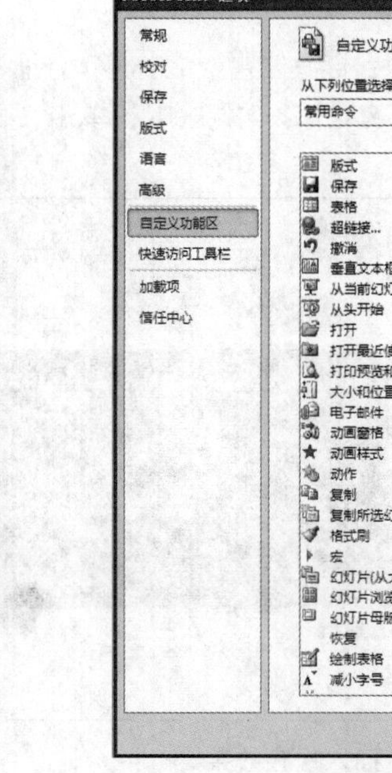

图3-22　“PowerPoint选项”对话框

在幻灯片中，插入 Flash 动画“music.swf”。操作步骤如下：

（1）在【开发工具→控件】功能区中，单击“其他控件”按钮，弹出“其他控件”对话框。

（2）在“其他控件”对话框中选择 ShockwaveFlash Object（见图 3-23），单击“确定”按钮。

（3）按住鼠标左键，在需要插入动画的位置画出一个方框，如图 3-24 所示。

（4）右击控件方框，在弹出的快捷菜单中选择“属性”命令，弹出“属性”对话框。

（5）在“属性”对话框“Movie”后面的文本框输入 Flash 动画的完整路径、文件名和扩展名，例如“F:\艺术作品赏析\music.swf”，如图 3-25 所示。

（6）关闭“属性”对话框，放映幻灯片，即可播放 Flash 动画。

图3-23 “其他控件”对话框

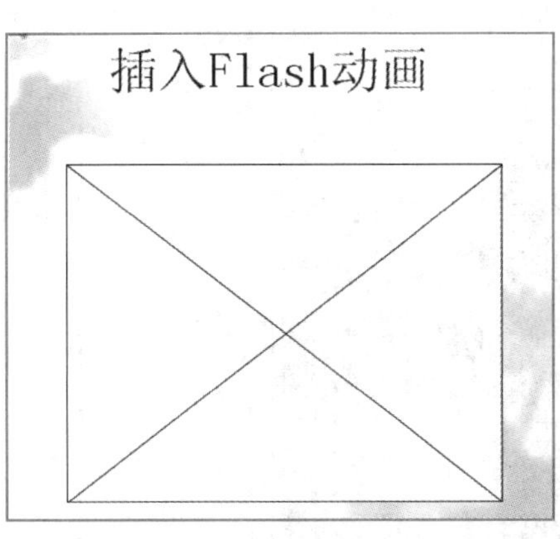

图3-24 画出控件方框

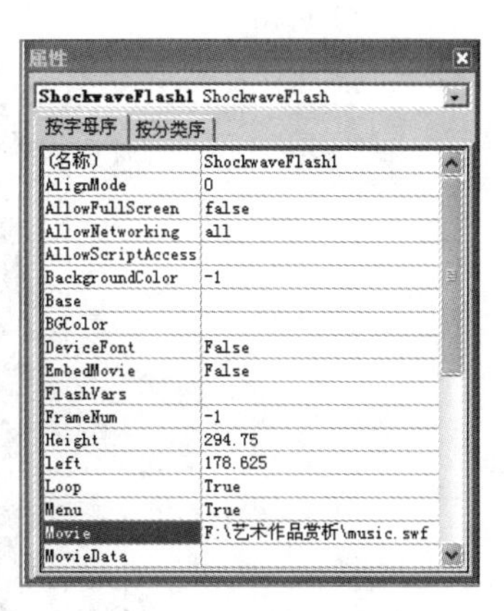

图3-25 “属性”对话框

3.5 布局与修饰幻灯片

3.5.1 应用主题美化幻灯片

PowerPoint 2010 内置了若干应用设计模板主题。主题是指幻灯片的界面风格，是一组统一的设计元素，包括窗口的色彩、控件的布局、图标样式等内容，通过改变这些内容达到快速美化和布局幻灯片界面的目的。

☞ 将第 1 张幻灯片的主题设置为“暗香扑面”。操作步骤如下：

（1）选择第 1 张幻灯片。

（2）在【设计→主题】功能区中，单击主题库下拉按钮，如图 3-26 所示。

（3）在主题库中右击“暗香扑面”主题，在弹出的快捷菜单中选择“应用于选定幻灯片”命令，如图 3-27 所示。

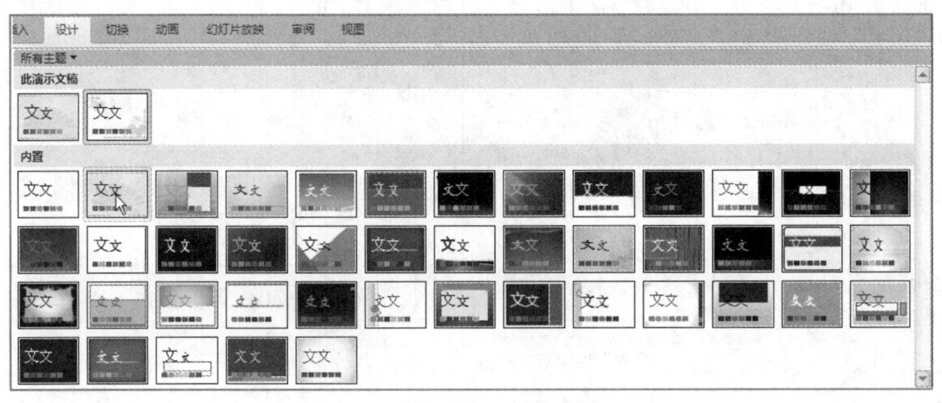

图3-26 应用主题

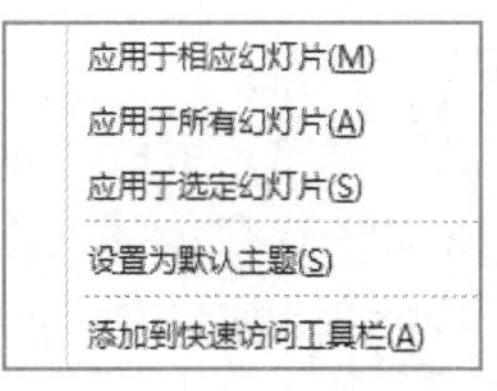

图3-27 选择应用范围

3.5.2 幻灯片背景的设置

如果需要让背景的设置更加丰富多彩，如用某种图案、纹理、图片等作为幻灯片的背景，则要用幻灯片背景设置功能。

☞ 第 2 张幻灯片至最后一张幻灯片，使用图片“古典.jpg”作为背景。操作步骤如下：

（1）单击第 2 张幻灯片，再按住【Shift】键，单击最后一张幻灯片。

（2）在【设计→背景】功能区中，单击“背景样式”按钮，如图 3-28 所示。

（3）选择“设置背景格式”，弹出“设置背景格式”对话框，如图 3-29 所示。

（4）在“填充”选项卡中，选中“图片或纹理填充”单选按钮，然后单击“文件”按钮，在弹出的对话框中，选择图片“古典.jpg”，可看到选择的幻灯片背景已更改。

（5）单击“关闭”按钮。

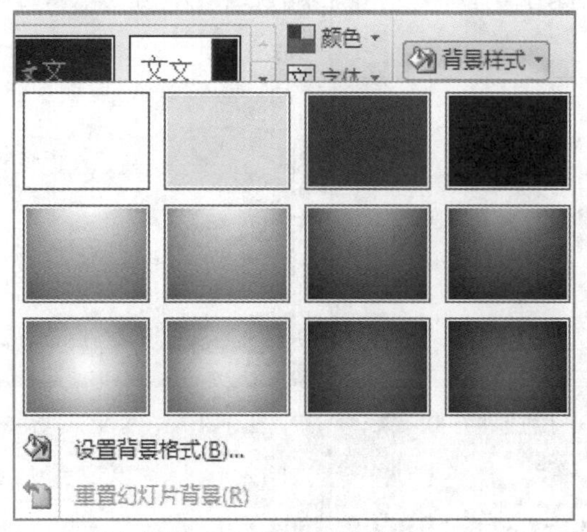

图3-28　设计背景样式

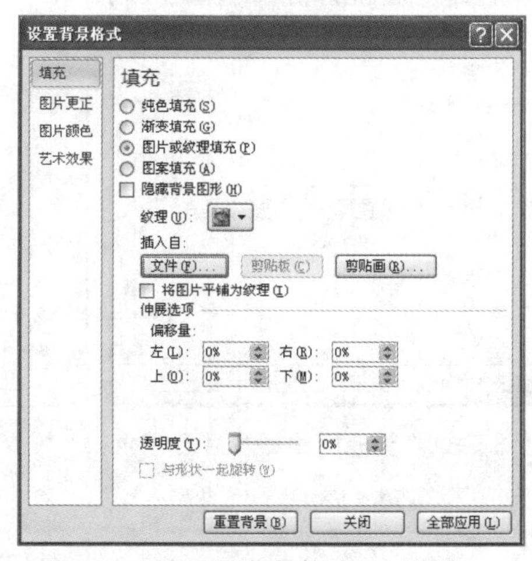

图3-29　“设置背景格式”对话框

3.5.3　应用版式设计幻灯片

幻灯片版式指要在幻灯片上显示的全部内容之间的位置排列方式及相应的格式，版式由占位符组成，占位符可放置文字和幻灯片内容（如表格、图表、图片、形状和剪贴画）。通过幻灯片版式的应用可以对文字、图片等更加合理简洁地完成布局。

☞ 将最后一张幻灯片的版式设置为“内容与标题”，将第2张幻灯片（目录）的版式设置为“空白”，并查看其他幻灯片的版式。操作步骤如下：

（1）选择幻灯片后，在【开始→幻灯片】功能区中，单击“版式”按钮，在弹出的列表框中以高亮背景显示的就是当前幻灯片的版式，如第1张幻灯片的版式为“标题幻灯片”，如图3-30所示。其他幻灯片的版式都为“标题和内容”。

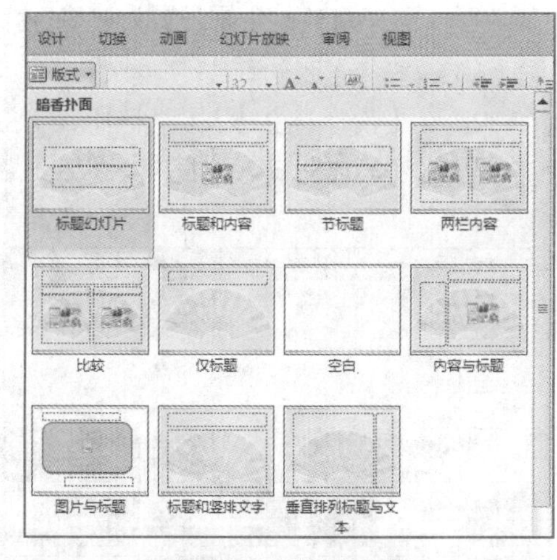

图3-30　查看版式

（2）选择最后一张幻灯片，在【开始→幻灯片】功能区中，单击“版式”按钮，在弹出的列表框中单击“内容与标题”，可更改版式。用同样的操作方法将第2张幻灯片（目录）的版式设置为“空白”。

（3）选择最后一张幻灯片，在标题处输入“戏剧”，文本处输入戏剧的详细介绍，如图3-31所示。

（4）单击右侧“插入媒体剪辑”按钮，插入视频“茶花女.wmv”，效果如图3-32所示。

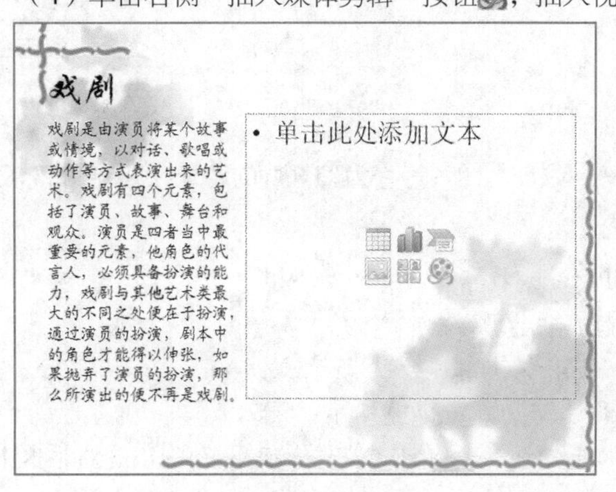

图3-31　设置版式后的效果

图3-32　插入视频效果

3.5.4　幻灯片母版的应用

幻灯片母版是一张具有特殊用途的幻灯片，它可以存储相关模板信息，如文本占位符、图片、动作按钮、背景设置、超链接等。当演示文稿中要对多张幻灯片进行统一的格式更改，或者多张幻灯片需要输入相同的内容时，可以在母版上统一操作，而不需要在多张幻灯片中重复操作。

每个演示文稿至少包含一个幻灯片母版，如果演示文稿中使用了多种主题或版式，则会有多个幻灯片母版，通常使用相同主题和版式的幻灯片是基于同一个幻灯片母版。在幻灯片母版上添加的对象将出现在关联幻灯片的相同位置。

☞ 将第 3 张幻灯片（音乐）至第 9 张幻灯片（书法），统一添加返回按钮。操作步骤如下：

（1）在【视图→母版视图】功能区中，单击“幻灯片母版”按钮。

（2）在“幻灯片母版”视图中，单击左边窗格中最顶层的标有序号 1 的幻灯片，将鼠标放在其下属的第 2 张幻灯片，提示“标题和内容版式：由幻灯片 3–9 使用”，如图 3–33 所示。单击鼠标即选择该幻灯片母版。

（3）在右侧的幻灯片中，在【插入→图像】功能区中，单击“图片”按钮，在“插入图片”对话框中，选择“返回按钮”图片，然后单击“插入”按钮，将图片插入到幻灯片中。将“返回按钮”图片移动到幻灯片的右下角。

（4）在【插入→文本】功能区中，单击“文本框”按钮，在下拉列表中选择“横排文本框”。按住鼠标左键，在“返回按钮”图片上绘制文本框，并输入文字“返回”，文字格式设置为“华文新魏、18 号、加粗”。

（5）将“返回按钮”图片和文本框选中，右击，在弹出的快捷菜单中选择“组合”命令，将两个对象组合成一个整体。此时，幻灯片母版的效果如图 3–34 所示。

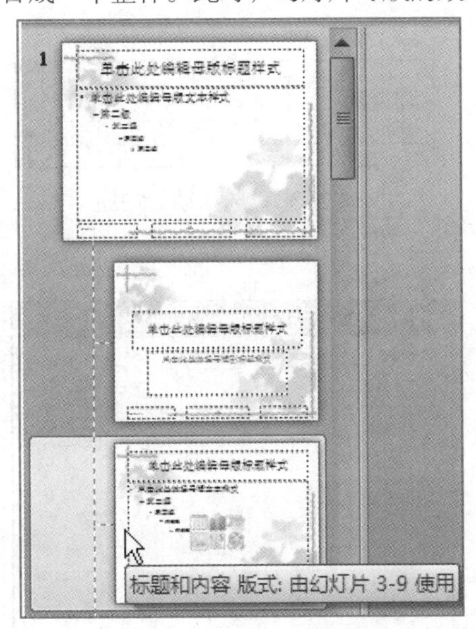

图3-33　“幻灯片母版”视图

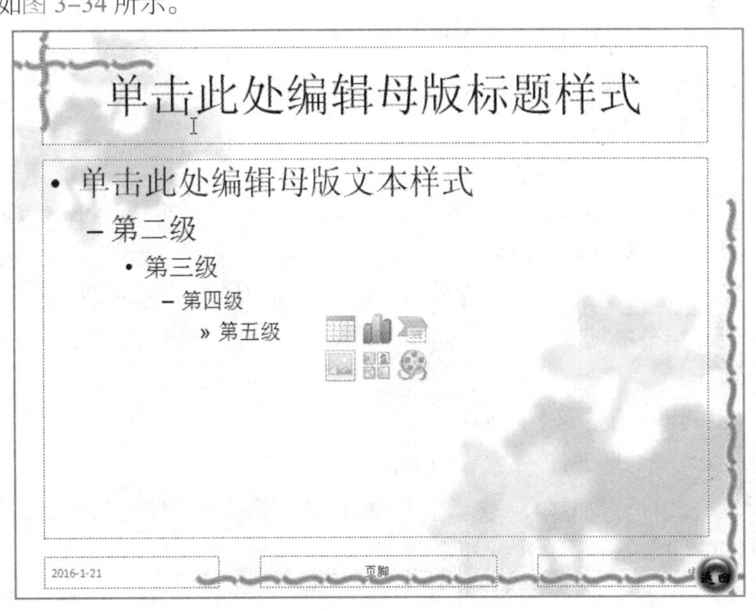

图3-34　幻灯片母版的效果

（6）在【幻灯片母版→关闭】功能区中，单击“关闭母版视图”按钮。

（7）回到“普通视图”后，在第 3 张幻灯片（音乐）至第 9 张幻灯片（书法），观察是否达到要求。

3.6　设置超链接

在放映幻灯片时，有时候希望从一张幻灯片跳到另一张幻灯片，或者单击某个幻灯片内的对象可以跳到其他幻灯片。此时，就需要设置超链接。超链接的对象可以是文本、图片、形状等。超链接的目标，可以是现有文件或网页、本文档中的幻灯片、新建文档或者电子邮件地址等。

动作按钮是超链接的一种特殊形式，此时的链接不是文本或者其他对象，而是系统提供的图形按钮。

☞ 将第 2 张幻灯片（目录）中的文字插入超链接，链接到对应的幻灯片。操作步骤如下：

（1）选择第 2 张幻灯片。

（2）选择文字“音乐”作为超链接的对象。

（3）在【插入→链接】功能区中，单击“超链接”按钮，在弹出的“插入超链接”对话框中设置“链接到”为“本文档中的位置”，在“请选择文档中的位置”中选择“第 3 张幻灯片”，如图 3-35 所示。

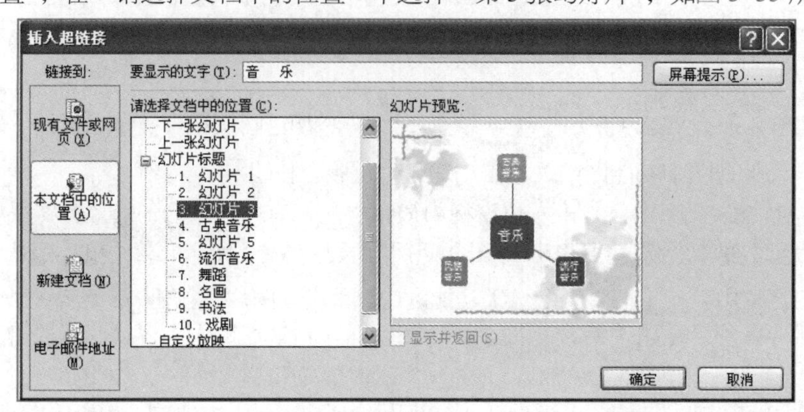

图3-35 “插入超链接”对话框

（4）单击“确定”按钮即设置好超链接。

（5）用同样的操作方法，将文字“舞蹈”“名画”“书法”“戏剧”分别链接到第 7、8、9、10 张幻灯片。

（6）放映幻灯片，查看超链接效果。

☞ 在最后一张幻灯片中，插入动作按钮，超链接返回到第 1 张幻灯片。操作步骤如下：

图3-36 选择动作按钮

（1）选择最后一张幻灯片。

（2）在【插入→插图】功能区中，单击“形状”按钮，在下拉列表中，移动滚动条到“动作按钮”，单击“动作按钮：开始”，如图 3-36 所示。

（3）按住鼠标左键，在空白位置绘制动作按钮，松开鼠标后，弹出“动作设置”对话框，设置“超链接到”为“第一张幻灯片”，图 3-37 如所示。

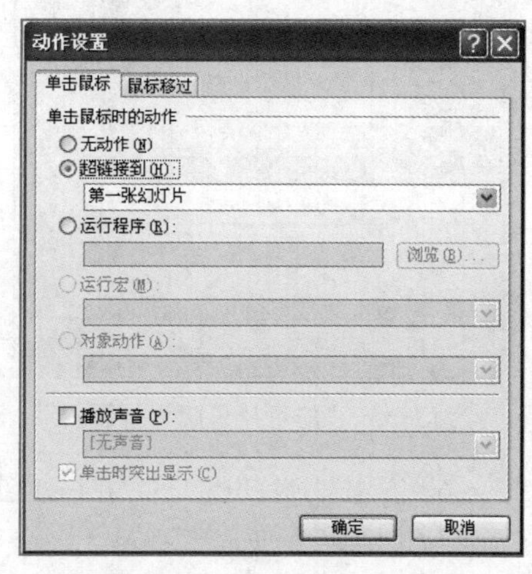

图3-37 “动作设置”对话框

（4）单击“确定”按钮。

（5）放映幻灯片，查看插入动作按钮的效果。

☞ 在幻灯片母版中，为“返回”按钮插入超链接，目标为第 2 张幻灯片（目录）。操作步骤如下：

（1）在【视图→母版视图】功能区中，单击“幻灯片母版”按钮。

（2）在“幻灯片母版”视图中，单击标有序号 1 的幻灯片，将鼠标放在其下属的第 2 张幻灯片，单击选择该幻灯片母版。

（3）在右侧的幻灯片中，选择文字“返回”作为超链接的对象。

（4）在【插入→链接】功能区中，单击“超链接”按钮，在弹出的“插入超链接”对话框中，设置“链接到”为“本文档中的位置”，在“请选择文档中的位置”中选择“第 2 张幻灯片”。

（5）在【幻灯片母版→关闭】功能区中，单击“关闭母版视图”按钮，回到“普通视图”后，观察是否达到要求。

提　示

选中已经添加超链接的对象，右击，在弹出的快捷菜单中选择“编辑超链接”命令，在弹出的“编辑超链接”对话框中可对超链接进行编辑；在右键菜单中选择“取消超链接”命令，超链接功能则消失。

3.7　设置动画

动画效果是指在幻灯片的放映过程中，各种对象以一定的次序及方式进入画面中产生的动画效果。在演示文稿中，适当地增加动态效果，可以突出重点、控制信息的流程以及提高幻灯片演示的趣味性。PowerPoint 2010 的动态效果包括一张幻灯片内的动画效果和幻灯片之间的切换效果。

3.7.1　设置动画效果

在幻灯片中，如果包括多个对象，就可以为幻灯片中任意一个对象（文本、图片、表格）设置动画效果，让静止的对象动起来。

动画效果包括以下 4 种：

（1）进入：对象从无到有的入场动态效果。

（2）强调：对象已经显示，为了突出添加的动态效果，达到强调的目的。

（3）退出：对象从有到无消失的动态效果。

（4）动作路径：对象按指定的路径移动的效果。

动画开始的方式包括 3 种：

（1）单击时：鼠标单击，开始播放该动画。

（2）与上一动画同时：和上一个动画一起播放，用于与其他动画同步。

（3）上一动画之后：上一个动画播放之后，自动播放该动画。

☞ 在第 2 张幻灯片（目录）中，将各标题添加进入动画效果“形状”，“开始”为“上一动画之后”，“持续时间”为 1s。操作步骤如下：

（1）选择第 2 张幻灯片，在【动画→高级动画】功能区中，单击“动画窗格”按钮，在幻灯片右侧打开一个动画窗格。

（2）选择“音乐”组合图形。

（3）在【动画→高级动画】功能区中，单击“添加动画”按钮，弹出动画列表，选择“进入”类别中的“形状”效果，如图 3-38 所示。可看到该对象在幻灯片中的动画播放效果，在“音乐”组合图形左上角出现数字 1，表示该动画是第 1 个播放的动画。

图3-38　设置动画

（4）在【动画→计时】功能区中，设置“开始”为“上一动画之后”，“持续时间”为 1 s。

（5）使用同样的方法为其他 4 个标题添加动画效果。放映幻灯片观察效果。

提　示

在动画窗格中选择动画，按【Delete】键即可删除该动画。单击“重新排序”按钮的上移和下移箭头可调整动画的播放顺序。

☞ 在第 9 张幻灯片（书法）中，将三张书法图片依次添加进入动画效果“轮子”，退出动画效果为“擦除”，“开始”为“单击时”。操作步骤如下：

（1）选择第 9 张幻灯片。

（2）选择图片“郑板桥书法”，在【动画→高级动画】功能区中，单击“添加动画”按钮，弹出动画列表，

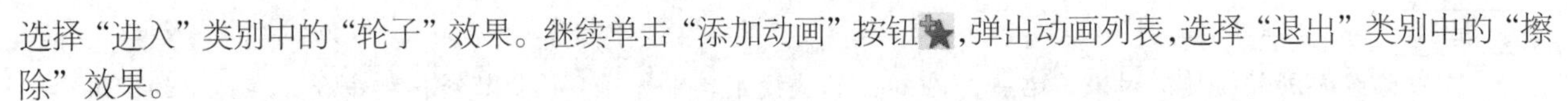

选择“进入”类别中的“轮子”效果。继续单击“添加动画”按钮，弹出动画列表，选择“退出”类别中的“擦除”效果。

（3）在图片左上角出现数字 1 和 2，表示该图片包含两个动画，先进入后退出。

（4）在【动画→计时】功能区中，设置“开始”为“单击时”。

（5）使用同样的方法为图片“颜真卿书法”“王羲之书法”添加动画效果。放映幻灯片观察效果。

练 习

在第 8 张幻灯片（名画）中，将 4 张图片依次添加进入动画效果“飞入”，退出动画效果为“飞出”，“开始”为“上一动画之后”，“持续时间”为 2 s。

☞在第 6 张幻灯片（流行音乐）中，设置音乐自动播放，字幕滚动的效果。设置音频播放的“开始”为“自动”，动画的“开始”为“与上一动画同时”，为歌词所在的文本框绘制向上的动作路径，“开始”为“与上一动画同时”，“持续时间”210 s。操作步骤如下：

（1）选择第 6 张幻灯片。

（2）单击音频图标，在【播放→音频选项】功能区中，设置“开始”为“自动”。在【动画→计时】功能区中，设置“开始”为“与上一动画同时”。

（3）选择歌词所在的文本框，在【动画→高级动画】功能区中，单击“添加动画”按钮，弹出动画列表，选择“动作路径”类别中的“直线”，即在幻灯片中添加了带有箭头方向的直线路径，绿色端代表起点，红色端代表终点。

（4）调整直线路径的方向为从下到上，并适当调整路径的长度。

（5）在右侧的动画窗格，右击歌词所在的“内容占位符”，在弹出的快捷菜单中选择“计时”命令，弹出“向下”对话框，单击“计时”选项卡，设置“开始”为“与上一动画同时”，“期间”为 210 s，如图 3-39 所示。

（6）单击“效果”选项卡，设置“平滑开始”为 1 s，“平滑结束”为 1 s，如图 3-40 所示。

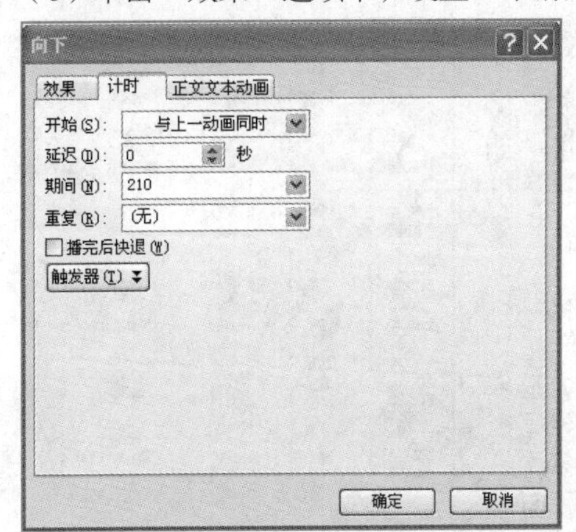

图3-39 “计时”选项卡

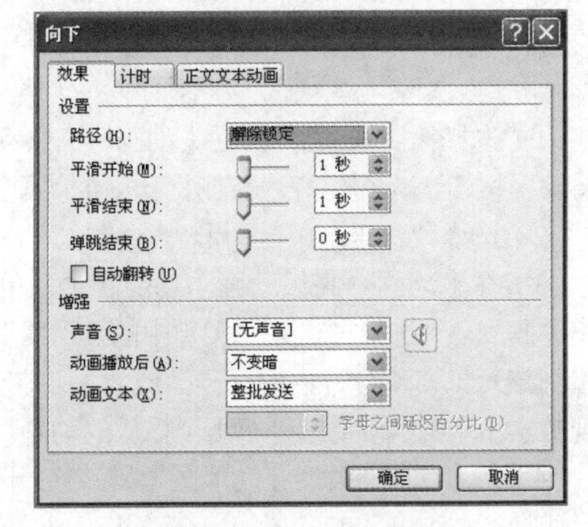

图3-40 “效果”选项卡

（7）单击“确定”按钮。放映幻灯片观察效果，进入放映状态，音乐自动播放，字幕开始滚动。

3.7.2 设置切换效果

幻灯片的切换效果是指不同幻灯片在相互切换时产生的交互动作，即在幻灯片放映过程中，上张幻灯片播放完后，下张幻灯片显示出来的动态效果。幻灯片切换可以设置产生特殊的视觉效果，也可以控制切换效果的速度，添加声音等。可以为每一张幻灯片设置不同的切换动作，也可以为一组幻灯片设置同一样式的切换动作。

☞在第 1 张幻灯片，设置“百叶窗”的切换效果，效果选项为“水平”，“自动换片时间”为 5 s。操作步骤如下：

（1）选择第 1 张幻灯片。

（2）在【切换→切换到此幻灯片】功能区中，单击“其他”按钮，打开切换效果库，选择“华丽型”中的“百叶窗”（见图3-41），即可在幻灯片上看到“百叶窗”的切换效果。

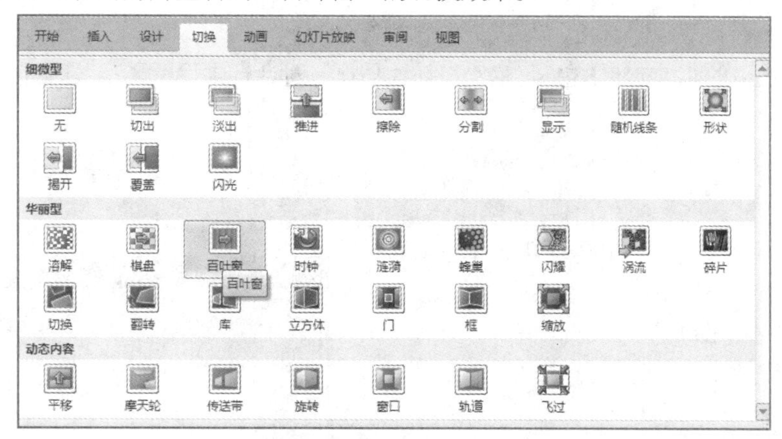

图3-41 切换效果库

（3）在【切换→切换到此幻灯片】功能区中，单击“效果选项”按钮，在下拉列表中选择“水平”。

（4）在【切换→计时】功能区中，设置换片方式的“自动换片时间”为5 s。

提 示

- 默认的换片方式为“单击鼠标时”，在放映过程中，只有单击鼠标才能切换到下一张幻灯片。如果选择“自动换片时间”并设置了时间，在时间到了后就自动切换到下一张幻灯片，不需要手动单击鼠标。如果两种方式都选择了，则采用时间短的方式。
- 如果要为一组幻灯片设置同一样式的切换动作，在【切换→计时】功能区中，单击“全部应用”按钮。
- 如果要为幻灯片设置背景声音，在【切换→计时】功能区中，单击“声音”下拉按钮，可以选择系统默认的声音，也可以单击“其他声音”，导入文件夹中WAV格式的声音文件。

3.8 幻灯片的放映与打印

3.8.1 设置放映方式

通过幻灯片放映，可以将制作的演示文稿展示给观众观看。为了达到更好的放映效果，在放映之前，在如图3-42所示的“设置放映方式”对话框中，可以对演示文稿进行相关的设置。

1. 放映类型

（1）演讲者放映：最常用的放映方式，用于演讲者主导演示文稿播放的场合。演讲者对播放有完整的控制权，可采用自动或人工方式放映；演讲者可控制演示文稿的播放与暂停，可在放映的幻灯片上书写与绘画等。

（2）观众自行浏览：演示文稿显示在浏览器窗口内，提供放映时移动、编辑、复制、打印幻灯片的命令。放映时的操作类似于浏览器的操作。

（3）在展台浏览：一种全自动播放演示文稿的方式，适合于展览馆、摊位、无人管理幻灯片放映的场所，放映时不受观众的干扰。

2. 放映选项

可以勾选循环放映，按【Esc】键终止、放映时不加旁白或放映时不加动画，还可以设置绘图笔、激光笔的颜色。

3. 放映幻灯片

默认是全部，可以选择部分幻灯片，设置从开始到结束的幻灯片编号。

4. 换片方式

换片方式包括“手动”和“如果存在排练时间，则使用它”两种。

（1）“手动”：在幻灯片放映时必须人为干预才能切换幻灯片。

（2）“如果存在排练时间，则使用它”：在“幻灯片切换”对话框中设置了换页时间，幻灯片播放时可以按设置的时间自动放映。

☞ 设置“放映类型”为“演讲者放映”，“放映幻灯片”为“从1到6”，“绘图笔”颜色为蓝色。操作步骤如下：

（1）在【幻灯片放映→设置】功能区中，单击“设置幻灯片放映”按钮。

（2）在弹出的“设置放映方式”对话框中，设置“放映类型”“放映幻灯片”“绘图笔”，如图3-42所示。

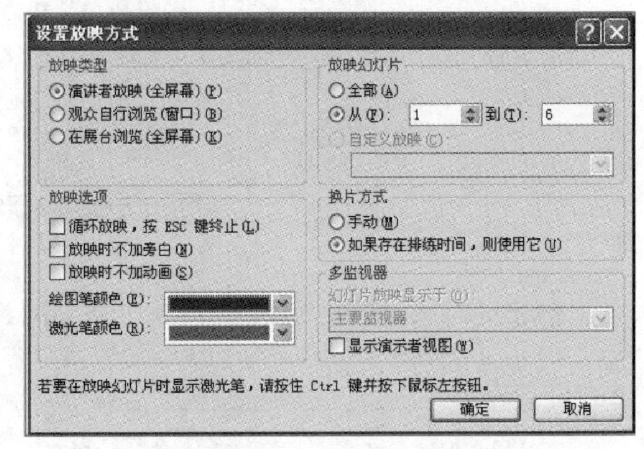

图3-42 设置放映方式

3.8.2 放映演示文稿

放映演示文稿包括人工手动播放和自动播放。自动播放的第一种方法，可以提前在“幻灯片切换”对话框中为每一张幻灯片设置时间，然后按照所设定的时间自动放映幻灯片。另一种方法，就是“排练计时”。

为了便于计算和控制幻灯片放映的时间，可以利用“排练计时”功能。在【幻灯片放映→设置】功能区中，单击“排练计时”按钮，幻灯片开始放映。同时，会弹出“录制”工具栏，如图3-43所示。工具栏的左边是下一项、暂停键，中间的计时器是计算当前页的时间，右边的计时器是计算总的时间。

当停止放映幻灯片，按【Esc】键退出放映或者关闭计时器时，会弹出如图3-44所示的对话框，提示是否保留排练时间？单击“是”按钮，保存排练时间。单击“否”按钮，重新开始排练。设置好排练时间后，在幻灯片放映时如果没有单击鼠标，则按排练时间自动播放。在幻灯片浏览视图，每张幻灯片左下角会显示幻灯片播放的时间。

图3-43 “录制”工具栏

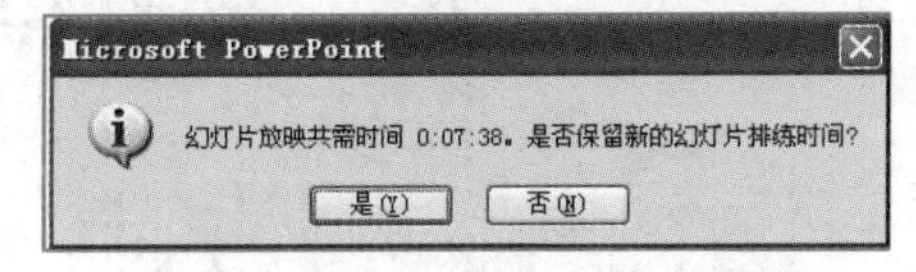

图3-44 保留排练时间对话框

3.8.3 打印演示文稿

演示文稿主要用于放映，需要时打印出来，以便于查看保存。打印之前先进行页面设置，然后打印。

1. 页面设置

默认情况下，演示文稿的尺寸和显示器或者投影仪匹配。如果要打印到纸张，就需要根据纸张的大小设置幻灯片的页面。

在【设计→页面设置】功能区中，单击“页面设置”按钮，弹出“页面设置”对话框，如图3-45所示。设置幻灯片大小，也可以自定义高度、宽度。幻灯片的方向一般设为横向，以便于在各类显示器放映，备注、讲义和大纲可以根据需要设置。

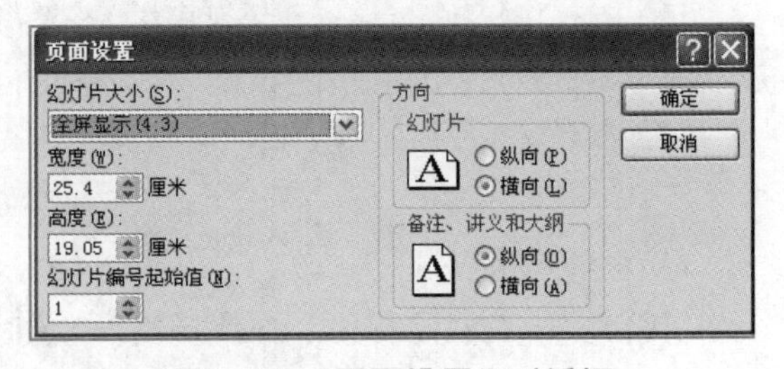

图3-45 “页面设置”对话框

2. 打印预览和设置

选择【文件→打印】命令，或者按【Ctrl+P】组合键，进入“打印预览和设置”窗口，如图 3-46 所示。最右侧窗口是预览幻灯片，中间是打印设置。

图3-46 “打印预览和设置”窗口

（1）设置打印范围：单击“打印全部幻灯片”下拉按钮，弹出下拉列表（见图 3-47），可以选择打印全部幻灯片还是部分幻灯片。

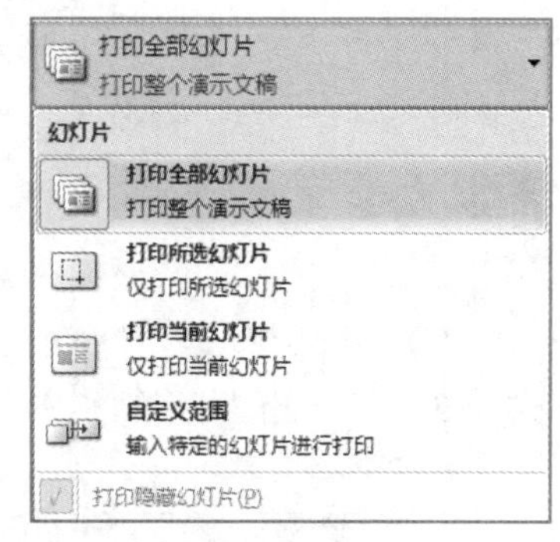

图3-47 设置打印范围

（2）设置打印版式：单击“整页幻灯片”下拉按钮，弹出下拉列表（见图 3-48），可以选择整页幻灯片、备注页、大纲、讲义。如果选择讲义，还可以选择每页纸张打印 1 到 9 张幻灯片。在打印投影片时，可以勾选“幻灯片加框”。

（3）编辑页眉和页脚：单击“编辑页眉和页脚”，弹出“页眉和页脚”对话框（见图 3-49），可以设置日期和时间，添加幻灯片编号，以及输入页脚内容。

（4）打印：设置完成后，单击“打印”按钮，开始打印。

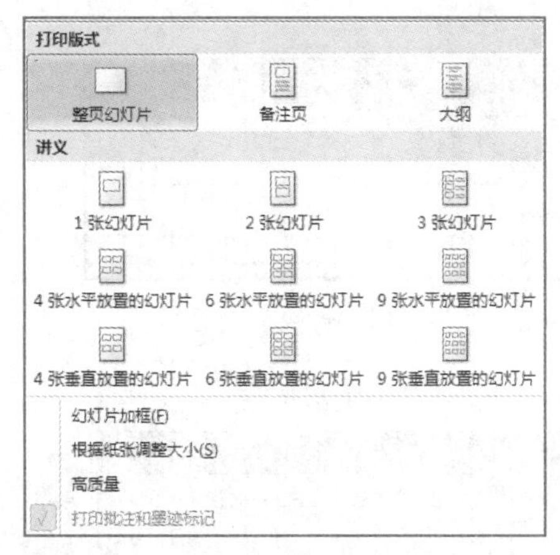

图3-48 设置打印版式

图3-49 “页眉和页脚”对话框

3.8.4 演示文稿的打包

演示文稿打包以后可以在没有安装 PowerPoint 的计算机上播放，也可以将演示文稿中插入的音频视频添加到打包文件夹中，避免到其他计算机上音频视频无法播放的现象。利用打包功能，可以将需要打包的所有文件放到一个文件夹里打包，将打包好的文件夹复制到磁盘或网络。

☞ 将“艺术作品赏析 .pptx”打包，打包后的文件保存在计算机的 E 盘。操作步骤如下：

（1）选择【文件→保存并发送】命令，打开如图 3-50 所示的窗口，选择“将演示文稿打包成 CD”选项，单击右侧的“打包成 CD”按钮。

图3-50 “保存并发送”窗口

（2）在弹出的“打包成 CD”对话框中，单击“复制到文件夹”按钮，如图 3-51 所示。

（3）在弹出的“复制到文件夹”对话框中，设置“文件夹名称”为“艺术作品赏析”，“位置”为“E:\”，如图 3-52 所示。

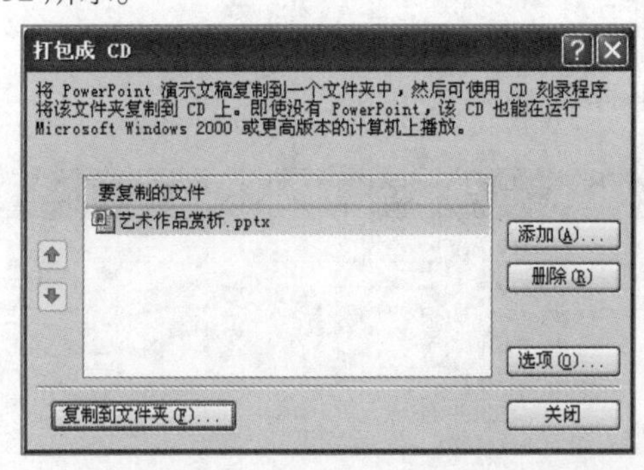

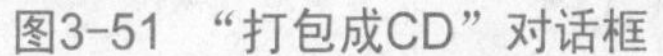

图3-51 “打包成CD”对话框

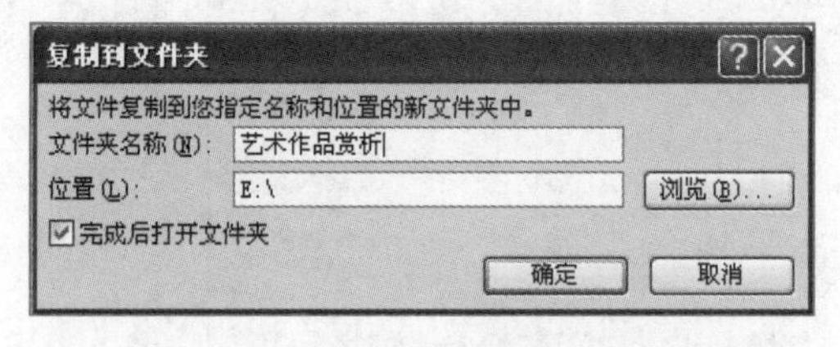

图3-52 “复制到文件夹”对话框

（4）单击“确定”按钮，弹出如图 3-53 所示的提示对话框，提示是否需要包含所链接的文件。

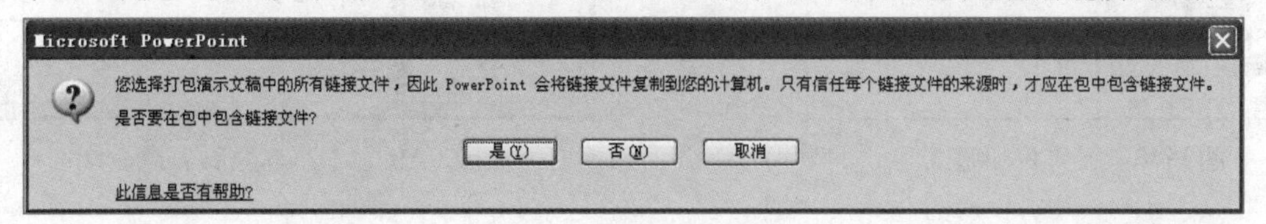

图3-53 提示对话框

（5）单击“是”按钮，开始打包。

课 后 练 习

操作题

1. 打开本章“课后练习”文件夹下的“海尔文字 .docx”，参考图 3-54 所示，制作 HE 集团简介的演示文稿。

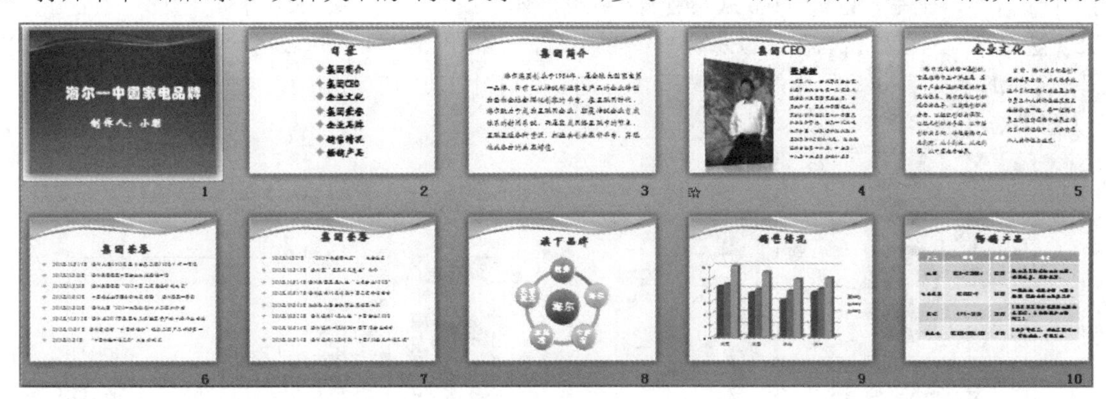

图3-54 最终效果

（1）新建一个演示文稿，保存文件名为“海尔集团 .pptx”。

（2）插入 10 张新幻灯片。

（3）设计幻灯片的主题模板为“流畅”。

（4）设计幻灯片母版。进入幻灯片母板视图，选择“标题和内容”版式，设置“母版标题”的格式为“华文新魏、44 号、加粗、居中对齐”，设置“母版文本”格式为“楷体、28 号、首行缩进 1.5 厘米、1.3 倍行距”。

（5）选择第一张幻灯片，在标题处输入“海尔 - 中国家电品牌”，副标题处输入“制作人：小明”。

（6）选择第二张幻灯片，在标题处输入“目录”，文本处输入目录，并添加项目符号◆，如图 3-55 所示。

（7）选择第三张幻灯片，在标题处输入“集团简介”，将“海尔文字 .docx”中的“集团简介”文字复制到文本处。

（8）选择第四张幻灯片，在标题处输入“集团 CEO”，插入“图 1.jpg”，调整位置和大小，设置图片样式为“映像右透视”。在右边的空白位置插入一个文本框，将“海尔文字 .docx”中的“集团 CEO”文字复制到文本框中，设置文字“张瑞敏”的格式为“楷体、36 号”，其余文字的格式为“楷体、20 号”，设置所有文字的行间距为 1.3 倍，效果如图 3-56 所示。

图3-55 目录效果

图3-56 CEO效果

（9）选择第五张幻灯片，设置版式为“两栏内容”，在标题处输入“企业文化”，将“海尔文字 .docx”中的两段“企业文化”文字分别复制到两个文本框中，设置文字的格式为“楷体、22 号、首行缩进 1.5 厘米、1.3

倍行距”。

（10）选择第六、七张幻灯片，在标题处输入“集团荣誉”，将“海尔文字 .docx”中的“集团荣誉”文字复制到文本处，并添加项目符号◆。

（11）选择第八张幻灯片，在标题处输入“旗下品牌”，插入 SmartArt 图形，布局为“射线循环”、更改颜色为“彩色－强调文字颜色”，在 SmartArt 图形中输入文字，如图 3-57 所示。

（12）选择第九张幻灯片，在标题处输入“销售情况”，插入图表，图表类型为“三维簇状柱形图”，图表样式为“样式 10”，在弹出的 Excel 数据表中输入数据，如图 3-58 所示。图表效果如图 3-59 所示。

（13）选择第十张幻灯片，在标题处输入“畅销产品”，插入 5 行 4 列的表格，表格样式为“中度样式 2-强调 3”，将“海尔文字 .docx”中的“畅销产品”文字复制到对应的单元格中，如图 3-60 所示。设置表格中的文字为居中对齐。

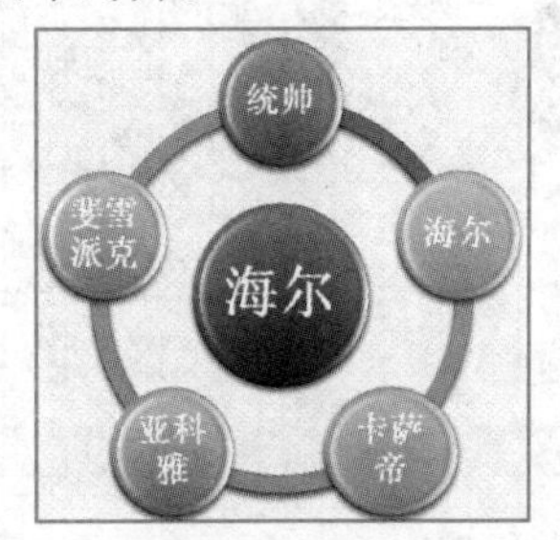

图3-57 SmartArt图形效果

	A	B	C	D
1		2013	2014	2015
2	华南	8.6	9	12
3	华东	7.5	8.1	11
4	华北	6.3	7.8	9.8
5	华中	7.6	8.2	10

图3-58 输入数据

图3-59 图表效果

产品	型号	报价	特点
冰箱	BCD-452WDBA	3599	迪士尼系列定制大白冰箱，轻薄机身、风冷无霜。
电热水器	EC6005-T	1699	一级能效 健康抑菌 内胆自检测 镶金曲面大触屏显示。
空调	KFR-26GW	2999	1匹贝享系列为孕婴而生壁挂式空调，自动检测并去除PM2.5。
洗衣机	EG8014BDXLU88	4999	8公斤紫水晶，行业至薄46cm；智能投放，智慧系统。

图3-60 表格效果

（14）设置超链接。选择第二张幻灯片，选择目录的文字，插入超链接，分别链接到对应的幻灯片，如“企业文化”链接到第五张幻灯片。

（15）设置切换效果。设置“顺时针回旋，2 根轮辐”的切换效果，中速，“自动换片时间”为 5 s，应用于所有幻灯片。

（16）设置动画效果，在第四张幻灯片中，将标题、图片和文字都添加进入动画效果“菱形”，“开始”为“上一动画之后”。

（17）将演示文稿“海尔集团 .pptx”打包，打包后的文件保存在计算机的 E 盘。

注：练习中所涉及的数据仅供参考，不作为实际数据使用。

2. 小明所在的大学，计划于近期举办多媒体课件制作大赛，大赛主题可以是介绍自己的大学生活、家乡、军训生活、班级活动等和自己相关的内容。小明决定收集相关文字、图片、音乐、视频等素材，使用 PowerPoint 2010 制作多媒体课件参加比赛。

第4章 Excel电子表格处理

学习目标

- 了解Excel工作簿及工作表的基本操作方法。
- 掌握单元格和表格的格式化方法。
- 掌握输入和编辑数据的方法。
- 掌握公式及函数的使用。
- 掌握数据的管理和分析方法。
- 掌握数据的图表化。

Excel 2010是Microsoft Office 2010系列软件中的一个重要组件，不仅能快速完成日常办公事务中电子表格处理方面的任务，也为数据信息的分析、管理及共享提供了很大的方便，是一个功能强大、技术先进、使用方便的电子表格系统。超强的数据计算能力和直观的制图工具，使得Excel 2010被广泛应用于管理、统计、金融和财经等众多领域。

本章通过案例来讲解Excel 2010的基本概念与基本操作，从表格的制作、数据的管理、图表的应用等方面介绍Excel 2010的操作及应用。

4.1 预备知识

Excel的基本概念主要有：工作簿、工作表、单元格等。

1. 工作簿

由Excel软件创建的文件称为工作簿文件，主要用来存储和管理表格数据。每个工作簿可以包含多张工作表，因此可在一个文件中管理多种类型的相关数据信息。一个工作簿就是一个Excel文件，在启动Excel 2010后，系统会自动创建一个空白的工作簿文件，默认文件名为"工作簿1.xlsx"，以后创建的文件名依次默认为"工作簿2.xlsx""工作簿3.xlsx"。用户在保存文件时可以自定义文件名。

2. 工作表

一个工作簿中可以包含多张表格，每张表格称为一个工作表。默认情况下，Excel新建的工作簿中包含3个名称依次为Sheet1、Sheet2、Sheet3的工作表。用户可以根据需要添加和删除工作表。在Excel 2010中，一个工作簿最多可以包含的工作表数量为255个。

3. 单元格

单元格是组成工作表的最小单位。一张 Excel 2010 工作表由 1 048 576 行和 16 384 列构成，每一个行列交叉处即为一单元格。工作表中的数据都是存放在单元格中的，可以存放多种数据格式。在 Excel 中通过单元格名称（又称单元格地址）来区分单元格，其中单元格名称由列序号字母和行序号数字组成，如 C6 就表示第 C 列和第 6 行交汇处的单元格。

4. 单元格区域

单元格区域指的是由多个单元格组成的区域，或者是整行、整列。单元格的表示方法是“左上角的单元格”+“：”+“右下角单元格”，如“A1:D4”，表示从 A1 到 D4 的单元格区域。单元格区域的合理选择，使格式的批量设置、公式函数、数据的管理更加方便。

在进行单元格操作时，鼠标指针会随着操作的不同有所变化，并且只有当对应的鼠标形状出现时才可进行相应的操作。为了方便，以表格的形式列出不同情况下鼠标指针形状与操作之间的对应关系，如表 4-1 所示。

表4-1 鼠标形状与操作的对应关系

鼠标指针形状	何 时 出 现	可以完成的操作
	单击单元格	单元格选定
	鼠标移动到选定单元格的边线处	单元格的移动
	鼠标移动到选定单元格右下角	单元格数据的填充
1	单击行号	选定整行单元格
A	单击列号	选定整列单元格
A B	鼠标指向两列之间	手动调整列宽
1 2	鼠标指向两行之间	手动调整行高

提 示

在 Excel 2010 中，行号显示在工作表的最左侧，列号显示在工作表的最上侧，可以通过【Ctrl+ ↓】或【Ctrl+ →】组合键来查看当前工作表的最后一行或最后一列。

4.2 案 例 简 介

学生成绩管理是教学办公中的一项基本工作。本案例包括 2 个子案例，分别是学生基本信息表的管理和学生成绩表的管理。

（1）在学生基本信息表中涉及 Excel 最基本的操作，包括 Excel 工作簿及工作表的基本操作方法，单元格和表格的格式化，数据的输入和编辑以及部分公式函数的使用。

（2）在学生成绩表中主要介绍如何进行图表的编辑、条件格式的设置、数据排序和筛选、分类汇总、数据库函数的使用等。

4.3 表格的创建及设计

进行表格的设计是为了在 Excel 中完成数据的处理和分析，主要包括工作簿的创建、工作表的组织、数据表的结构设计和单元格（区域）的格式化等，表格的设计效果如图 4-1 所示。

图4-1　表格设计效果

4.3.1　新建与保存工作簿

☞ 新建 Excel 文档“2013 级学生基本信息及成绩表 .xlsx”。操作步骤如下：

（1）启动 Excel 2010，系统会自动创建一个名称为“工作簿 1”的文件。

（2）单击快速访问工具栏中的“保存”按钮（也可选择【文件→保存】命令或按【Ctrl+S】组合键）。

（3）在弹出的“另存为”对话框中设置保存位置、文件名为“2013 级学生基本信息及成绩表”、文件类型为“.xlsx”，最后单击“保存”按钮，如图 4-2 所示。

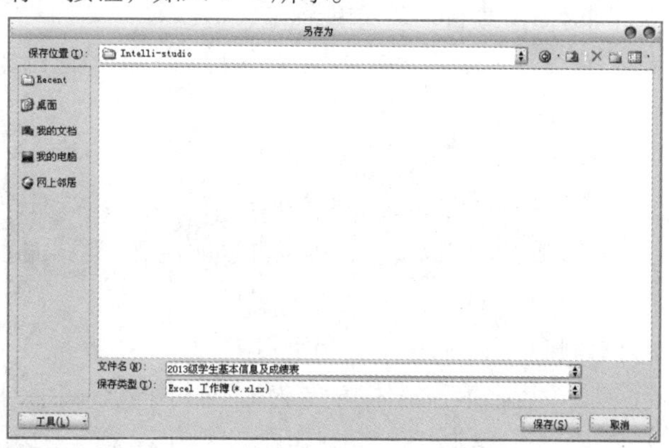

图4-2　“另存为”对话框

4.3.2　重命名和删除工作表

在编辑工作簿过程中，用户可以对工作簿中的工作表进行管理，如插入工作表、删除工作表、重命名工作表等。用户在删除工作表时需要慎重考虑，因为删除工作表之后不可恢复。

☞ 打开“2013 级学生基本信息及成绩表 .xlsx”，将 Sheet1 工作表重命名为“学生基本信息表”，并删除其他工作表。操作步骤如下：

（1）在工作表标签 Sheet1 上右击，选择“重命名”命令，输入文字“学生基本信息表”，按【Enter】键确认。

（2）选择工作表标签 Sheet2，右击，选择“删除”命令，即可将工作表 Sheet2 删除。用同样的方法删除工作表 Sheet3，删除后的效果如图 4-3 所示。

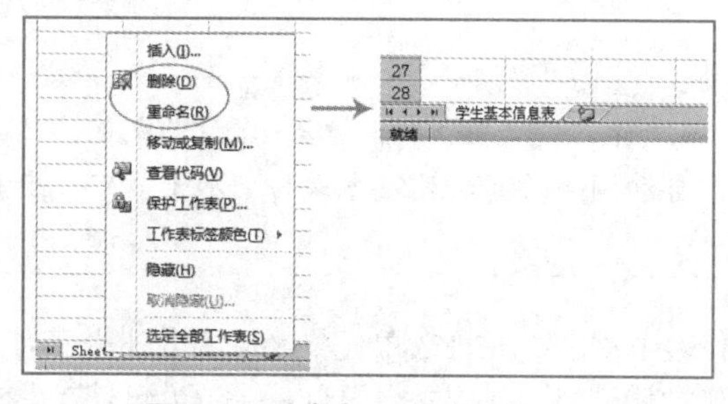

图4-3　重命名、删除工作表

☞ 在“学生基本信息表”工作表中，参考图 4-4，分别在 A1、A2:H2 单元格中输入工作表标题和列标题。操作步骤如下：

（1）选择单元格 A1，输入工作表的标题“2013 级学生基本信息”，按【Enter】键确认。

（2）同样的方法，在 A2:H2 单元格区域输入学号、姓名、性别、身份证号码等文字，效果如图 4-4 所示。

A1 f_x 2013级学生基本信息

	A	B	C	D	E	F	G	H	I
1	2013级学生基本信息								
2	学号	姓名	性别	班别	生源地	出生年月	年龄	身份证号码	
3									
4									

图4-4 输入文字

4.3.3 设置单元格区域的格式

为了使单元格中的数据看起来更加美观，需要为数据设置字体格式、对齐方式，为表格设置边框和底纹等。对单元格进行格式设置前，需要选择单元格区域。

单元格区域的选择，常用的操作方法如下：

（1）选择连续的区域：先单击该区域左上角的单元格，按住鼠标左键不放并拖动鼠标至该区域的右下角单元格（或者按住【Shift】键的同时单击最右下角的单元格）。

（2）选择多个不连续区域：先单击第一个单元格，按住【Ctrl】键的同时选择第二个单元格、第三个单元格，直到所有单元格选择完成。

（3）选择整个工作表：单击工作表左上角的“全选”按钮（或者按【Ctrl+A】组合键）。

☞ 在“学生基本信息表”工作表中，参考图 4-5，设置第 1 行的格式：A1:H1 单元格区域合并后居中，字体为黑体，字号为 16，加粗，填充颜色为“橄榄色，强调文字颜色 3”，行高为 35。操作步骤如下：

（1）选择 A1:H1 单元格区域。

（2）在【开始→对齐方式】功能区中，单击“合并后居中”按钮。

（3）在【开始→字体】功能区中，设置字体为黑体，字号为 16，加粗，填充颜色为“橄榄色，强调文字颜色 3”。

（4）在【开始→单元格】功能区中，单击“格式”按钮，在下拉菜单中选择“行高”，在弹出的“行高”对话框中输入 35，如图 4-5 所示。

（5）单击“确定”按钮。

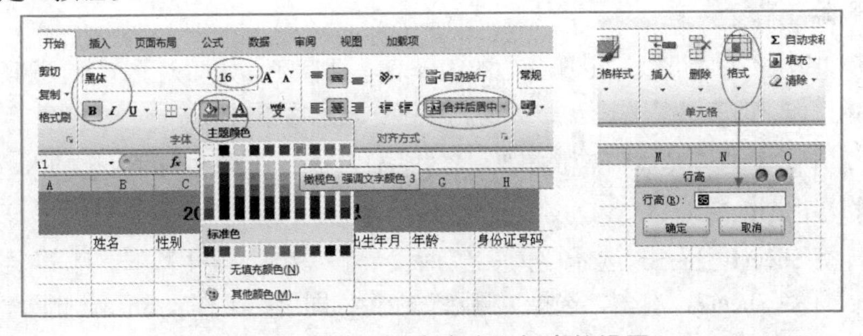

图4-5 字体、对齐方式和行高的设置

练 习

在“学生基本信息表”工作表中，设置第 2 行的格式：字体为宋体、字号为 13、填充颜色为“橄榄色，强调文字颜色 3，淡色 40%”，自动调整行高，对齐方式为“水平居中、垂直居中、自动换行”，手动适当地调整列宽和行高。

☞ 在“学生基本信息表”工作表中，设置 A3:H3 单元格区域的内外边框为“橄榄色，强调文字颜色 3，深色 50%”，细实线，填充颜色为“橄榄色，强调文字颜色 3，淡色 40%”。操作步骤如下：

（1）选择 A3:H3 单元格区域。

（2）在【开始→字体】功能区中，单击“边框”按钮 ，在下拉菜单中选择“其他边框”。

（3）在弹出的“设置单元格格式”对话框中，选择“边框”选项卡，设置样式为“单实线”、颜色为“橄榄色，强调文字颜色 3，深色 50%”，预置为“外边框、内部”。

（4）选择“填充”选项卡，设置背景色为“橄榄色，强调文字颜色 3，淡色 40%”，如图 4-6 所示。

（5）单击“确定”按钮。

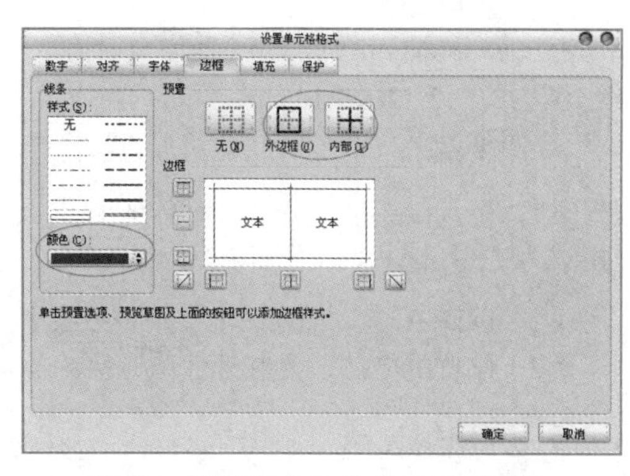

图4-6　“设置单元格格式”对话框

4.3.4　设置单元格的数字格式

在编辑工作表数据时，经常会需要输入各种类型的数据。在 Excel 2010 中可以输入的数据类型有：文本（包括字母、汉字和数字代码组成的字符串等）、数值（能参与算术运算的数、货币数据等）、时间和日期、公式及函数等。输入数据时不同的数据类型有不同的输入方法。主要有以下 3 种：

1. 输入文本

在 Excel 2010 中每个单元格最多可包含 32 767 个字符，输入文本前先选择存储文本的单元格，输入完成后按【Enter】键结束。Excel 2010 会自动识别文本类型，并将文本内容默认设置为“左对齐”。如果当前单元格的列宽不够容纳输入的全部文本内容时，超过列宽的部分会显示在该单元格右侧相邻的单元格位置上，如果该相邻单元格上已有数据，则超过列宽的部分将被隐藏。如果在单元格中输入的是多行数据，可按【Alt+Enter】组合键在单元格内进行换行，换行后的单元格中将显示多行文本，行的高度也会自动增大。

2. 输入数值

数值型数据是 Excel 2010 使用较多的数据类型，可以是整数、小数或用科学计数表示的数。在数值中可以出现包括负号（-）、百分号（%）、分数符号（/）、指数符号（E）等。在输入一些特殊的数据时，需要注意输入的技巧。

输入较大的数：在 Excel 2010 中输入整数时，默认状态显示的整数最多可以包含 11 位数字，超过 11 位时会以科学计数形式表示。要想以日常使用的数字格式显示，可将该数值所在的单元格格式设置为“数值”且小数位数为 0。

若输入的是常规数值（包含整数、小数）且输入的数值中包含 15 位以上的数字时，由于 Excel 的精度问题，超过 15 位的数字都会被舍入到 0(即从第 16 位起都变为 0)。要想保持输入的内容不变，有两种方法。方法一：可在输入该数值前先输入单引号“'”，再输入数值，此方法也常被用于输入以 0 开头等类似于邮政编码的特殊数据；方法二：先将数值所在的单元格格式设置为“文本”，然后再输入数值。

输入负数：一般情况下输入负数可通过添加负号“-”进行标识，例如直接输入“-8”，在 Excel 2010 中，还可以通过将数值置于小括号“( )”中来表示负数，例如输入“(8)”，也表示“-8”。

输入分数：输入分数时，为了和 Excel 2010 中日期型数据的分隔符进行区分，在输入分数之前先输入一个零和一个空格作为分数标志。例如，输入“0 1/5”，则显示“1/5”，它的值为 0.2。

3. 输入日期和时间

Excel 2010 中也可以存储日期和时间类型的数据。

输入日期：通常 Excel 2010 中采用的日期格式通常为“年 - 月 - 日”或“年 / 月 / 日”，可以输入“2013-10-8”或“2013/10/8”，表示 2013 年 10 月 8 日。在输入日期型数据时，为了方便，年份信息可以只输入最后两位，如输入“12-9-20”，Excel 2010 会自动将其转换为 4 位数年份的默认日期格式。

输入时间：与日常生活中相同，Excel 2010 中的时间格式不仅要用“：”隔开，而且也分 12 小时制（默认状态）和 24 小时制。在输入 12 小时制的时间时，需要在时间的后面空一格再输入字母 am（或 AM）来表示上午，或输入 pm（或 PM）来表示下午。如果要输入 2012 年 12 月 8 日下午 3 点 10 分，可以输入“12-12-8 15:10”或“12-12-8 3:10 pm”。

如果要输入当前的时间，可通过按【Ctrl+Shift+;】组合键来完成。

☞ 在“学生基本信息表”工作表中，设置“学号”“身份证号码”的数字格式为“文本”，“出生年月”的格式为“短日期”。操作步骤如下：

（1）选择 A3 单元格，在【开始→数字】功能区中，单击“数字格式”下拉按钮，选择“文本”。

（2）同样的方法，设置其他单元格的数字格式。

4.3.5 利用填充柄复制格式

☞ 在“学生基本信息表”工作表中，利用填充柄将 A3:H3 单元格区域的格式应用到 A4:H30 单元格区域。操作步骤如下：

（1）选择 A3:H3 单元格区域。

（2）将鼠标放在选择区域的右下角，鼠标指针变为黑色的十字形状，拖动“填充柄”至 A30:H30，即可将 A3:H3 单元格区域的格式应用到 A4:H30 单元格区域，效果如图 4-7 所示。

图4-7 使用填充柄复制单元格区域的格式

4.3.6 拆分和冻结窗格

在编辑工作表的过程中，还经常用到拆分和冻结窗格的操作。通过拆分和冻结窗格功能，可以更加方便清晰地查看数据信息。

1. 拆分窗格

用户可以将一个工作表窗格拆分成多个独立窗格，最多 4 个，以便于将工作表分为多个区域显示，滚动窗格中的内容将不影响其他窗格的内容。

☞ 在“学生基本信息表”工作表中，以 E11 单元格为分界点，将工作表拆分为 4 个窗格。操作步骤如下：

（1）单击 E11 单元格。

（2）在【视图→窗口】功能区中，单击“拆分”按钮，即可看到工作表以 E11 为分界点分成了 4 个窗格。将鼠标移动到窗格边界线上，可调整窗格的大小，如图 4-8 所示。

（3）再次单击“拆分”按钮，可取消窗格的拆分。

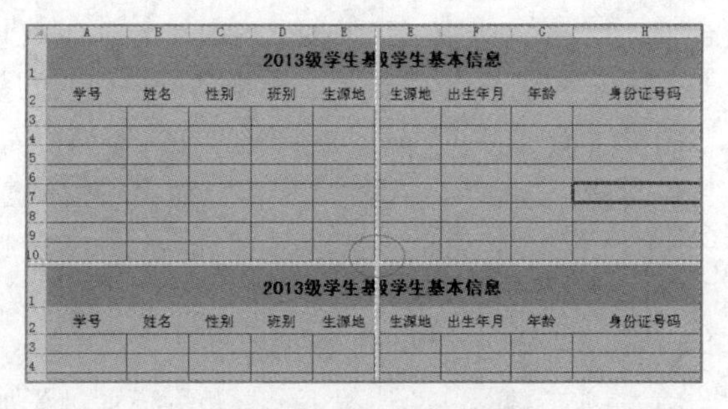

图4-8 拆分窗格效果

2. 冻结窗格

在工作表的第一行或者第一列通常是标题行，为了使用户在滚动工作表中数据的同时，标题仍然可显示，可使用窗格冻结功能，使标题一直可见，便于查看工作。

☞ 在“学生基本信息表”工作表中，冻结标题栏。操作步骤如下：

（1）单击 A3 单元格。

（2）在【视图→窗口】功能区中，选择【冻结窗格→冻结拆分窗格】命令，滚动数据，可看到标题栏始终可见，如图 4-9 所示。

（3）单击【冻结窗格→取消冻结窗格】命令，可取消窗格的冻结。

图4-9 冻结标题栏效果

提 示

- 插入单元格：选择要插入空白单元格的单元格区域，在【开始→单元格】功能区中，选择【插入→插入单元格】命令，在弹出的“插入”对话框中，选择合适的插入选项后，单击“确定”按钮完成操作。
- 删除单元格：选择要删除的单元格区域，在【开始→单元格】功能区中，选择【删除→删除单元格】命令，在弹出的“删除”对话框中，选择合适的删除选项后，单击“确定”按钮即可删除选定的区域。
- 插入行（列）：单击插入位置的行号（列号），在【开始→单元格】功能区中，选择【插入→插入工作表行（列）】命令，即可在行的上方或者列的左侧插入。
- 删除行（列）：首先单击要删除的行（列），在【开始→单元格】功能区中，选择【删除→删除工作表行（列）】命令，即可完成删除操作。

4.4 数据输入

在Excel 2010中输入一些有规律的数据时，除了要注意输入规则外，还可以使用一些快速输入数据的方法，以提高输入数据的效率。

1. 使用填充柄填充输入

在Excel 2010中输入有规律的数据时，填充柄是一个很方便的工具，使用填充柄可以在输入数据或公式的过程中，给同一行（或同一列）的单元格快速填充有规律的数据。当前单元格的填充柄位于该单元格边框的右下角，当光标指向该位置时，会变为填充柄形状+，此时按下鼠标左键不放并拖动填充柄，便能将拖动过程中填充柄所经过的单元格区域进行数据填充，不同形式或规律的数据采用不同的填充方法。

（1）相同数据填充：首先在填充区域的起始单元格中输入要填充的数据，在该单元格中使用填充柄拖动，直到填充区域的最后一个单元格，即可将输入的数据填充到填充柄移过的单元格。

（2）数据序列填充：首先在填充区域的前两个单元格中依次输入要填充的数据序列的前两项。选中这两个单元格，使用填充柄拖动，直到填充区域的最后一个单元格即完成填充。新填充的数据与先前输入的两个数据按照单元格顺序一起构成一个数据序列，且每两项间的步长，与先前输入的两个数据的步长相同。

2. 使用菜单填充输入

数据填充操作也可以通过菜单的方式进行，通过菜单方式填充的数据序列类型更多。

（1）在填充区域起始单元格中输入要填充的起始数据，从该单元格开始（包括该单元格）选定要填充的区域，在【开始→编辑】功能区中，单击“填充”下拉按钮 填充 ，再选择相应的填充方向完成填充。例如，在C1单元格中输入2，再选定C1:C9;在【开始→编辑】功能区中，单击“填充”下拉按钮 填充 ，在图4-10所示的菜单中选择“向下”，即可完成填充。

（2）如果要填充的是数据序列，也可在图4-10所示的菜单中选择“系列”命令，在弹出的“序列”对话框中选择相应的序列选项，如图4-11所示。

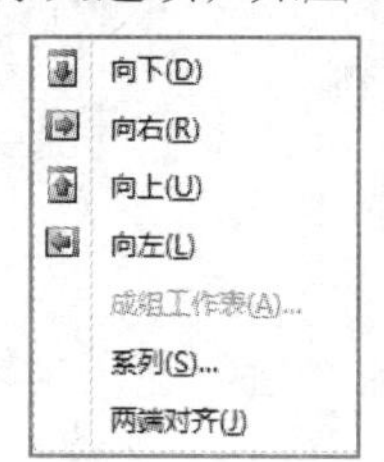

图4-10 填充菜单

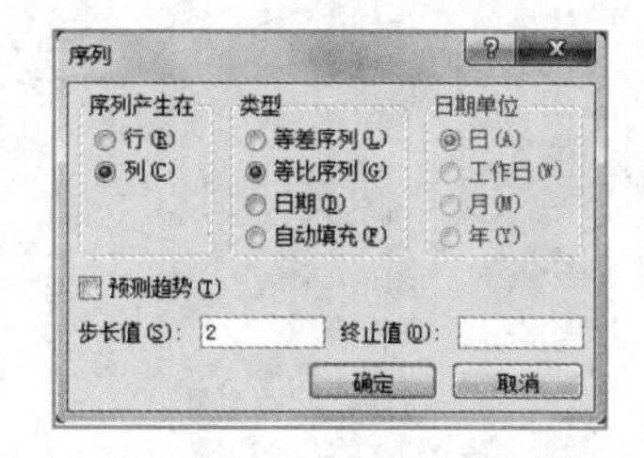

图4-11 “序列”对话框

4.4.1 利用填充柄填充数据

☞ 在“学生基本信息表”工作表中，填写“学号”列的数据，在A3单元格中输入“201300”，利用填充柄填写A4:A30单元格区域。操作步骤如下：

（1）单击 A3 单元格，输入 201300，按【Enter】键确定。

（2）选择 A3 单元格，将鼠标放置在单元格的右下角，鼠标指针变为黑色的十字形状，拖动“填充柄”至 A30，即可自动完成该列数据的填充，效果如图 4-12 所示。

图4-12 填充效果

4.4.2 选择性粘贴复制数据

在 Excel 2010 中，复制或移动操作不仅会对当前单元格区域的数据起作用，还会影响到该区域中的格式、公式及批注等，可通过选择性粘贴来消除这种影响。通过选择性粘贴能对所复制的单元格区域进行有选择地粘贴，使数据的操作更加简便准确。

☞ 利用选择性粘贴功能将 Word 文档“学生基本信息 .docx”中的数据复制到 Excel 工作表“学生基本信息表”中。操作步骤如下：

（1）打开 Word 文档“学生基本信息 .docx”，选择并复制“姓名”列的数据。

（2）打开 Excel 工作表“学生基本信息表”，单击 B3 单元格。

（3）在【开始→剪贴板】功能区中，选择【粘贴→选择性粘贴】命令，在弹出的对话框中设置“方式”为“文本”，单击“确定”按钮即可，如图 4-13 所示。

（4）同样的方法，完成“性别”“生源地”“身份证号码”3 列数据的填充。

图4-13 “选择性粘贴”对话框

4.4.3 设置数据的有效性

在编辑 Excel 工作表的内容时，为了避免输入错误的数据，可以设置单元格的有效性。此外，考虑到有些数据的输入范围固定，因此可以通过设置单元格区域的数据有效性，构建下拉列表以供输入选择，不需要手动输入。这样不但避免数据输入错误，还可以加快数据的输入速度。在本案例中，“班别”列的数据，学生都属于“1”“2”“3”这 3 个班别，因此适用于设置数据的有效性。

☞ 在“学生基本信息表”工作表中，设置“班别”列的数据有效性，可以通过选择下拉列表中的选项（“1”“2”“3”）完成数据输入，如图 4-14 所示。操作步骤如下：

（1）选择 D3:D30 单元格区域，在【数据→数据工具】功能区中，单击“数据有效性”按钮，在下拉列表中选择“数据有效性”。

（2）在弹出的“数据有效性”对话框中选择“设置”选项卡，设置“允许”为“序列”、“来源”输入“1,2,3”。选择“出错警告”选项卡，设置“样式”为“信息”，最后单击“确定”按钮，如图 4-14 所示。

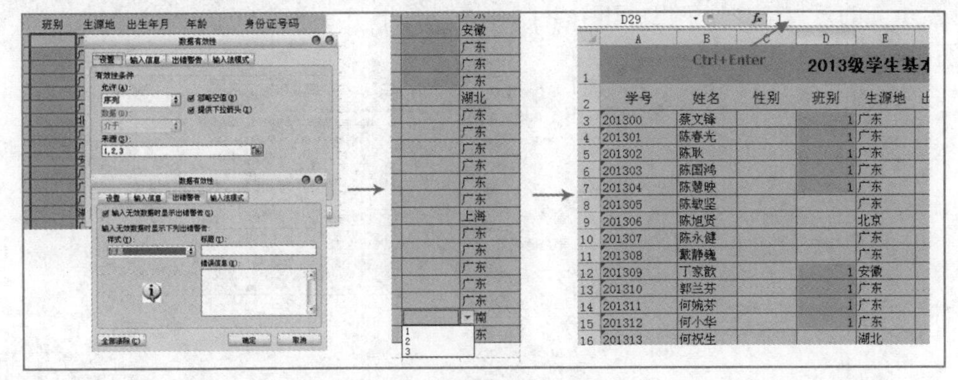

图4-14 数据有效性设置

（3）选择 D3:D7、D12:D15、D29:D30 单元格，单击单元格右侧的下拉按钮，选择“1”，然后将光标定位在编辑栏中，按【Ctrl+Enter】组合键，即可在所选单元格中输入相同的数据“1”。

（4）同样的方法，在 D10:D11、D16:D21、D27 单元格中输入“2”，在剩下的单元格中输入“3”。

为单元格设置数据有效性时，可能会遇到所选单元格区域有空值的情况，如果不知道该项信息而不输入的，可以设置忽略空值，在“数据有效性”对话框的“设置”选项卡，勾选“忽略空值”，若单元格值为空，不显示错误的消息。如果不设置忽略空值，那么空值单元格将作为无效数据。如果需要清除数据的有效性，在“数据有效性”对话框中，单击“全部清除”按钮即可将设置的数据有效性删除。

数据录入完成后，可以调整各列的行高、列宽、单元格的对齐方式，让整个数据表显得美观、整齐。录入数据后的效果如图 4-15 所示。

A	B	C	D	E	F	G	H
2013级学生基本信息							
学号	姓名	性别	班别	生源地	出生年月	年龄	身份证号码
201300	蔡文锋		1	广东			33072619970704××××
201301	陈春光		1	广东			43042119971017××××
201302	陈耿		1	广东			33070219970616××××
201303	陈国鸿		1	广东			33072219960919××××
201304	陈慧映		1	广东			33252119980206××××
201305	陈敏坚		3	广东			33070219970306××××
201306	陈旭贤		3	北京			33070219970521××××
201307	陈永健		2	广东			33072319970730××××
201308	戴静巍		2	广东			34120219961026××××
201309	丁家歆		1	安徽			34162119970122××××
201310	郭兰芬		1	广东			32020519970330××××
201311	何婉芬		1	广东			32032319980510××××
201312	何小华		1	广东			21028319971008××××
201313	何祝生		2	湖北			35030419961207××××
201314	黄东雷		2	广东			33108119970806××××
201315	黄惠琼		2	广东			37028419970619××××
201316	黄沛文		2	广东			35052619980822××××
201317	黄少伟		2	广东			33010919970722××××

图4-15　调整后的工作表

4.4.4　使用公式和函数输入数据

Excel 处理的大量数据中通常有一部分是通过录入得到，另一部分则是在录入数据的基础上进行相应的计算与转换获取的。数据的计算与转换，通常使用公式和函数来实现，熟练掌握公式和函数可以大大提高工作效率。

（1）公式：进行数值计算的等式，以“=”开头，语法格式为“= 表达式”，表达式可包含运算符、常量、单元格引用及函数等元素，能对单元格中数据进行逻辑和算术运算。

（2）函数：预先编写的公式，由函数名称和参数组成，语法格式为“函数名称（参数 1，参数 2，…）”，参数可以是常量、单元格引用、区域、区域名或其他函数。函数的常用输入方法有直接输入、使用工具按钮、使用“插入函数”对话框 3 种。

在“学生基本信息表”工作表中，性别、出生年月、年龄三列的数据没输入，下面介绍用文本函数和日期函数完成数据的输入。

文本函数：可以在公式中处理字符串的函数。常用的文本函数包括 CONCATENATE、LEFT、MID、RIGHT、LEN 等。

1. CONCATENATE函数

语法格式：`CONCATENATE（Text1,Text2,...）`

参数说明：Text1,Text2,…为要连接的文本字符串。

函数功能：将若干字符串合并成一个字符串。

2. LEFT函数

语法格式：`LEFT(Text, Num_chars)`

参数说明：Text 为要提取字符的文本字符串；Num_chars 为提取的字符数量。

函数功能：基于所指定的字符数返回文本中的第一个或前几个字符。

在使用 LEFT 函数时要注意 Num_chars 必须大于或等于零；如果 Num_chars 大于文本的长度，则 LEFT 返回全部文本；如果省略 Num_chars，则默认其值为 1。

3. MID函数

语法格式：`MID(Text, Start_ num ,Num_chars)`

参数说明：Text 为要提取字符的文本字符串；Start_ num 为准备提取的第一个字符的位置，文本中第一个字符的 Start_num 为 1，依次类推；Num_chars 为指定所要提取的字符串长度。

函数功能：返回文本串中从指定位置开始的特定数目的字符。

4. RIGHT函数

语法格式：`RIGHT(Text, Num_chars)`

参数说明：Text 为要提取字符的文本字符串；Num_chars 为提取的字符数量。

函数功能：根据所指定的字符数返回文本串中最后一个或多个字符。

5. LEN函数

语法格式：`LEN(Text)`

参数说明：Text 为要计算长度的文本字符串，包括空格。

函数功能：返回字符串中的字符数。

☞在“学生基本信息表”工作表中，利用文本函数计算学生性别，效果如图 4-16 所示。操作步骤如下：

（1）单击 C3 单元格，然后将光标定位在编辑栏中，输入公式“=IF(MOD(MID(H3,17,1),2)=0,"女","男")”，即首先使用 MID 函数从身份证号码中提取第 17 位数字，然后利用 MOD 函数判断该数字能否被 2 整除，如果能被 2 整除，返回性别“女”，否则返回性别“男”。

（2）按下【Enter】键，即可看到返回的性别。

（3）选中 C3 单元格，将鼠标放置单元格的右下角，鼠标指针变为黑色的十字形状，拖动“填充柄”至 C30，即可自动完成其他性别的填充。

C3 =IF(MOD(MID(H3,17,1),2)=0,"女","男")

2013级学生基本信息

学号	姓名	性别	班别	生源地	出生年月	年龄	身份证号码
201300	蔡文锋	男	1	广东			33072619970704××××
201301	陈春光	男	1	广东			43042119971017××××
201302	陈耿	男	1	广东			33070219970616××××
201303	陈国鸿	男	1	广东			33072219960919××××
201304	陈慧映	男	1	广东			33252119980206××××
201305	陈敏坚	男	3	广东			33070219970306××××
201306	陈旭贤	男	3	北京			33070219970521××××
201307	陈永健	男	2	广东			33072319970730××××
201308	戴静巍	男	2	广东			34120219961026××××
201309	丁家歆	男	1	安徽			34162119970122××××
201310	郭兰芬	男	1	广东			32020519970330××××
201311	何婉芬	男	1	广东			32032319980510××××
201312	何小华	女	1	广东			21028319971008××××

图4-16　计算性别

☞在“学生基本信息表”工作表中，利用文本函数计算学生的出生年月，效果如图 4-17 所示。操作步骤如下：

（1）单击 F3 单元格，然后将光标定位在编辑栏中，输入公式“=CONCATENATE(MID(H3,7,4),"-",MID(H3,11,2))”，即利用 MID 函数从身份证号码中分别提出年、月，然后利用函数将年、月用短横线连接起来。

（2）按【Enter】键，即可看到计算出来的出生年月。

（3）选中 F3 单元格，将鼠标放置单元格的右下角，鼠标指针变为黑色的十字形状，拖动“填充柄”至 F30，即可自动完成其他出生年月的填充。

F3 =CONCATENATE(MID(H3,7,4),"-",MID(H3,11,2))

2013级学生基本信息

学号	姓名	性别	班别	生源地	出生年月	年龄	身份证号码
201300	蔡文锋	男	1	广东	1997-07		33072619970704××××
201301	陈春光	男	1	广东	1997-10		43042119971017××××
201302	陈耿	男	1	广东	1997-06		33070219970616××××
201303	陈国鸿	男	1	广东	1996-09		33072219960919××××
201304	陈慧映	男	1	广东	1998-02		33252119980206××××
201305	陈敏坚	男	3	广东	1997-03		33070219970306××××
201306	陈旭贤	男	3	北京	1997-05		33070219970521××××
201307	陈永健	男	2	广东	1997-07		33072319970730××××
201308	戴静巍	男	2	广东	1996-10		34120219961026××××
201309	丁家歆	男	1	安徽	1997-01		34162119970122××××
201310	郭兰芬	男	1	广东	1997-03		32020519970330××××
201311	何婉芬	男	1	广东	1998-05		32032319980510××××
201312	何小华	女	1	广东	1997-10		21028319971008××××
201313	何祝生	女	2	湖北	1996-12		35030419961207××××
201314	黄东蕾	女	2	广东	1997-08		33108119970806××××
201315	黄惠琼	男	2	广东	1997-06		37028419970619××××

图4-17　计算出生年月

日期函数：主要用于计算工作表中的日期和时间数据或者返回指定的日期和时间。常用的日期函数有 TODAY、YEAR、MONTH、DAY 等。

1. TODAY函数

语法格式：`TODAY( )`

函数功能：返回当前的系统日期。

2. YEAR函数

语法格式：`YEAR(Serial_number)`

参数说明：Serial_number 为一个日期值。

函数功能：返回日期中的年份，结果为 1 900 ～ 9 999 之间的整数。

3. MONTH函数

语法格式：`MONTH(Serial_number)`

参数说明：Serial_number 为一个日期值。

函数功能：返回日期中的月份，介于 1（一月）到 12（十二月）之间的整数。

4. DAY函数

语法格式：`DAY(Serial_number)`

参数说明：Serial_number 为一个日期值。

函数功能:返回一个月中的第几天的数值，介于 1 ～ 31 的整数。

☞ 在“学生基本信息表”工作表中，利用日期函数计算学生的年龄，效果如图 4-18 所示。操作步骤如下：

（1）单击 G3 单元格，然后将光标定位在编辑栏中，输入公式“=INT((TODAY( )-F3)/365)”，即用当前的日期与 F3 单元格的日期做差，得到的天数除 365，取整数部分（INT 函数为取整函数）。

（2）按下【Enter】键，即可看到返回的年龄。

（3）选中 G3 单元格，将鼠标放置单元格的右下角，鼠标指针变为黑色的十字形状，拖动“填充柄”至 G30，即可自动完成其他年龄的填充。

G3　=INT((TODAY()-F3)/365)

2013级学生基本信息							
学号	姓名	性别	班别	生源地	出生年月	年龄	身份证号码
201300	蔡文锋	男	1	广东	1997-07	18	33072619970704××××
201301	陈春光	男	1	广东	1997-10	17	43042119971017××××
201302	陈耿	男	1	广东	1997-06	18	33070219970616××××
201303	陈国鸿	男	1	广东	1996-09	18	33072219960919××××
201304	陈慧映	男	1	广东	1998-02	17	33252119980206××××
201305	陈敏坚	男	3	广东	1997-03	18	33070219970306××××
201306	陈旭贤	男	3	北京	1997-05	18	33070219970521××××
201307	陈永健	男	2	广东	1997-07	18	33072319970730××××
201308	戴静娥	男	2	广东	1996-10	18	34120219961026××××
201309	丁家歆	男	1	安徽	1997-01	18	34162119970122××××
201310	郭兰芬	男	1	广东	1997-03	18	32020519970330××××
201311	何婉芬	男	1	广东	1998-05	17	32032319980510××××
201312	何小华	女	1	广东	1997-10	17	21028319971008××××
201313	何祝生	女	2	湖北	1996-12	18	35030419961207××××
201314	黄东雷	女	2	广东	1997-08	18	33108119970806××××
201315	黄惠琼	男	2	广东	1997-06	18	37028419970619××××

图4-18　计算年龄

提　示

- 我国的身份证号码与一个人的性别、出生年月等信息是紧密相连的。身份证的第7、8、9、10位为出生年份(四位数)，第11、12位为出生月份，第13、14位为出生日期，第17位代表性别，奇数为男，偶数为女。
- 以上案例中用到的MOD函数是一个求余函数，其语法为：MOD(Number, Divisor)，参数Number 为被除数，Divisor 为除数。如果 divisor 为零，函数 MOD 返回值为原来Number；INT函数为将数值向下取整为最接近的整数的函数，其语法为：INT（Number），参数Number 为需要进行向下舍入取整的实数。
- 在输入公式过程中遇到双引号的情况，必须切换到英文状态下输入。
- 本节中涉及的IF函数，在4.5节详细介绍。

“学生基本信息表”涉及 Excel 最基本的操作，包括 Excel 工作簿及工作表的基本操作方法，单元格的基本操作和表格的格式化，数据的输入和编辑，部分公式函数的使用。下面介绍制作“学生成绩表”，效果如图 4-19 所示。

2013级学生成绩表											
学号	姓名	性别	班别	语文	数学	英语	政治	总分	个人平均分	平均分等级	排名
201310	郭兰芬	男	1	87	89	90	95	361	90.3	优	1
201324	李剑荣	女	2	90	74	90	95	349	87.3	优	2
201312	何小华	女	1	93	100	96	57	346	86.5	优	3
201316	黄沛文	女	2	93	94	86	69	342	85.5	优	4
201325	李国锋	女	3	85	91	80	79	335	83.8	良	5
201319	黄艳妮	女	3	92	60	89	93	334	83.5	良	6
201311	何婉芬	男	1	85	93	56	97	331	82.8	良	7
201318	黄蔚纯	女	2	92	97	86	56	331	82.8	良	7
201327	王洁	男	1	82	76	83	89	330	82.5	良	9
201321	黄志聪	男	3	93	90	77	69	329	82.3	良	10
201309	丁家歆	男	1	89	93	45	97	324	81.0	良	11
201306	陈旭贤	男	3	86	69	84	83	322	80.5	良	12
201326	欧思敏	男	1	78	89	75	80	322	80.5	良	12
201301	陈春光	男	1	96	57	73	83	309	77.3	良	14
201302	陈耿	男	1	55	73	89	88	305	76.3	良	15
201315	黄惠琼	男	2	70	75	85	63	293	73.3	良	16
201320	黄茵	男	3	88	47	83	71	289	72.3	良	17
201307	陈永健	男	2	52	50	90	88	280	70.0	良	18
201322	霍志恒	女	3	51	86	45	97	279	69.8	及格	19
201305	陈敏坚	男	3	67	62	74	75	278	69.5	及格	20
201304	陈慧映	男	1	85	63	65	63	276	69.0	及格	21
201313	何祝生	女	2	60	76	55	73	264	66.0	及格	22
201300	蔡文锋	男	1	56	97	40	52	245	61.3	及格	23
201314	黄东雷	女	2	63	69	56	52	240	60.0	及格	24
201308	戴静娥	男	2	58	56	56	34	204	51.0	不及格	25
201303	陈国鸿	男	1	56	52	34	53	195	48.8	不及格	26
201323	雷永存	女	3	23	51	45	63	182	45.5	不及格	27
201317	黄少伟	男	2	23	43	52	50	168	42.0	不及格	28
	各科目的最高分			96	100	96	97				
	各科目80分以上的人数			15	11	13	12				

图4-19　学生成绩表效果图

4.5 使用函数处理数据

Excel 2010 提供了许多内置函数，对数据进行运算和分析带来了极大方便。在 4.4.4 节中详细介绍了文本函数和日期函数的使用方法，下面介绍基本函数、统计函数、逻辑函数、数据库函数、财务函数以及公式的使用方法。

4.5.1 基本函数

基本函数是 Excel 数据运算中经常使用到的函数，主要包括求和函数 SUM、求平均值函数 AVERAGE、求最大值函数 MAX 和求最小值函数 MIN 等。

1. SUM函数

语法格式：`SUM(Number1, Number2,… )`

参数说明：Number1, Number2,…为 1 ～ 255 个待求和的数值，每个参数都可以是单元格引用、数组、常量、公式或另一个函数的结果。

函数功能：计算单元格区域中所有数值的和。

2. AVERAGE函数

语法格式：`AVERAGE(Number1, Number2, …)`

参数说明：Number1, Number2,…为 1 ～ 255 个待求平均值的数值。为空的单元格不会被计算，但为 0 的单元格会被计算。

函数功能：计算单元格区域中所有数值的算术平均值。

3. MAX或MIN函数

语法格式：`MAX(Number1, Number2, …)` 或 `MIN ( Number1,Number2, …)`

参数说明：Number1, Number2,…为要从中求取最大值或最小值的 1 ～ 255 个数值。

函数功能：返回一组数值中的最大值或最小值。

☞ 将素材“学生成绩表 .xlsx”工作簿中的“学生成绩表”工作表，复制到“2013 级学生基本信息和成绩表 .xlsx”工作簿的最后。操作步骤如下：

（1）打开素材“学生成绩表 .xlsx”工作簿，选择“学生成绩表”工作表。

（2）右击“学生成绩表”工作表标签，在弹出的快捷菜单中，选择“移动或复制工作表”，弹出“移动或复制工作表”对话框，如图 4-20 所示。设置“将选定工作表移至工作簿”为“2013 级学生基本信息和成绩表 .xlsx”，“下列选定工作表之前”为“(移至最后)”,并选中“建立副本”。

（3）单击“确定”按钮，完成复制。

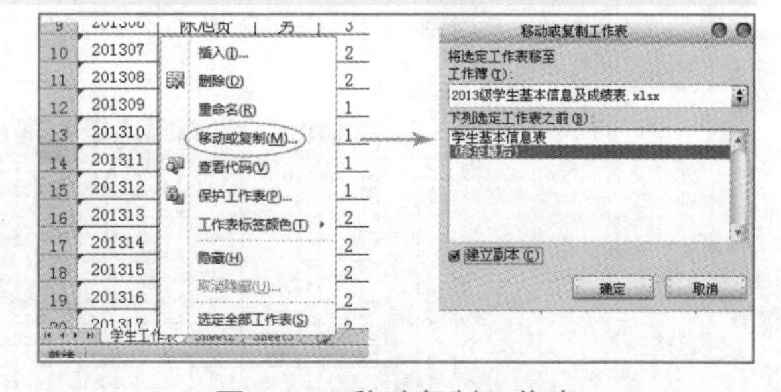

图4-20 移动复制工作表

☞ 在“2013 级学生基本信息和成绩表 .xlsx”工作簿中的“学生成绩表”工作表，根据学生各科成绩分数，使用求和函数 SUM 计算“总分”。操作步骤如下：

（1）单击 I3 单元格，在【开始→编辑】功能区中，选择【自动求和→求和】，出现如图 4-21 所示的函数“=SUM(D3:H3)”。

（2）将公式中的 D3 改为 E3。

（3）按【Enter】键确认后，I3 单元格显示出计算结果“245”。

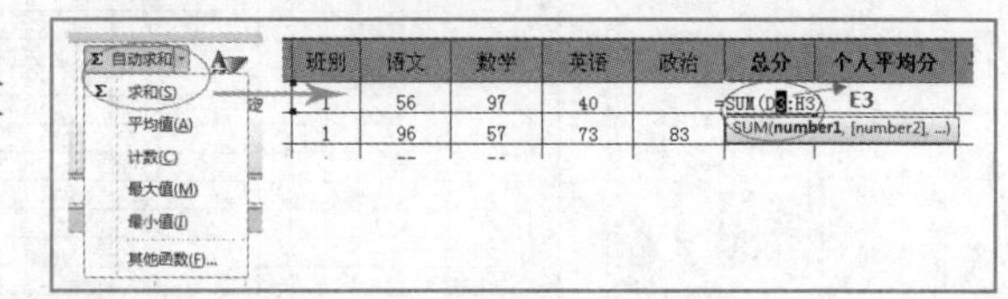

图4-21 SUM函数的使用

（4）选中 I3 单元格，将鼠标放置单元格的右下角，鼠标指针变为黑色的十字形状，拖动“填充柄”至

I30，即可自动完成其他总分的填充。

☞ 每位学生的总分，还可以采用输入公式的方法来计算。操作步骤如下：

（1）单击 I3 单元格，输入“=”。

（2）单击 E3 单元格，输入“+”，再单击 F3 单元格，输入“+”，依次类推，直到最后单击 H3 单元格。

（3）按【Enter】键，即可看到计算出的总分“245”。

☞ 在“学生成绩表”工作表中，根据学生各科成绩分数，使用求平均函数 AVERAGE 计算“个人平均分”，并保留 1 位小数。操作步骤如下：

（1）在【开始→编辑】功能区中，选择【自动求和→平均值】，出现如图 4-22 所示的函数“=AVERAGE(D3:I3)”。

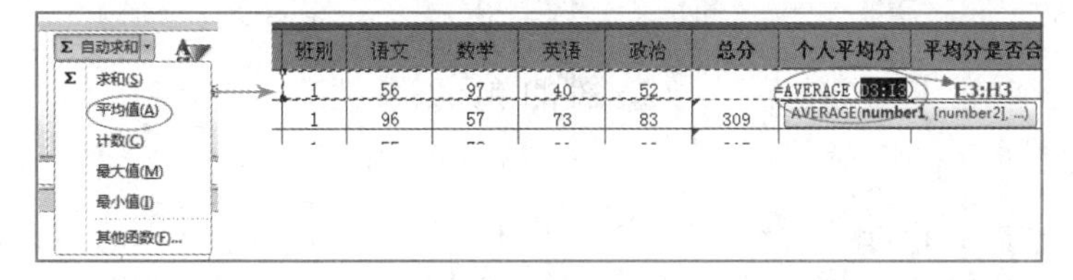

图4-22 AVERAGE函数的使用

（2）将函数中的 D3 改为 E3，I3 改为 H3。

（3）按【Enter】键确认后，J3 单元格显示出计算结果“61.25”。

（4）在【开始→单元格】功能区中，选择【格式→设置单元格格式】，在弹出的“设置单元格格式”对话框中，选择“数字”选项卡，设置“分类”为“数值”，“小数位数”为“1”，然后单击“确定”按钮，如图 4-23 所示。

（5）选中 J3 单元格，将鼠标放置单元格的右下角，鼠标指针变为黑色的十字形状，拖动“填充柄”至 J30，即可自动完成其他平均分的填充。

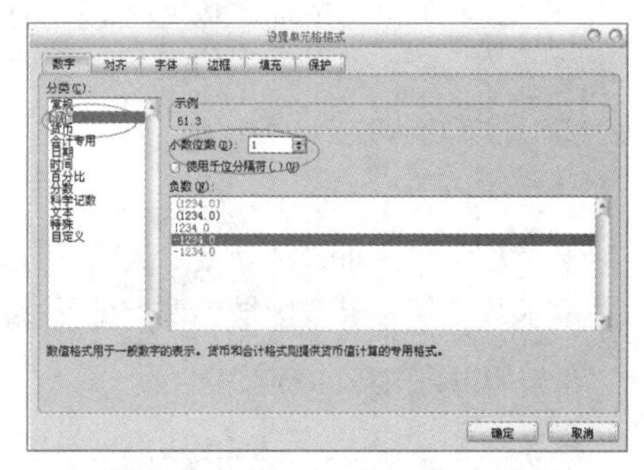

图4-23 “设置单元格格式”对话框

☞ 在“学生成绩表”工作表中，根据各科目的分数，使用求最大值函数 MAX 计算出各科目的最高分。操作步骤如下：

（1）选择 E31 单元格，单击编辑栏中的“插入函数”按钮 fx，弹出“插入函数”对话框，默认函数类别为“常用函数”，在“选择函数”列表框中选择 MAX，单击“确定”按钮，如图 4-24 所示。

（2）在弹出的“函数参数”对话框中，单击 Number1 文本框，选择单元格区域 E3:E30，如图 4-25 所示。

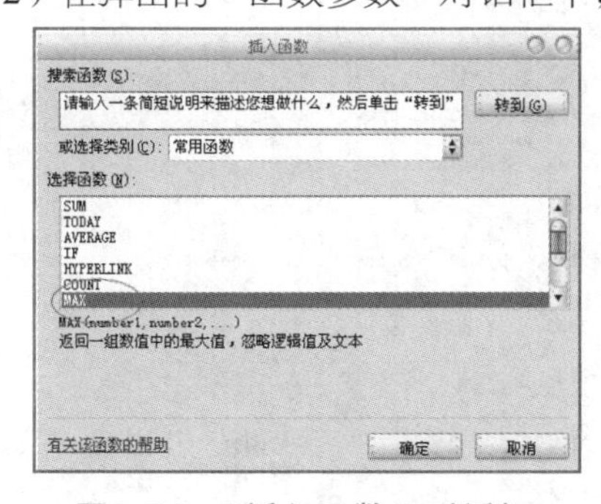

图4-24 “插入函数”对话框

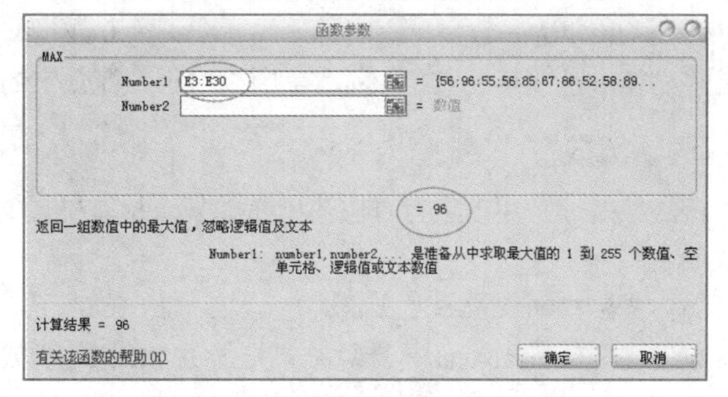

图4-25 MAX“函数参数”对话框

（3）单击“确定”按钮，E31 单元格计算出语文的最高分。

（4）选中 E31 单元格，将鼠标放置单元格的右下角，鼠标指针变为黑色的十字形状，拖动“填充柄”至 H31，即可自动完成其他科目最高分的填充。

4.5.2 统计函数

统计函数指用于对数据区域进行统计分析的函数。常用的统计函数有 COUNT、COUNTIF、COUNTIFS、

COUNTA，频率分布函数 FREQUENCY 及排序函数 RANK。

1. COUNT函数

语法格式：COUNT (Value1, Value2,…)

参数说明：Value1, Value2, … 为 1 ～ 255 个参数，可以包含或引用各种不同类型的数据，但只对数字型数据进行计数。

函数功能：统计单元格区域中包含数字的单元格的个数。

2. COUNTIF函数

语法格式：COUNTIF (Range, Criteria)

参数说明：Range 为要计算其中非空单元格数目的区域；Criteria 为以数字、表达式或文本形式定义的条件。

函数功能：统计某个单元格区域中满足给定条件的单元格数目。

3. COUNTIFS函数

语法格式：COUNTIFS (Criteria_range1,Criteria1, Criteria_range2,Criteria2,…)

参数说明：Criteria_range1 是要为特定条件计算的单元格区域；Criteria1 为数字、表达式或文本形式的条件，它定义了单元格统计的范围；Criteria_range2,Criteria2 为附加区域及关联条件，最多允许 126 对。

函数功能：统计一组给定条件所指定的单元格数。

4. COUNTA 函数

语法格式：COUNTA (Value1, Value2,…)

参数说明：Value1 表示要计数的值的第一个参数；Value2 表示要计数的值的其他参数，最多可包含 255 个参数。

函数功能：计算区域中非空单元格的个数。

5. FREQUENCY函数

语法格式：FREQUENCY (Data_array, Bins_array)

参数说明：Data_array 用来计算频率的数组，或对数组单元区域的引用（空格及字符串忽略）；Bins_array 数据接收区间，为一数组或对数组区域的引用，设定对 Data_array 进行频率计算的分段点。

函数功能：以一列垂直数组返回一组数据的频率分布。

6. RANK函数

语法格式：RANK (Number, Ref, Order)

参数说明：Number 为要查找排名的数字；Ref 是一组数或对一个数据列表的引用（其中的非数值型参数将被忽略）；Order 为一数字，指明排位的方式，为 0 或省略，降序、非零值、升序。

函数功能：返回某数字在一列数字中相对于其他数字的大小排名。

4.5.3 逻辑函数

逻辑函数是一种用于进行真假值判断或复合检验的函数，在日常办公中应用非常广泛，其中最常用的是 IF 函数。

语法格式：IF (Logical_test, Value_if_true, Value_if_false)

参数说明：Logical_test 是计算结果可能为 TRUE 或 FALSE 的任意值或表达式；Value_if_true 是 Logical_test 为 TRUE 时的返回值；Value_if_false 是 Logical_test 为 FALSE 时的返回值。

函数功能：判断是否满足某个条件，如果满足返回一个值，否则返回另一个值。IF 函数最多可嵌套七层。

☞ 在“学生成绩表”工作表中，根据各科目的分数，使用求最大值函数 COUNTIF 计算出各科目 80 分以上的人数（包括 80 分）。操作步骤如下：

（1）选择 E32 单元格，单击编辑栏中的“插入函数”按钮 *fx*，在弹出的“插入函数”对话框中，选择类别“统计”，在“选择函数”列表框中选择 COUNTIF，单击“确定”按钮，如图 4-26 所示。

（2）在弹出的“函数参数”对话框中，单击 Range 文本框，选择单元格区域“E3:E30”。

（3）在 Criteria 文本框中，输入“>=80”，如图 4-27 所示。

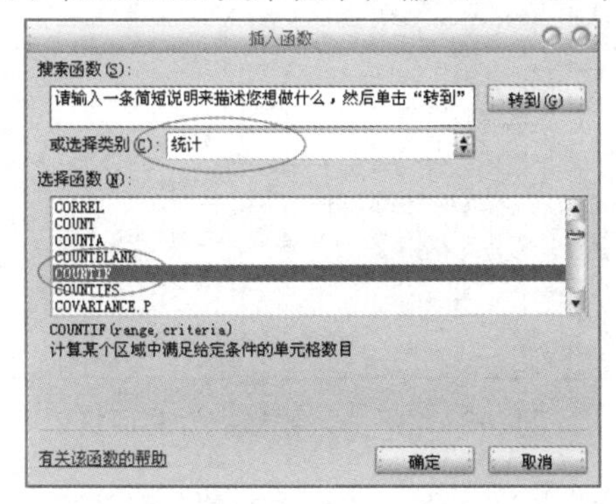

图4-26 “插入函数”对话框

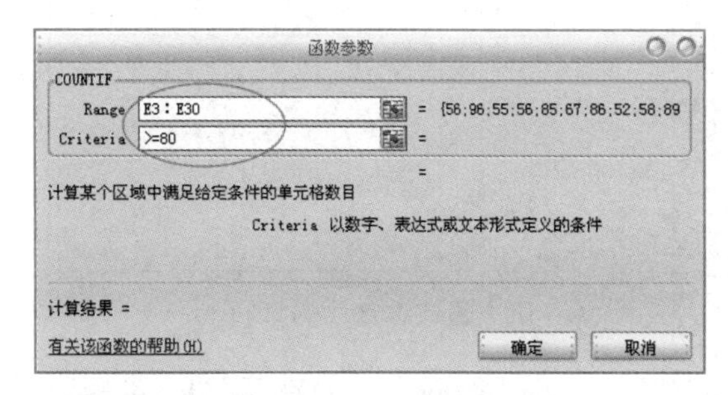

图4-27 COUNTIF“函数参数”对话框

（4）单击“确定”按钮，E32 单元格显示出计算的结果。

（5）选中 E32 单元格，将鼠标放置单元格的右下角，鼠标指针变为黑色的十字形状，拖动“填充柄”至 H32，即可自动完成其他科目 80 分以上的人数填充。

☞ 在“学生成绩表”工作表中，使用 IF 函数判断每位同学的平均分是否合格，60 分以上显示“合格”，否则“不合格”。操作步骤如下：

（1）单击 K3 单元格，单击编辑栏中的“插入函数”按钮 fx，在弹出的“插入函数”对话框中，选择类别“逻辑”，在“选择函数”列表框中选择 IF，单击“确定”按钮，如图 4-28 所示。

（2）在弹出的“函数参数”对话框中，在 Logical_test 文本框中输入“J3>=60”，在 Value_if_true 文本框中输入“合格”，在 Value_if_false 文本框中输入“不合格”，如图 4-29 所示。

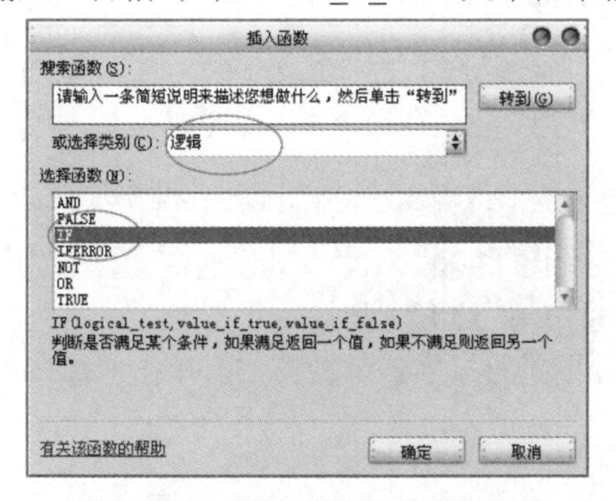

图4-28 “插入函数”对话框

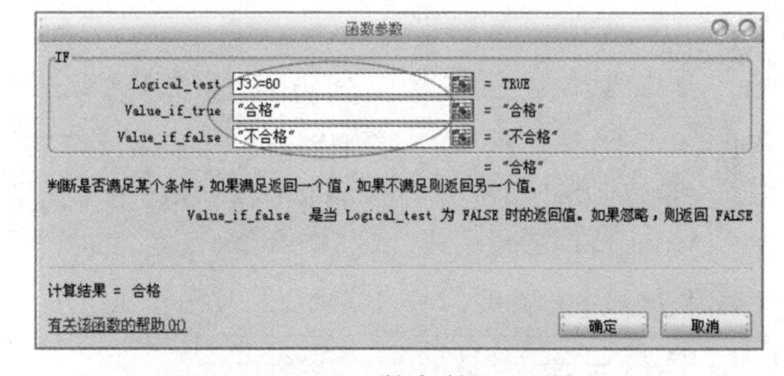

图4-29 IF“函数参数”对话框

（3）单击“确定”按钮，K3 单元格计算出结果为“合格”，拖动 K3 单元格填充柄可计算出其他的平均分是否合格。

上面的案例是 IF 函数的简单运用，当遇到多个复杂的判断条件时，需要使用 IF 函数的嵌套，最多可嵌套七层。

☞ 在“学生成绩表”工作表中，使用 IF 函数的嵌套，计算出每位学生的“平均分等级”。划分等级的规则为“100～85，优”，“84～70，良”，“69～60，及格”，“60 以下，不及格”。操作步骤如下：

（1）单击 K3 单元格，IF 函数的调用和上面的案例一样。

（2）在弹出的 IF“函数参数”对话框中，在 Logical_test 文本框中输入“J3<60”，在 Value_if_true 文本框中输入“不及格”，如图 4-30 所示。

（3）单击 Value_if_false 文本框，再单击编辑栏前面的 IF，弹出第二个 IF“函数参数”对话框。在第二个 IF“函数参数”对话框中，在 Logical_test 文本框中输入“J3<70”，在 Value_if_true 文本框中输入“及格”，

如图 4–31 所示。

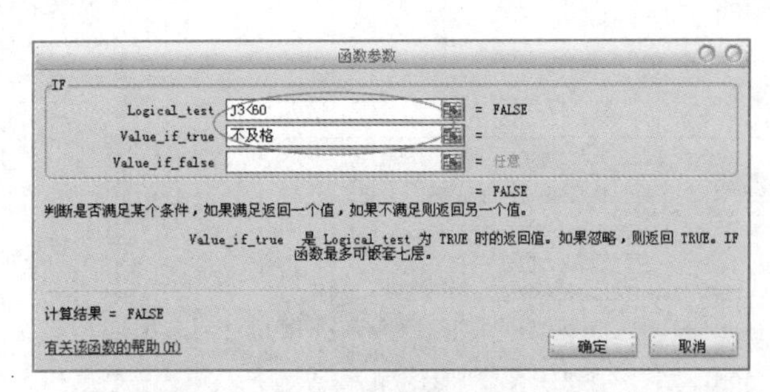

图4–30 IF“函数参数”对话框1

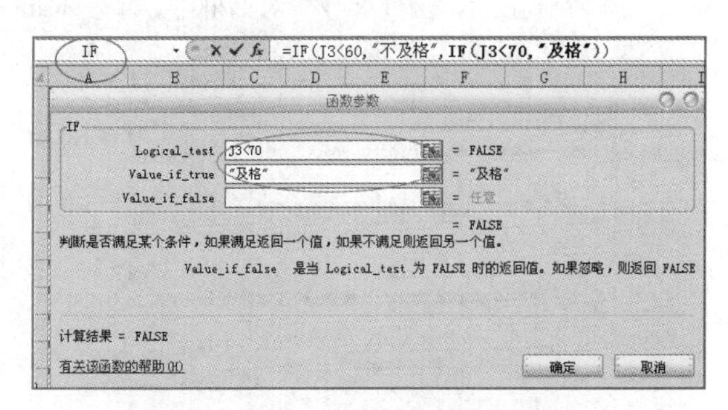

图4–31 IF“函数参数”对话框2

（4）单击 Value_if_false 文本框，再单击编辑栏前面的 IF，弹出第三个 IF“函数参数”对话框。在第三个 IF“函数参数”对话框中，在 Logical_test 文本框中输入“J3<85”，在 Value_if_true 文本框中输入“良”，在 Value_if_false 文本框中输入“优”，如图 4–32 所示。

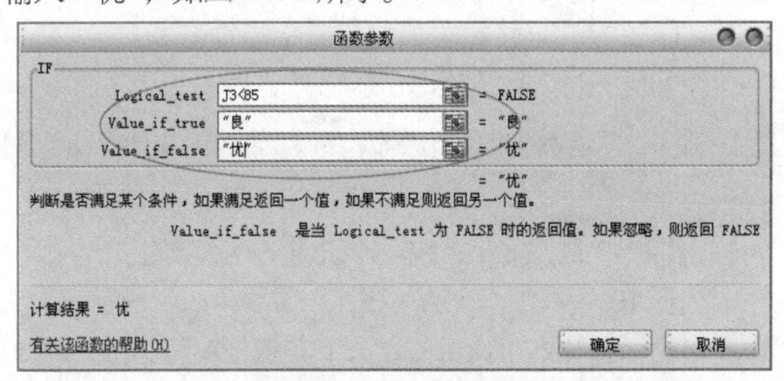

图4–32 IF“函数参数”对话框3

（5）单击“确定”按钮，K3 单元格显示计算的等级“及格”，拖动 K3 单元格填充柄可计算出其他平均分的等级。

☞ 在“学生成绩表”工作表中，使用排序函数 RANK 根据学生平均分，计算出学生的排名。操作步骤如下：

（1）单击 L3 单元格，单击编辑栏中的“插入函数”按钮 fx ，在弹出的“插入函数”对话框中，选择类别“全部”，在“选择函数”列表框中选择 RANK，单击“确定”按钮，如图 4–33 所示。

（2）在弹出的“函数参数”对话框中，单击 Number 文本框，选择要进行排名的单元格 J3。单击 Ref 文本框，选择单元格区域“J3:J30”，单击“确定”按钮，如图 4–34 所示。

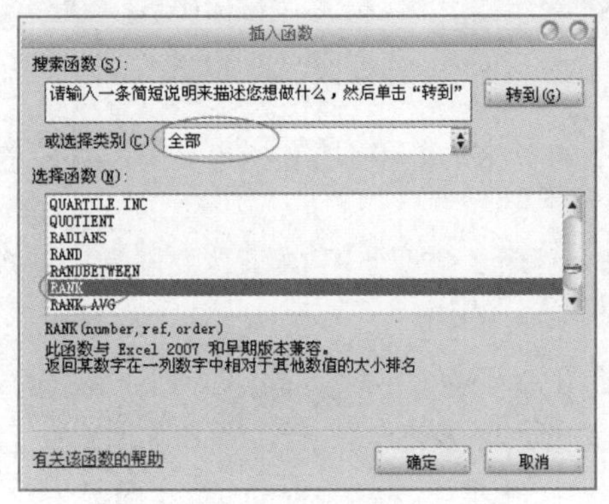

图4–33 “插入函数”对话框

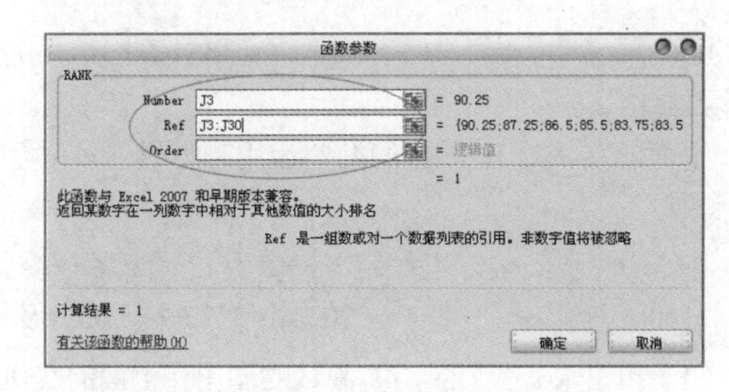

图4–34 RANK“函数参数”对话框

（3）将编辑栏的“=RANK(J3,J3:J30)”，改成“=RANK(J3,$J$3:$J$30)”，按【Entre】键确认，即可计算出学号为“201300”的学生排名为“23”，如图 4–35 所示。

（4）拖动 L3 单元格的填充柄可计算出其余学生的排名。

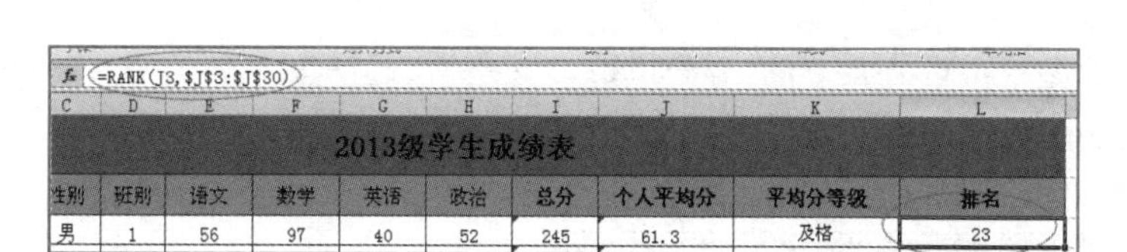

图4-35　排序结果

提　示

RANK函数步骤（3）中添加"$"符号，是使用了单元格地址引用中的绝对引用功能。为了使函数中的单元格引用在填充过程中保持不变，可以使用绝对引用。绝对引用的实现方法是在该单元格名称（如J3）的行号和列号之前均添加符号"$"（如$J$3）。符号"$"用于限定后面的行号或列号在填充过程中不发生改变。

4.5.4　数据库函数

数据库函数用于对存储在数据清单或数据库中的数据进行分析，主要包括DAVERAGE、DSUM、DCOUNT等函数。

1. DAVERAGE函数

语法格式：`DAVERAGE(Database, Field, Criteria)`

参数说明：Database表示构成列表或数据库的单元格区域；Field为指定所使用的数据列；Criteria为包含给定条件的单元格区域。

函数功能：计算满足给定条件的列表或数据库的列中数值的平均值。

2. DSUM函数

语法格式：`DSUM(Database, Field, Criteria)`

参数说明：同DAVERAGE函数。

函数功能：计算满足给定条件的列表或数据库的列中数值的和。

3. DCOUNT函数

语法格式：`DCOUNT(Database, Field, Criteria)`

参数说明：同DAVERAGE函数。

函数功能：从满足给定条件的列表或数据库的列中，计算数值单元格的数目。

☞在"学生成绩表"工作表中，利用DSUM函数计算2、3班的英语成绩总分。操作步骤如下：

（1）参考图4-36所示，首先准备Criteria条件。

（2）选择存放结果的单元格N5，单击编辑栏中的"插入函数"按钮 *fx*，在弹出的"插入函数"对话框中，选择类别"数据库"，在"选择函数"列表框中选择DSUM，单击"确定"按钮，如图4-37所示。

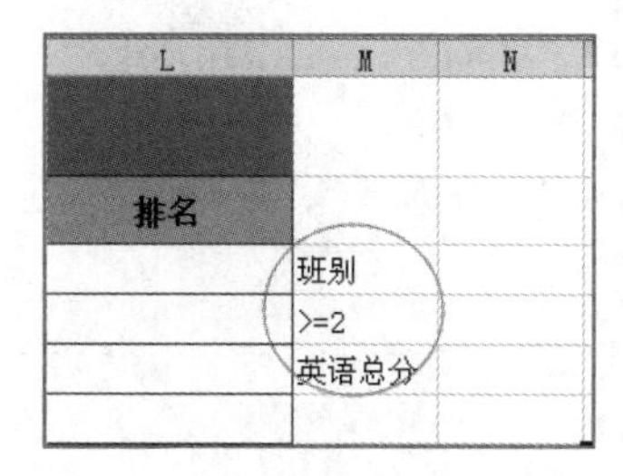

图4-36　DSUM函数的Criteria条件

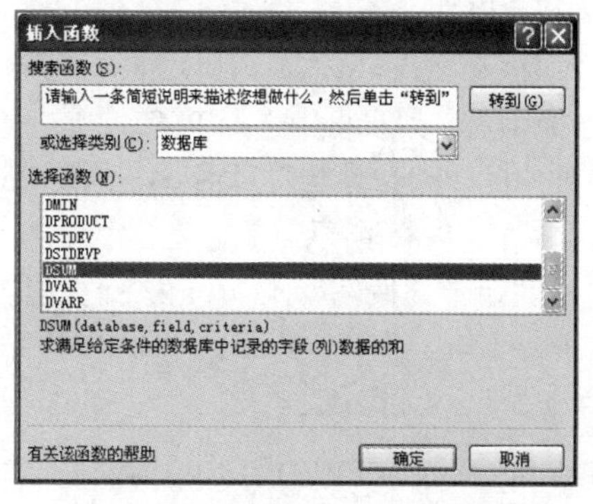

图4-37　"插入函数"对话框

（3）在弹出的“函数参数”对话框中，单击 Database 文本框，选择单元格区域 A2:H30。单击 Field 文本框，选择单元格 G2，单击 Criteria 文本框，选择单元格区域 M3:M4，如图 4-38 所示。

（4）单击“确定”按钮，计算出结果为 1233，效果如图 4-39 所示。

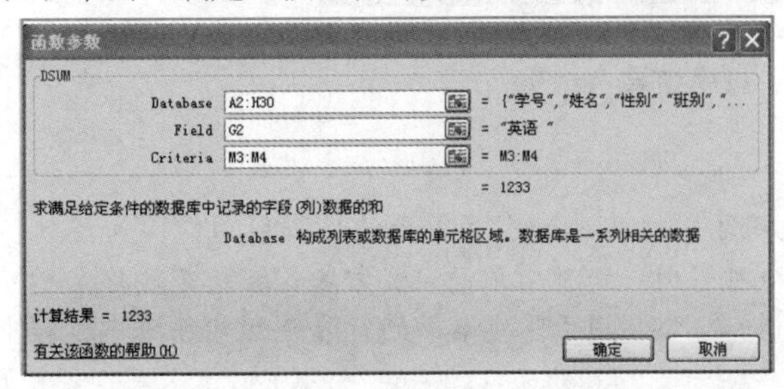

图4-38　DSUM“函数参数”对话框

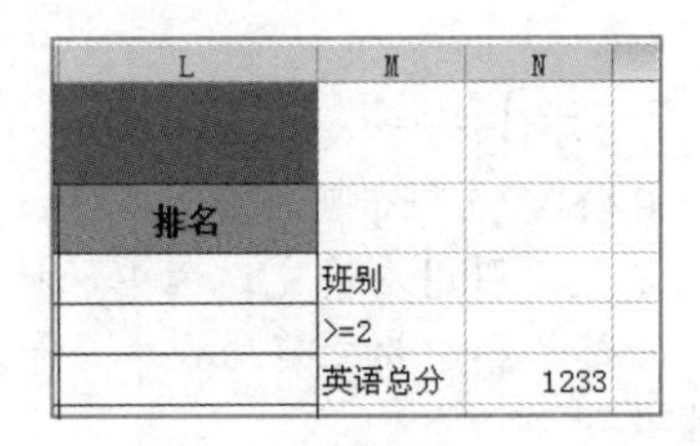

图4-39　DSUM函数计算结果

说　明

在 DSUM 函数的参数中，A2:H30 代表数据的区域，注意该区域要包括列标题；G2 代表计算的是“英语”列的总分；M3:M4 代表求总分的条件“班级 >=2”。

4.5.5　财务函数

财务函数用于进行一般的财务计算，如确定贷款的支付额、投资的未来值或净现值，以及债券或股票的价值。常用的财务函数有 FV、PMT 等。

1. FV函数

语法格式：`FV (Rate, Nper, Pmt, Pv, Type)`

参数说明：Rate 为各期利率；Nper 为总投资期，即该项投资总的付款期数；Pmt 为各期支出金额，在整个投资期内不变；Pv 为从该项投资开始计算时已经入账的款项，或一系列未来付款当前值的累积和；Type 为数字 0 或 1，指定付款时间是在期初还是期末，0 表示期末，1 表示期初。

函数功能：基于固定利率及等额分期付款方式，返回某项投资的未来值。

2. PMT函数

语法格式：`PMT (Rate, Nper, Pv, Fv, Type)`

参数说明：Rate 为贷款利率；Nper 为付款总期数；Pv 为从该项投资开始计算时已经入账的款项；Fv 为未来值，在最后一次付款后可以获得的现金金额；Type 为数字 0 或 1，指定付款时间是在期初还是期末，0 表示期末，1 表示期初。

函数功能：计算在固定利率下，贷款的等额分期偿还额。

☞ 在素材“学生学费贷款信息表 .xlsx”工作簿中，利用 PMT 函数计算每个贷款的学生，每月应支付贷款的金额。操作步骤如下：

（1）选择 H3 单元格，单击编辑栏中的“插入函数”按钮 fx，在弹出的“插入函数”对话框中，选择类别“财务”，在“选择函数”列表框中选择 PMT，单击“确定”按钮，如图 4-40 所示。

（2）在弹出的“函数参数”对话框中，在 Rate 文本框中输入 G3/12，Nper 文本框中输入 F3*12，Pv 文本框中输入 E3，如图 4-41 所示。

（3）单击“确定”按钮，H3 单元格计算出每个月应支付的还款额“0.09 万元”，拖动 H3 单元格填充柄可计算出其余学生的还款额，效果如图 4-42 所示。

提　示

COUNTIFS 函数和 FREQUENCY 函数将在 4.6.5 节中讲解。

学生成绩表所需要的数据，无论是录入的数据，还是利用 Excel 的计算功能生成的数据都已经填写完毕，接下来介绍如何对这些数据进行针对性的管理和分析。

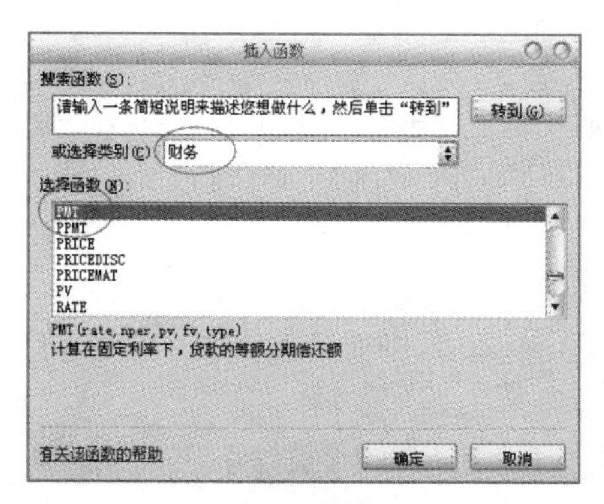

图4-40 “插入函数”对话框

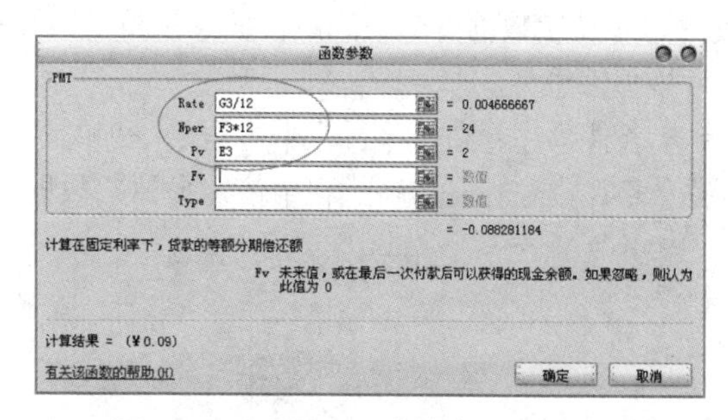

图4-41 PMT“函数参数”对话框

部分学生学费贷款还款工作表							
学号	姓名	性别	班别	贷款总额（万）	还款期限（年）	年利率	每月应支付还款额（万）
201300	蔡文锋	男	1	¥2.00	2	5.6%	(¥0.09)
201301	陈春光	男	1	¥4.00	4	5.6%	(¥0.09)
201302	陈耿	男	1	¥1.00	1	5.6%	(¥0.09)
201303	陈国鸿	男	1	¥6.00	5	5.6%	(¥0.11)
201304	陈慧映	男	1	¥3.00	3	5.6%	(¥0.09)
201305	陈敏坚	男	3	¥2.00	1	5.6%	(¥0.17)
201306	陈旭贤	男	3	¥4.00	3	5.6%	(¥0.12)
201307	陈永健	男	2	¥2.00	2	5.6%	(¥0.09)
201308	戴静巍	男	2	¥1.00	1	5.6%	(¥0.09)
201309	丁家歆	男	1	¥2.00	3	5.6%	(¥0.06)

图4-42 PMT函数计算结果

4.6 数 据 管 理

4.6.1 设置条件格式

单元格格式设置是对指定的数据区域进行统一的设置，这种设置是无条件的、静态的。但是，很多时候需要对符合一定条件的数据进行特别的标注，以起到一定的提示作用，这就需要有条件的、动态的格式设置，即条件格式的应用。

☞ 在“学生成绩表”工作表中，利用条件格式，将学生成绩的平均分等级用不同颜色进行区分，“不及格”设置为红色填充；“及格”设置为橙色填充；“良”设置为紫色填充；“优”设置为绿色填充。操作步骤如下：

（1）选择 K3:K30 单元格区域，在【开始→样式】功能区中，选择【条件格式→新建规则】。

（2）在弹出的“新建格式规则”对话框中，设置“编辑规则说明”为“单元格值等于不及格”，如图 4-43 所示。

（3）单击“格式”按钮，在弹出的“设置单元格格式”对话框中，选择“填充”选项卡，设置为红色填充。

（4）单击“确定”按钮。

（5）同样的方法，将“及格”设置为橙色填充；“良”设置为紫色填充；“优”设置为绿色填充，效果如图 4-44 所示。

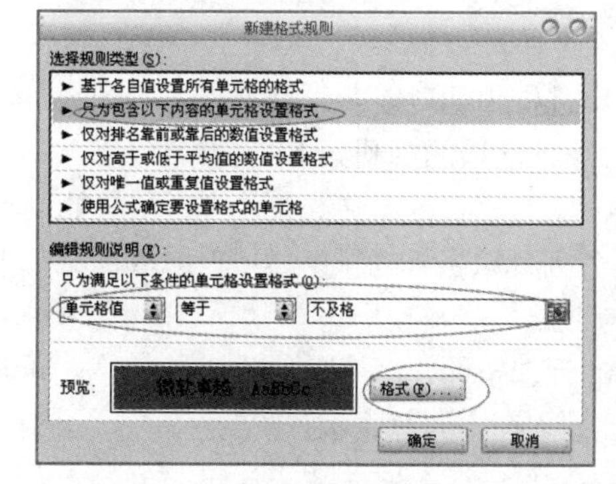

图4-43 “新建格式规则”对话框

2013级学生成绩表											
学号	姓名	性别	班别	语文	数学	英语	政治	总分	个人平均分	平均分等级	排名
201300	蔡文锋	男	1	56	97	40	52	245	61.3	及格	23
201301	陈春光	男	1	96	57	73	83	309	77.3	良	14
201302	陈耿	男	1	55	73	89	88	305	76.3	良	15
201303	陈国鸿	男	1	56	52	34	53	195	48.8	不及格	26
201304	陈慧映	男	1	85	63	65	63	276	69.0	及格	21
201305	陈敏坚	男	3	67	62	74	75	278	69.5	及格	20
201306	陈旭贤	男	3	86	69	84	83	322	80.5	良	12
201307	陈永健	男	2	52	50	90	88	280	70.0	良	18
201308	戴静巍	男	2	58	56	56	34	204	51.0	不及格	25
201309	丁家歆	男	1	89	93	45	97	324	81.0	良	11
201310	郭兰芬	男	1	87	89	90	95	361	90.3	优	1
201311	何婉芬	男	1	85	93	56	97	331	82.8	良	7
201312	何小华	女	1	93	100	96	57	346	86.5	优	3

图4-44 设置条件格式的效果

4.6.2 数据的排序

数据排序是使数据清单中的数据按某种特征或规律进行重新排列的过程，可通过此操作对数据清单中的记录进行规律性排列。

- 单个条件排序：在排序过程中依据某一列的数据规则完成的排序。
- 多个条件排序：在排序过程中依据多列的数据规则完成的排序。

☞ 在“学生成绩表”工作表中，将数据按“排名”排升序，如果“排名”相同，再按“姓名”排降序。操作步骤如下：

（1）单击选择“学生成绩表”数据区域中的任意一个单元格，在【数据→排序和筛选】功能区中，单击“排序”按钮。

（2）在弹出的“排序”对话框中，设置“主要关键字”为“排名”“次序”为“升序”；单击“添加条件”按钮，添加次要关键字，设置“次要关键字”为“姓名”“次序”为“降序”，如图 4-45 所示。

（3）单击“确定”按钮，效果如图 4-46 所示。

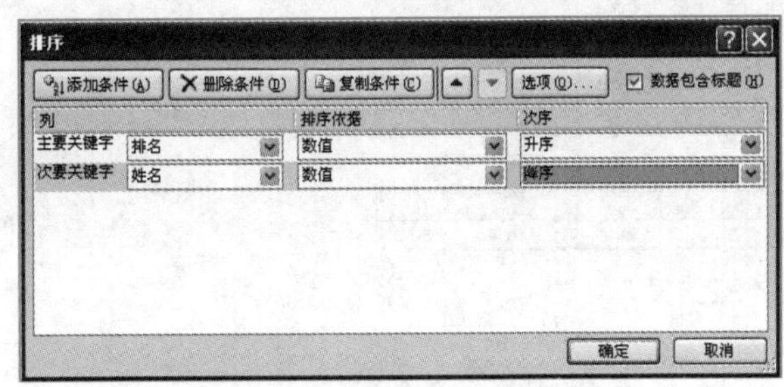

图4-45 “排序”对话框

2013级学生成绩表											
学号	姓名	性别	班别	语文	数学	英语	政治	总分	个人平均分	平均分等级	排名
201310	郭兰芬	男	1	87	89	90	95	361	90.3	优	1
201324	李剑荣	女	2	90	74	90	95	349	87.3	优	2
201312	何小华	女	1	93	100	96	57	346	86.5	优	3
201316	黄沛文	女	2	93	94	86	69	342	85.5	优	4
201325	李国锋	女	3	85	91	80	79	335	83.8	良	5
201319	黄艳妮	女	3	92	60	89	93	334	83.5	良	6
201318	黄蔚纯	女	2	92	97	86	56	331	82.8	良	7
201311	何婉芬	男	1	85	93	56	97	331	82.8	良	7
201327	王洁	男	1	82	76	83	89	330	82.5	良	9
201321	黄志聪	男	3	93	90	77	69	329	82.3	良	10
201309	丁家歆	男	1	89	93	45	97	324	81.0	良	11
201326	欧思敏	男	1	78	89	75	80	322	80.5	良	12

图4-46 排序的效果

在“排序”对话框中，如果需要复制设置的排序条件，选中条件选项之后单击“复制条件”按钮即可复制；单击“删除条件”按钮即可将选中的条件选项删除。

4.6.3 数据的筛选

数据筛选是将数据清单中满足指定条件的记录显示出来，同时隐藏不满足条件的记录。Excel 2010 中一般有以下几种筛选方法：

1. 自动筛选

自动筛选是一种快捷的筛选方法，借助 Excel 2010 提供的列筛选器等工具，通过简单操作即可筛选出相应的记录。

（1）单条件筛选：在筛选过程中只用一个筛选条件。

（2）多条件筛选：设置多个筛选条件。

（3）自定义筛选：前面的两种筛选方法虽然能够方便快捷地筛选出相应的数据记录，但只能筛选满足相等关系的数据记录，运用“自定义筛选”可实现更多自定义条件的筛选操作。

2. 高级筛选

高级筛选适用于通过多个复杂的筛选条件进行的筛选过程，操作过程也相对复杂，首先需要将筛选条件以一定的格式输入到工作表中，筛选条件所在的区域称为条件区域。条件区域的规则如下：

（1）条件区域至少为两行且不能与原数据清单区域紧邻，条件区域的第一行为筛选条件中所包含的列标题名称（必须与数据清单中的列标题名称保持一致），有多个条件时各列标题名称的顺序尽量与原数据清单中各列标题名称的顺序相同。

（2）从第二行开始在列标题的正下方从左往右依次输入当前列的筛选条件，多个条件时通过条件之间的相对位置表示“与”“或”关系。多个条件输入在同一行表示“与”，输入在不同行表示“或”。

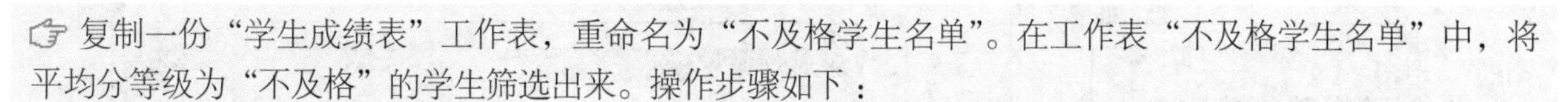

☞ 复制一份“学生成绩表”工作表，重命名为“不及格学生名单”。在工作表“不及格学生名单”中，将平均分等级为“不及格”的学生筛选出来。操作步骤如下：

（1）右击工作表“学生成绩表”，在弹出的快捷菜单中选择“移动或复制工作表”命令，在弹出的“移动或复制工作表”对话框中，选择“移至最后”，并选中“建立副本”复选框。

（2）单击“确定”按钮，生成“学生成绩表（2）”，右击工作表名称，在弹出的快捷菜单中选择“重命名”命令，输入“不及格学生名单”。

（3）单击“不及格学生名单”工作表数据区域中的任意一个单元格，在【数据→排序和筛选】功能区中，单击“筛选”按钮，每个标题右侧会出现下拉按钮，如图 4-47 所示。

图4-47 自动筛选的列标题

（4）单击“平均分等级”下拉按钮，设置筛选条件，取消“全选”，勾选“不及格”，如图 4-48 所示。

（5）单击“确定”按钮，筛选结果如图 4-49 所示。

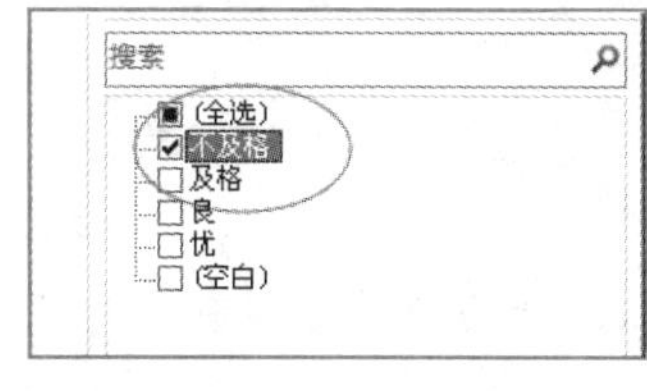

图4-48 设置筛选条件

	A	B	C	D	E	F	G	H	I	J	K	L
1	2013级学生成绩表											
2	学号	姓名	性别	班别	语文	数学	英语	政治	总分	个人平均分	平均分等级	排名
27	201308	戴静魏	男	2	58	56	56	34	204	51.0	不及格	25
28	201303	陈国鸿	男	1	56	52	34	53	195	48.8	不及格	26
29	201323	雷永存	女	3	23	51	45	63	182	45.5	不及格	27
30	201317	黄少伟	男	2	23	43	52	50	168	42.0	不及格	28

图4-49 自动筛选的结果

单击“筛选”按钮，可取消数据的筛选并退出筛选状态，同时每个标题右侧的下拉按钮将消失。

练 习

复制一份“学生成绩表”工作表，重命名为“60 至 80 分”。在工作表“60 至 80 分”中，将平均分在 60 至 80 之间的学生筛选出来。

上面用到的筛选方法是 Excel 的自动筛选，只能用于条件简单的筛选操作，不能实现字段之间包括“与”条件、“或”条件的复杂筛选。如果要执行复杂的条件筛选，可以使用高级筛选，高级筛选的关键是制作筛选条件，多个条件时通过条件之间的相对位置表示“与”“或”关系。多个条件输入在同一行表示“与”，输入在不同行表示“或”。。

☞ 复制一份“学生成绩表”工作表，重命名为“成绩高级筛选”。在工作表“成绩高级筛选”中，筛选出班别是 2 班，并且数学 90 分以上（包括 90），或者英语 90 分以上（包括 90）的学生。

根据要求，可以观察出“班别”和“数学”是“与”的关系，和“英语”是“或”的关系。操作步骤如下：

（1）“成绩高级筛选”工作表的复制生成和前面方法一样。

（2）参考图 4-50，输入高级筛选的条件。注意筛选条件的标题需要和数据表中的列标题一致（防止出错，可以将其复制粘贴过来）。

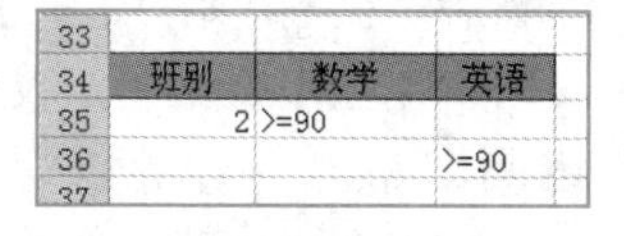

	班别	数学	英语
33			
34	班别	数学	英语
35	2	>=90	
36			>=90

图4-50 高级筛选条件

（3）在【数据→排序和筛选】功能区中，单击“高级”按钮，在弹出的“高级筛选”对话框中，设置“方式”为“将筛选结果复制到其他位置”，单击“列表区域”文本框，选择要进行筛选的单元格区域“$A$2:$L$30”，如图 4-51 所示。

（4）单击“条件区域”文本框，选择条件区域，如图 4-52 所示。

（5）单击“复制到”文本框，单击要放置结果的起始单元格 A38。

（6）单击“确定”按钮，返回到工作表，在筛选结果位置处显示了筛选的结果，即根据条件区域中的条件对工作表中的数据进行了筛选，效果如图 4-53 所示。

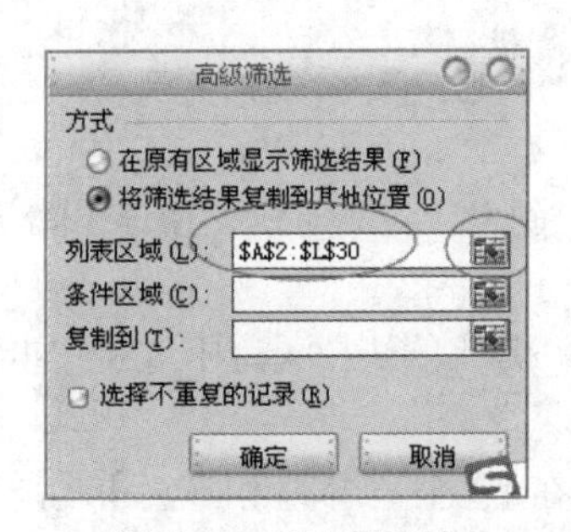

图4-51　列表区域

图4-52　条件区域

	班别	数学	英语									
35	2	>=90										
36			>=90									
37												
38	学号	姓名	性别	班别	语文	数学	英语	政治	总分	个人平均分	平均分等级	排名
39	201310	郭兰芬	男	1	87	89	90	95	361	90.3	优	1
40	201324	李剑荣	女	2	90	74	90	95	349	87.3	优	2
41	201312	何小华	女	1	93	100	96	57	346	86.5	优	3
42	201316	黄沛文	女	2	93	94	86	69	342	85.5	优	4
43	201318	黄蔚纯	女	2	92	97	86	56	331	82.8	良	7
44	201307	陈永健	男	2	52	50	90	88	280	70.0	良	18

图4-53　高级筛选的结果

提　示

如果工作表中有相同的数据，那么在筛选数据之后可能会出现重复的筛选记录。如果希望在筛选结果中不出现重复的记录，可在“高级筛选”对话框中勾选“选择不重复的记录”。

4.6.4　数据的分类汇总

分类汇总操作可将数据清单中的数据按某列进行分类，同时实现按类统计和汇总。在分类汇总时，系统会自动创建相应的公式对各类数据进行运算（如求和、求平均值等），并将运算结果以分组的形式显示出来。分类汇总操作需先分类再汇总，在Excel 2010中体现为先排序再汇总。分类汇总有如下2种：

（1）简单分类汇总：只进行一次汇总操作或运算的分类汇总。

（2）多重分类汇总：可对同一个数据清单进行多次不同方式的汇总。

☞ 复制一份“学生成绩表”工作表，重命名为“学生成绩分类汇总”。在“学生成绩分类汇总”工作表中，按“班别”为分类，对“政治”进行分类汇总，汇总方式为“平均值”。操作步骤如下：

（1）复制“学生成绩表”工作表，将其副本重命名为“学生成绩分类汇总”。

（2）单击“学生成绩分类汇总”工作表中“班别”列的任一单元格。

（3）在【开始→编辑】功能区中，选择【排序和筛选→升序】。

（4）在【数据→分级显示】功能区中，单击“分类汇总”按钮。

（5）在弹出的“分类汇总”对话框中，设置“分类字段”为“班别”，“汇总方式”为“平均值”，“选定汇总项”为“政治”，最后单击“确定”按钮，如图4-54所示。

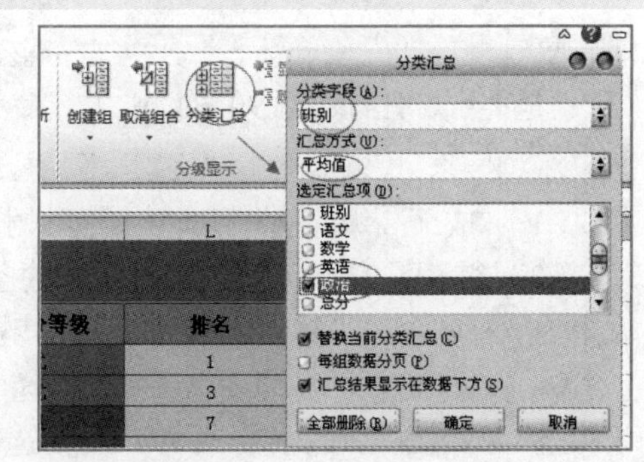

图4-54　“分类汇总”对话框

（6）带有明细数据行的分类汇总结果如图4-55所示。

分类汇总一定要先排序、后汇总，没有经过排序的汇总结果通常是错误的。如果已经不再需要分类汇总结果或者分类汇总操作出现问题，可将其清除回到数据清单最初的状态后再进行后续操作。在“分类汇总”对话框，单击“全部删除”按钮即可删除分类汇总结果。

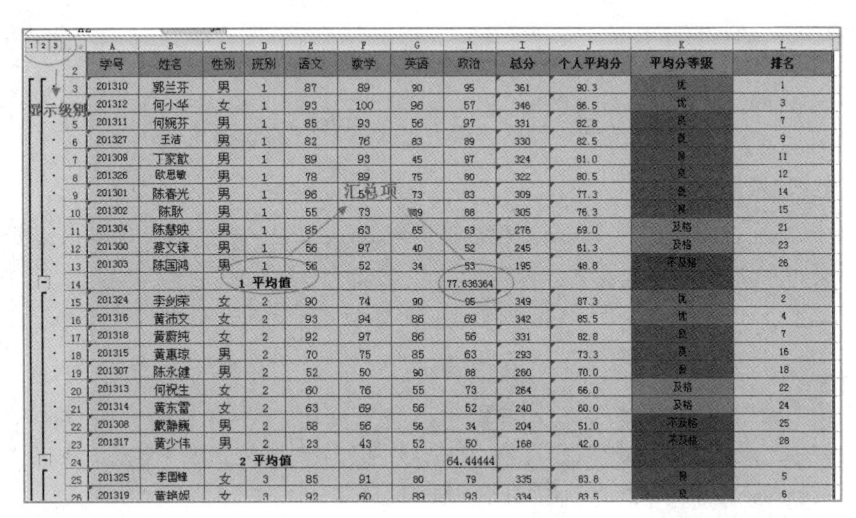

	A	B	C	D	E	F	G	H	I	J	K	L
2	学号	姓名	性别	班别	语文	数学	英语	政治	总分	个人平均分	平均分等级	排名
3	201310	郭兰芬	男	1	87	89	90	95	361	90.3	优	1
4	201312	何小华	女	1	93	100	96	57	346	86.5	优	3
5	201311	何婉芬	男	1	85	93	56	97	331	82.8	良	7
6	201327	王洁	男	1	82	76	83	89	330	82.5	良	9
7	201309	丁家歆	男	1	89	93	45	97	324	81.0	良	11
8	201326	欧思敏	男	1	78	89	75	80	322	80.5	良	12
9	201301	陈春光	男	1	96	55	73	83	309	77.3	良	14
10	201302	陈耿	男	1	55	73	89	88	305	76.3	良	15
11	201304	陈慧映	男	1	85	63	65	63	276	69.0	及格	21
12	201300	蔡文锋	男	1	56	97	40	52	245	61.3	及格	23
13	201303	陈国鸿	男	1	56	52	34	53	195	48.8	不及格	26
14				1 平均值				77.636364				
15	201324	李剑荣	女	2	90	74	90	95	349	87.3	优	2
16	201316	黄沛文	女	2	93	94	86	69	342	85.5	优	4
17	201318	黄蔚纯	女	2	92	97	86	56	331	82.8	良	7
18	201315	黄惠琼	男	2	70	75	85	63	293	73.3	良	16
19	201307	陈永健	男	2	52	50	90	88	280	70.0	良	18
20	201313	何祝生	女	2	60	76	55	73	264	66.0	及格	22
21	201314	黄东雷	女	2	63	69	56	52	240	60.0	及格	24
22	201308	戴静巍	男	2	58	56	56	34	204	51.0	不及格	25
23	201317	黄少伟	男	2	23	43	52	50	168	42.0	不及格	28
24				2 平均值				64.44444				
25	201325	李国锋	女	3	85	91	80	79	335	83.8	良	5
26	201319	[illegible]	女	3	92	60	89	93	334	83.5	良	6

图4-55　分类汇总结果

提　示

如果需要清除分类汇总中的分级显示，在【数据→分级显示】功能区中，选择【取消组合→清除分级显示】。

4.6.5　数据图表化

为了使数据表现得更加形象，分析更为方便，可以根据工作表中的数据绘制出图表。图表是Excel中不可缺少的数据分析工具，在实际工作中，需要图表作为更为直观的数据表现形式。数据以图表的形式显示，具有很好的视觉效果，可方便用户查看数据的差异、图案和预测趋势。Excel 2010中包含有11种内部的图表类型，每种图表类型中又有很多子类型，还可以通过自定义图表形式满足用户的各种需求。常见的图表类型有以下几种：

1. 柱形图

柱形图又称直方图，是最常用的一种图表，主要用来反映几个序列之间的差异。

2. 折线图

折线图显示随时间而变化的连续数据，适用于显示在相等时间间隔下数据的趋势。

3. 条形图

条形图就像一个旋转了90°的柱形图，它的垂直轴为项目的分类，水平轴为数值。

4. 饼图

饼图用于显示数据系列中每一项占该系列数值总和的比例关系。它一般只显示一个数据系列，在需要突出某个重要项目时十分有用。

5. 圆环图

圆环图像饼图一样，显示各部分与整体之间的关系，但是它可以包含多个数据系列。

6. XY散点图

XY散点图既可用来比较几个数据系列中的数值，又可将两组数值显示为XY坐标系中的一个个坐标点。它多用于绘制科学实验数据或数学函数等图形。

7. 面积图

面积图强调数量随时间的变化。通过曲线下面的区域，来显示所绘制数据的总和，从而说明各部分相对整体的变化，以引起人们对总体趋势的注意。

数据的图表化流程一般有以下几个步骤：

1. 准备数据

在 Excel 2010 中，采用手动录入或者自动生成的方法准备需要的数据。

2. 创建数据图表

在 Excel 2010 中，可通过以下两种方法对表格数据创建数据图表：一是通过功能区按钮创建；二是通过“插入图表”对话框创建。

3. 编辑数据图表

图表主要由图表区、绘图区、图表标题、数据系列、坐标轴、图例等子对象组成。通常，当鼠标指针停留在这些图表子对象上方时，就会显示该子对象的名称，方便用户查找或编辑。在图表区单击可选中图表，图表被选中后功能区会出现“图表工具”选项卡，可对选中的图表做多种编辑操作，如更改图表类型、修改图表数据、调整图表布局、调整图表大小、移动和复制图表等。

4. 设置图表格式

为了使图表更美观，在创建图表后，可对其设置格式进行美化，如设置形状样式、文本样式等。

☞ 复制一份“学生成绩表”工作表，重命名为“学生成绩图表化”。在“学生成绩图表化”工作表中，首先使用函数统计出平均分在每个分数段的人数，然后制作不同分数段的人数三维饼图。操作步骤如下：

（1）复制“学生成绩表”工作表，将其副本重命名为“学生成绩图表化”。

（2）在工作表“学生成绩图表化”中，参照图 4-56 输入文字。

（3）单击 M3 单元格，插入函数 COUNTIFS，在弹出的“函数参数”对话框中，单击 Criteria_range1 文本框，选择单元格区域 J3:J30；在 Criteria1 文本框中，输入条件“>=85”，如图 4-57 所示。单击“确定”按钮，计算出“100 ～ 85 分”的人数。

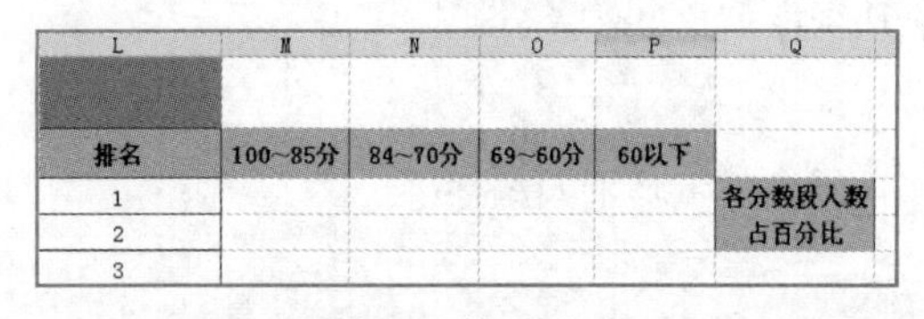

图4-56　输入文字

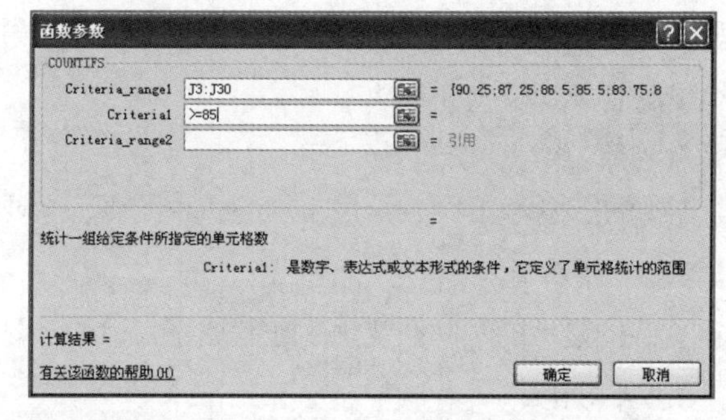

图4-57　COUNTIFS“函数参数”对话框

（4）用同样的操作方法，在 N3 单元格中插入函数“=COUNTIFS(J3:J30,">=70",J3:J30,"<=84")”、在 O3 单元格中插入函数“=COUNTIFS(J3:J30,">=60",J3:J30,"<=69")”、在 P3 单元格中插入函数“=COUNTIFS(J3:J30,"< 60")”，计算出各个分数段的人数。

（5）单击 M4 单元格，输入公式“=M3/28”，计算出所占的百分比（设置单元格数字格式设置为百分比，保留 1 位小数）。

（6）用同样的操作方法，在 N4、O4、P4 单元格中，分别输入公式“=N3/28”“=O3/28”“=P3/28”，计算出各个分数段所占的百分比，统计结果如图 4-58 所示。

（7）在“学生成绩图表化”工作表中，同时选择 M2:P2 和 M4:P4 单元格区域。在【插入→图表】功能区中，选择【饼图→三维饼图】创建三维饼图，如图 4-59 所示。

（8）单击三维饼图，在【布局→标签】功能区中，单击“数据标签”按钮，在下拉列表中选择“其他数据标签选项”，在弹出的“设置数据标签格式”对话框中，设置如图 4-60 所示的各项选项。

（9）单击“关闭”按钮，可看到设置格式后的图表效果，如图 4-61 所示。

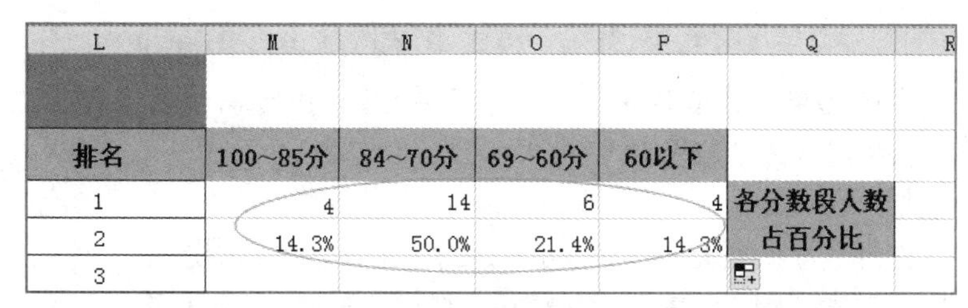

L	M	N	O	P	Q
排名	100~85分	84~70分	69~60分	60以下	
1	4	14	6	4	各分数段人数
2	14.3%	50.0%	21.4%	14.3%	占百分比
3					

图4-58　统计结果

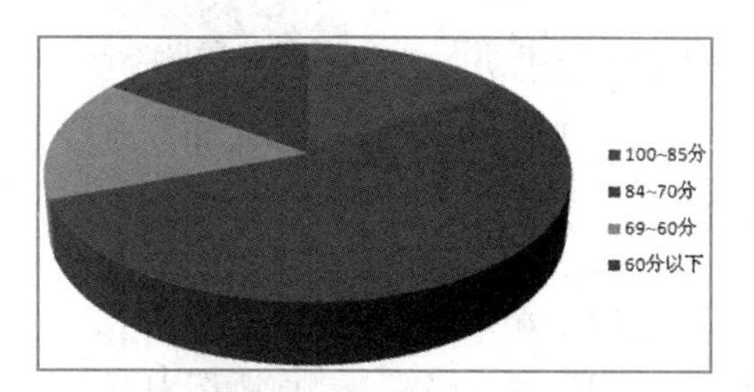

图4-59　创建三维饼图

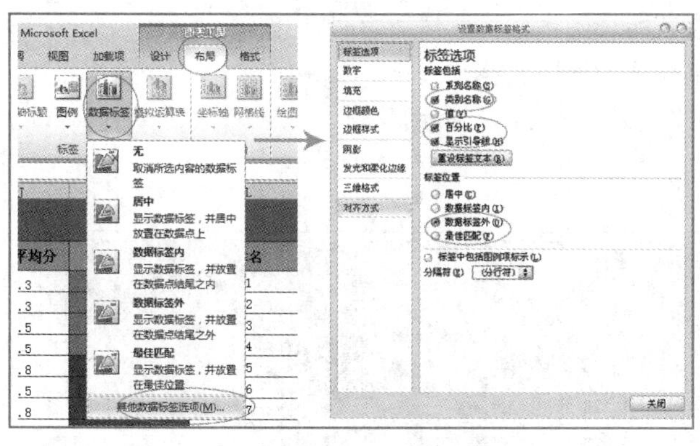

图4-60　设置数据标签

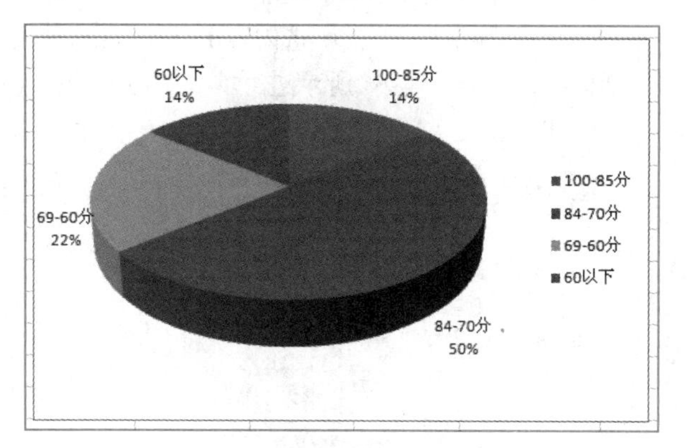

图4-61　设置格式的图表效果

通常，在Excel中统计不同分数段的人数，除了利用COUNTIFS函数之外，还可以利用FREQUENCY函数。

☞参照上面案例的要求，利用 FREQUENCY 函数统计出平均分在各分数段的人数。操作步骤如下：

（1）在工作表“学生成绩图表化”的空白单元格区域，参照图 4-62 所示输入文字。

（2）选中“人数”下方的单元格区域 U3:U6，单击“插入函数”按钮 *fx*，在弹出的“插入函数”对话框中，选择类别“统计”，在“选择函数”列表框中选择 FREQUENCY，然后单击“确定”按钮，如图 4-63 所示。

R	S	T	U
	成绩分析		
	分数段	分段	人数
	100~85分	100	
	84~70分	84	
	69~60分	69	
	60以下	59	

图4-62　“成绩分析”说明文字

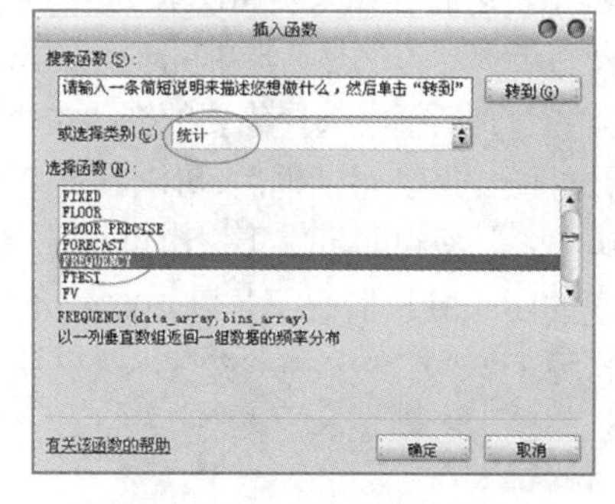

图4-63　“插入函数”对话框

（3）在弹出的“函数参数”对话框中，单击 Data_array 文本框，选择单元格区域 J3:J30；单击 Bins_array 文本框，选择条件区域 T3:T6，如图 4-64 所示。

（4）按【Ctrl+Shift+Enter】组合键，计算出结果，如图 4-65 所示。

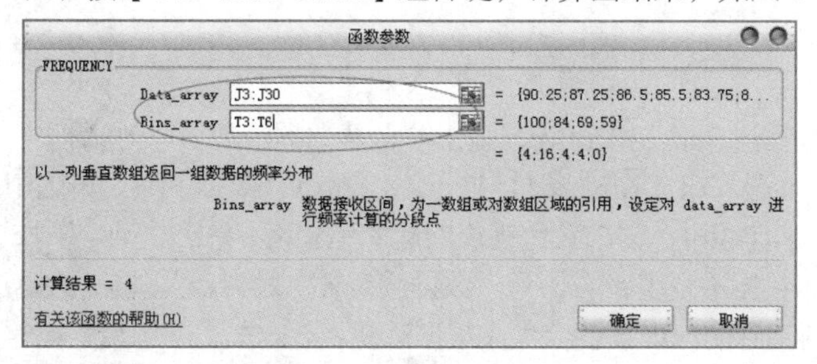

图4-64　FREQUENCY“函数参数”对话框

R	S	T	U
	成绩分析		
	分数段	分段	人数
	100~85分	100	4
	84~70分	84	14
	69~60分	69	6
	60以下	59	4

图4-65　统计结果

为三维饼图添加图表标题为“成绩分布饼图”,并设置图表布局、艺术字样式、图表区格式。操作步骤如下:

(1)单击三维饼图,在【布局→标签】功能区中,选择“图表标题”按钮,在下拉列表中选择“图表上方”,可看到图表上方出现了“图表标题”文本框,将标题改为“成绩分布饼图”。

(2)在【设计→图表布局】功能区中,选择“布局6”。

(3)在【格式→艺术字样式】功能区中,选择“渐变填充－橙色,强调文字颜色6,内部阴影”。

(4)在【格式→当前所选内容】功能区中,单击“图表元素”下拉按钮,选择“系列1数据标签”。

(5)在【开始→字体】功能区中,设置字体大小为16。

(6)在【格式→当前所选内容】功能区中,单击“设置所选内容格式”按钮,在弹出的“设置图表区格式”对话框中,参照图4-66所示进行填充、边框颜色、边框样式的设置,样式自定。

(7)单击“关闭”按钮,适当调整图表的大小,最终效果如图4-67所示。

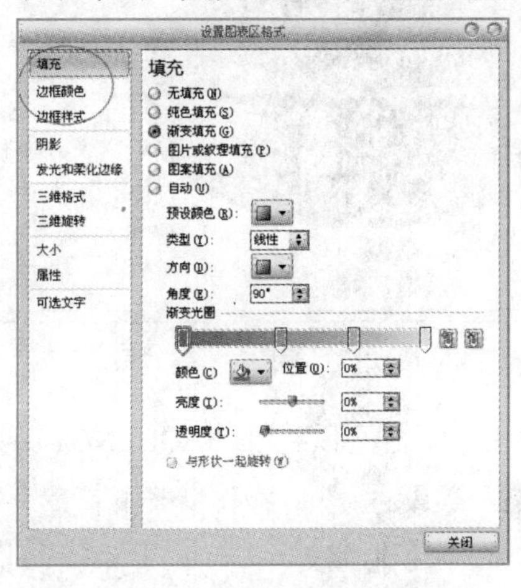

图4-66 “设置图表区格式”对话框

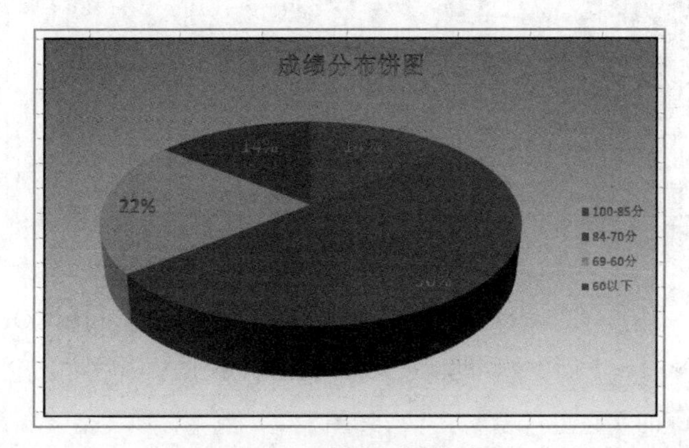

图4-67 三维饼图最终效果

创建图表之后,如果觉得图表的类型不符合实际需要表达的数据,可以更改图表的类型,无须再次重复创建图表的步骤。方法是,选中图表并右击,在弹出的快捷菜单中选择“更改图表类型”命令,在弹出的“更改图表类型”对话框中选择需要的图表类型。

打开“插入图表”对话框后,可以设置某种类型为默认的图表类型。方法是,选择一种图表类型之后,单击“设置为默认图表”按钮即可。下一次再打开“插入图表”对话框时,将默认选择该图表。

创建的图表默认情况下是以100%的比例显示,如果需要调整图表的缩放比例,单击【格式→大小】功能区中的按钮,在弹出的“设置图表区格式”对话框中设置图表的尺寸和缩放比例。

4.6.6 数据透视分析

数据透视分析包括数据透视表和数据透视图。数据透视表是一种快速汇总、分析和浏览大量数据的有效工具和交互式方法,通过数据透视表可形象地呈现表格数据的汇总结果。在创建数据透视表的同时可以创建基于透视表的数据透视图。数据透视图是数据透视表的图形表示形式,它与数据透视表相关联,透视表的布局或数据更改将立即在透视图中反映出来。在进行数据透视分析时,需要了解以下几个概念:

1. 数据透视表的创建

创建数据透视表的操作方法如下:

(1)在【插入→表格】功能区中,单击“数据透视表”按钮,弹出“创建数据透视表”对话框。

(2)在对话框中,选中“选择一个表或区域”单选按钮,单击“表/区域”文本框,选择数据区域。再选中“现有工作表”单选按钮,单击“位置”文本框,在工作表中单击放置透视表的起始单元格,单击“确定”按钮。

(3)生成数据透视表设置界面,左侧为空的数据透视表,右侧为“数据透视表字段列表”。在“数据透视表字段列表”窗口中,按要求将数据字段名拖到相应的窗口,就会生成数据透视表。

2. 数据透视图的创建

数据透视表只是以汇总数据表格的形式来表示汇总结果，还可以在创建数据透视表的同时创建此数据透视表的数据透视图。创建过程分为同时创建数据透视表、图，以及创建已有数据透视表对应的数据透视图等两种情况。

3. 编辑数据透视表

数据透视表创建好以后，可以通过“数据透视表字段列表”窗口来调整数据透视表的数据字段，还需要对创建好的数据透视表做进一步的编辑操作。

（1）数据透视表字段设置：主要分为修改字段名称和修改字段汇总方式。修改字段汇总方式是针对位于“数值”区域的字段，位于其余区域的字段操作主要是修改字段名称。

（2）设置数据透视表选项：对数据透视表的设置或编辑，还包括数据透视表的显示设置、布局和格式设置、数据设置等，方法与设置表格中的内容的方法一样。

（3）设置数据透视图格式：方法与设置图表中对象格式的方法一样，可以设置图表坐标轴、图例、标题等对象。

4. 数据透视表的筛选

在创建数据透视表后，虽然能将汇总结果快速显示出来，但显示时是将所有数据全部呈现出来，在浏览数据量较大时的汇总结果不方便。通过对数据透视表的筛选可以解决类似的问题。

在本案例中，利用数据透视表和数据透视图，对3个班别语文课程的成绩进行各分数段的人数统计。

☞ 使用“学生成绩表”工作表中的数据，在新工作表（命名为“成绩透视分析”）中创建数据透视图，“图例字段”为“语文”、“轴字段”为“班别”、“数值”为“姓名”的计数项。操作步骤如下：

（1）选择“学生成绩表”工作表中数据区域A2:L30。

（2）在【插入→表格】功能区中，选择【数据透视表→数据透视图】，如图4-68所示。

（3）在弹出的“创建数据透视表及数据透视图”对话框中，参照图4-69所示进行设置，然后单击“确定”按钮。

图4-68 “数据透视表”下拉列表

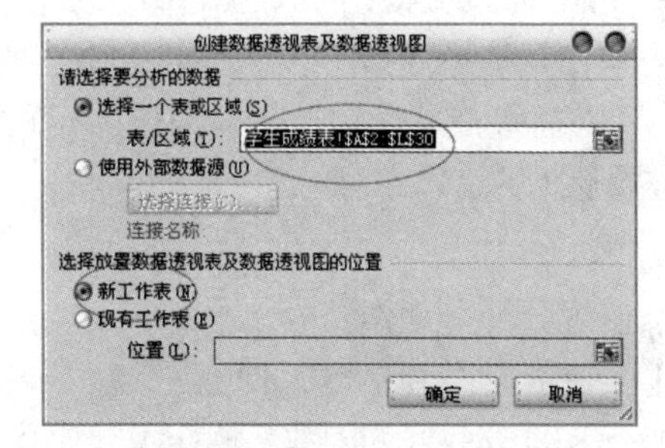

图4-69 “创建数据透视表及数据透视图”对话框

（4）如图4-70所示，Excel会自动生成一个工作表，包含空的数据透视表、数据透视图，并显示“数据透视表字段列表”。将新生成的工作表重命名为“成绩透视分析”。

（5）参照图4-71，设置“图例字段”为“语文”、“轴字段”为“班别”、“数值”为“姓名”的计数项，在“数据透视表字段列表”中选择字段名，拖至对应的位置即可。

（6）如图4-72所示，在数据透视表、图中，已经填充了数据，右击表中第二行的任意分数，在弹出的快捷菜单中选择“创建组”命令，然后在弹出的“组合”对话框中设置“起始于”为0，“终止于”为100，“步长”为10。

（7）单击“确定”按钮，即可看到各个班级，语文成绩在各分数段的人数统计。双击“列标签”和“行标签”，分别改为“语文”和“班别”。

（8）参照图4-73，自行设计数据透视图的图表样式、数据透视表的样式等。

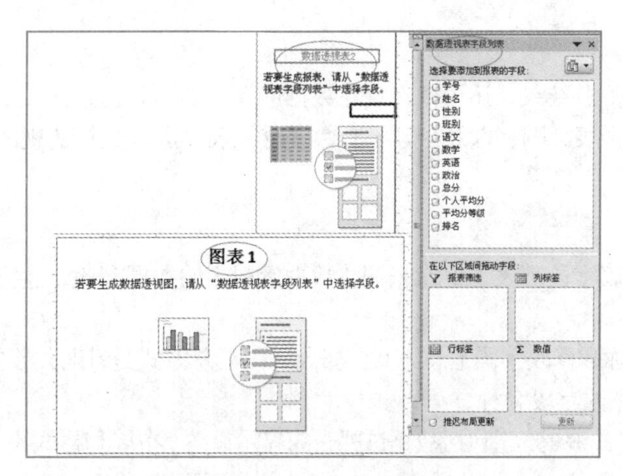

图4-70　空的数据透视表/图

图4-71　“数据透视表字段列表”的布局设计

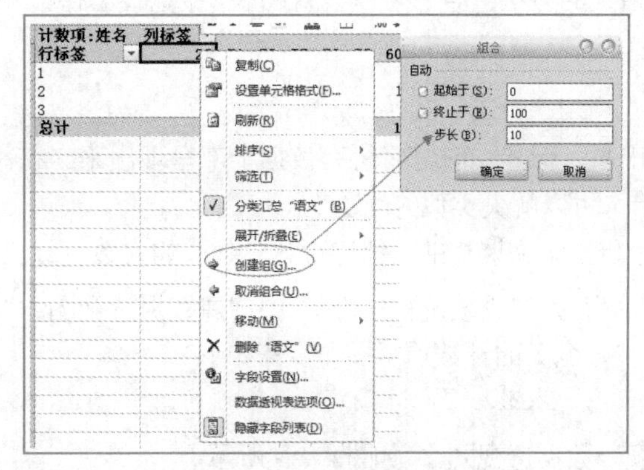

图4-72　创建组

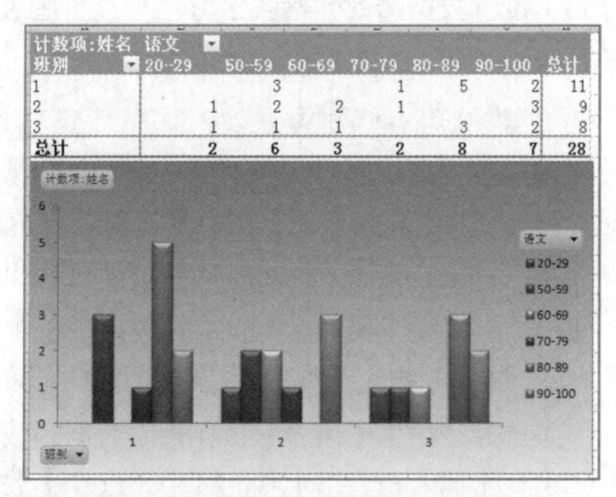

图4-73　数据透视表/图的最终效果

如果需要使用外部数据源作为数据透视表数据源，在“创建数据透视表”对话框中选中“使用外部数据源”单选按钮，再单击“选择连接”按钮，并在弹出的对话框中选择数据源。如果需要删除字段，在“数据透视表字段列表”窗格中单击需要删除的字段，在弹出的列表中选择“删除字段”即可。

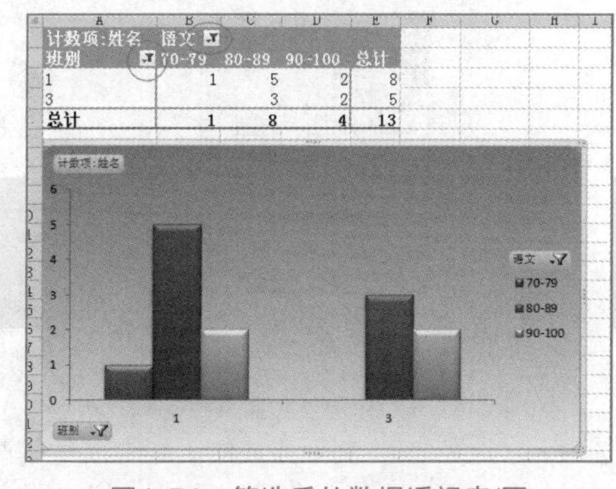

图4-74　筛选后的数据透视表/图

☞ 在“成绩透视分析”工作表中，参照图4-74，对数据透视表、图进行筛选，得到1班、3班语文成绩在70～79、80～89、90～100分数段的人数。操作步骤如下：

（1）在数据透视表中，单击“班别”下拉按钮，取消“全选”，选择“1”“3”。

（2）单击“语文”下拉按钮，取消“全选”，选择“70～79”“80～89”“90～100”。

（3）查看筛选结果，是否满足要求。

提　示

在【插入→表格】功能区中，单击“数据透视表”下拉按钮，如果选择“数据透视表”，只创建数据透视表；如果选择“数据透视图”，同时创建数据透视表和数据透视图。

4.7　安全性设置与打印

为了保证文件数据在共享过程中不被修改或删除，可以对工作表或工作簿的元素进行保护。若使用密码来进行保护，只有经过授权的用户才能查看或修改数据。另外，可通过相应的设置将整个工作簿、部分工作表或者指定的数据区域打印出来。

4.7.1 安全性设置

☞在“学生成绩表”工作表中，进行安全性设置，使单元格只能被选中，不能进行其他操作。操作步骤如下：

（1）单击工作表中的任意一个单元格，在【审阅→更改】功能区中，单击“保护工作表”按钮。

（2）在弹出的“保护工作表”对话框中，设置“取消工作表保护时使用的密码”为0，选择“允许此工作表的所有用户进行”中的“选定锁定单元格”“选定未锁定的单元格”，如图4-75所示。

（3）单击“确定”按钮，再次输入密码“0”，然后单击“确定”按钮。

（4）对工作表任意数据进行编辑，都会弹出提示框，说明该工作表是受保护的，如图4-76所示。若要取消工作表保护，可在【审阅→更改】功能区中，单击“撤销工作表保护”按钮。

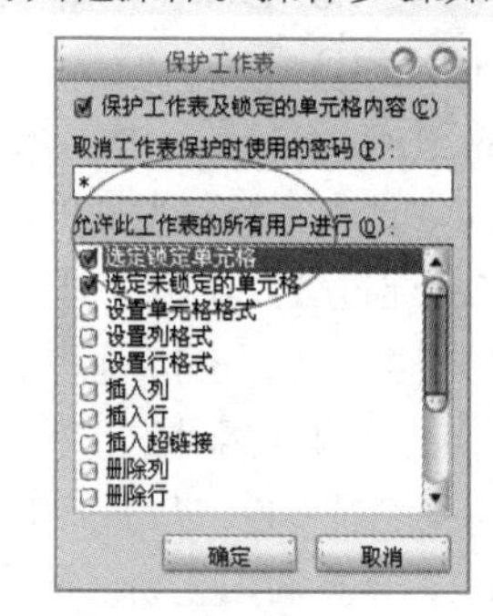

图4-75 “保护工作表”对话框

图4-76 “编辑受保护”提示框

4.7.2 工作表打印

☞在“学生成绩表”工作表中，打印选定的单元格区域并预览打印。操作步骤如下：

（1）选择单元格区域A1:L15。

（2）在【页面布局→页面设置】功能区中，选择【打印区域→设置打印区域】。此时选中的单元格区域四周出现虚线框，表示为要打印的区域，如图4-77所示。

（3）选择【文件→打印】命令，可预览打印的效果，打印区域为选中的单元格区域，如图4-78所示。

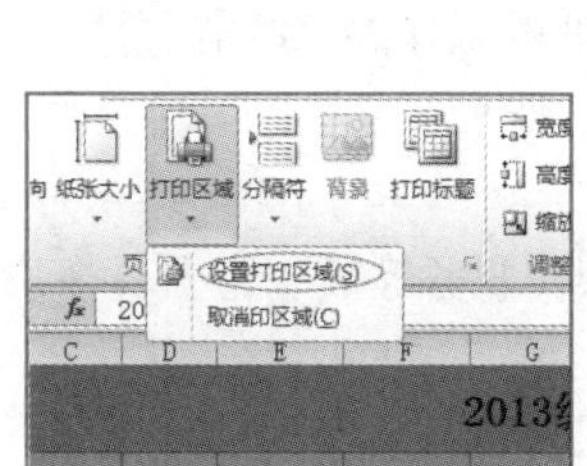

图4-77 打印区域设置

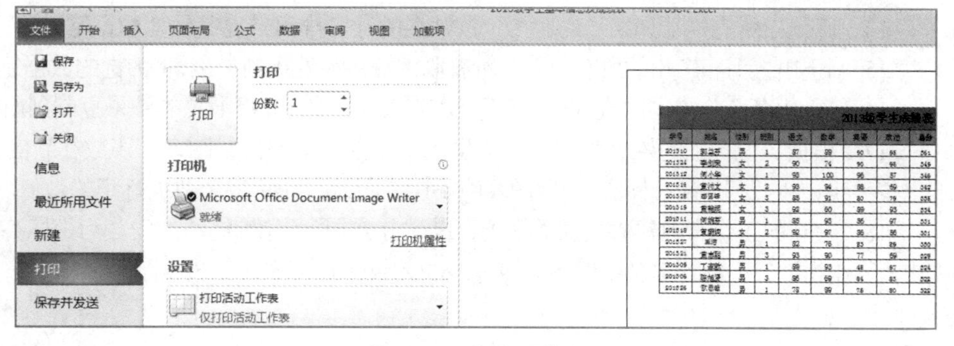

图4-78 打印预览

提 示

如果要打印的区域为不连续的区域，可以按【Ctrl】键，选中多个单元格区域，然后再选择【打印区域→设置打印区域】。

课后练习

操作题

打开Excel课后练习素材文件“华强公司员工工资登记表.xlsx”，按照以下要求完成操作：

1. 将 Sheet1 工作表重命名为“员工工资登记表”，并删除 Sheet2、Sheet3 工作表。

2. 将“员工电话费和保险费”工作簿中的“电话费和保险费”工作表复制到“员工工资登记表”。

3. 在“工资表登记表”工作表的第 10 行前插入 1 行，并输入数据：陈文华，1980-2-1，上海，办公室，科级，3300。

4. 在 A3:A30 单元格区域中填充工号：1 到 30。

5. 在 H3:H30 单元格区域中输入相同的交通补贴：200。

6. 在 G3:G30 单元格区域中设置数据有效性，保证基本工资录入范围在 2 000～5 000 之间，设置“出错警告”信息为“基本工资最低 2 000，最高 5 000”。

7. 通过公式函数计算第 1 位员工的住房补贴、应发工资、个人所得税、扣款合计和实发工资，再通过填充柄填充其他员工的信息。其中各项计算方法如下：

（1）计算住房补贴。根据职务等级计算住房补贴：厅级职务补贴为 3 000，处级职务补贴为 1 500，科级职务补贴为 1 000，办事员职务补贴为 500。

（2）计算应发工资。应发工资为基本工资、生活补贴和住房补贴的总和。

（3）计算个人所得税。根据应发工资计算个人所得税，3 500 以下不扣税，3 500 ～ 5 000 元之间扣税 5%，5 000 以上扣税 10%。

（4）计算扣款总计。扣款总计为电话费、保险费和个人所得税的和。

（5）计算实发工资。实发工资为应发工资减去扣款总计。

8. 设置 C3:C30 单元格的格式为“日期 - 年月日”，M3:O30 单元格保留小数点后 1 位。

9. 将 A1:O1 单元格合并后居中，字体设置为黑体加粗，字号为 30，颜色为黑色。

10. 选择 A2:O2 单元格区域，设置居中对齐，字体为宋体白色加粗，填充颜色为蓝色，并将此格式复制到 A3:B30 单元格区域。

11. 设置表格的外边框为粗实线，内边框为细实线。

12. 设置表格各列列宽为“自动调整列宽”。

13. 按照职务等级由低到高进行排序，职务等级相同的按基本工资从高到低排序。注意：默认情况下，汉字是按拼音顺序排列，职务等级将按“办事员、处级、科级、厅级”的顺序排序。为了满足要求，需要将“办事员、科级、处级、厅级”定义为一个序列，然后在排序时设置按照自定义的序列来排序。

14. 筛选出所有姓王和姓杨的职工，按姓名的升序排列，复制到“数据筛选”工作表。

15. 筛选出上海和广州的所有员工及所有职务等级为处级的员工，将筛选的数据复制到“数据筛选”工作表。

16. 统计出各个分公司的人数，应发工资和实发工资的和，将汇总的结果复制到新建的工作表“数据汇总”。

17. 根据各位员工的姓名和应发工资生成带数据标记的折线图，图表放在新的工作表“工资图”中。修改图表标题为应发工资统计图，设置图表中不产生图例，显示每个数据标记的数值。

18. 在新的工作表中建立数据透视表，以“分公司”为筛选，“部门”为行标签，“职务等级”为列表签，“姓名”作为数值，统计出各部门各职务等级的人数，并生成数据透视图。

Photoshop图像处理基础

学习目标

- 了解图像的有关概念和基本操作。
- 掌握常用工具的使用方法。
- 掌握路径的应用。
- 掌握文字处理的方法。
- 掌握图层及蒙版的应用。
- 了解滤镜的应用。

信息时代的工作和生活都离不开图像处理。在众多的图像处理工具中，Photoshop以其集图像设计、编辑、合成、输出于一体的强大功能，以及界面简洁友好、可操作性强、可以与绝大多数的软件进行完美整合等特点，受到专业图像设计人员和广大图形设计爱好者的青睐，被广泛地应用于网页设计图像处理、绘画、多媒体界面设计等领域。

本章以Adobe Photoshop CS6为设计环境，主要介绍图像处理的基本操作。通过本章学习，能够掌握常用图像设计和编辑工具的使用方法。

5.1 预备知识

5.1.1 图像处理基础

1. 像素与分辨率

像素是构成图像的最小单位。一个图像的像素越多，包含的图像信息就越多，表现的内容则越丰富，细节越清晰，图像的质量越高，同时保存它们也需要更多的磁盘空间，处理起来也会越复杂。

图像分辨率是指图像中存储的信息量，一般指每英寸的像素数，单位为ppi（像素每英寸）。图像分辨率越高越清晰，但过高的分辨率会使图像文件过大，对设备要求也越高。Photoshop默认的图像分辨率是72 ppi，这是满足普通显示器的分辨率。在设置分辨率时，应考虑所制作图像的用途，选取合适的分辨率。下面是几种常见分辨率的设置：

（1）网页：72 ppi或96 ppi。

（2）报纸：120 ppi或150 ppi。

（3）彩版印刷：300 ppi。

（4）打印海报：150 ppi。

（5）大型灯箱图形：不低于 30 ppi。

2. 位图与矢量图

位图也称为栅格图像，由排列在网格中的点组成。每一个点称为一个像素，每个像素都具有特定的位置和颜色值。一般位图图像的像素非常多而且很小，因此图像看起来非常细腻。但是，如果将图像放大到一定的比例，不管图像分辨率有多高，看起来都将是像马赛克一样的一个个像素。一般的 JPG 图像属于位图图形，它是由像素组成的，放大后会形成一块一块的马赛克。

图 5-1 所示为将皇冠上的十字放大 5 倍的效果。可以看到，放大后的图像比较模糊。此外，在打印位图图像时采用的分辨率过低，位图图像也可能会呈锯齿状。

矢量图形也叫向量图，通过一系列包含颜色和位置信息的直线和曲线（矢量）呈现图像。矢量图形与分辨率无关，它可以 缩放成任意尺寸，当更改矢量图形的颜色、形状、输出设备的分辨率时，其外观品质不会发生变化。矢量图形一般适用于图形设计、文字设计和一些标志设计、版式设计等。

相对于位图图像而言，矢量图形的优势在于不会因为显示比例等因素的改变而降低图形的品质。图 5-2 所示为将皇冠上的十字放大 5 倍的效果，可以看到放大后的图片依然很精致，并没有因为显示比例的放大而变得粗糙。

图5-1 位图放大的效果

图5-2 矢量图放大的效果

3. 颜色模式

图像的颜色模式是数字世界中表示颜色的一种算法，常见的颜色模式包括 RGB、CMYK、Lab、位图、灰度等。

（1）RGB 模式：适用于显示器、投影仪、扫描仪、数码照相机等发光设备，由 R（红色）、G（绿色）、B（蓝色）三原色以不同的比例叠加产生其他颜色，每种色彩的取值范围是 0~255。当 R、G、B 都为 255 时，产生白色；当 R、G、B 都为 0 时，产生黑色；当 R、G、B 相等时，产生灰色。

（2）CMYK 模式：常用于印刷或打印，由 C（青）、M（洋红）、Y（黄）、K（黑色）4 种颜色的油墨合成，是在白光中减去不同数量的青、洋红、黄、黑 4 种颜色而产生颜色，因此又称为减色模式。在一个像素中为每种印刷油墨指定一个百分比值，为最亮（高光）颜色指定的印刷油墨颜色百分比较低，而为较暗（暗调）颜色指定的百分比较高。

（3）Lab 模式：一种国际标准色彩模式，理论上包括了人眼可以看见的所有色彩，弥补了 RGB 和 CMYK 两种色彩模式的不足，由 3 个通道组成。该模式在 Photoshop 中很少使用，只是充当中介的角色。

（4）位图模式：位图模式的图像也叫作黑白图像，用两种颜色（黑和白）来表示图像中的像素。位图模式需要的磁盘空间较少，图像在转换为位图模式之前必须先转换为灰度模式，它是一种单通道模式。

（5）灰度模式：可以使用 256 级灰度来表现图像，使图像的过渡更平滑细腻。使用黑白或灰度扫描仪产生的图像常以灰度模式显示。

4. 图像文件格式

图像文件格式是记录和存储图像信息的格式，常见的图像文件格式如下：

（1）PSD 格式：它是 Photoshop 软件的专用文件格式，可以存储图层、通道、路径等信息，便于图像的编辑修改。图像文件包含的信息较多，因此文件比较大，占据的磁盘空间多。

（2）JPG 格式：它是压缩率最高的格式，采用的是有损压缩方案，在生成 JPG 文件时，会丢掉一些人类肉眼不易察觉的信息，生成的图像没有原图像质量好。当对图像的精度要求不高而存储空间又有限时，JPEG 是一种理想的压缩方式，常用于图像预览和网页制作。

（3）BMP 格式：它是 DOS 和 Windows 系统中常用的格式，几乎不进行压缩，支持 RGB、索引颜色、灰度和位图颜色模式，但不支持 Alpha 通道和 CMYK 模式的图像。

（4）GIF 格式：它是一种无损压缩的格式，占用空间小，广泛用于 HTML 网页文档中。支持位图、灰度和索引颜色模式，可以保存动画。

（5）PNG 格式：它是一种无损压缩的网页格式，将 GIF 格式 JPG 格式好的特征结合起来，支持 24 位真彩色和持透明背景。由于 PNG 格式不支持所有浏览器，所以在网页中使用得比 GIF 格式和 JPG 格式少。

5.1.2　Photoshop CS6工作界面

启动 Photoshop CS6 后，进入 Photoshop CS6 的工作界面，如图 5-3 所示。

图5-3　Photoshop CS6工作界面

1. 菜单栏

菜单栏中包含了 Photoshop CS6 的大部分图像处理操作，分为“文件”“编辑”“图像”“图层”“文字”“选择”“滤镜”“视图”“窗口”和“帮助”10 个菜单。每个菜单包含一组操作命令，如果菜单中的命令显示为黑色，表示此命令目前可用；如果显示为灰色，表示此命令目前不可用。

一般情况下，一个菜单中的命令是固定不变的，但是也有些菜单可以根据当前环境的变化添加或减少某些命令。

2. 选项栏

选项栏位于菜单栏的下方，在工具箱中选择某个工具后，可先在选项栏对该工具的属性进行设置。例如，选择了画笔工具后，选项栏显示如图 5-4 所示。用户可以在其中设置画笔的大小、模式、不透明度、流量等。

图5-4　画笔工具选项栏

提 示

每一个工具在选项栏中的内容都是不定的，它会随用户所选工具的不同而变化。

3. 工具箱

工具箱中包含常用的选择、绘画、编辑、移动等工具按钮。默认情况下，工具箱位于图像编辑区左侧，可以用鼠标将其拖动至想要的位置。

工具箱中大部分工具右下角都有一个三角形标志，表示该工具拥有相关的子工具。在该工具图标上按住鼠标左键不放，或者右击工具图标，会弹出隐藏的子工具。例如，按住“矩形选框”工具，弹出如图 5-5 所示的子工具。将鼠标移动到想要的子工具上单击，该子工具将在工具箱中显示。

4. 浮动面板

浮动面板是 Photoshop CS6 最常用的控制区域，可以完成绝大部分操作命令与调节工作，如可以用于显示信息、选择颜色、图层编辑、制作路径等。默认情况下，浮动面板位于工作界面的右侧，用户可以通过“窗口”菜单命令选择显示或隐藏任何面板。

5. 状态栏

状态栏位于 Photoshop CS6 当前图像文件窗口的最底部，主要用于显示图像处理的各种信息，由当前图像的放大倍数和文件大小两部分组成，如图 5-6 所示。

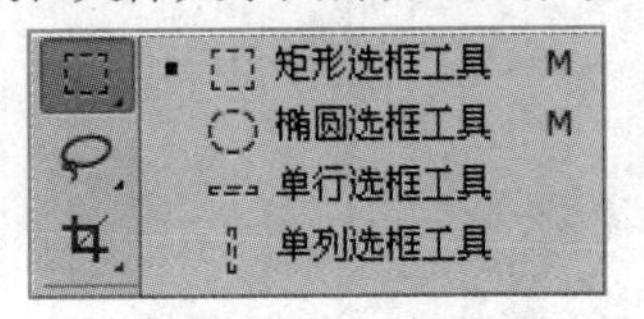

图5-5 调出子工具

图5-6 状态栏

5.1.3 图像的基本操作

1. 新建图像

选择【文件→新建】命令，或者按下【Ctrl+N】组合键，在弹出的“新建”对话框中设置相关参数，如图 5-7 所示。

（1）宽度 / 高度：“宽度”文本框和“高度”文本框分别用来设定所需图像的宽度、高度的尺寸。如果图像用于网页设计，可使用默认的单位像素；如果用于打印，在下拉框中选择英寸或者厘米作为单位。

（2）分辨率：如果是网页图像，分辨率可采用默认的 72 像素 / 英寸；如果用于打印，需要按照打印机的设备分辨率设置。

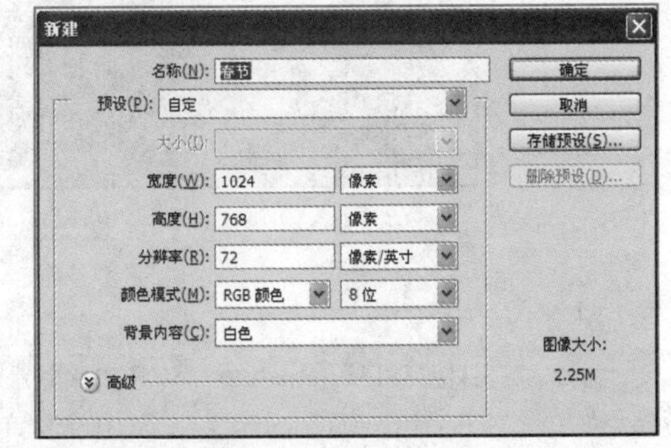

图5-7 “新建”对话框

（3）颜色模式：它是一种记录图像颜色的方式，分为 RGB 模式、位图模式、灰度模式、CMYK 模式、Lab 颜色模式。

（4）背景内容：设置图像的背景颜色，系统默认为白色，也可设置为背景色或者透明色。

2. 打开图像

选择【文件→打开】命令，在弹出的“打开”对话框中选择文件并单击“打开”按钮即可。或者在打开文件夹后，在窗口中选择图像，拖动到 Photoshop CS6 的工作区也可打开图像。

3. 保存图像

选择【文件→存储】命令，或者按【Ctrl+S】组合键，在弹出的“保存”对话框中输入文件名为“春节”，保存的格式为 PSD，如图 5-8 所示。

4. 修改图像大小

当图像的尺寸和预计尺寸不一致时，可以通过修改图像大小对图像进行调整。选择【图像→图像大小】命令，在弹出的“图像大小”对话框中，根据需要设置像素大小、分辨率等参数，如图 5-9 所示。

通常，将大图改为小图时效果较好，而将小图改为大图可能会失真；对于含有文字的图像，无论改大还是改小，文字的质量都会变差。图像的尺寸更改后，图像所占磁盘空间大小也会相应更改。

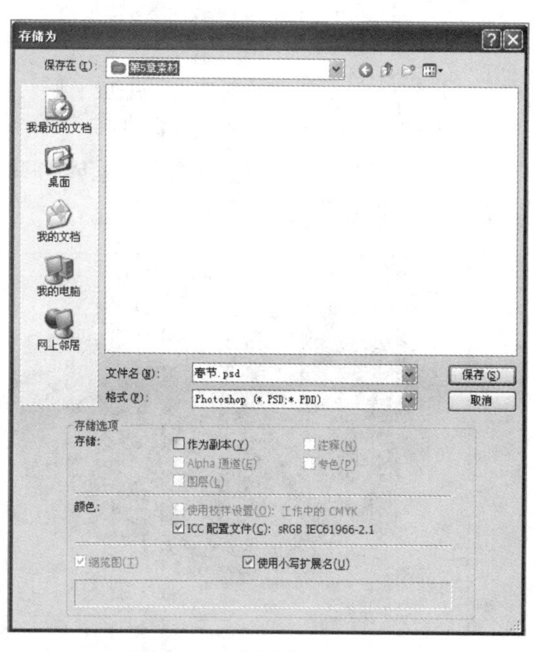

图5-8　“存储为”对话框

提　示

> 选中“约束比例”复选框后，“宽度”和“高度”选项后面将出现“锁链”图标，表示改变其中某一选项设置时，另一选项会按比例同时发生变化。如果需要单独设置宽度、高度，则取消“约束比例”。

5. 修改画布大小

画布大小是指当前图像周围工作空间的大小。如果用户需要的不是改变图像的显示或打印尺寸，而是对图像进行裁剪或增加空白区，可通过“画布大小”对话框来进行调整。更改画布大小的操作步骤如下：

（1）打开图像，画布为蓝色，如图 5-10 所示。

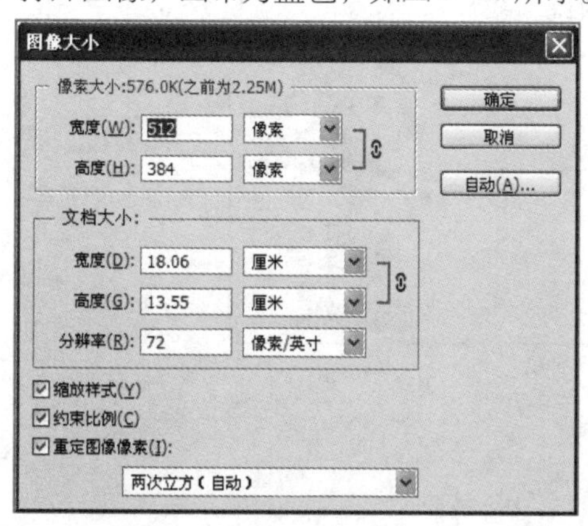

图5-9　“图像大小”对话框

图5-10　原图

（2）选择【图像→画布大小】命令，弹出如图 5-11 所示的“画布大小”对话框中，输入新的宽度、高度，然后单击“确定”按钮，效果如图 5-12 所示。

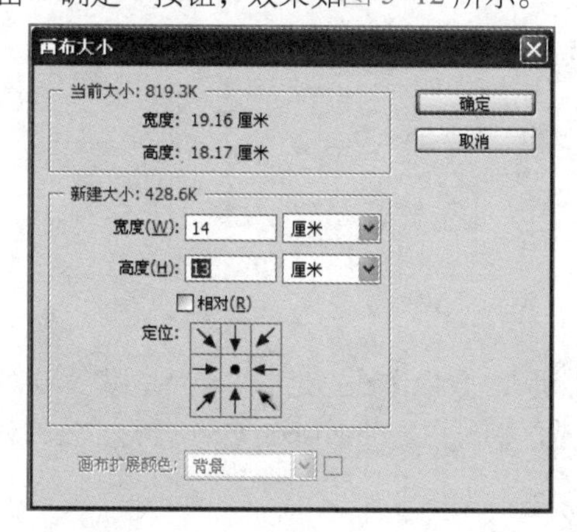

图5-11　“画布大小”对话框

图5-12　修改画布后效果

6. 图像变换

使用变换功能可以对图像进行缩放、旋转、变形、翻转等操作。操作步骤如下：

（1）创建图像选区，如图 5-13 所示。

（2）选择【编辑→变换→变形 / 缩放 / 旋转等】命令，在选区周围出现控制端点，按住鼠标左键拖动控制端点即可调整图像，如图 5-14 所示。

图5-13 创建选区

图5-14 拖动控制端点

（3）单击选项栏中的“提交变换”按钮✔，可看到变换效果。

（4）选择【编辑→变换→水平 / 垂直翻转】命令，即可看到翻转效果，如图 5-15 所示。

图5-15 翻转效果

5.2 案例简介

小芳是某公司的文员，除了完成日常工作，还负责公司用于宣传的图片处理和加工。小芳对图像处理的操作不太熟悉，于是计划学习Photoshop的基础操作来解决工作中的问题。主要内容包括：图像处理的基础知识、Photoshop 常用工具、图层、滤镜等的应用。

5.3 图像选区

5.3.1 选区的创建

在 Photoshop CS6 中，创建选区是很多操作的基础，因为大多数操作都不是针对整幅图像，要对图像局部操作，就必须指明针对哪个部分操作，这个过程就是创建选区的过程。Photoshop CS6 提供了多种创建选区的工具，包括选框工具组、套索工具组、魔棒工具组。

5.3.1.1 选框工具组

选框工具组用来选取规则的形状，包括矩形选框工具、椭圆选框工具、单行选框工具、单列选框工具。

1. 矩形、椭圆选框工具

矩形或椭圆选框工具可以创建外形为矩形或者椭圆的选区。操作步骤如下：

（1）在工具箱中选择矩形或椭圆选框工具。

（2）在图像工作区中按住鼠标左键拖动，即可绘制出一个矩形或者椭圆形选区，此时建立的选区以闪动的虚线框表示，如图 5-16 所示。

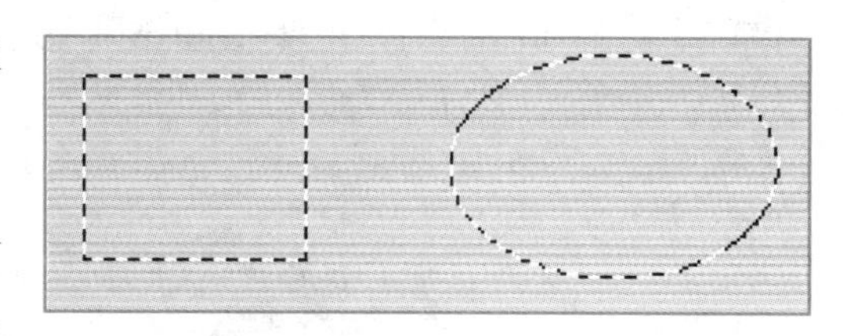

图5-16 绘制选区

> **提 示**
>
> 在拖动鼠标绘制选框的过程中，按住【Shift】键可以绘制出正方形或者标准圆形选区；按住【Alt】键可以绘制以某一点为中心的选区。

2. 单行、单列选框工具

单行、单列选框工具用于创建只有一个像素高的行或者一个像素宽的列的选区，一般用于创建比较精确的选区。

5.3.1.2 套索工具组

套索工具组通常用来创建不规则选区的工具，包括套索工具、多边形套索工具、磁性套索工具。

1. 套索工具

套索工具可以创建任意不规则形状的选区。操作步骤如下：

（1）在工具箱中选择套索工具。

（2）将鼠标移到图像工作区，按住鼠标左键，拖动鼠标选取需要的范围。

（3）将鼠标拖动到起点，松开鼠标，即可创建一个闭合的不规则的区域，如图 5-17 所示。

2. 多边形套索工具

多边形套索工具，用于创建任意不规则形状的多边形选区，可以精确地控制选择的区域。操作步骤如下：

（1）在工具箱中选择多边形套索工具。

（2）将鼠标移到图像工作区，单击鼠标确定选区的起始位置。

（3）移动鼠标，依次在多边形选区的顶点位置单击，最后回到起点时松开鼠标，即可创建多边形选区，如图 5-18 所示。

图5-17 套索工具创建选区

图5-18 多边形套索工具创建选区

3. 磁性套索工具

磁性套索工具能够根据鼠标经过处不同像素值的差别，对边界进行分析，自动创建选区。其特点是可以方便、快速、准确地选取较复杂的图像区域。操作步骤如下：

（1）在工具箱中选择磁性套索工具。

（2）将鼠标移到图像工作区，单击确定选区的起始位置。

（3）沿着要选取的区域边缘移动鼠标（不需要按住鼠标），当选取终点回到起点时，鼠标右下角会出现一个小圆圈，如图 5-19 所示。

（4）单击鼠标，即可创建选区，如图 5-20 所示。

图5-19　沿着要选取的边缘绘制

图5-20　磁性套索工具创建选区

提 示

绘制选区过程中，如果绘制了多余的区域，可以按【Delete】键，然后鼠标往回走，可撤销多余的区域。如果要立刻结束绘制过程，可双击鼠标。

5.3.1.3　魔棒工具组

魔棒工具组主要用于选择颜色相近的区域，包括魔棒工具、快速选择工具。

1. 魔棒工具

魔棒工具是基于图像中像素的颜色近似程度来进行选择，利用魔棒工具选取范围十分便捷，尤其是对色彩不是很丰富，或者仅包含某几种颜色的图像。选取区域的大小，由选项栏中的容差值决定。容差的范围为 0 ~ 255，增加容差值，所选的颜色范围相应增加。

例如，在图中创建一个苹果的选区，如果用选框工具组或套索工具组进行选择，操作比较烦琐；而使用魔棒工具则非常方便。操作步骤如下：

（1）在工具箱中选择魔棒工具。

（2）单击图像中的白色区域，为白色背景创建一个选区，如图 5-21 所示。

（3）选择【选择→反向】命令，将选取的区域反转，即创建了苹果的选区，如图 5-22 所示。

图5-21　背景选区

图5-22　苹果选区

2. 快速选择工具

使用快速选择工具时，无须在整个区域中涂画，会自动调整所涂画的选区大小，并寻找到边缘使其与选区分离。

如果是选取离边缘比较远的较大区域，就使用大尺寸的画笔大小；如果是要选取边缘比较近的较小区域则换成小尺寸的画笔大小，这样才能尽量避免选取背景像素。

5.3.2 选区的编辑

有些选区比较复杂，一次操作不能得到需要的选区，因此在建立选区后，还需要对选区进行各种编辑，达到用户的需求。

1. 移动选区

创建选区后，将鼠标移动到选区范围内，拖动鼠标即可移动选区。使用方向键可以 1 个像素为单位精确移动选区。如果要快速移动选区，按住【Shift】键的同时使用方向键，可以 10 个像素为单位移动选区。

2. 增减选区范围

创建选区后，可以进行增加、减少、交叉选区等。在选项栏中提供了对应的按钮进行操作，如图 5-23 所示。

图5-23　增减选区工具

例如，在使用椭圆选区工具时，要增加部分区域。操作步骤如下：

（1）单击选项栏的添加选区按钮。

（2）将鼠标移到图像工作区，绘制的新选区即添加到已有选区中。

3. 反选

在使用选区工具创建了一个区域后，选择【选择→反向】命令，可以选取原选区以外的所有区域。

4. 取消选区

如果图像的操作已经完成，应及时取消选区。按【Ctrl+D】组合键或者选择【选择→取消选择】命令，可将选区取消。

5. 羽化选区

羽化可以在选区的边缘附近形成一条过渡带，在这个过渡带区域内的像素逐渐由全部被选中过渡到全部不被选中。选择某个选区工具后，在选项栏有一个“羽化”的文本框，在文本框中输入羽化数值后，即可为将要创建的选区设置羽化效果。操作步骤如下：

（1）在工具箱中选择椭圆选框工具，在选项栏设置羽化值为 50，在图中绘制一个椭圆选区，如图 5-24 所示。

（2）选择【选择→反向】命令，按【Delete】键删除背景，效果如图 5-25 所示。

图5-24　创建椭圆选区

图5-25　羽化效果

6. 扩展和收缩选区

在图像中创建选区后，如果选区稍微偏小或偏大，可以指定选区向外扩展或向内收缩固定的像素值。操作步骤如下：

（1）在图像中创建初始选区，如图 5–26 所示。

（2）选择【选择→修改→扩展】命令，在弹出的“扩展选区”对话框中输入 10，如图 5–27 所示。

（3）单击“确定”按钮，即可将选区扩大 10 像素的区域，效果如图 5–28 所示。

图5-26　初始选区

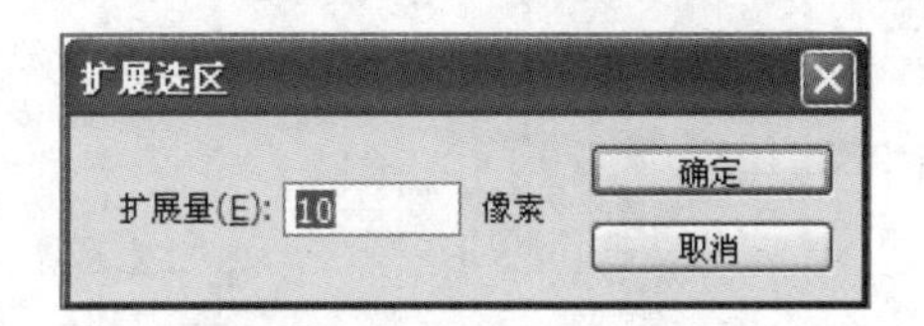

图5-27　“扩展选区”对话框

7. 变换选区

在 Photoshop CS6 中，可以对选区进行缩放、旋转等变换操作。操作步骤如下：

（1）在图像中创建选区。

（2）选择【选择→变换选区】命令，可看到选区周围显示一个矩形框，拖动矩形框上的操作点即可调整选区的外形，如图 5–29 所示。

（3）调整完后，按【Enter】键或者单击选项栏的“提交变换”按钮✓，确认操作。

图5-28　扩展后的效果

图5-29　变换选区

5.4 常用工具

5.4.1 裁剪工具

如果图片的大小尺寸或者角度不合适，可进行裁剪，让图片满足需要。如果只需要图像的局部，可使用裁剪工具。操作步骤如下：

（1）打开图像，原图如图 5–30 所示，在工具箱中选择裁剪工具。

（2）按住鼠标左键，在图像的周围拖动控制端点，调整到合适的尺寸，如图 5–31 所示。

（3）单击选项栏的“提交当前裁剪操作”按钮✓，即可看到裁剪后的效果，如图 5–32 所示。

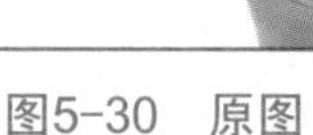

图5-30　原图

图5-31　裁剪区域

图5-32　裁剪效果

如果要调整图像的角度，操作步骤如下：

（1）打开图像，原图如图 5-33 所示，在工具箱中选择裁剪工具。

（2）将鼠标移至图像工作区之外，鼠标变成双向箭头，按住鼠标左键，移动图像至合适角度，如图 5-34 所示。

图5-33　原图

图5-34　调整角度

（3）单击选项栏的“提交当前裁剪操作”按钮✓，即可看到裁剪后的效果，如图 5-35 所示。

图5-35　调整效果

5.4.2　画笔工具

使用画笔工具，可以绘制出比较柔和的线条，其效果如同用毛笔画出的线条。在使用图像修复工具、图章工具时，也要结合画笔工具进行涂抹操作。使用画笔工具时，必须在选项栏设置一个合适大小的画笔，才可以绘制图像。操作步骤如下：

（1）在工具箱中选择画笔工具。

（2）在选项栏的“画笔”下拉列表中，选择合适的画笔直径和图案，如图 5-36 所示。

（3）将鼠标移至图像工作区，即可绘制合适的图案，如图 5-37 所示。

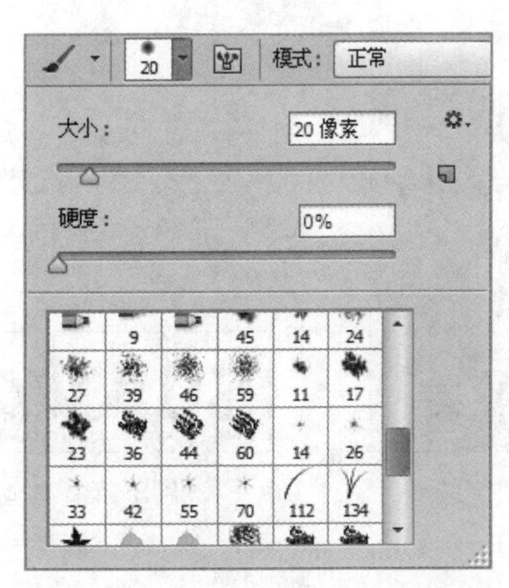

图5-36 “画笔”下拉列表

图5-37 画笔绘制的图案效果

5.4.3 填充工具

在 Photoshop CS6 中，填充工具组包括渐变工具和油漆桶工具。

5.4.3.1 渐变工具

渐变工具可以绘制出多种颜色过渡的混合色，混合色可以是从前景色到背景色的过渡，也可以是前景色与透明背景间的过渡，或者是其他颜色间的过渡。

渐变工具包括 5 种类型，分别是线性渐变、径向渐变、角度渐变、对称渐变、菱形渐变。渐变颜色可应用在整幅图像，或者应用在某个选区内。

1. 使用已有的渐变颜色

使用已有的渐变颜色填充图像，操作步骤如下：

（1）在工具箱中选择渐变工具。

（2）在选项栏设置渐变参数。例如，在“渐变颜色库”下拉列表中，选择“前景色到背景色渐变”；设置渐变类型为“线性渐变”，如图 5-38 所示。

（3）将鼠标移至图像工作区，拖动鼠标，即可在图像中填充渐变颜色。

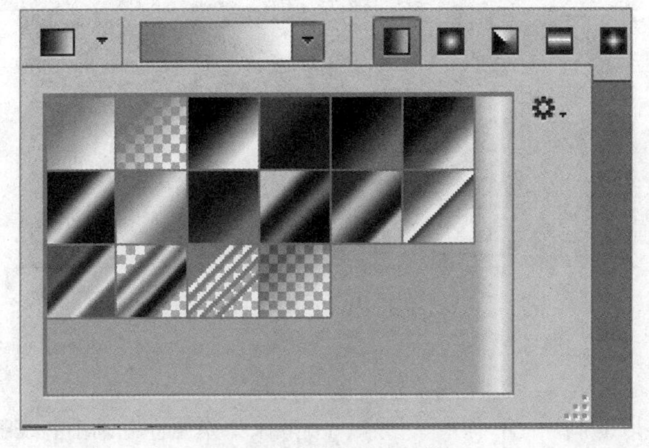

图5-38 设置渐变参数

2. 编辑渐变颜色

渐变颜色库不能满足需求时，用户可以对渐变颜色进行编辑。操作步骤如下：

（1）在工具箱中选择渐变工具，在选项栏单击，打开“渐变编辑器”窗口，如图 5-39 所示。

（2）在“渐变剪辑器”窗口中，输入名称为“自定义渐变颜色”。

（3）在颜色条上可更改颜色，双击颜色滑块，弹出“拾色器”对话框，选择合适的颜色，单击“确定”按钮。

（4）在颜色条的合适位置，单击可增加新的颜色滑块，并更改颜色。

（5）按住鼠标拖动颜色滑块，可调整各种颜色所占的比例。最后单击“确定”按钮，即可增加新的渐变颜色。

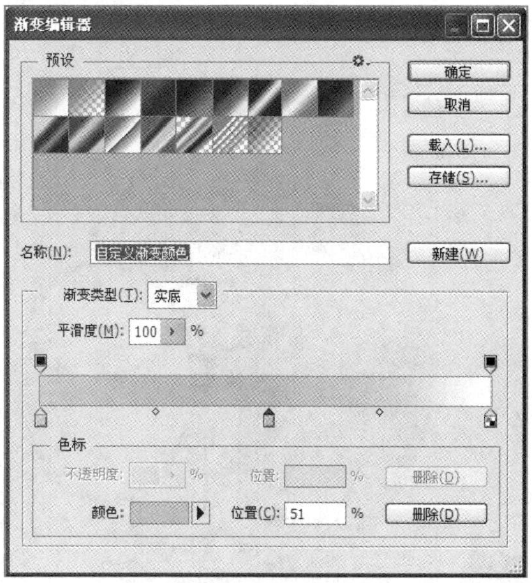

图5-39 “渐变编辑器”窗口

5.4.3.2 油漆桶工具

使用油漆桶工具填充颜色，只对图像中颜色接近的区域进行填充。在填充时首先对单击处的颜色进行取样，确定要填充的范围，填充的颜色为前景色。油漆桶工具是填充工具和魔棒工具的结合。操作步骤如下：

（1）打开图像，原图如图 5-40 所示，在工具箱中选择油漆桶工具。

（2）在工具箱中，设置前景色为蓝色，RGB 分量值为（198,217,241）。

（3）将鼠标移至图像的白色背景区域，单击，即可将白色背景填充为浅蓝色，如图 5-41 所示。

图5-40 原图

图5-41 填充后的效果

5.4.4 图像修复工具

在 Photoshop CS6 中，图像修复工具包括污点修复画笔工具、修复画笔工具、修补工具、内容感知移动工具、红眼工具。

1. 污点修复画笔工具

污点修复画笔工具可以使用图像或者图案中样本像素进行绘画，并将像素的纹理、光照、透明度和阴影与所修复的像素相匹配，其选项栏的设置如图 5-42 所示。

图5-42 “污点修复画笔工具”选项栏

其中，类型包括近似匹配、创建纹理和内容识别 3 种：

- 近似匹配：使用要修复区域周围的像素来修复图像。
- 创建纹理：使用被修复图像区域中的像素来创建修复纹理，并使纹理与周围纹理相协调。
- 内容识别：比较附近的图像内容，不留痕迹地填充选区，同时保留让图像栩栩如生的关键细节，如阴影和对象边缘。

污点修复画笔工具的操作步骤如下：

（1）打开图像，原图如图 5-43 所示，在工具箱中选择污点修复画笔工具。

（2）在选项栏，设置画笔直径大小为“38 像素”，类型为“内容识别”。

（3）将鼠标移至污点处单击即可去除污点，如图 5-44 所示。

图5-43　原图

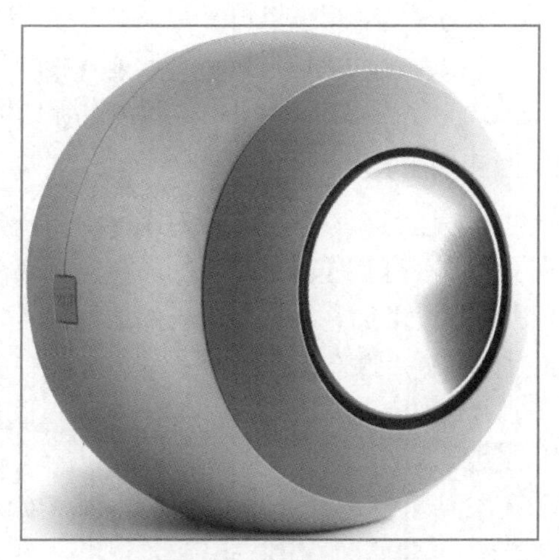

图5-44　修复后效果

2. 修复画笔工具

修复画笔工具可用于校正瑕疵，可以利用图像或者图案中样本像素的纹理、光照、阴影与源像素进行精确匹配，从而使修复后的像素不留痕迹。使用修复画笔工具的操作步骤如下：

（1）打开图像，原图如图 5-45 所示，在工具箱中选择修复画笔工具。

（2）在选项栏设置合适大小的画笔，然后移动鼠标至图像窗口取样位置，按下【Alt】键鼠标显示为⊕形状时，单击鼠标进行取样，如图 5-46 所示。

（3）松开【Alt】键，将鼠标移至有瑕疵的位置单击，即可将瑕疵去除，效果如图 5-47 所示。

图5-45　原图

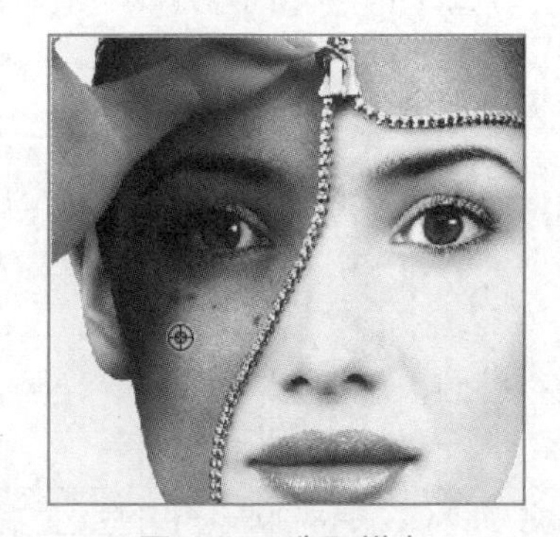

图5-46　选取样点

图5-47　修复后效果

3. 修补工具

修补工具可以用某一区域或者图案中的像素来修复选中的区域，也可以将样本像素的纹理、光照、阴影与源像素进行匹配。其选项栏如图 5-48 所示。

图5-48　“修补工具”选项栏

• 修补：如果选中“源”选项，在原选择区域显示目标区域的图像；选中“目标”选项，则使用原选择区域内的图像对目标区域进行覆盖。
• 透明：设置应用透明的图案。
• 使用图案：当图像中建立了选区后此项即被激活。在选区中应用图案样式后，可以保留图像原来的质感。

使用修补工具的操作步骤如下：

（1）打开图像，原图如图 5-49 所示，在工具箱中选择修补工具。

（2）在选项栏设置修补对象为“源”。

（3）在有瑕疵的区域按住鼠标左键拖动，创建一个选区，如图 5-50 所示。

图5-49　原图

图5-50　创建要修补的选区

（4）将鼠标移至选区内，拖动选区到取样区域，如图 5-51 所示。然后松开鼠标，即可修补图像，效果如图 5-52 所示。

图5-51　拖动选区到取样区域

图5-52　修补后效果

4. 内容感知移动工具

内容感知移动工具，可以将选中的图像移到其他位置，并根据原图像周围的图像对其所在的位置进行修复处理，其选项栏如图 5-53 所示。

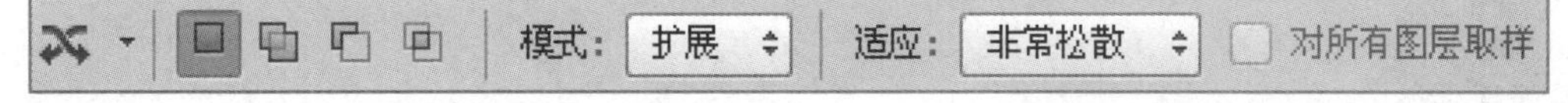

图5-53　“内容感知移动工具”选项栏

• 模式：在下拉菜单中选择“移动”选项，针对选区内的图像进行移动；如果选择“扩展”选项，则会保留原图像，并自动根据选区周围的图像进行自动的扩展修复处理。
• 适应：在修复图像时的严格程度，在下拉菜单中，包括5个不同程度的选项。

使用修复画笔工具的操作步骤如下：

（1）打开图像，原图如图 5-54 所示，在工具箱中选择内容感知移动工具。在选项栏设置“模式”为“移动”,“适应”为“非常松散”。

图5-54　原图

（2）在需要移动的区域按住鼠标左键拖动，创建一个选区，如图 5–55 所示。

（3）将鼠标移至选区内，拖动选区到目标区域，然后松开鼠标，即可将内容进行移动，效果如图 5–56 所示。

图5–55　创建要移动的选区

图5–56　移动后效果

5. 红眼工具

红眼工具可去除用闪光灯拍摄人物照片中的红眼，也可以去除用闪光灯拍摄动物照片中的白色或绿色反光。使用红眼工具的操作步骤如下：

（1）打开图像，原图如图 5–57 所示，在工具箱中选择红眼工具。

（2）将鼠标移至红眼处单击，即可去除红眼，效果如图 5–58 所示。

图5–57　原图

图5–58　去除红眼后效果

5.4.5　图章工具

图章工具包括仿制图章工具、图案图章工具，主要用于图像的复制。

5.4.5.1　仿制图章工具

仿制图章工具是一种复制图像的工具，可以从图像中取样，然后将样本复制到其他的图像或同一图像的其他区域中。使用仿制图章工具的操作步骤如下：

（1）打开图像，原图如图 5–59 所示，在工具箱中选择仿制图章工具。

（2）移动鼠标至图像窗口取样位置，按下【Alt】键鼠标显

图5–59　原图

示为⊕形状时，单击要复制的源点进行取样，如图 5-60 所示。

（3）松开【Alt】键，在图像的合适位置，拖动鼠标开始复制，效果如图 5-61 所示。

图5-60 进行取样

图5-61 复制图像效果

提 示

仿制图章工具除了可以复制图像以外，对于图像中需要擦除的部分，可以对它周围近似的图像进行取样，然后将周围的图像覆盖到需要擦除的图像中即可得到效果，例如去除照片中多余的时间或人物。

5.4.5.2 图案图章工具

图案图章工具，可以将预先定义的图案复制到图像中，也可以从 Photoshop CS6 提供的图案库中选择图案进行复制。其选项栏如图 5-62 所示。

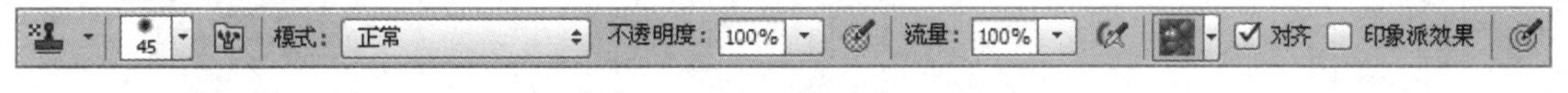

图5-62 “图案图章工具”选项栏

（1）图案拾色器：单击图案缩览图右侧的三角形按钮，打开图案拾色器，在下拉框中可选择合适的图案样式。

（2）印象派效果：选中此选项，绘制的图案具有印象派绘画的抽象效果。

1. 定义图案

定义图案的操作步骤如下：

（1）打开图像。

（2）选择【编辑→定义图案】命令，在弹出的“图案名称”对话框中输入图案的名称，如图 5-63 所示。然后单击“确定”按钮，即可将图案定义到图案库中。

2. 使用图案图章工具

使用图案图章工具的操作步骤如下：

（1）打开图像，如图 5-64 所示。

图5-63 “图案名称”对话框

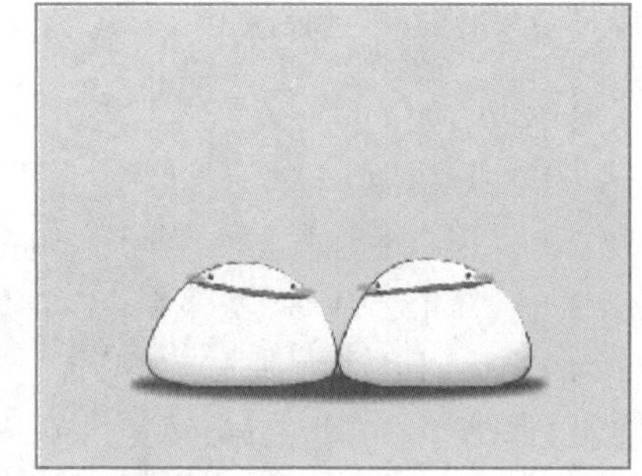
图5-64 原图

（2）在工具箱中选择图案图章工具，在选项栏单击“图案拾色器”按钮，在下拉框中选择图案“池塘背景.jpg”，如图 5-65 所示。

（3）按住鼠标左键在图像中需要填充图案的区域涂抹即可看到效果，如图 5-66 所示。

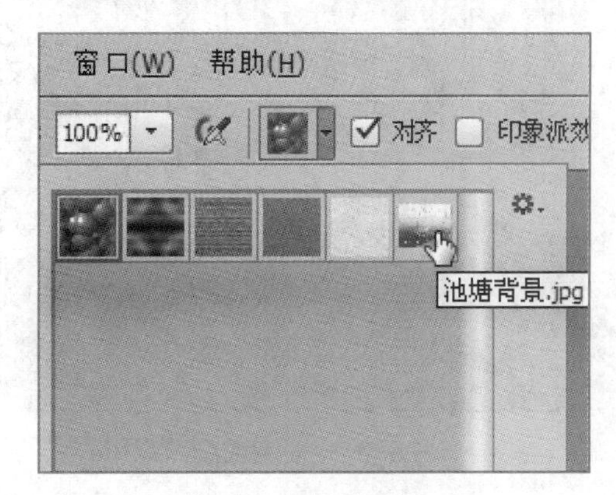

图5-65 选择图案

图5-66 填充图案效果

提 示

也可以先将需要填充的区域创建好选区，选择图案图章工具和图案后，按住鼠标左键进行涂抹，不会影响未选中的区域。

5.4.6 学以致用——制作证件照

本案例将把日常拍摄的照片（见图 5-67）处理为证件照片的效果，如图 5-68 所示。通过学习本案例，可掌握裁剪、选区创建与编辑、填充、调整画布大小、新建图像、图案图章等工具的使用方法。

图5-67 原图

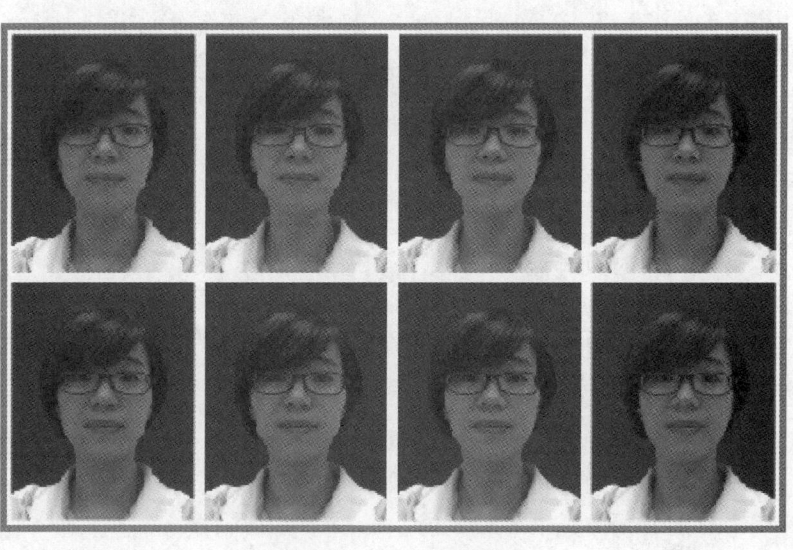

图5-68 证件照效果

操作步骤如下：

（1）打开图像“证件照-原图.jpg”，使用裁剪工具将图像中的外围裁减掉，如图 5-69 所示。

（2）使用磁性套索工具、矩形选框等工具，选中人物以外的背景区域。

（3）选择【编辑→填充】命令，填充背景为蓝色，RGB 分量值为（R:0,G:0,B:255），结果如图 5-70 所示。

（4）选择【图像→画布大小】命令，在弹出的“画布大小”对话框中设置参数，将“宽度”和“高度”都增加 1 厘米，“画布扩展颜色”为白色，如图 5-71 所示。使图像的四周增加白色的边框，效果如图 5-72 所示。

图5-69　裁剪图像

图5-70　填充背景

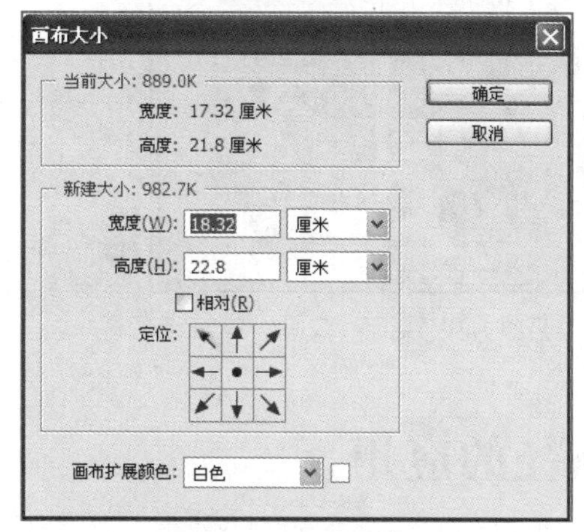

图5-71　调整画布大小

图5-72　调整画布后效果

（5）选择【编辑→定义图案】命令，在弹出的“图案名称”对话框中输入图案的名称为“证件照.jpg”，如图5-73所示，然后单击“确定”按钮。

图5-73　“图案名称”对话框

（6）选择【文件→新建】命令，在弹出的“新建”对话框中设置参数，“名称”为“证件照-效果.jpg”，“宽度”“高度”分别为图案“证件照.jpg”的4倍、2倍（见图5-74），然后单击“确定”按钮。

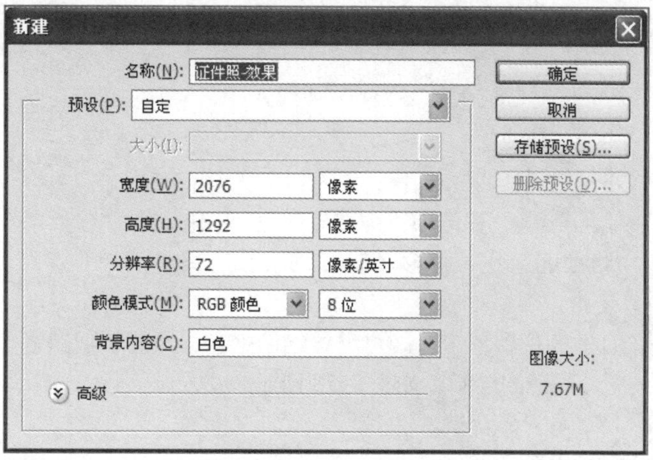

图5-74　“新建”对话框

（7）在工具箱中选择图案图章工具，在选项栏单击“图案拾色器”按钮，在下拉框中选择图案“证件照.jpg”。

（8）将鼠标移至“证件照－效果”的工作区，按住鼠标左键在工作区拖动，即可进行图案填充，最终效果如图 5-75 所示。

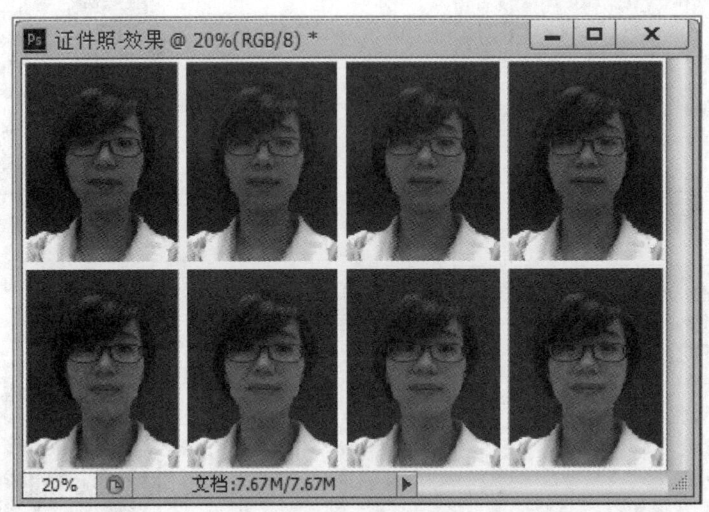

图5-75　最终效果

5.5　路径的应用

在 Photoshop CS6 中，路径是一段闭合或者开放的曲线段，可以转换为选区或者使用颜色填充和描边的轮廓。路径和选区一样，本身是没有颜色和宽度的，不会打印出来。

5.5.1　绘制路径

钢笔工具，主要用来绘制路径，绘制的路径还可进行编辑。钢笔工具属于矢量绘图工具，可以绘制出直线路径或者平滑的曲线路径，在缩放或者变形之后仍能保持平滑效果，其选项栏如图 5-76 所示。

路径　建立：选区…　蒙版　形状　自动添加/删除　对齐边缘

图5-76　“钢笔工具”选项栏

（1）路径：下拉列表中包括形状、路径和像素 3 个选项，分别用于创建形状图层、工作路径、填充区域。选择不同的选项，选项栏将显示相应的内容。

（2）建立：选区…　蒙版　形状：将路径转换为选区或者形状。

（3）：该组按钮用于编辑路径，包括形状的合并、重叠、对齐方式等。

（4）自动添加/删除：用于设置是否自动添加/删除锚点。

1. 绘制直线路径

使用钢笔工具绘制直线路径的操作步骤如下：

（1）在工具箱中选择钢笔工具，在选项栏中选择“路径”选项。

（2）在图像中单击作为路径的起点，再移动鼠标到直线的终点处单击，得到一条直线段，如图 5-77 所示。

（3）移动鼠标到另一个合适的位置单击，即可继续绘制路径，得到折线路径，当鼠标回到起点处时，单击起点处的方块，即可完成闭合路径的绘制，如图 5-78 所示。

图5-77 绘制直线段

图5-78 绘制折线路径

2. 绘制曲线路径

使用钢笔工具绘制曲线路径的操作步骤如下：

（1）在工具箱中选择钢笔工具，在图像中单击创建路径的起点。

（2）移动鼠标到合适的位置，按下鼠标左键拖动可以创建带有方向线的平滑锚点，拖动鼠标的方向和距离可以调整方向，如图 5-79 所示。

（3）按住【Alt】键单击控制柄中间的节点，可减去一端的控制柄，如图 5-80 所示。

（4）移动鼠标到另一个合适的位置单击，采用相同的方法可继续绘制曲线，如图 5-81 所示。

图5-79 按住鼠标拖动

图5-80 减去一端的控制柄

图5-81 继续绘制曲线

5.5.2 编辑路径

用户创建完路径后，有时不能达到理想状态，可以对路径进一步编辑。路径的编辑主要包括复制与删除路径、添加与删除锚点、路径和选区转换、填充路径、描边路径。

1. 复制与删除路径

绘制一段路径后，如果还需要多条相同的路径，可以将路径进行复制。不需要的路径，可以将其删除。

复制路径的操作步骤如下：

（1）选择【窗口→路径】命令，打开“路径”面板，选择一条路径，如“四边形路径”，如图 5-82 所示。

（2）右击“路径”面板，在弹出的快捷菜单中选择“复制路径”命令，如图 5-83 所示。

（3）在弹出的“复制路径”对话框中，输入新路径的名称，单击“确定”按钮即可复制路径，面板中出现新路径“四边形路径 副本”，如图 5-84 所示。

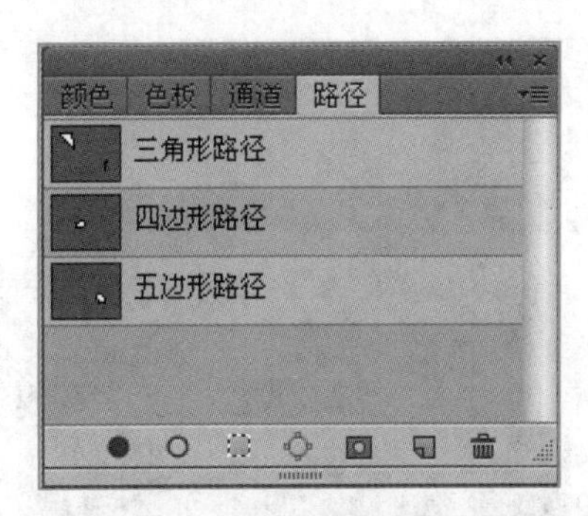

图5-82 选择路径

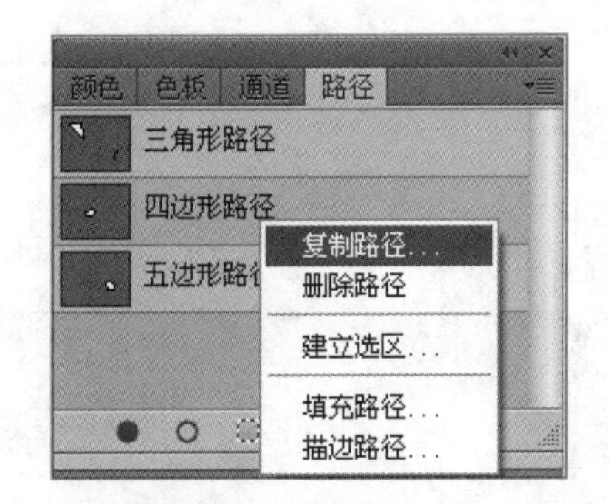

图5-83 选择菜单命令

（4）双击路径“四边形路径副本”的名称进行重命名，输入新的路径名称即可，如图 5-85 所示。

图5-84 复制路径

图5-85 重命名路径

提 示

如果“路径”面板中的路径为“工作路径”，在复制前需要将其拖动到“创建新路径”按钮中，转换为普通路径。

删除路径，可以采用以下的操作方法：

（1）选择需要删除的路径，单击“路径”面板下方的“删除当前路径”按钮。

（2）选择需要删除的路径，右击，在弹出的快捷菜单中选择“删除路径”命令。

（3）选择需要删除的路径，按下【Delete】键。

2. 添加与删除锚点

在编辑路径时，可以对路径进行添加和删除锚点的操作。锚点可以控制路径的平滑度，适当地添加或删除锚点更有助于路径的编辑。

添加与删除锚点的操作步骤如下：

（1）使用钢笔工具，在图像中绘制一段曲线路径，如图 5-86 所示。

（2）在工具箱中选择添加锚点工具，将鼠标移动到路径上单击，即可增加一个锚点，如图 5-87 所示。

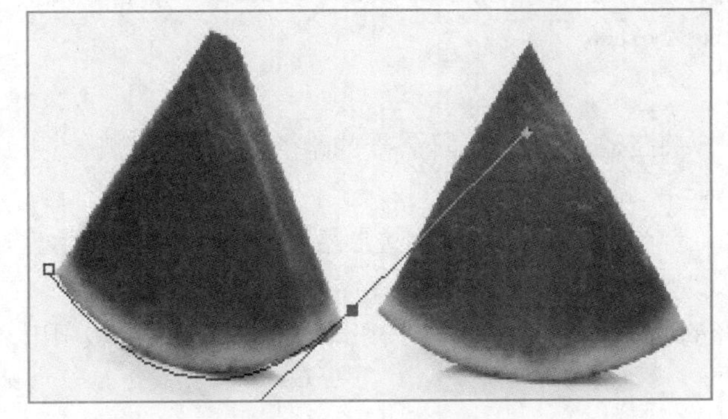

图5-86 绘制路径

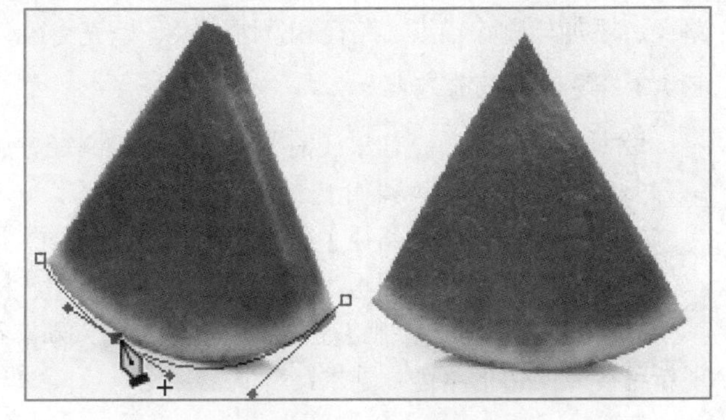

图5-87 添加锚点

（3）将鼠标移动到添加的锚点中，按住鼠标左键拖动，可对路径进行调整，如图 5-88 所示。

（4）如果觉得锚点位置不对，可以删除锚点，选择删除锚点工具，将鼠标移动到要删除的锚点处单击，即可删除该锚点，如图 5-89 所示。

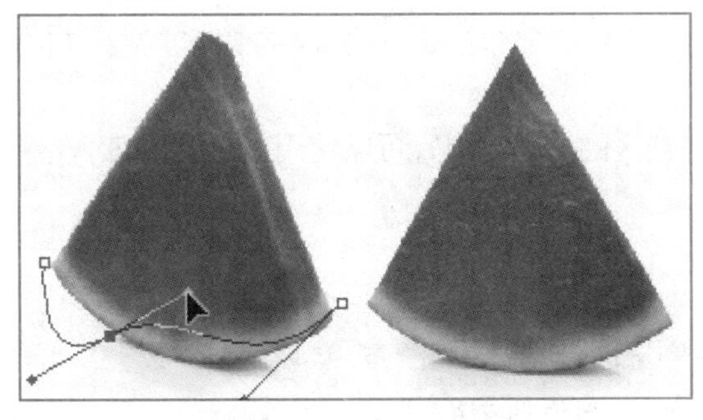

图5-88　编辑路径

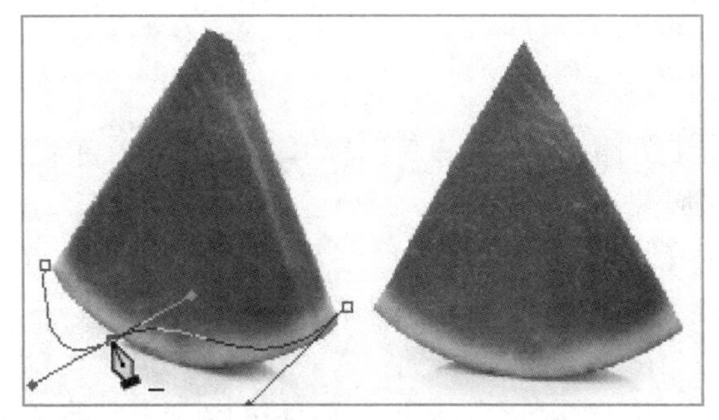

图5-89　删除锚点

3. 路径和选区的转换

在 Photoshop CS6 中，可以将选区转换为路径，也可以将路径转换为选区，大大方便了绘图操作。

选区和路径相互转换的操作步骤如下：

（1）在图像中创建好选区，如图 5-90 所示。

（2）单击“路径”面板右上方的按钮，在弹出的菜单中选择“建立工作路径”命令，如图 5-91 所示。

图5-90　创建好选区

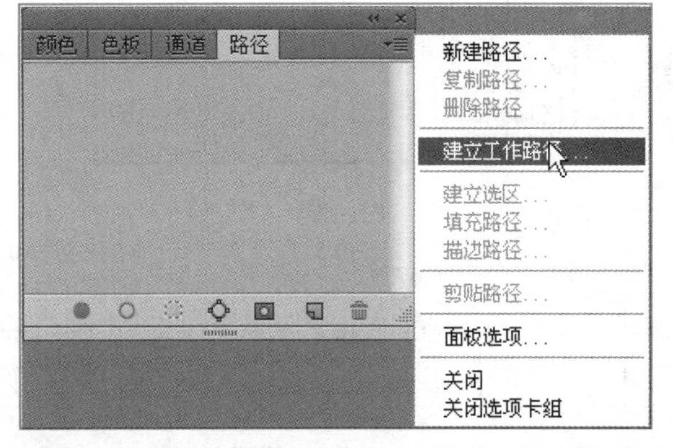

图5-91　选择命令

（3）在弹出的“建立工作路径”对话框中，调整容差值可以设置选区转换为路径的精确度（见图 5-92），单击“确定”按钮，即可将选区转换为路径，如图 5-93 所示。

（4）保持路径状态，单击“路径”面板右上方的按钮，在弹出的菜单中选择“建立选区”。

（5）在弹出的“建立选区”对话框中，保持默认设置，如图 5-94 所示，单击“确定”按钮，即可将路径转换为选区。

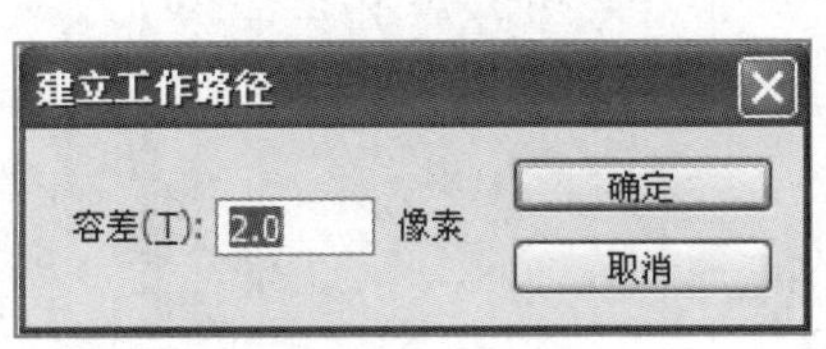

图5-92　“建立工作路径”对话框

图5-93　选区转换为路径

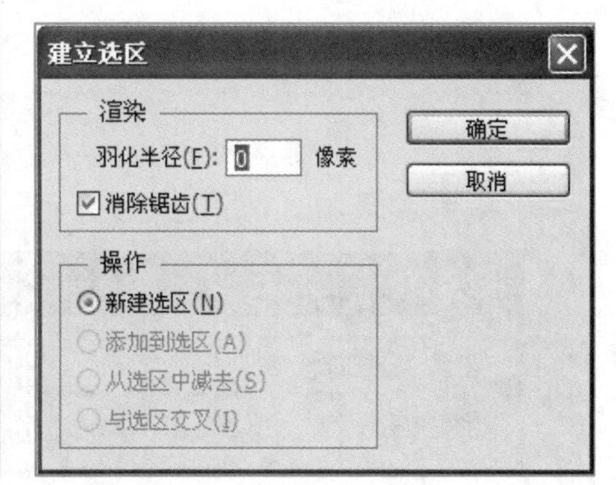

图5-94　“建立选区”对话框

提 示

在使用“建立选区”命令之前，对话框中的一些选项是灰色的，因为图像中没有已经建立的选区。当图像中有选区时，对话框中的选项才可以全部使用。

4. 填充路径

绘制好路径后，可以为路径填充颜色。路径的填充与选区的填充相似，可以使用颜色或图案填充路径内部的区域。

填充路径的操作步骤如下：

（1）在“路径”面板中选择需要填充的路径，右击，在弹出的菜单中选择“填充路径”。

（2）在弹出的“填充路径”对话框中，设置填充的颜色或图案样式，如图 5-95 所示。

（3）单击“确定”按钮，即可将颜色填充到路径中，如图 5-96 所示。

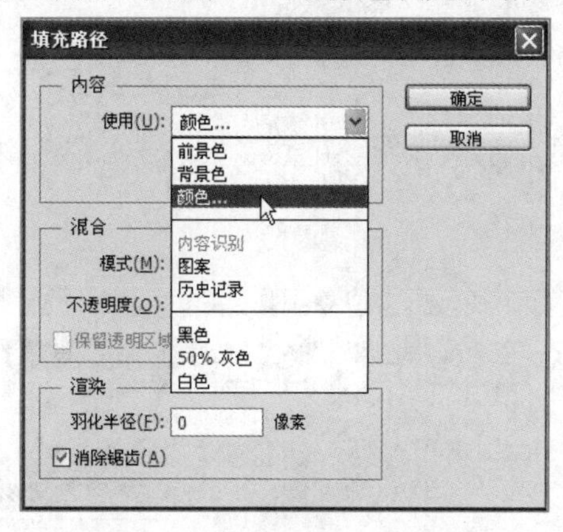

图5-95 “填充路径”对话框

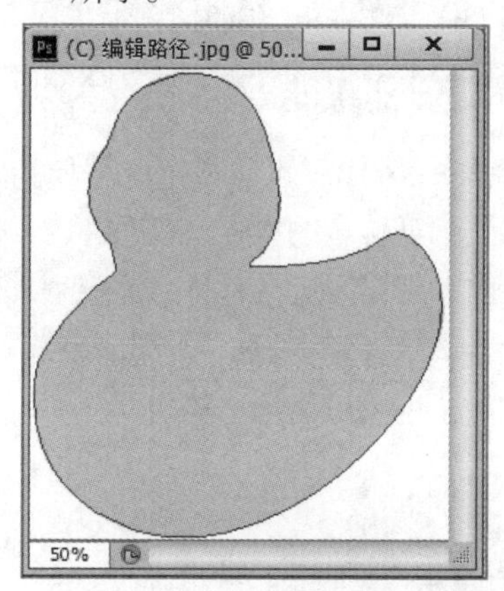

图5-96 填充效果

5. 描边路径

描边路径就是沿着路径的轨迹绘制或修饰图像。描边路径的操作步骤如下：

（1）在工具箱设置用于描边的前景色，如设置为蓝色，RGB 分量值为（198,217,241），然后选择画笔工具，在选项栏设置画笔大小、笔尖形状等参数，如图 5-97 所示。

图5-97 “画笔”选项栏

（2）在“路径”面板中选择需要描边的路径，右击，在弹出的快捷菜单中选择“描边路径”命令。

（3）在弹出的“描边路径”对话框的“工具”下拉列表中选择“画笔”，如图 5-98 所示。

（4）单击“确定”按钮，得到图像的描边效果，如图 5-99 所示。

图5-98 “描边路径”对话框

图5-99 描边效果

5.6　文 字 处 理

Photoshop CS6 提供了非常丰富的输入文字及编辑文字的工具。可以对文字设置格式，还可以对文字进行变形、查找和替换，并能将文字转换为选区或者路径，轻松将文字与图像完美结合，并随图像数据一起输出。

5.6.1　输入文字

1. 输入点文字

点文字是指在图像中输入单独的文本行，如标题文本，主要用于创建和编辑内容较少的文本信息。或者想要应用文本嵌合路径等特殊效果时，输入点文字非常合适。

输入点文字的操作步骤如下：

（1）在工具箱中选择文字工具 T，打开如图 5-100 所示的文字工具组，选择“横排文字工具”。

（2）在选项栏设置文本排列方向、字体、字形、字号、平滑程度、对齐方式、字体颜色、文字变形等参数。

（3）将鼠标移至图像工作区并单击，显示一个闪烁的光标，表示可以输入文字。

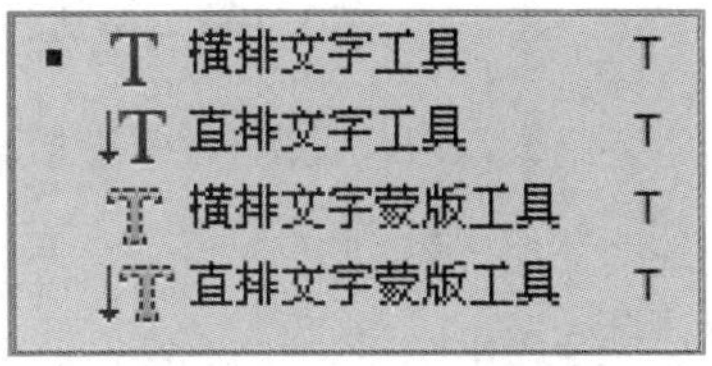

■ T 横排文字工具　T
↓T 直排文字工具　T
T 横排文字蒙版工具　T
↓T 直排文字蒙版工具　T

图5-100　文字工具组

（4）输入文字后，单击按钮✔，表示确定输入；单击按钮⊘，表示取消输入。

（5）确定输入后，在图像工作区显示文字。同时，在“图层”面板会增加一个新的“文字”图层，如图 5-101 所示。

图5-101　输入点文字

2. 输入段落文字

段落文字可以输入大篇幅的文字内容，最大的特点在于段落文本框的创建，文字可以根据外框的尺寸在段落中自动换行。

输入段落文字的操作步骤如下：

（1）在工具箱中选择“横排文字工具” T，在要输入文字的区域内拖动，生成一个段落文本框。

（2）在段落文本框内输入文本，如图 5-102 所示。

（3）把鼠标放在段落文本框的控制点上，可按住鼠标左键拖动，调整段落文本框的大小。

（4）输入完毕后，单击按钮✔即完成输入。

图5-102　输入段落文字

3. 沿路径输入文字

在 Photoshop CS6 中编辑文本时，可以沿钢笔工具或形状工具创建的工作路径输入文字，使文字产生特殊的排列效果。

沿路径输入文字的操作步骤如下：

（1）使用钢笔工具在图像中绘制一条曲线路径，如图 5-103 所示。

（2）选择横排文字工具T，将鼠标移动到路径上，当光标变成输入形状时，单击，即可沿着路径输入文字，如图 5-104 所示。

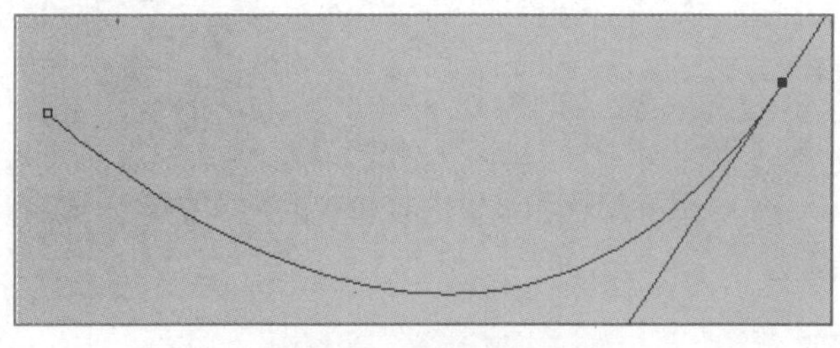

图5-103　绘制曲线路径

图5-104　输入文字

（3）如果改变路径的曲线造型，路径上的文字也将随着发生变化。

5.6.2　编辑文字

输入文字后，可以进一步对文字进行编辑。文字的编辑主要包括设置文字、段落属性、栅格化文字、文字转换、变形文字。

1．设置字符属性

字符属性主要设置文字的大小、颜色、间距等，可以直接在文字工具选项栏设置，也可以打开“字符”面板，设置相关的属性。设置字符属性的操作步骤如下：

（1）在图像中输入文字，如图 5-105 所示。

（2）选中文字，单击选项栏的“切换字符和段落面板”按钮，打开“字符”面板，设置字体大小、样式、颜色等，如图 5-106 所示。

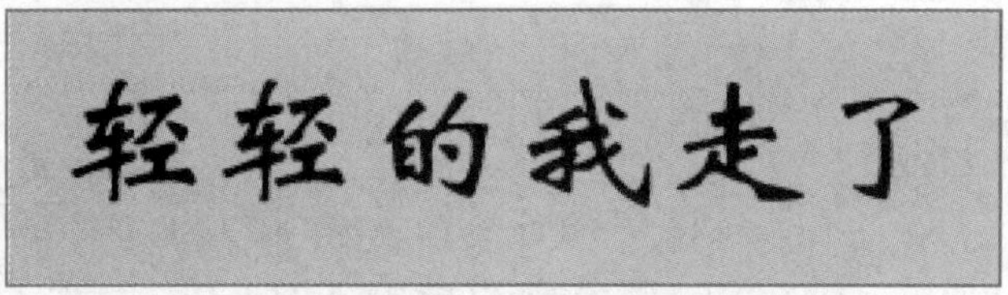

轻轻的我走了

图5-105　输入文字

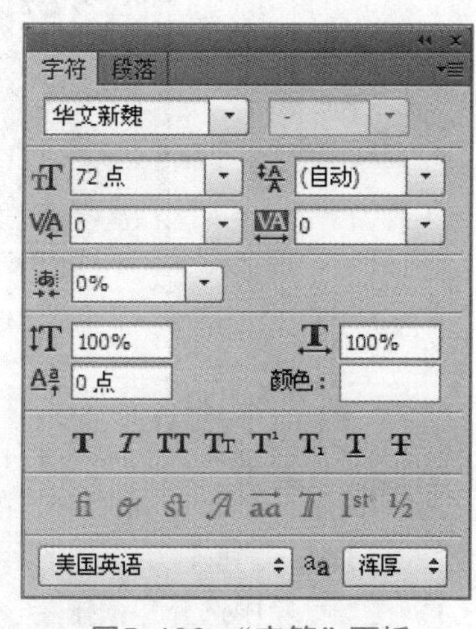

图5-106　“字符”面板

（3）单击“确定”按钮，即可得到文字效果。

2．设置段落属性

段落属性主要设置文本的对齐、缩进方式等，要设置段落属性必须先创建段落文字。设置段落属性的操作步骤如下：

（1）创建段落文本，并输入文字，如图 5-107 所示。

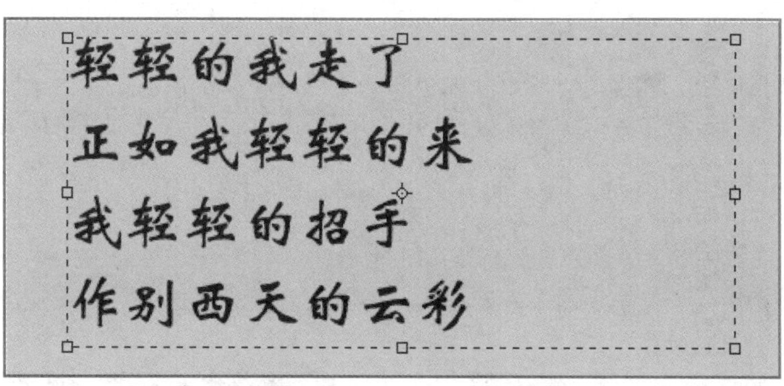

图5-107　输入段落文字

（2）在“字符”面板中选择“段落”选项卡，进入“段落”面板，如图 5-108 所示。

（3）设置对齐方式为“居中对齐”，效果如图 5-109 所示。

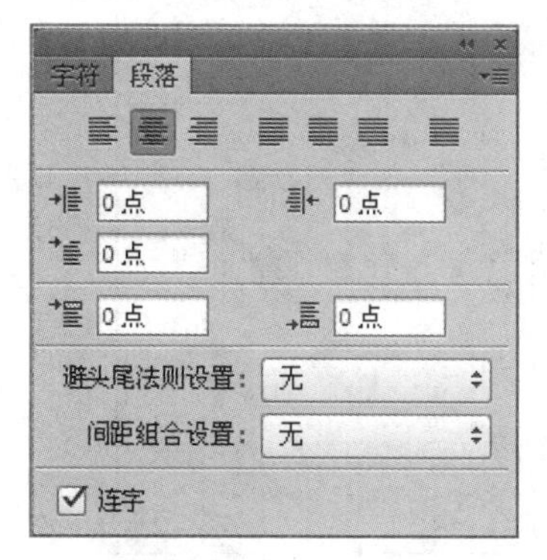

图5-108　“段落”面板

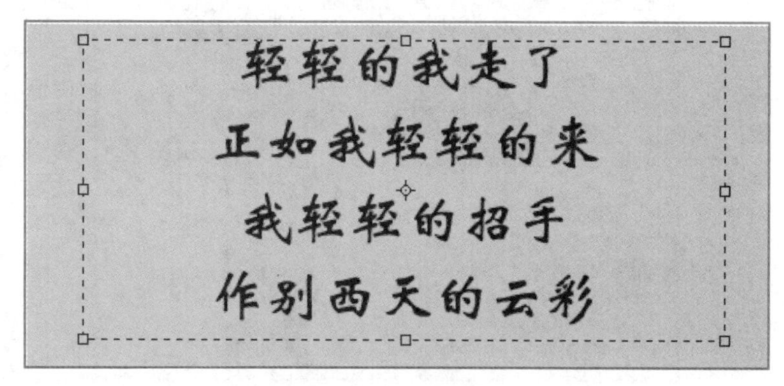

图5-109　设置段落格式的文本效果

3. 变形文字

在文字工具选项栏有一个变形工具，提供了 15 种样式供选用，可以用来创作艺术字体。变形文字的操作步骤如下：

（1）在图像中输入文字，如图 5-110 所示。

（2）在选项栏中单击“创建变形文字”按钮，打开“变形文字”对话框，设置样式、弯曲等参数，如图 5-111 所示。

（3）单击“确定”按钮，即可看到变形文字效果，如图 5-112 所示。

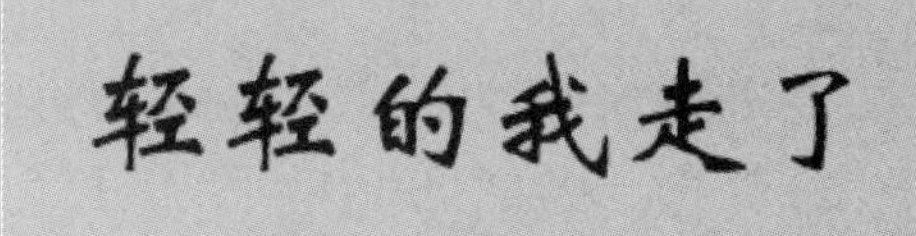

图5-110　输入文字

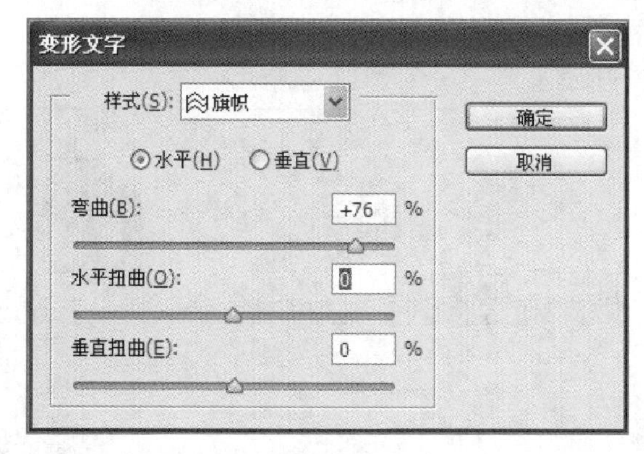

图5-111　“变形文字”对话框

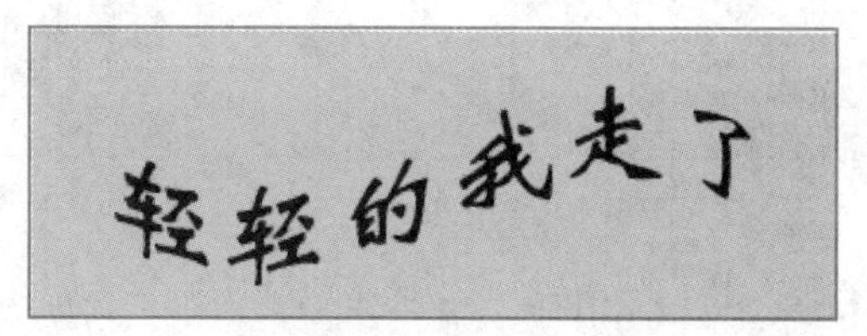

图5-112　变形文字效果

4. 栅格化文字

输入的文字在未栅格化前，优点是可以重新编辑，如更改内容、字体、字号等；缺点是无法直接对文字应用绘图和滤镜等功能，只有将其进行栅格化处理后，才能做进一步的编辑。栅格化将文字图层转换为普通图层，但是文字内容将不能更改。

栅格化文字的操作步骤如下：

（1）选择“图层”面板中的文字图层，如图 5-113 所示。

（2）选择【图层→栅格化→文字】命令，即可将文字图层转换为普通图层。将文字栅格化后，图层缩览图也将发生变化，如图 5-114 所示。

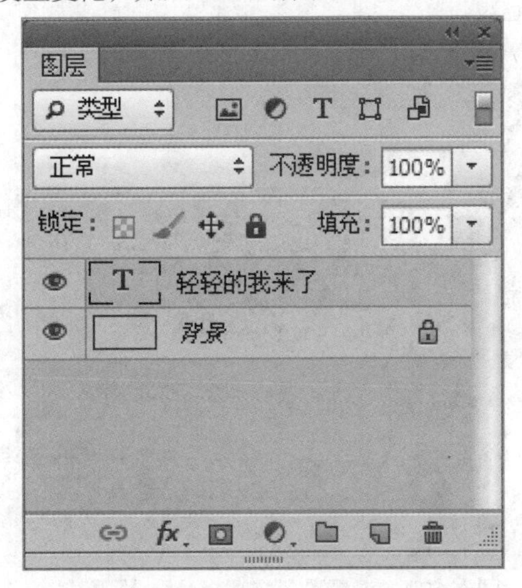

图5-113 文字图层

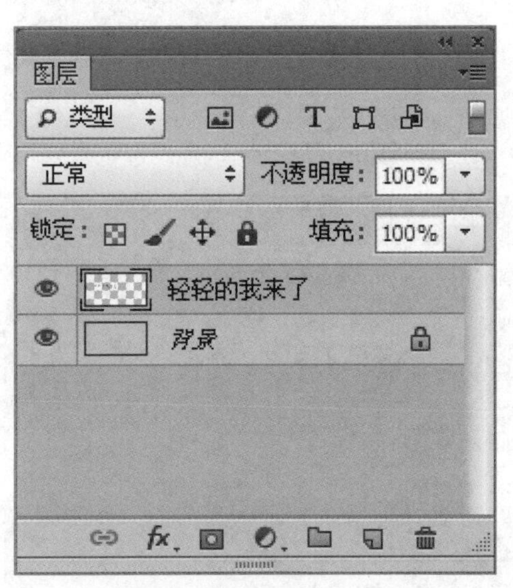

图5-114 栅格化效果

5. 文字转换

输入文字后，可以将文字进行变换，转换为选区或路径，其路径可以像普通路径一样编辑。操作步骤如下：

（1）在图像中输入文字，如图 5-115 所示。

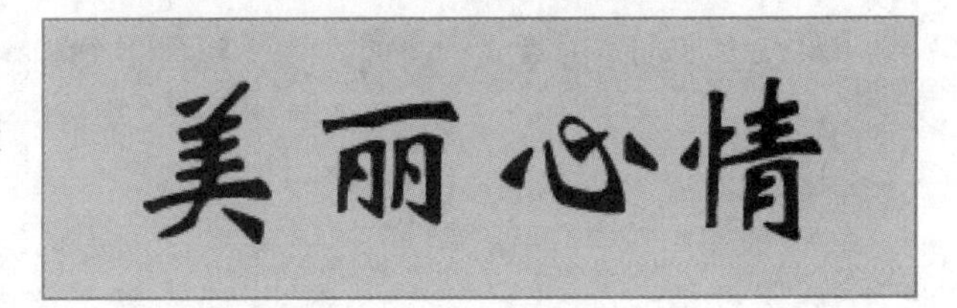

图5-115 输入文字

（2）选择【图层→栅格化→文字】命令，将文字图层转换为普通图层。

（3）按住【Ctrl】键，单击文字图层，创建文字选区，如图 5-116 所示。

（4）单击“路径”面板右上方的按钮，在弹出的菜单中选择“建立工作路径”，可将选区转换成路径。

（5）对路径进行调整，更改文字的形状，如图 5-117 所示。

图5-116 创建文字选区

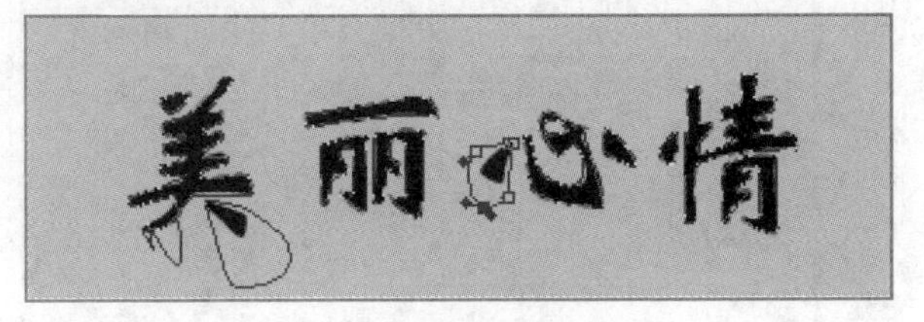

图5-117 调整文字路径

（6）按住【Ctrl】键，单击路径，将路径转换为选区，如图 5-118 所示。

（7）使用渐变工具或者图案库填充选区，即可看到文字效果，如图 5-119 所示。

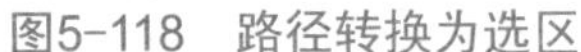
图5-118　路径转换为选区

图5-119　填充效果

5.7　图　　层

5.7.1　图层基础知识

1. 概述

图层是 Photoshop 的核心功能之一，用户可以通过它轻松地对图像进行编辑和修饰。在 Photoshop 中，可以将图像的不同部分分层存放，由所有图层组合成复合图层。使用图层，可以很方便地修改图像，简化图像编辑操作，还可以创建各种图层特效，从而制作出各种特殊效果。

2. 图层面板

图层面板显示了当前图像的图层信息，可以在面板中调节图层叠放顺序、新建图层、添加图层蒙版、切换图层可见性等。

选择【窗口→图层】命令，调出“图层”面板，如图 5-120 所示。图层在面板中依次自下而上排列，最先创建的图层在最底层，最后创建的图层在最上层。

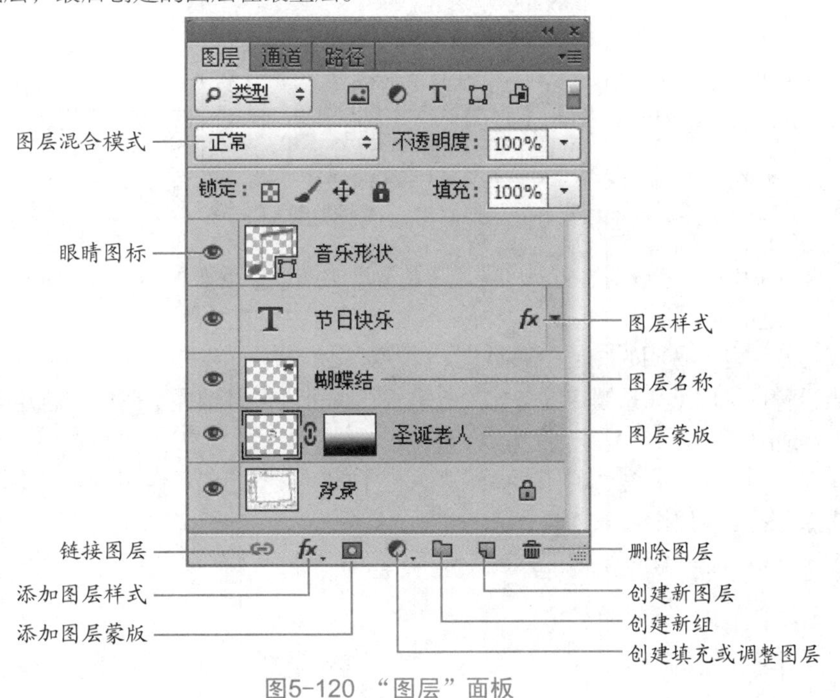

图5-120　“图层”面板

（1）图层混合模式：用于设置图层间的混合模式。

（2）眼睛图标：用于显示或隐藏图层，单击该图标，可以切换显示或隐藏状态。眼睛睁开，代表图层可见；眼睛闭着，代表图层隐藏。

（3）当前图层：以蓝色显示，一个图像只有一个当前图层，大多数编辑命令只对当前图层起作用。

（4）图层样式：表示该图层应用了图层样式。

（5）图层名称：每个图层定义不同的名称，便于区分。如果在建立图层时没有设定图层名称，则自动命名为“图层 1”“图层 2”等。

（6）链接图层：将多个图层链接起来，可以一起复制、移动等。

（7）添加图层样式：对当前图层添加各种图层样式，创建特殊图层效果。

（8）添加图层蒙版：对当前图层建立图层蒙版。

（9）创建填充或调整图层：用于创建填充图层或调整图层。

（10）创建新组：用于建立图层组，以便将若干图层归纳到组中进行管理和操作。

（11）创建新图层：建立一个新的图层。

（12）删除图层：将当前所选图层删除，也可用鼠标拖动图层到“删除图层”按钮上，将图层删除。

3. 图层类型

Photoshop CS6 中有多种类型的图层，例如文字图层、形状图层等，如图 5-121 所示。不同类型的图层，有着不同的特点和功能。

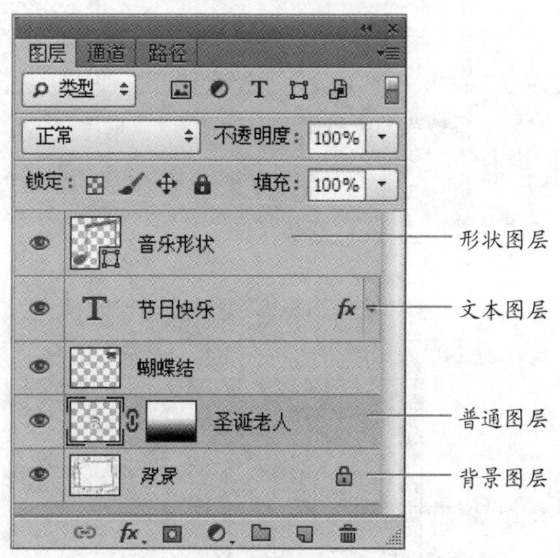

图5-121 图层类型

（1）普通图层：指用一般方法添加的图层，是最常用的图层，几乎所有 Photoshop CS6 的功能都可以在这种图层上应用。普通图层可以通过图层混合模式实现与其他图层的融合。

（2）背景图层：一种不透明的图层，通常位于图层的最底端，用于制作图像的背景。在背景图层右侧有一个图标，表示背景图层默认是锁定的。如果有需要，也可以通过选择【图层→新建→图层背景】命令将背景图层转换为普通图层。

（3）文本图层：用文字工具建立的图层，很多命令不能对文本图层起作用。如果要将文本图层转换为普通图层，可以选择【图层→栅格化→文字】命令。

（4）形状图层：使用工具箱中矩形工具、椭圆工具等 6 种形状工具建立的图层。

5.7.2 图层的操作

1. 移动、复制和删除图层

（1）移动图层。移动图层的操作方法如下：在图层面板选择需要移动的图层，然后选择移动工具，按住鼠标左键将图层拖动到合适位置。

（2）复制图层。复制图层的操作方法如下：在图层面板选择需要复制的图层，右击，选择“复制图层”命令，弹出如图 5-122 所示的“复制图层”对话框，在对话框中输入新图层的名称，单击“确定”按钮。

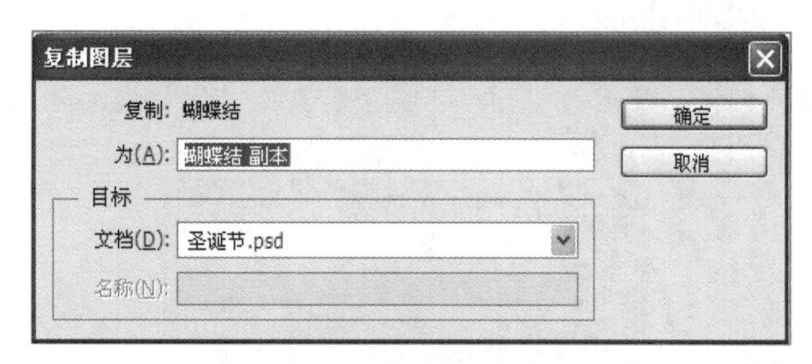

图5-122 “复制图层”对话框

（3）删除图层。删除图层的操作方法如下：在图层面板选择需要删除的图层，单击图层面板下方的“删除图层”按钮，即可将图层删除。

提 示

选择第一个图层后，按住【Shift】键的同时单击另一个图层，可以选择连续的多个图层。选择第一个图层后，按住【Ctrl】键的同时单击其他图层，可以选择不连续的多个图层。

2. 调整图层的叠放次序

图像一般由多个图层组成，上方的图层会遮盖其底层的图像。因此，在编辑图像时，可以调整图层的叠放次序，控制图像的最终显示效果。调整图层叠放次序的操作步骤如下：

（1）在图层面板，选中图层“女孩”，如图5-123所示。

图5-123 调整叠放次序前的效果

（2）按住鼠标左键将图层“女孩”拖到图层“蝴蝶结”的下方，效果如图5-124所示。

图5-124 调整叠放次序后的效果

3. 图层的锁定

Photoshop CS6 提供了 4 种锁定图层功能，包括锁定透明像素、锁定图像像素、锁定位置、锁定全部，如图 5-125 所示。被锁定的图层在其右边会出现相应的锁定图标。

图5-125　图层锁定功能

（1）锁定透明像素：单击该按钮，可以锁定图层中的透明部分，只能对有像素的部分进行编辑。

（2）锁定图像像素：单击该按钮，当前图层中无论是透明部分还是有像素部分，都不能进行编辑，但可以移动位置。

（3）锁定位置：单击该按钮，不能对当前图层移动位置。

（4）锁定全部：单击该按钮，将完全锁定当前图层，任何编辑操作或移动位置都不能进行。

提 示

如果要取消图层的锁定，选中该图层后，单击对应的锁定按钮即可。

4. 图层的链接与合并

图层的链接，可以方便地移动多个图层，同时对多个图层中的图像进行旋转、缩放等操作，还可以对不相邻的图层进行合并。图层链接的操作步骤如下：

（1）在图层面板，按住【Ctrl】键，选中要链接的多个图层。

（2）单击图层面板下方的“链接图层”按钮，即可将多个图层进行链接，在其右侧出现链接标记，如图 5-126 所示。

提 示

如果要解除链接，选择要解除链接的图层，再单击“链接图层”按钮即可。

图5-126　图层链接

如果对几个图层已经编辑好，相对的位置也不需要更改了，就可以将这几个图层合并。合并图层后，可以节约空间，还可以对合并后的图层整体进行修改。合并图层的操作步骤如下：

（1）在图层面板，按住【Ctrl】键，选中要合并的多个图层，如图 5-127 所示。

（2）在右键菜单中，选择“合并图层”，即可将多个图层进行合并，多个图层自动变为一个图层，如图 5-128 所示。

图5-127　合并前的图层状态

图5-128　合并后的图层状态

5.7.3　图层样式

使用图层样式,可以快速创建投影、发光、浮雕和叠加等修饰效果。应用图层样式相当简单,无须逐步模糊、复制及偏移图层，只要在图层中创建图形、文本等，再选择使用一种样式即可。设置图层样式的操作步骤如下：

（1）在图层面板，选中要添加样式的图层。

（2）单击图层面板下方的“添加图层样式”按钮fx，在弹出的快捷菜单中选择样式，如图 5-129 所示。

（3）选择“斜面和浮雕”，在弹出的“图层样式”对话框，(见图 5-130) 中设置相应参数。也可同时选择其他样式的复选框，设置多种样式。

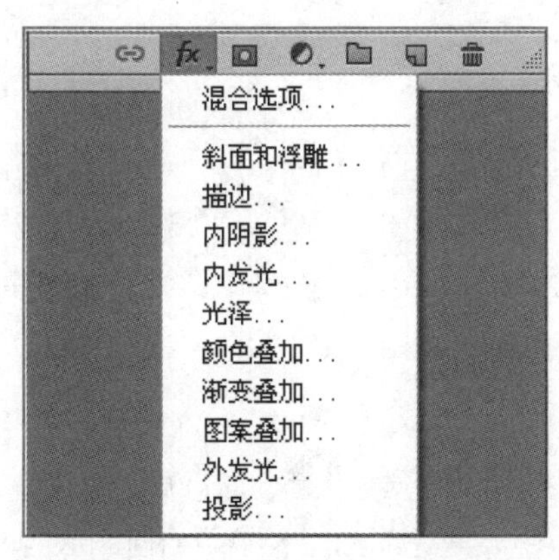

图5-129　“图层样式”菜单

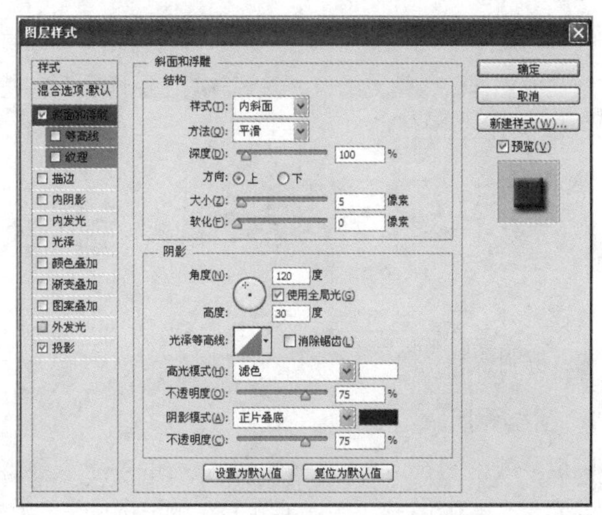

图5-130　“图层样式”对话框

（4）单击“确定”按钮，图层面板中显示所添加的效果，如图 5-131 所示。

图5-131　添加样式后的效果

图层样式包括斜面浮雕、描边、内阴影等 10 种样式，功能分别如下：

1. 斜面和浮雕

浮雕效果包括外浮雕、内浮雕、浮雕、枕状浮雕、描边浮雕等 5 种形态，在图层的边缘添加一些高光和暗调带，使图层的边缘产生立体浮雕效果。

2. 描边

描边是以一定的宽度沿图像边缘勾勒图像轮廓。可以使用渐变色或图案进行描边，适合用于处理一些边缘清晰的图层。

3. 内阴影

内阴影样式，可以为图像内容增加阴影效果，沿着图像边缘向内产生投影效果，使图像产生一定的立体感和凹陷感，如剪刀裁剪过的镂空效果。

4. 内发光

Photoshop CS6 提供了两种光照样式，即内发光和外发光样式。内发光样式，是在图像内容的边缘以内添加发光效果。

5. 光泽

光泽样式，可以在图像表面添加一层反射光的效果，使图像产生类似绸缎的感觉，也可以用于制作不规则形态的图案，色调是以工具箱中的前景色为基础表现的。

6. 颜色叠加

颜色叠加样式，就是为图层中的图像内容叠加覆盖一层颜色，通过给图像覆盖特定的色调，以突出显示某一特定图像的色调。结合混合模式可以得到独特的效果。

7. 渐变叠加

渐变叠加样式，是使用一种渐变颜色覆盖在图像表面，通过对图像覆盖指定的渐变色彩组合成特定的颜色，像彩虹的形态应用到图像上。

8. 图案叠加

图案叠加样式，是使用一种图案覆盖在图像表面，通常应用在为图像填充特定的图案。在原图像的轮廓范围之内，可以填充任意的图案内容。

9. 外发光

外发光样式，和内发光样式正好相反，可以为图像添加从图层外边缘发光的效果。

10. 投影

投影样式，是最常用的一种图层样式，样式中定义的各种图层效果会应用到该图像中，并且为图像增强层次感、透明感和立体感。

5.7.4 图层蒙版

图层蒙版是 Photoshop 中一项十分重要的功能，用于控制当前图层的显示或隐藏。通过更改蒙版，可以将很多特殊效果应用到图层中，而不会影响原图像上的像素。在蒙版中，黑色部分代表隐藏当前图层的图像，白色部分代表显示当前图层的图像，灰色部分代表渐隐渐显当前图层的图像。

图层蒙版，也可以理解为在当前图层上面覆盖的玻璃片，使用合适的工具在蒙版上涂色（黑、白、灰），涂黑色的地方蒙版变为完全不透明的，即隐藏当前图层的图像；涂白色的地方蒙版变为透明，即显示当前图层的图像；涂灰色的地方蒙版变为半透明，透明的程度由涂色的灰度深浅决定，即当前图层渐隐渐显。

5.7.4.1　建立图层蒙版

建立图层蒙版的操作步骤如下：

（1）打开图像“图层蒙版 1.jpg”和“图层蒙版 2.jpg”。

（2）在工具箱中选择移动工具，将“图层蒙版 1.jpg”拖动到“图层蒙版 2.jpg”中，如图 5-132 所示。

图5-132　添加图层蒙版前的效果

（3）选择【编辑→变换→缩放】命令，将“图层 1”调整到合适大小。

（4）单击“图层”面板下方的“添加图层蒙版”按钮，给“图层 1”添加图层蒙版，如图 5-133 所示。此时蒙版为白色，表示全部显示当前图层。

（5）设置前景色为黑色，背景色为白色。

（6）在工具箱中选择画笔工具，设置合适的画笔大小，然后在小狗之外的白色区域涂抹，涂抹之处将被隐藏，涂抹后的黑白状态在图层蒙版中显示出来，如图 5-134 所示。

图5-133　添加图层蒙版

图5-134　添加图层蒙版后的效果

提　示

在使用黑色画笔涂抹过程中，如果想恢复隐藏的图像，将画笔设置为白色，然后在被隐藏的位置涂抹，被隐藏的区域可被显示出来。

5.7.4.2 删除图层蒙版

删除图层蒙版的操作步骤如下：

（1）选择要删除的蒙版，单击“图层”面板下方的“删除图层”按钮。

（2）弹出如图 5-135 所示的对话框，如果单击“应用”按钮，蒙版被删除，而蒙版效果被保留在图层中，如图 5-136 所示；如果单击“删除”按钮，蒙版被删除的同时蒙版效果也消失，如图 5-137 所示。

图5-135 删除蒙版对话框

图5-136 单击“应用”按钮的效果

图5-137 单击“删除”按钮的效果

5.7.4.3 图层蒙版的应用

在使用图层蒙版的时候，除了使用画笔工具来控制图层的显示或隐藏，还可以结合选区工具、渐变工具来操作。

1. 使用选区工具

使用选区工具和图层蒙版，控制图层的显示或隐藏的操作步骤如下：

（1）打开图像“小狗.jpg”和“画框.jpg”。

（2）在工具箱中选择移动工具，将“小狗.jpg”拖动到“画框.jpg”中。在“图层”面板，双击“图层 1”，将“图层 1”的名字更改为“小狗”，如图 5-138 所示。

（3）选择【编辑→自由变换】命令，将图层“小狗”调整到合适大小。

（4）单击图层“小狗”前的“指示图层可见性”按钮，将“小狗”隐藏。

（5）选中“背景”图层，用魔棒工具，将需要显示小狗的部分选中（包括中间的大区域及4个角的部分），如图5-139所示。

图5-138　小狗画框素材

图5-139　背景图层选中的区域

（6）选中“小狗”图层，单击“指示图层可见性”按钮，将“小狗”图层显示，需要显示的小狗区域被选中，如图5-140所示。

（7）单击“图层”面板下方的“添加图层蒙版”按钮，为图层“小狗”添加图层蒙版，即可显示“小狗”图层选中的区域，隐藏未选中的区域，效果如图5-141所示。

图5-140　小狗图层选中的区域

图5-141　最终效果

提　示

创建好选区后，添加图层蒙版，图层中选中的区域将被显示，未选中的区域将被隐藏。在图层蒙版中，选中的区域为白色，未选中的区域为黑色。

2. 使用渐变工具

使用渐变工具和图层蒙版，控制图层的显示或隐藏的操作步骤如下：

（1）打开图像“童年背景.jpg”和“小朋友.jpg”。

（2）在工具箱中选择移动工具，将“小朋友.jpg”拖动到“童年背景.jpg”中。在“图层”面板，双击“图层1”，将“图层1”的名字更改为“小朋友”，如图5-142所示。

（3）选择【编辑→自由变换】命令，将图层“小朋友”调整到合适大小，然后拖动到合适位置，如图5-143所示。

（4）单击“图层”面板下方的“添加图层蒙版”按钮，为图层“小朋友”添加图层蒙版，如图5-144所示。

图5-142　童年素材

图5-143　调整图层大小和位置

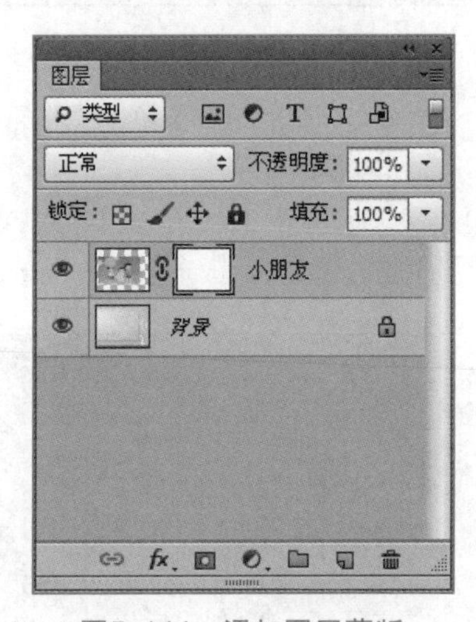

图5-144　添加图层蒙版

（5）设置前景色为黑色，背景色为白色。在工具箱选择渐变工具，在选项栏的渐变库中选择“从前景色到背景色渐变”。

（6）按住鼠标左键，在图像中从下往上拖动，松开鼠标后，可看到图层“小朋友”的下半部分被隐藏，显示为背景图像，如图 5-145 所示。

图5-145　使用渐变工具效果

（7）在工具箱选择文字工具T，输入文字“致我们快乐的童年”，最终效果如图 5-146 所示。

图5-146　最终效果

5.8　滤　　镜

5.8.1　滤镜概述

Photoshop CS6 中的滤镜功能十分强大，可以创建出各种各样的图像特效，可以完成纹理、杂色、扭曲和模糊等多种操作。在“滤镜”菜单中可看到所有滤镜分类，如图 5-147 所示，滤镜命令都列在各个子菜单中（见图 5-148），使用这些命令即可启动相应的滤镜功能。

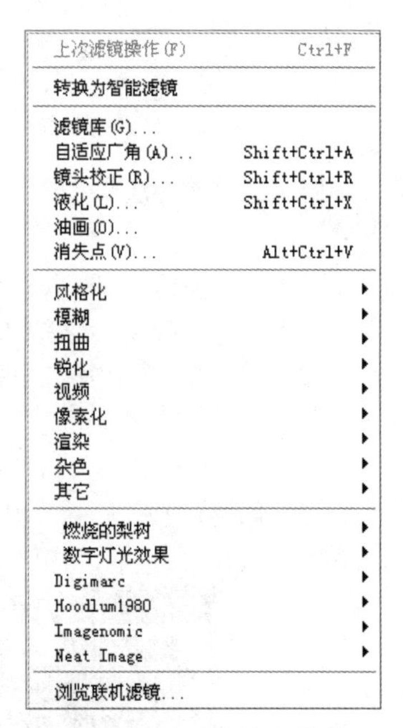

图5-147　“滤镜”菜单

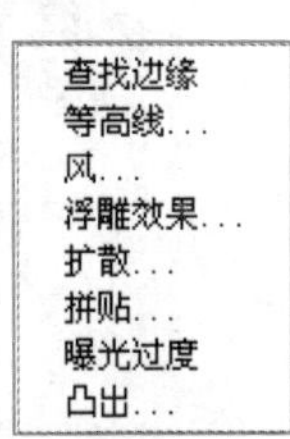

图5-148　“风格化”子菜单

如果滤镜命令后没有符号“…”，表示该滤镜不需要设置任何参数，直接将滤镜效果应用在图像中。如果滤镜命令后有符号“…”，表示在使用滤镜时，会弹出一个对话框并要求设置一些选项和参数。

5.8.2　滤镜的使用

1．认识滤镜库

在滤镜库中选择一种滤镜，系统将打开对应的参数设置对话框，如图 5-149 所示。

“滤镜”对话框中各个区域的功能含义如下：

（1）预览区：显示添加滤镜后的图像效果，拖动鼠标，可以查看图像的其他部分。

（2）滤镜选择区：单击滤镜序列的名称即可将其展开，单击相应命令的缩略图可应用滤镜。

（3）参数设置区：设置当前已选命令的参数。

（4）滤镜控制区：可以在一个对话框中对图像同时应用多个滤镜，并将添加的滤镜效果叠加起来。如果要应用多个不同的滤镜，可以在滤镜控制区选择滤镜的名称，然后单击下方的新建效果图层按钮，新添加一种滤镜，再设置合适的滤镜参数。

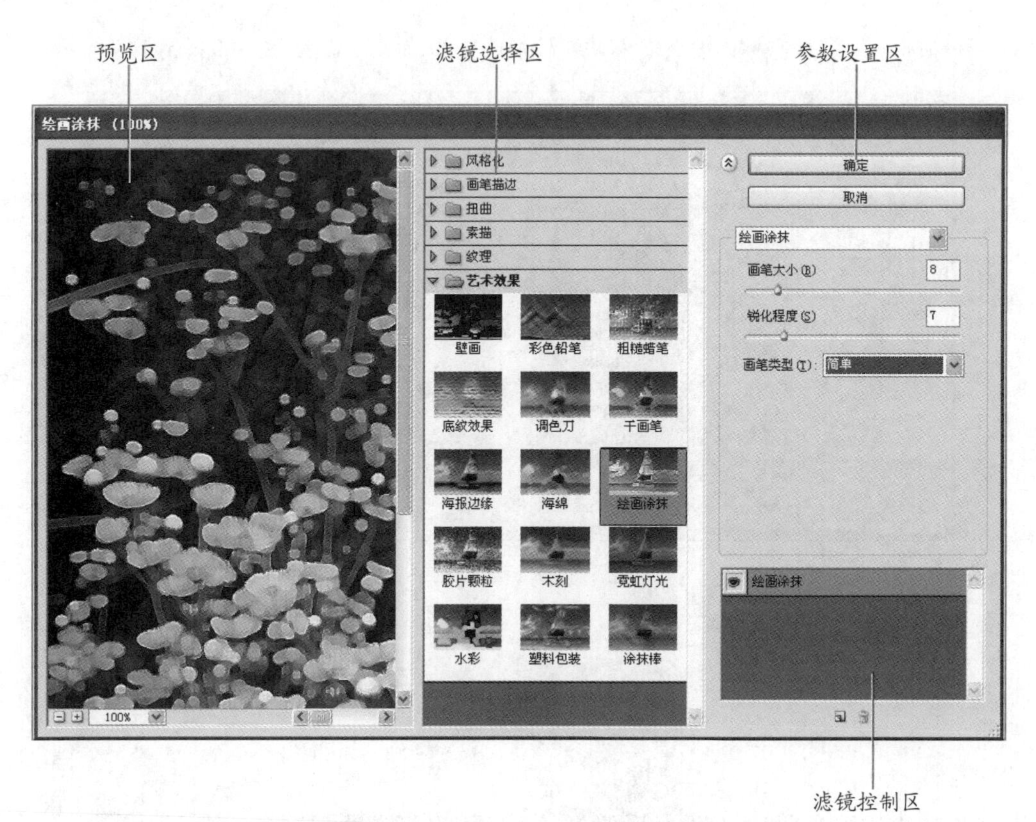

图5-149 “滤镜库”对话框

2. 应用滤镜

应用滤镜的方法非常简便，例如给图像添加马赛克滤镜的操作步骤如下：

（1）打开图像，如果要将滤镜应用到图像中某个区域，先使用选区工具选取该区域，如图 5-150 所示。

图5-150 原图

（2）从“滤镜”菜单或者滤镜库中选取一个滤镜，如选择【滤镜→像素化→马赛克】命令。

（3）在弹出的“马赛克”对话框，设置单元格大小，如图 5-151 所示。

（4）单击“确定”按钮，即可看到添加马赛克滤镜后的效果，如图 5-152 所示。

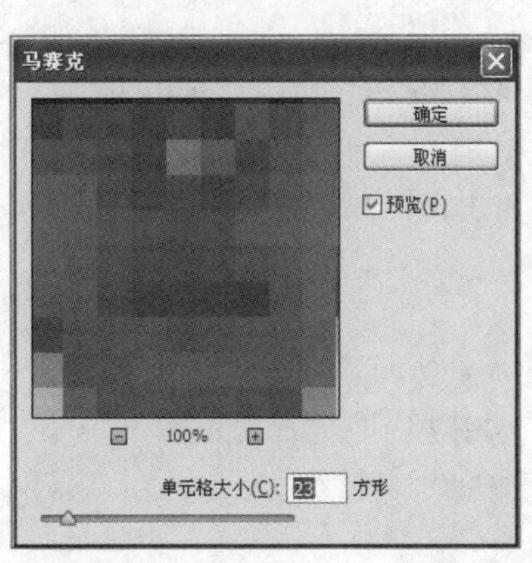

图5-151 “马赛克”对话框

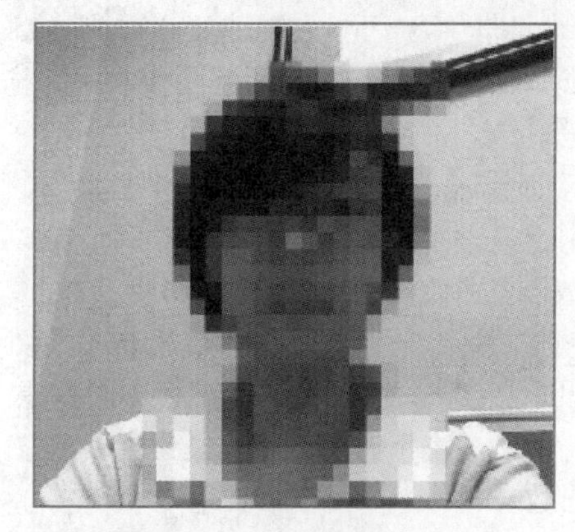

图5-152 添加滤镜的效果

提 示

选取滤镜后，如果不出现任何对话框，说明已应用该滤镜。对图像应用滤镜后，如果发现效果不明显，可以按【Ctrl+F】组合键，再次应用该滤镜。

5.8.3 常用滤镜

滤镜库中提供了风格化、画笔描边等 6 组滤镜，“滤镜”菜单中也提供了多种使用单独对话框设置参数或无对话框的滤镜。

1. 液化滤镜

液化滤镜可以使图像产生扭曲效果，通过“液化”对话框自定义图像扭曲的范围和强度，常用于人物图像的处理，实现瘦身、瘦脸等功能。

2. 镜头校正滤镜

镜头校正滤镜可以修复常见的镜头瑕疵，如失真、色彩等。

3. 油画滤镜

油画滤镜可以为图像添加较为真实的油画效果，通过设置画笔样式参数调节图像效果，还可以调整光照方向，使油画效果更加具有立体感。

4. 消失点滤镜

消失点滤镜可以在图像中自动应用透视原理，按照透视的角度和比例来自动适应图像的修改，从而大大节约精确设计和修饰照片所需的时间。

5. 风格化滤镜

风格化滤镜组主要通过置换像素和查找增加图像的对比度，使图像产生印象派及其他风格化效果。除了可以使用在滤镜库中的照亮边缘滤镜外，“滤镜”菜单中还包括查找边缘、等高线、风等其他 8 种风格化滤镜效果。

6. 画笔描边滤镜

画笔描边滤镜组的滤镜全部在滤镜库中，在滤镜库对话框中展开“画笔描边”，可以选择和设置其中的各个滤镜。画笔描边滤镜组中的命令，主要用于模拟不同的画笔或油墨笔刷来勾画图像，产生绘图效果。

7. 扭曲滤镜

扭曲滤镜主要用于对图像进行各种各样的扭曲变形处理，图像可以产生三维或其他变形效果。除了可以在滤镜库中找到玻璃、海洋波纹和扩散光亮滤镜外，还可以在滤镜菜单中找到波浪、极坐标、挤压等其他 9 种扭曲滤镜效果。

8. 素描滤镜

素描滤镜组的滤镜全部在滤镜库中，用于在图像中添加各种纹理，使图像产生素描、三维、速写的艺术效果。

9. 纹理滤镜

纹理滤镜组的滤镜全部在滤镜库中，使用该组滤镜可以为图像添加各种纹理效果，增加图像的深度感和材质感。

10. 艺术效果滤镜

艺术效果滤镜组的滤镜全部在滤镜库中，用于模仿自然或传统绘画手法的途径，将图像制作成天然或传统的艺术图像效果。

11. 像素化滤镜

像素化滤镜组主要用于将图像转换成平面色块的图案，使图像分块或平面化，通过不同的设置达到截然不同的效果，也可用于对图像的屏蔽。

12. 模糊滤镜

模糊滤镜组可以让图像相邻像素间过渡平滑，从而使图像变得更加柔和，该组大部分滤镜都有独立的对话框。

13. 杂色滤镜

杂色滤镜组可以在图像中添加彩色或单色杂点效果，或者将图像中的杂色移除。该组滤镜对图像有优化的作用，在输出图像时经常使用。

14. 渲染滤镜

渲染滤镜组主要用于模拟不同的光源照明效果，创建出云彩图案、折射图案等。

15. 锐化滤镜

锐化滤镜组是通过增加相邻图像像素的对比度，让模糊的图像变得清晰，画面更加鲜明、细腻。

课 后 练 习

操作题

1. 参考图 5-156，制作光盘效果。

（1）新建一个图像，设置大小为“500×500 像素”，分辨率为“72 像素 / 英寸”，背景为“白色”。

（2）使用选区、渐变等工具，制作光盘效果，如图 5-153 所示。

（3）将文件保存在“课后练习”文件夹中，文件名为“七彩光盘 .jpg”。

2. 打开本章“课后练习”文件夹下的“图 1.jpg”，制作如图 5-154 所示的效果。

（1）使用选区工具，变换功能，制作如图所示效果，如图 5-154 所示。

（2）将文件保存在“课后练习”文件夹中，文件名为“复制人物 .jpg”。

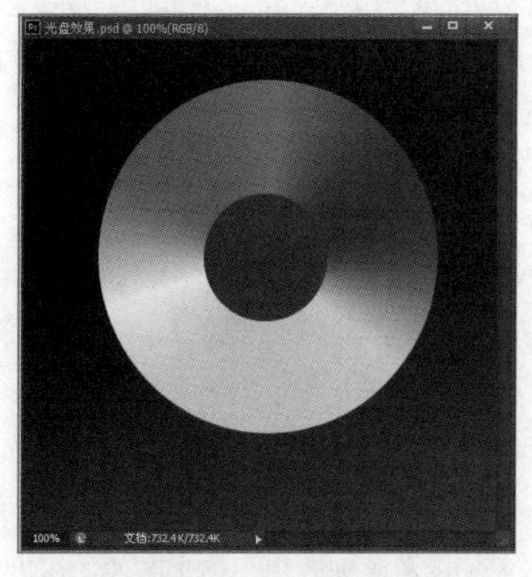

图5-153 光盘效果

图5-154 复制人物效果

3. 打开本章“课后练习”文件夹下的“图 2.jpg”，制作如图 5-155 所示的效果。

（1）结合仿制图章工具、修补工具、修复画笔工具等，去除图中左边的人物，与周围的景物完全融合。

（2）将文件保存在“课后练习”文件夹中，文件名为“照片修复 .jpg”。

4. 打开本章“课后练习”文件夹下的“图 3.jpg”，制作如图 5-156 所示的效果。

图5-155 照片修复效果

图5-156 水果人效果

（1）新建一个图像，文件名为“水果人”，设置大小为“800*980 像素”，分辨率为“72 像素 / 英寸”，背景为“白色”。

（2）在“图 3.jpg”中，利用磁性套索工具选择香瓜图像，通过移动工具将其拖动复制到新建的图像“水果人”中，并对图层进行重命名、适当的调整和编辑。

（3）依次拖动其他水果到新图像中，进行变换、叠放次序等调整。

（4）在上方的空白位置输入文字“非常水果人”，设置字体为华文新魏、大小为 90 点。并添加投影和浮雕的图层样式。

（5）将文件保存在“课后练习”文件夹中。

5. 打开本章“课后练习”文件夹下的“图 4.jpg”“图 5.jpg”，制作如图 5-157 所示的效果。

（1）使用选区工具、图层蒙版、图层样式等，制作如图 5-157 所示效果。

（2）将文件保存在“课后练习”文件夹中，文件名为“剪纸鸡 .jpg”。

图5-157 剪纸鸡效果

6. 参考图 5-158，制作一幅水墨画图像。

（1）新建一个图像，文件名为“水墨画”，设置大小为“850 像素 ×650 像素”，分辨率为“72 像素 / 英寸”，背景为“白色”。

（2）设置前景色的 RGB 分量值为（197,150,24），将图像填充为前景色。

（3）打开本章“课后练习”文件夹中的“图 6.jpg”，将图像拖入新建的图像中，生成图层 1。

（4）新建图层 2，并将图层 2 放在图层 1 下方，绘制一个矩形选区，填充为白色。

（5）在路径面板中，将矩形选区转换为工作路径。

（6）选择“橡皮擦工具”按钮，打开画笔面板，设置属性如图 5-159 所示。

（7）在路径面板中选择“用画笔描边路径”按钮，对路径进行描边。

（8）使用文字工具创建水墨画中的文字内容，设置合适的颜色，并适当调整大小和位置，即可达到图 5-158 所示效果。

（9）将文件保存在“课后练习”文件夹中。

图5-158　相框

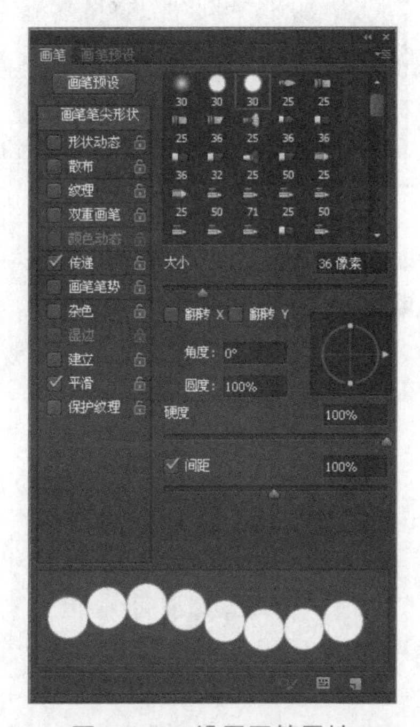

图5-159　设置画笔属性

7. 参考图 5-160，制作巧克力效果。

（1）新建一个图像，文件名为“浓情巧克力”，设置大小为“600 像素 ×600 像素”，分辨率为“72 像素 / 英寸”，背景为“黑色”。

（2）选择【滤镜→渲染→镜头光晕】命令。

（3）选择【滤镜→画笔描边→喷色描边】命令。

（4）选择【滤镜→扭曲→波浪】命令。

（5）选择【滤镜→素描→铬黄】命令。

（6）选择【图像→调整→色彩平衡】命令，将红色调到最大，黄色调到最小。

（7）选择【滤镜→扭曲→旋转扭曲】命令。

（8）在右上方绘制小圆圈，并在下方位置输入文字“浓情巧克力”，并添加适当的图层样式。

（9）将文件保存在“课后练习”文件夹中。

图5-160　巧克力效果

Photoshop高级应用

学习目标

- 掌握图像色彩色调处理的方法。
- 掌握人物图像美化的方法。
- 了解图像的艺术处理。
- 掌握数码照片合成的方法。
- 掌握海报制作的方法。

本章将以 Adobe Photoshop CS6 为环境，以数码照片处理、数码照片合成、宣传海报制作等案例来介绍 Photoshop 的高级应用。通过本章学习，能初步掌握数码照片的后期处理以及宣传海报的制作方法。

6.1　数码照片处理

6.1.1　案例简介

拍完照片后，很多时候要对照片进行后期处理，特别是个人艺术照、婚纱照等照片。在挑选照片的时候，要考虑细节是否存在问题，如头发、牙齿、肤色、光线等，如果拍摄出来的效果不满意，要及时进行修改。在后期的处理中，不能要求太苛刻，照片作为留念，更要保持最自然的一面。

通过照片调整技术，可以快速处理照片中的常见问题。本案例主要通过色彩色调的调整、滤镜的应用对数码照片进行处理，主要包括以下三类处理：

（1）图像色彩色调处理。

（2）人物图像的美化。

（3）图像的艺术处理。

6.1.2　图像色彩色调处理

色调是指一幅图像的整体色彩感觉以及明暗程度，色彩是指当光线照射到物体后使视觉神经产生的感受，具有 3 个基本特性：色相、饱和度、明度。图像色彩色调的调整主要通过执行【图像→调整】菜单下的命令来实现，如图 6-1 所示，包括色阶、曝光度、替换颜色等常见的功能。

1. 亮度/对比度

“亮度 / 对比度”能整体调整图像的亮度 / 对比度，从而实现对图像色调的调整。使用“亮度 / 对比度”

命令的操作步骤如下：

（1）打开图像，如图 6–2 所示。

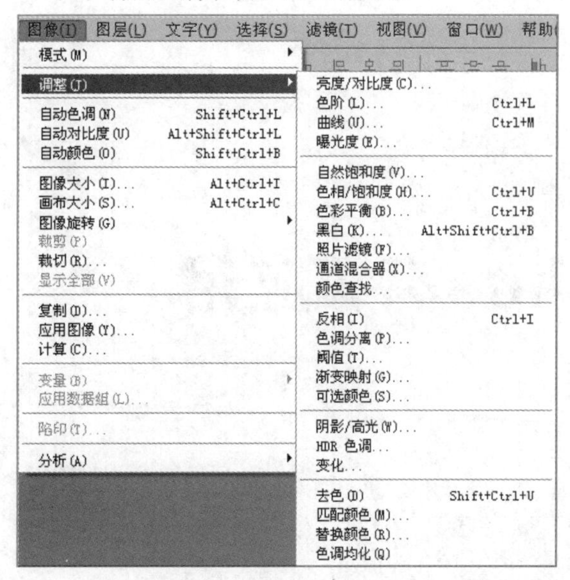

图6-1 “调整”菜单

图6-2 原图

（2）选择【图像→调整→亮度 / 对比度】命令，在弹出的“亮度 / 对比度”对话框中，分别设置亮度、对比度，如图 6–3 所示。

（3）单击“确定”按钮，调整亮度和对比度后的效果如图 6–4 所示。

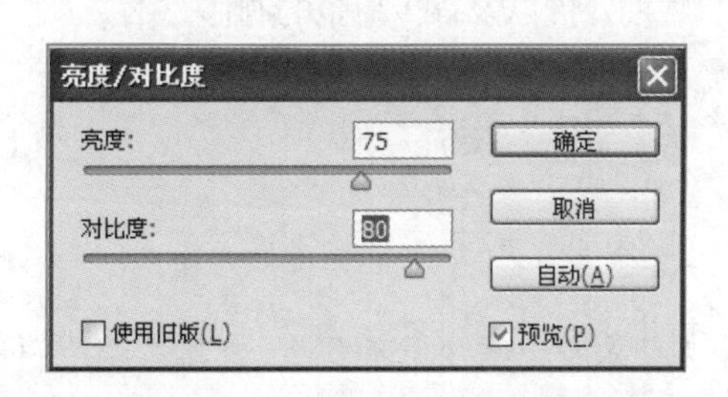

图6-3 调整“亮度/对比度”

图6-4 调整后效果

2. 色阶

“色阶”命令主要用于调整图像中颜色的明暗度，能对图像的阴影、中间调和高光的强度进行调整。选择【图像→调整→色阶】命令，弹出“色阶”对话框，如图 6–5 所示。

“色阶”对话框中的各选项含义如下：

- 通道：用于设置要调整的颜色通道，包括图像的色彩模式和颜色通道。
- 输入色阶：从左至右分别用于设置图像的阴影色调、中间色调和高光色调。可以在文本框中直接输入数值，也可以拖动色调直方图底部滑条上的3个滑块来进行调整。向左拖动高光色调和中间色调，可以使图像变亮；向右拖动阴影色调和中间色调，可以使图像变暗。
- 输出色阶：用于调整图像的亮度和对比度。向左拖动右边的滑块，可以降低图像亮部对比度，从而使图像变暗；向右拖动左边的滑块，可以降低图像暗部对比度，从而使图像变亮。
- 自动：自动调整图像中的整体色调。
- 选项：单击该按钮，将弹出“自动颜色校正选项”对话框，可以设置自动颜色校正的算法。

- 吸管工具组：使用吸管工具在图像中单击取样，可以通过重新设置图像的黑场、白场或灰点调整图像的明暗。黑色吸管工具在图像上单击，可以使图像基于单击处的色值变暗；白色吸管工具在图像上单击，可以使图像基于单击处的色值变亮；灰色吸管工具在图像上单击，可以在图像中减去单击处的色调，以减弱图像的偏色。

使用"色阶"命令的操作步骤如下：

（1）打开图像，如图 6-6 所示。

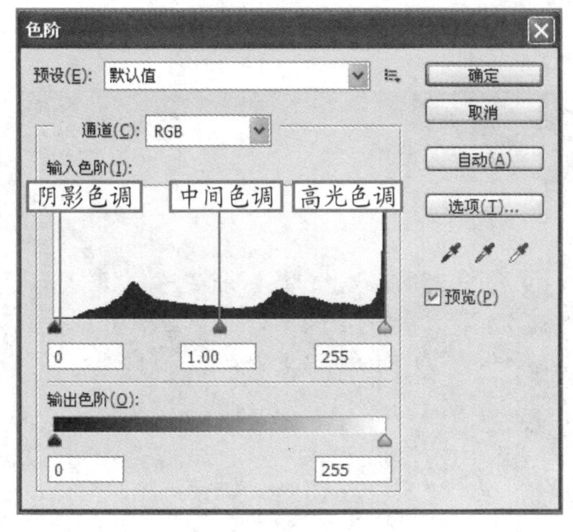

图6-5　"色阶"对话框

图6-6　原图

（2）选择【图像→调整→色阶】命令，在弹出的"色阶"对话框中，设置"输入色阶"，如图 6-7 所示。

（3）单击"确定"按钮，调整后的图像效果如图 6-8 所示。

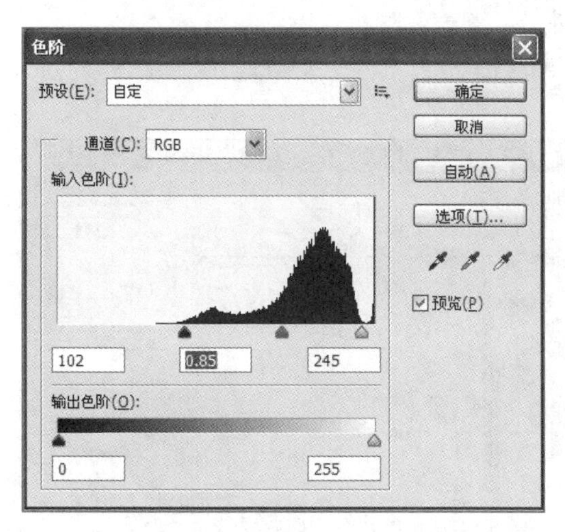

图6-7　调整后的色阶

图6-8　调整色阶后的效果

3. 曲线

"曲线"命令在图像色彩的调整中使用非常广，它可以对图像的色彩、亮度、对比度进行综合调整，并且在从暗调到高光的色调范围内，可以对多个不同的点进行调整。

选择【图像→调整→曲线】命令，弹出"曲线"对话框，如图 6-9 所示。

"曲线"对话框中的各选项含义如下：

- 通道：在下拉列表中，可以选择当前色彩模式中的单一色彩进行调整。
- 曲线调整框：该区域用于显示当前对曲线所进行的修改。
- 渐变条：曲线调整框左侧和底部的渐变条。横向（输入）的为图像在调整前的明暗度状态，纵向（输出）的为图像在调整后的明暗度状态。

使用“曲线”命令的操作步骤如下：

（1）打开图像，如图 6–10 所示。

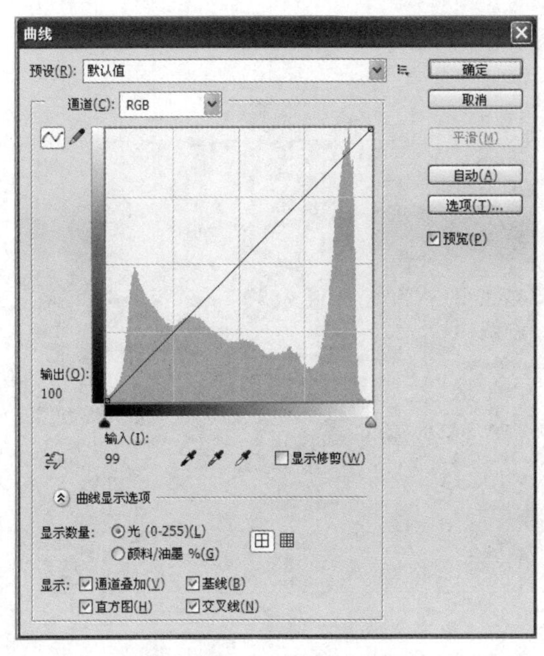

图6–9 “曲线”对话框

图6–10 原图

（2）选择【图像→调整→曲线】命令，弹出“曲线”对话框，在曲线上方“高光色调”处单击创建一个节点，按住鼠标左键向上拖动，以提亮图像亮部区域，如图 6–11 所示。

（3）在曲线下方“阴影色调”处单击创建一个节点，按住鼠标左键向下拖动，以降低图像暗部区域的亮度，如图 6–12 所示。

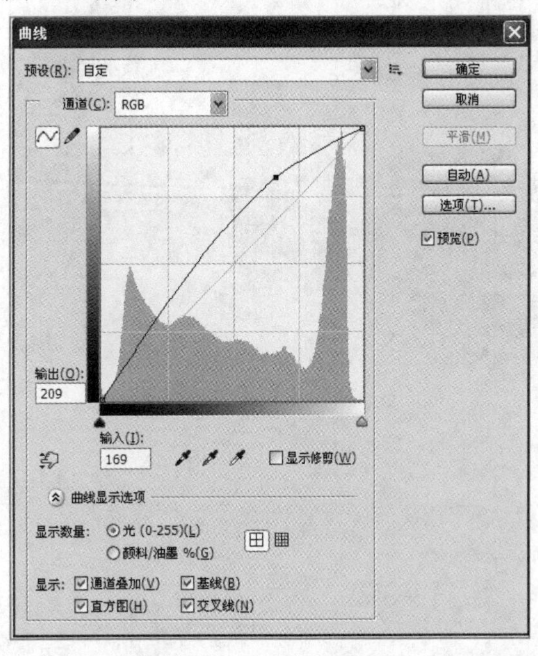

图6–11 调整亮部区域

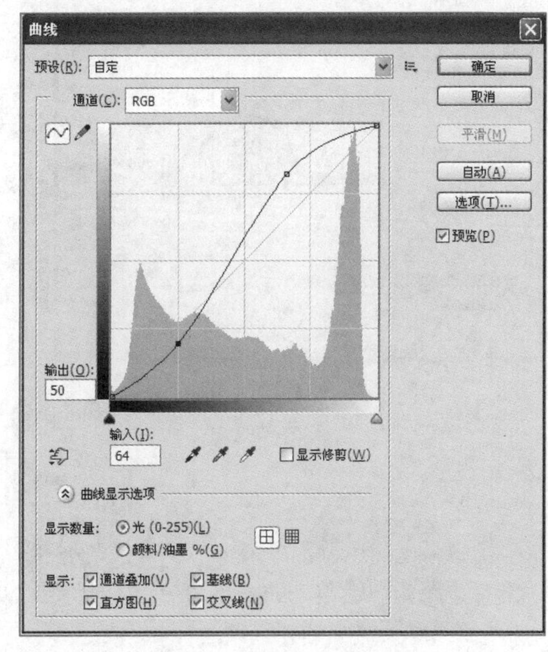

图6–12 调整暗部区域

（4）单击“确定”按钮，调整曲线后的效果如图 6–13 所示。

图6-13　调整曲线后的效果

4. 曝光度

曝光度是指由于光圈开得过大、底片的感光度太高、曝光时间过长、闪光灯光线太强等原因所造成的影像失常。在曝光过度的情况下，底片会显得颜色过暗，所冲洗出的照片则会发白。选择【图像→调整→曝光度】命令，弹出“曝光度”对话框，如图 6–14 所示。

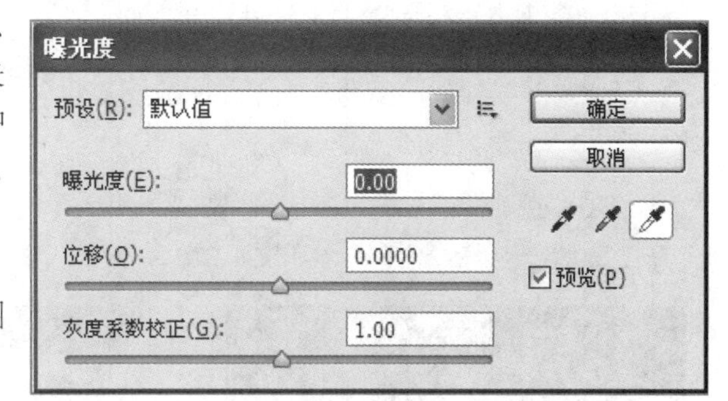

图6-14　“曝光度”对话框

“曝光度”对话框中的各选项含义如下：

- 预设：下拉列表中有默认的几种设置，可以对图像进行简单的调整。
- 曝光度：用于调整高光调，对阴影的影响很轻微。
- 位移：用于调整阴影和中间调，对高光的影响很轻微。
- 灰度系数校正：使用简单的乘方函数调整图像灰度系数。灰度系数越大，对比度越小，照片呈现一片灰色；灰度系数越小，对比度越大，照片亮部和暗部对比越强烈。

使用“曝光度”命令的操作步骤如下：

（1）打开图像，如图 6–15 所示。

（2）选择【图像→调整→曝光度】命令，在弹出的“曝光度”对话框中，分别设置曝光度、位移、灰度系数校正，如图 6–16 所示。

图6-15　原图

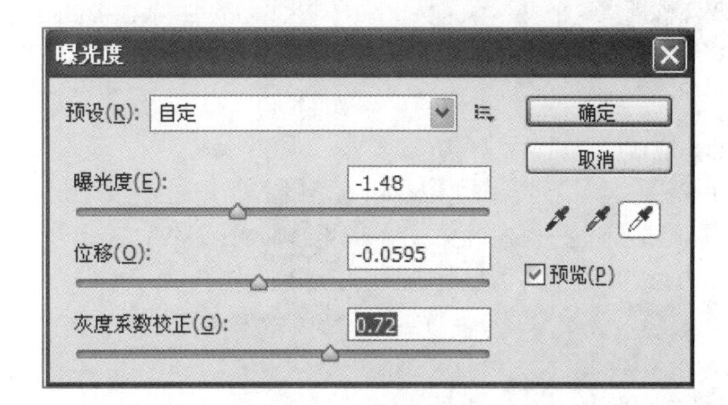

图6-16　调整曝光度

（3）单击“确定”按钮，调整曝光度后的效果如图 6–17 所示。

（4）选择【图像→调整→色阶】命令，在弹出的“色阶”对话框中设置“输入色阶”，如图 6–18 所示。

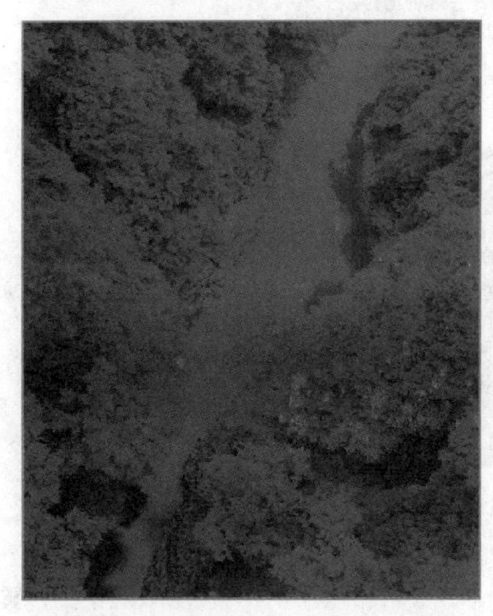

图6–17　调整曝光度后效果

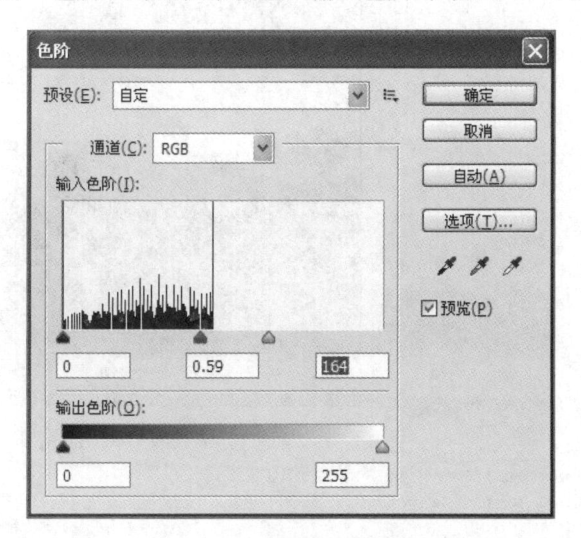

图6–18　“色阶”对话框

（5）单击“确定”按钮，调整色阶后的效果如图 6–19 所示。

5. 色相/饱和度

使用“色相 / 饱和度”可以调整图像中单个颜色成分的色相、饱和度和亮度，从而实现图像色彩的改变。选择【图像→调整→色相 / 饱和度】命令，弹出“色相 / 饱和度”对话框，如图 6–20 所示。

图6–19　最终效果

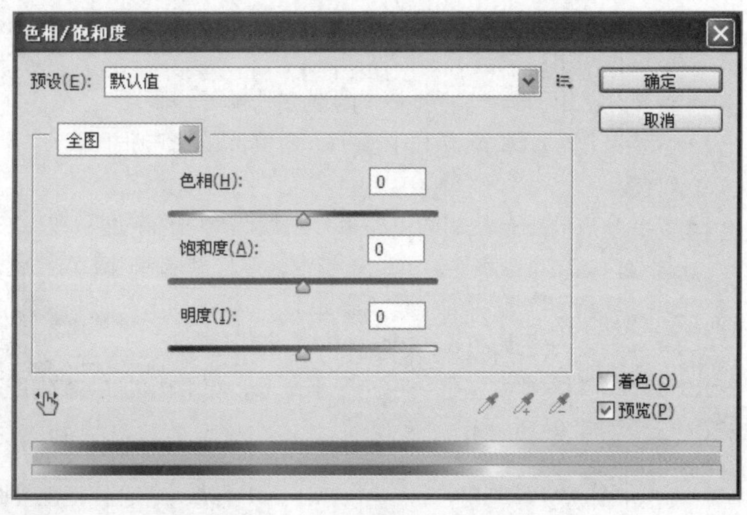

图6–20　“色相/饱和度”对话框

“色相 / 饱和度”对话框中的各选项含义如下：

- 颜色范围：下拉列表中选取作用的范围。例如选择“全图”，将对图像中所有颜色的像素起作用，其余选项表示对某一种颜色成分的像素起作用。
- 色相/饱和度/明度：调整所选颜色的色相、饱和度、亮度。
- 着色：可以将图像调整为当前前景色的效果。

使用“色相 / 饱和度”命令的操作步骤如下：

（1）打开图像，如图 6–21 所示。

（2）选择【图像→调整→色相 / 饱和度】命令，在弹出的“色相 / 饱和度”对话框中，分别设置色相、饱和度、明度，如图 6–22 所示。

图6-21 原图

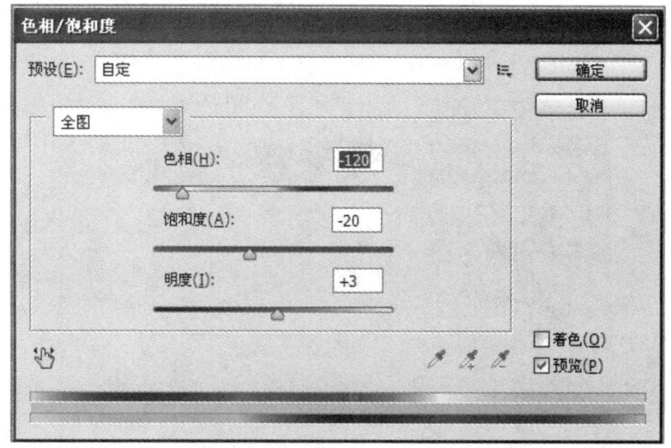

图6-22 调整“色相/饱和度”

（3）单击“确定”按钮，调整“色相 / 饱和度”后的效果如图 6-23 所示。

图6-23 调整“色相/饱和度”后效果

6. 照片滤镜

使用“照片滤镜”可以通过模拟传统光学的滤镜特效以调整图像的色调，使其具有暖色调或者冷色调的倾向，也可以根据实际情况自定义其他色调。选择【图像→调整→照片滤镜】命令，弹出“照片滤镜”对话框，如图 6-24 所示。

“照片滤镜”对话框中的各选项含义如下：

• 滤镜：在下拉列表中有20多种预设选项，根据需要选择，以对图像进行调整。

• 颜色：单击该色块，在弹出的“拾色器（照片滤镜颜色）”对话框中，选择一种颜色作为图像的色调。

• 浓度：调整用于图像的颜色数量。数值越大，应用的颜色调整越多。

使用“照片滤镜”命令的操作步骤如下：

（1）打开图像，如图 6-25 所示。

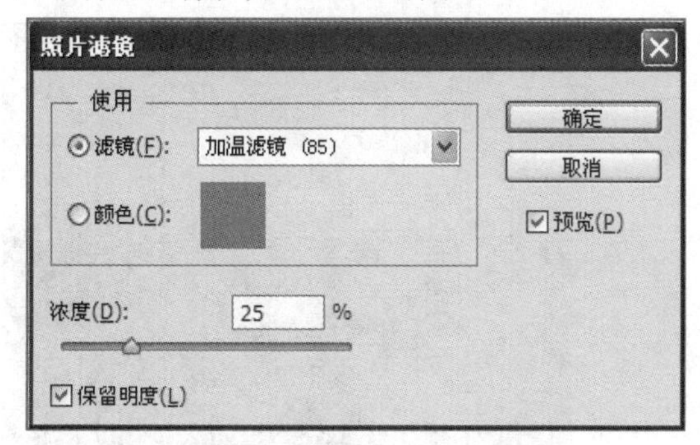

图6-24 “照片滤镜”对话框

图6-25 原图

（2）选择【图像→调整→照片滤镜】命令，在弹出的“照片滤镜”对话框中，单击颜色块，设置颜色为绿色（RGB分别为26、255、2），调整“浓度”为80%，选中“保留明度”，如图6-26所示。

（3）单击“确定”按钮，调整照片滤镜后的效果如图6-27所示。

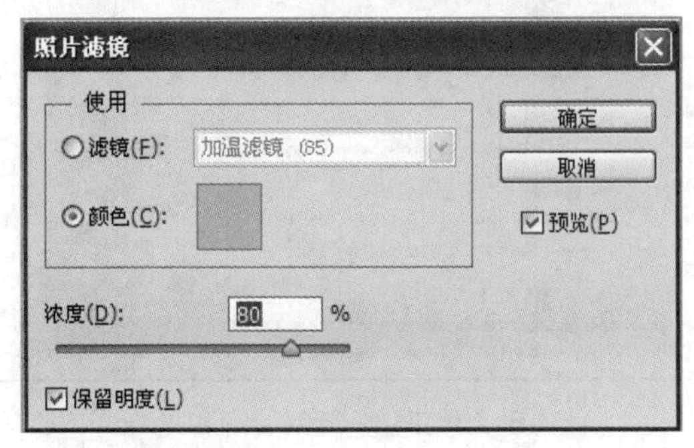

图6-26　设置照片滤镜

图6-27　调整后效果

7. 阴影/高光

“阴影/高光”不是单纯地使图像变亮或变暗，它可以准确地调整图像中阴影和高光的分布。选择【图像→调整→阴影/高光】命令，弹出“阴影/高光”对话框，如图6-28所示。

“阴影/高光”对话框中的各选项含义如下：

- 阴影：用于增加或降低图像中暗调部分的色调。
- 高光：用于增加或降低图像中高光部分的色调。

使用“阴影/高光”命令的操作步骤如下：

（1）打开图像，如图6-29所示。

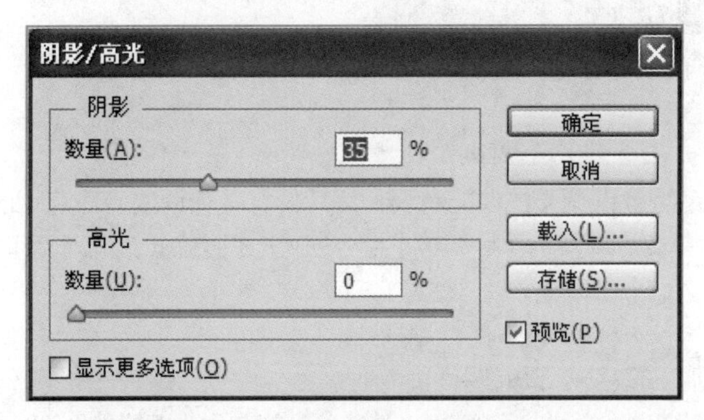

图6-28　“阴影/高光”对话框

图6-29　原图

（2）选择【图像→调整→阴影/高光】命令，在弹出的“阴影/高光”对话框中设置阴影，如图6-30所示。

（3）单击“确定”按钮，调整“阴影/高光”后的效果如图6-31所示。

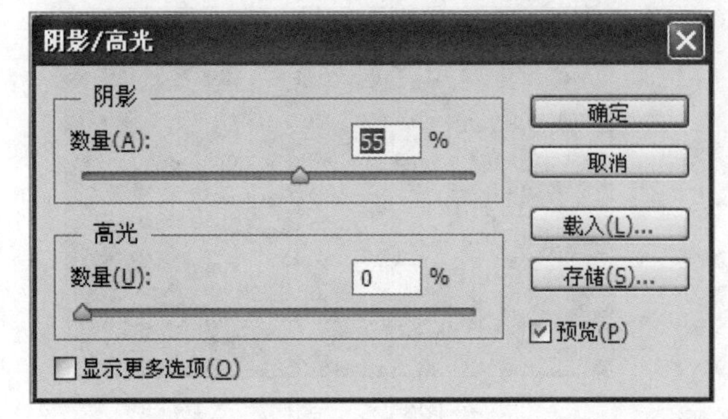

图6-30　调整“阴影/高光”

图6-31　调整“阴影/高光”后效果

8. 匹配颜色

使用“匹配颜色”可以使另一个图像的颜色与当前图像中的颜色进行混合，达到改变当前图像色彩的目的。

选择【图像→调整→匹配颜色】命令，弹出“匹配颜色”对话框，如图 6-32 所示。

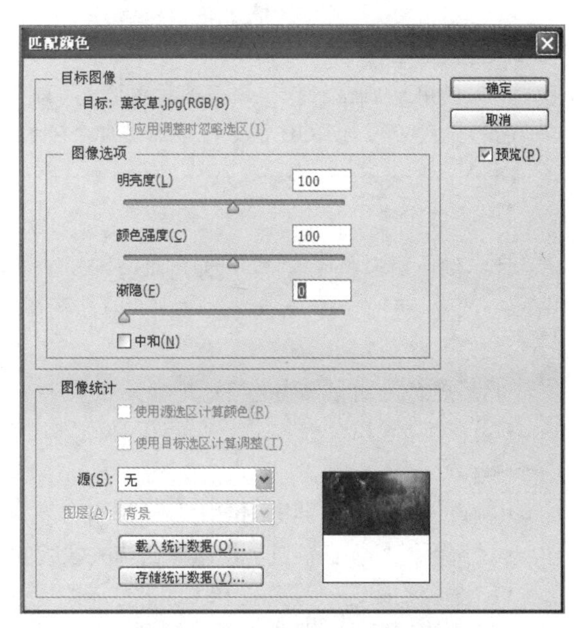

图6-32 “匹配颜色”对话框

“匹配颜色”对话框中的各选项含义如下：

- 图像目标：用于显示当前图像文件的名称。
- 图像选项：用于调整匹配颜色时的明亮度、颜色强度和渐隐效果。“中和”复选框用于选择是否将两幅图像的中性色进行色调的中和。

使用“匹配颜色”命令的操作步骤如下：

（1）打开两幅图像，如图 6-33、如图 6-34 所示。

（2）选择【图像→调整→匹配颜色】命令，在弹出的“匹配颜色”对话框中，在“源”下拉列表中选择文件“高山.jpg”，在“图像选项”中设置图像的明亮度、颜色强度和渐隐值，如图 6-35 所示。

图6-33 原图1

图6-34 原图2

（3）单击“确定”按钮，匹配颜色后的效果如图 6-36 所示。

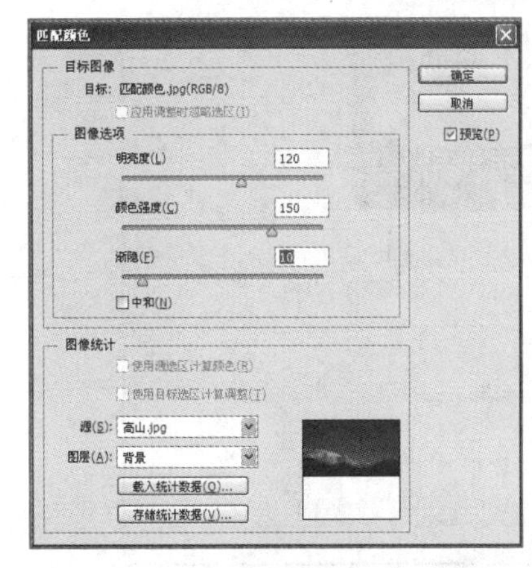

图6-35 “匹配颜色”对话框

图6-36 匹配颜色后的效果

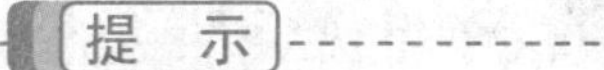

使用“匹配颜色”命令调整图像色彩时，图像文件的色彩模式必须是RGB模式，否则该命令不能使用。

9. 替换颜色

替换颜色可以把图像中一种颜色快速替换为另外一种颜色，选择【图像→调整→替换颜色】命令，弹出“替换颜色”对话框，如图6-37所示。

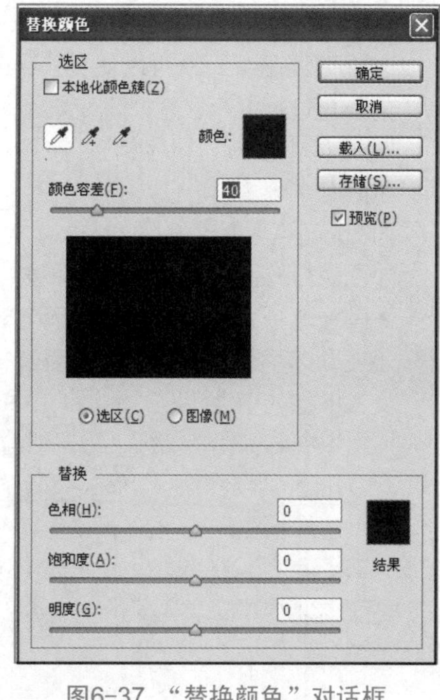

图6-37 “替换颜色”对话框

“替换颜色”对话框中的各选项含义如下：

- 吸管工具组：3个吸管工具分别用于拾取、增加和减少颜色。
- 颜色容差：用于调整图像中替换颜色的范围。
- “选区”按钮：预览区中以黑白选区蒙版的方式显示图像。
- “图像”按钮：预览区中以原图的方式显示图像。
- 替换：通过拖动滑块或输入数值来调整所替换颜色的色相、饱和度和明度。

使用“替换颜色”命令的操作步骤如下：

（1）打开图像，如图6-38所示。

（2）如需要将图像中的花瓣替换为黄色，效果如图6-39所示。

（3）选择【图像→调整→替换颜色】命令，在弹出的“替换颜色”对话框中，使用吸管工具单击花瓣，选中的区域在预览区显示为白色，再使用添加到取样工具，单击未选中的黑色区域，直到所有花瓣都选中，变为白色。单击“结果”，在拾色器中设置颜色为黄色，如图6-40所示。

（4）单击“确定”按钮，替换颜色后的效果如图6-39所示。

图6-38 原图

图6-39 替换颜色后的效果

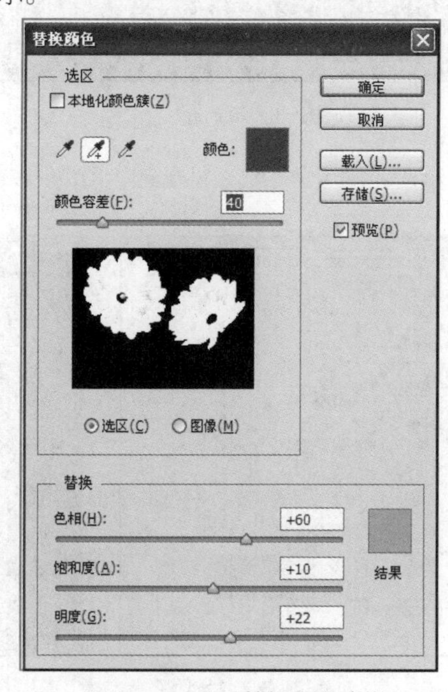

图6-40 设置替换颜色参数

10. 去色

使用“去色”命令可以删除彩色图像中的所有颜色，并将其转换为相同颜色模式下的灰度图像。

使用“去色”命令的操作步骤如下：

（1）打开图像。

（2）选择【图像→调整→去色】命令，即可将图像变为彩色模式下的灰度图像。

11. 反相

使用“反相”命令可以将图像的色彩反相，常用于制作胶片的效果。操作步骤如下：

（1）打开图像，如图 6-41 所示。

（2）选择【图像→调整→反相】命令，即可将图像的色彩反相，效果如图 6-42 所示。当再次使用该命令时，图像色彩会还原。

图6-41　原图

图6-42　反相后的效果

12. 黑白

使用“黑白”命令可以将彩色图像转换为黑白图像，并可以精细地调整图像色调值和浓淡程度，制作出艺术化的单色调效果。

选择【图像→调整→黑白】命令，弹出“黑白”对话框，如图 6-43 所示。

“黑白”对话框中的各选项含义如下：

• 红色、黄色等滑块：对原图像中相应颜色的区域进行处理。

• 色调：单击颜色块，可将所选颜色叠加到图像中。

使用“黑白”命令的操作步骤如下：

（1）打开图像，如图 6-44 所示。

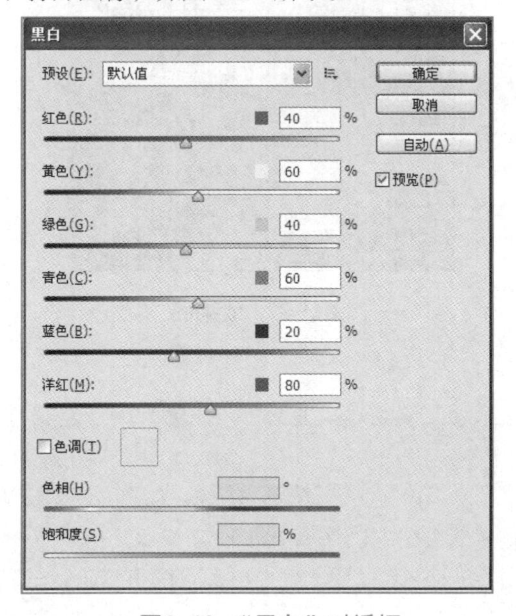

图6-43　“黑白”对话框

图6-44　原图

（2）选择【图像→调整→黑白】命令，在弹出的“黑白”对话框中，拖动“黄色”下面的三角形滑块进行拖动，单击色调右侧的颜色块选择合适的颜色，如图 6–45 所示。

（3）单击“确定”按钮，设置黑白的效果，如图 6–46 所示。

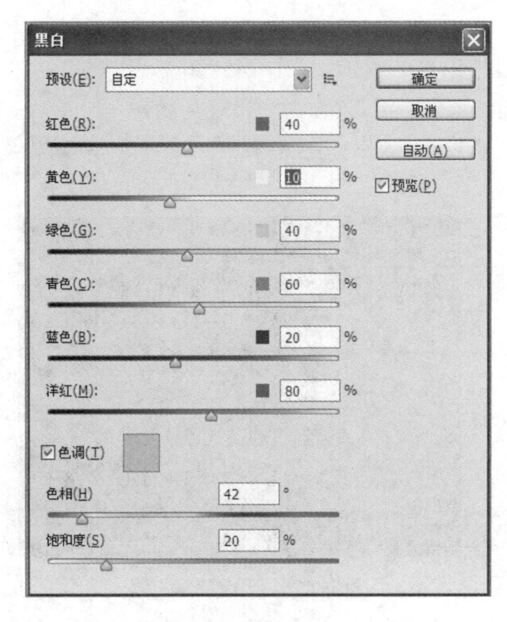

图6–45　设置参数

图6–46　调整后的效果

6.1.3　人物图像美化

1. 面部皮肤变光洁

拥有白皙光洁的皮肤是每个女孩的梦想，本案例通过使用快速蒙版、画笔、表面模糊、渐隐、亮度对比度等功能将面部皮肤变光洁，将如图 6–47 所示的原图调整为如图 6–48 所示的效果图。

图6–47　原图

图6–48　效果图

操作步骤如下：

（1）打开图像，选择“背景”图层，按住鼠标左键并拖动至“创建新图层”按钮，即可复制背景图层，得到“背景副本”图层，图层面板如图 6–49 所示。

（2）选择“背景副本”图层，设置前景色为黑色，在工具箱中选择以快速蒙版模式编辑工具。使用画笔工具，在人物脸部皮肤进行涂抹，涂抹过的区域有颜色覆盖，如图 6–50 所示。

（3）在工具箱中选择以标准模式编辑工具退出快速蒙版模式，得到如图 6–51 所示的选区。

（4）选择【选择→反向】命令，得到如图 6–52 所示的选区。

图6-49 复制图层

图6-50 快速蒙版涂抹

图6-51 创建选区

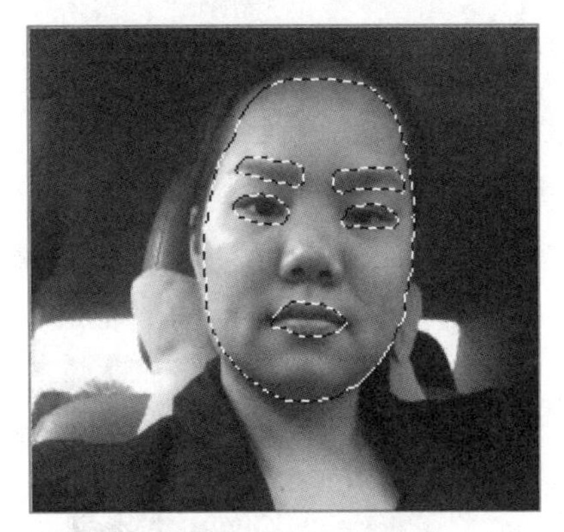

图6-52 反选选区

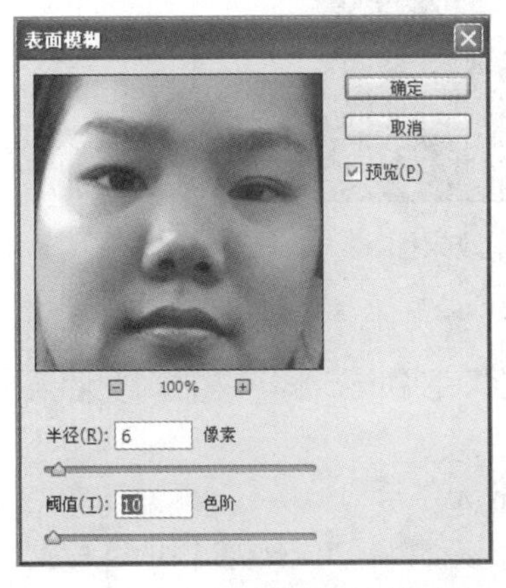

图6-53 “表面模糊”对话框

（5）选择【滤镜→模糊→表面模糊】命令，在弹出的“表面模糊”对话框中，设置半径、阈值，单击“确定”按钮，如图6-53所示。

（6）选择【编辑→渐隐表面模糊】命令，在弹出的“渐隐”对话框中，设置不透明度，单击“确定”按钮，如图6-54所示。

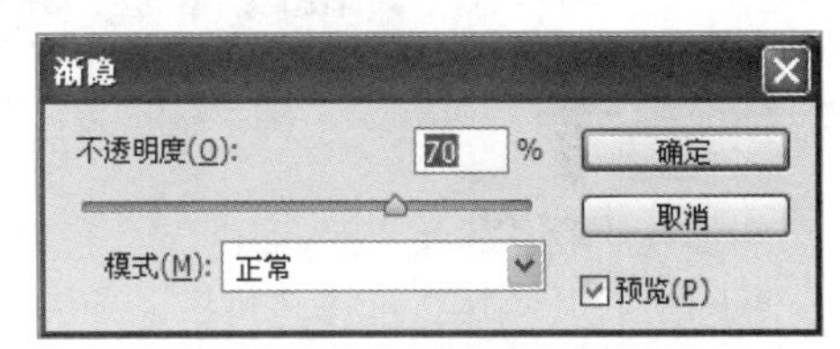

图6-54 “渐隐”对话框

（7）按【Ctrl+D】组合键，取消选择，效果如图6-55所示。

（8）按【Ctrl+Shift+Alt+E】组合键，盖印所有可见图层，得到“图层1”，设置“图层1”的“混合模式”为“柔光”，“不透明度”为50%，效果如图6-56所示。

图6-55 渐隐效果

图6-56 柔光效果

（9）选中“图层 1”，选择【图像→调整→亮度 / 对比度】命令，在弹出的“亮度 / 对比度”对话框中，设置亮度、对比度，如图 6–57 所示。

（10）单击“确定”按钮，最终效果如图 6–48 所示。

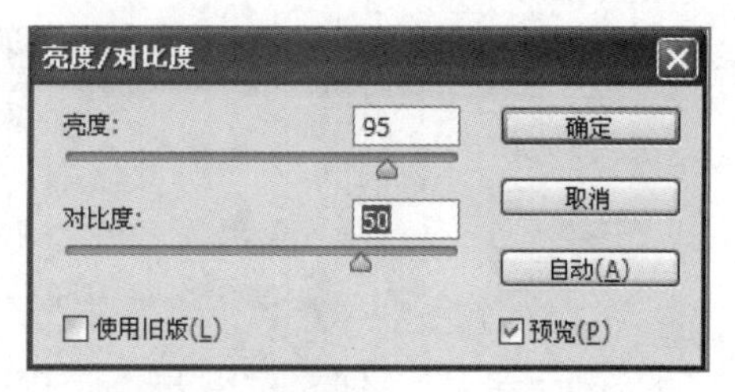

图6–57 “亮度/对比度”对话框

提 示

（1）快速蒙版编辑模式：可以将选区作为蒙版进行编辑。黑色画笔涂抹过的区域为受保护区域，受保护区域和未受保护区域以不同颜色进行区分。当离开快速蒙版模式，进入标准模式时，未受保护区域成为选区。

（2）盖印图层：处理图片的时候将处理后的效果盖印到新的图层上，功能和合并图层类似。盖印是重新生成一个新的图层，不会影响之前所处理的图层。

2. 去除痘痘

很多照片上的人物脸部会有一些痘痘，使整个照片显得美中不足，本案例通过使用修复画笔工具、高斯模糊等功能去除痘痘，将如图 6–58 所示的原图，调整为如图 6–59 所示的效果图。

图6–58 原图

图6–59 效果图

操作步骤如下：

（1）打开图像，选择“背景”图层，按住鼠标左键并拖动至“创建新图层”按钮，即可复制背景图层，得到“背景副本”图层。

（2）选择“背景副本”图层，在工具箱中选择缩放工具，将人物脸部放大显示。

（3）在工具箱中选择修复画笔工具，在选项栏设置合适大小的画笔，移动鼠标至图像窗口取样位置，按【Alt】键鼠标显示为⊕形状时，单击鼠标进行取样，如图 6–60 所示。

（4）松开【Alt】键，移动鼠标至痘痘处，单击，痘痘被去除，如图 6–61 所示。

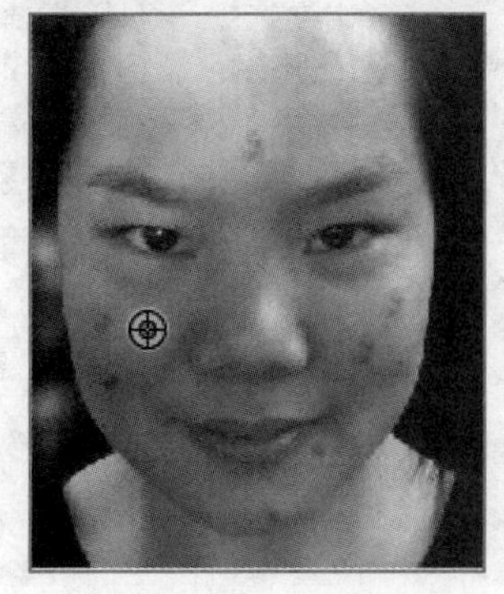

图6–60 选取样点

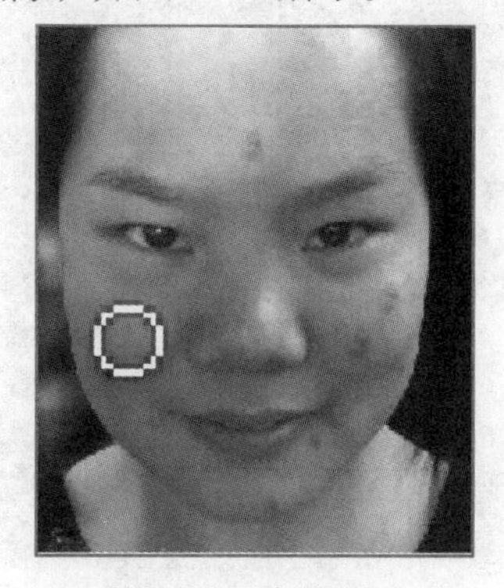

图6–61 去除痘痘

（5）使用修复画笔工具，去除所有痘痘，效果如图 6–62 所示。

（6）选择【滤镜→模糊→表面模糊】命令，在弹出的“表面模糊”对话框中，设置半径、阈值，如图 6–63 所示。

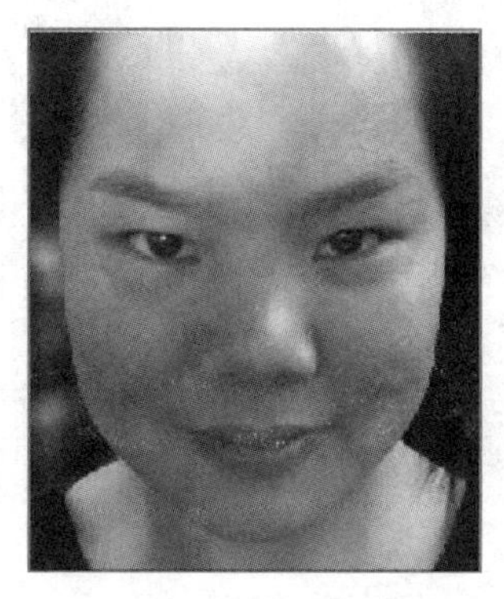

图6–62 去除痘痘效果

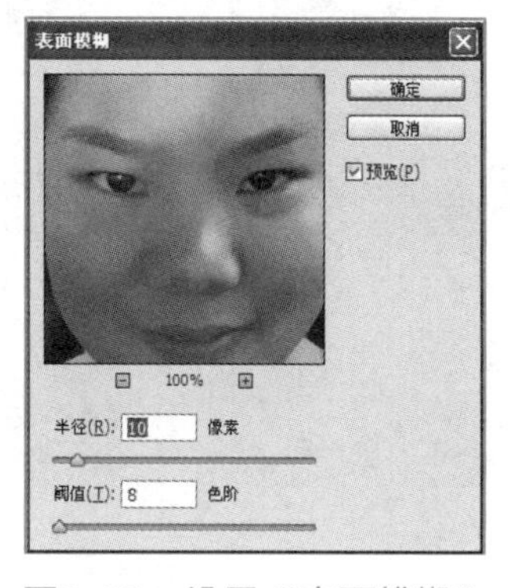

图6–63 设置“表面模糊”

（7）单击“确定”按钮，最终效果如图 6–59 所示。

3. 去除皱纹

随着时间的流逝，脸上会留下深深的皱纹，而我们都希望自己拥有一张既智慧又光滑的脸。本案例通过使用仿制图章工具、色阶、亮度对比度等功能去除皱纹，将如图 6–64 所示的原图，调整为如图 6–65 所示的效果图。

图6–64 原图

图6–65 效果图

操作步骤如下：

（1）打开图像，选择“背景”图层，按住鼠标左键并拖动至“创建新图层”按钮，即可复制背景图层，得到“背景副本”图层。

（2）选择“背景副本”图层，在工具箱中选择缩放工具，将人物脸部放大显示。

（3）在工具箱中选择仿制图章工具，在选项栏设置合适大小的画笔，移动鼠标至额头没有皱纹的取样位置，按下【Alt】键鼠标显示为⊕形状时，单击鼠标进行取样，如图 6–66 所示。

（4）松开【Alt】键，移动鼠标至有皱纹处，按住鼠标左键拖动，修复皱纹，如图 6–67 所示。

（5）继续使用仿制图章工具，对眼睛周围位置的皱纹进行修复，效果如图 6–68 所示。

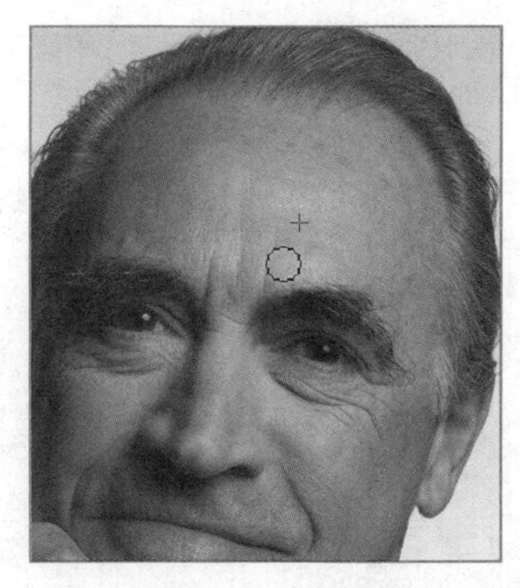

图6-66 选取样点　　图6-67 修复皱纹　　图6-68 修复所有皱纹

（6）选择【图像→调整→色阶】命令，在弹出的“色阶”对话框中，分别调整暗调、中间调和高光调，如图 6-69 所示。

（7）单击“确定”按钮，调整后的效果如图 6-70 所示。

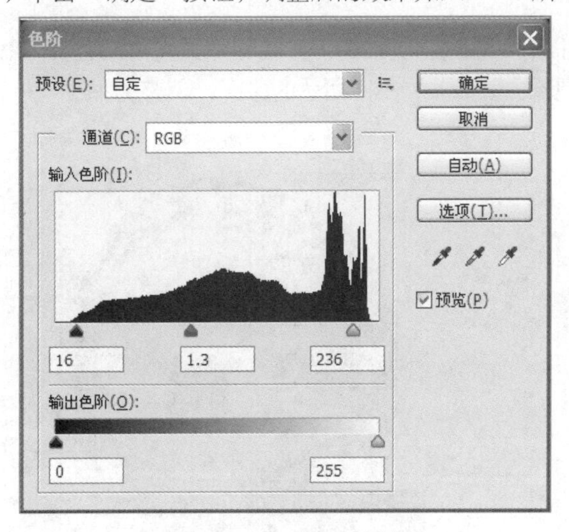

图6-69 “色阶”对话框

图6-70 调整色阶效果

（8）选择【图像→调整→亮度 / 对比度】命令，在弹出的“亮度 / 对比度”对话框中，分别设置亮度、对比度，如图 6-71 所示。

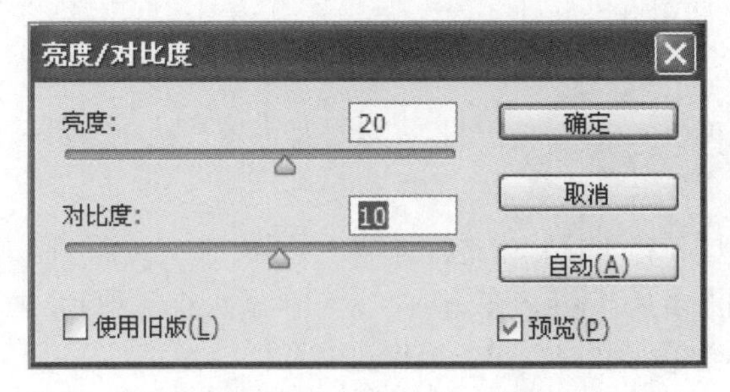

图6-71 “亮度/对比度”对话框

（9）单击“确定”按钮，最终效果如图 6-65 所示。

4. 去除眼袋

很多人由于睡眠等原因导致出现难看的眼袋。本案例通过使用修补工具、亮度对比度等功能，将如图 6-72

所示的原图，调整为如图 6–73 所示的效果图。

图6-72　原图

图6-73　效果图

操作步骤如下：

（1）打开图像，选择“背景”图层，按住鼠标左键并拖动至“创建新图层”按钮，即可复制背景图层，得到“背景副本”图层。

（2）选择“背景副本”图层，在工具箱中选择缩放工具，将人物眼睛部分放大显示。

（3）在工具箱中选择修补工具，在选项栏设置修补对象为“源”，在眼袋范围选择需要修补的区域，如图 6–74 所示。

（4）将鼠标移至选区内，拖动选区到取样区域，如图 6–75 所示。

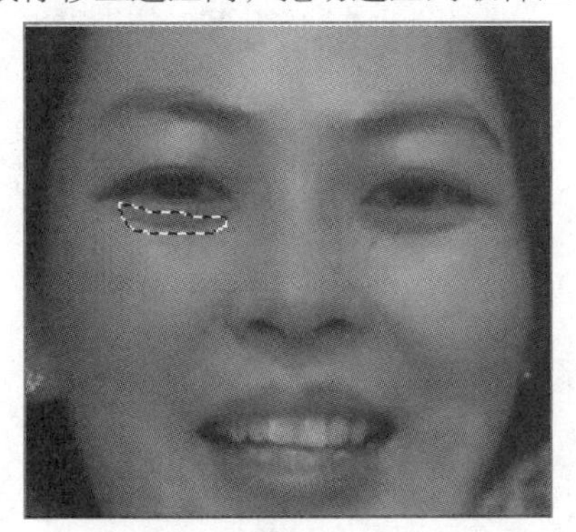

图6-74　选择修补区域

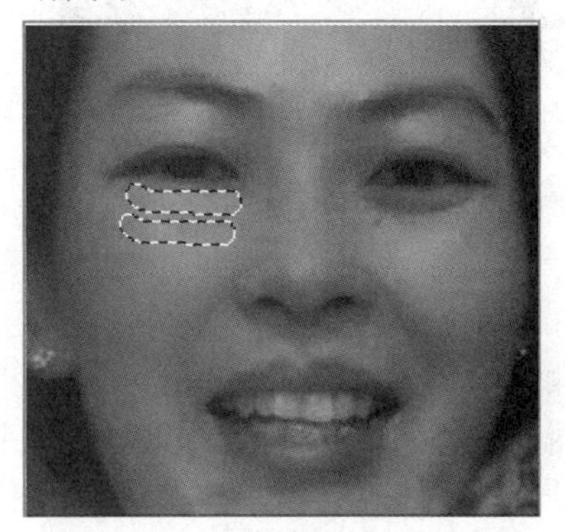

图6-75　拖动到取样区域

（5）松开鼠标后，取消选择，可以修补原选区内的图像，如图 6–76 所示。

（6）使用同样的方法，为右眼去除眼袋，效果如图 6–77 所示。

图6-76　修补原选区

图6-77　去除右眼眼袋

（7）选择【图像→调整→亮度 / 对比度】命令，在弹出的“亮度 / 对比度”对话框中，设置亮度、对比度，如图 6-78 所示。

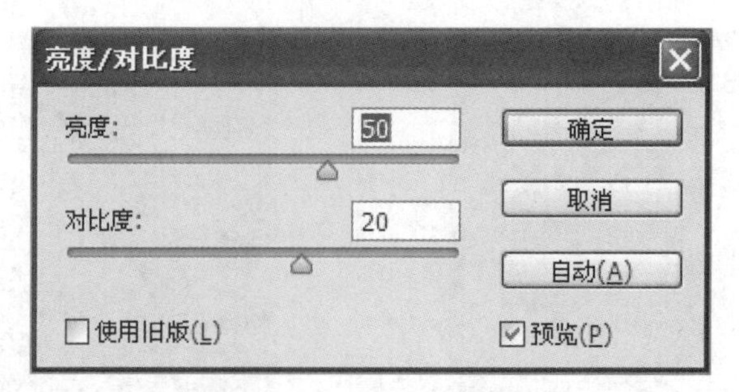

图6-78　调整亮度/对比度

（8）单击“确定”按钮，最终效果如图 6-73 所示。

5. 改变唇色

人物嘴唇颜色不够明亮突出，对照片的整体效果影响很大。本案例通过使用钢笔工具、色相/饱和度、色阶、图层不透明度等功能，将如图 6-79 所示的原图，调整为如图 6-80 所示的效果图。

图6-79　原图

图6-80　效果图

操作步骤如下：

（1）打开图像，在工具箱中选择缩放工具，将人物嘴唇部分放大显示。

（2）在工具箱中选择钢笔工具，在选项栏中选择“路径”选项，在嘴唇处绘制如图 6-81 所示的路径。

（3）按【Ctrl+Enter】组合键，将路径转换为选区，如图 6-82 所示。

（4）按【Ctrl+C】组合键，再按【Ctrl+V】组合键，复制一份嘴唇，得到新图层“图层 1”，如图 6-83 所示。

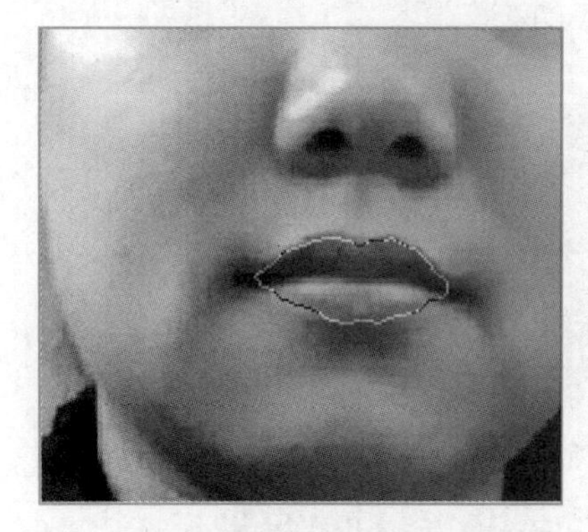

图6-81　绘制路径

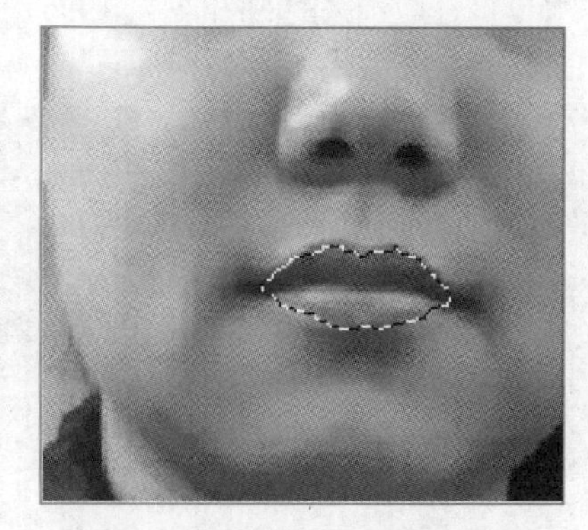

图6-82　路径转换为选区

图6-83　复制嘴唇

（5）选中“图层 1”，重新将嘴唇位置选中。选择【图像→调整→色相/饱和度】命令，在弹出的“色相/饱和度”对话框中，设置色相、饱和度，如图 6-84 所示。单击“确定”按钮，可看到嘴唇调整为需要的颜色。

（6）选择【图像→调整→色阶】命令，在弹出的“色阶”对话框中，设置阴影色调、高光色调，如图 6-85

所示。

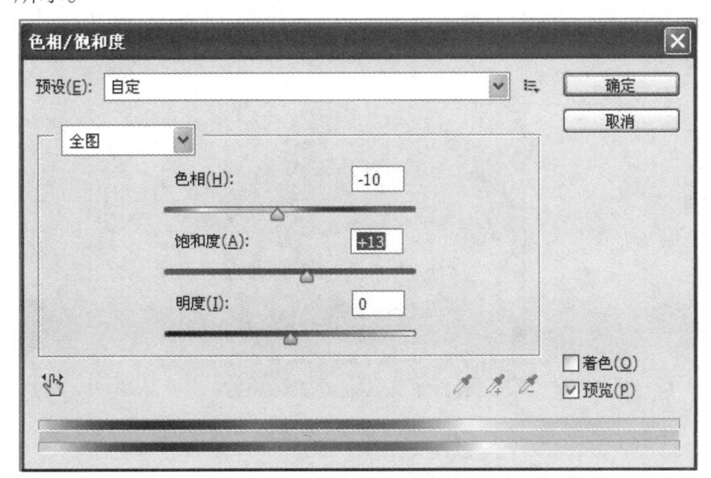

图6-84 调整色相/饱和度

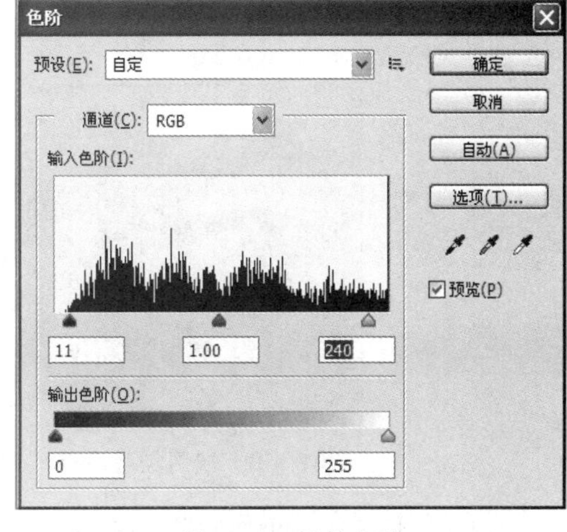

图6-85 调整色阶

（7）单击“确定”按钮，可看到调整色阶后，加强了嘴唇光照感，去掉暗淡无光的效果，如图6-86所示。

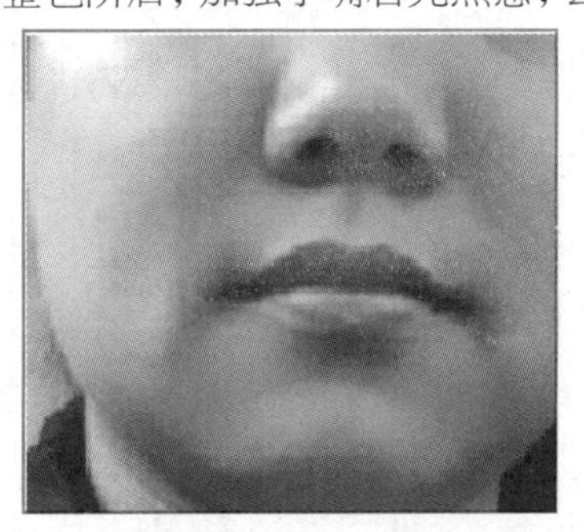

图6-86 调整效果

（8）将“图层1”的不透明度设置为80%，让嘴唇更自然，最终效果如图6-80所示。

6. 牙齿美白

出现暗黄或者烟熏颜色的牙齿会让笑容显得不那么亲切，本案例通过使用快速蒙版模式编辑、可选颜色、亮度对比度等功能对牙齿美白，将如图6-87所示的原图，调整为如图6-88所示的效果图。

图6-87 原图

图6-88 效果图

操作步骤如下：

（1）打开图像，选择“背景”图层，按住鼠标左键并拖动至“创建新图层”按钮，即可复制背景图层，得到“背景副本”图层。

（2）选择“背景副本”图层，在工具箱中选择缩放工具，将人物放大显示。

（3）设置前景色为黑色，在工具箱中选择以快速蒙版模式编辑工具。使用画笔工具，在牙齿部分进行涂抹，如图 6-89 所示。

（4）在工具箱中选择以标准模式编辑工具，退出快速蒙版，再选择【选择→反向】命令，对选区进行反选，将嘴唇选中，如图 6-90 所示。

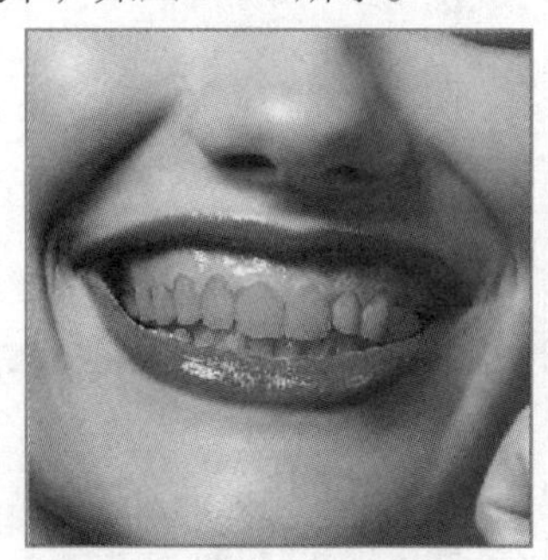

图6-89　快速蒙版涂抹

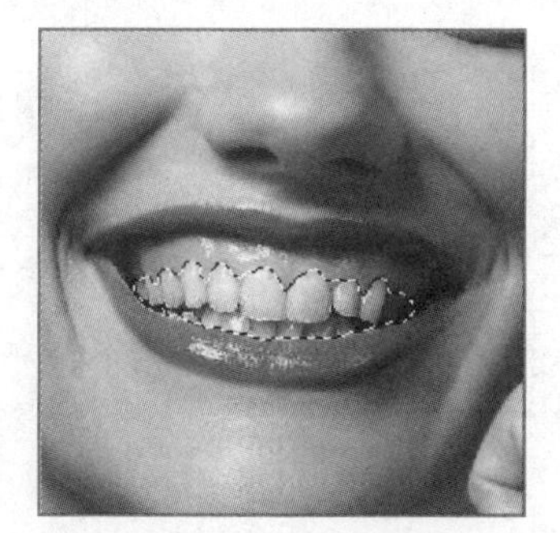

图6-90　创建选区

（5）选择【图像→调整→可选颜色】命令，在弹出的“可选颜色”对话框中，单击“颜色”下拉列表，选择“黄色”，设置参数，如图 6-91 所示。

（6）单击“颜色”下拉列表，选择“白色”，设置参数，如图 6-92 所示。

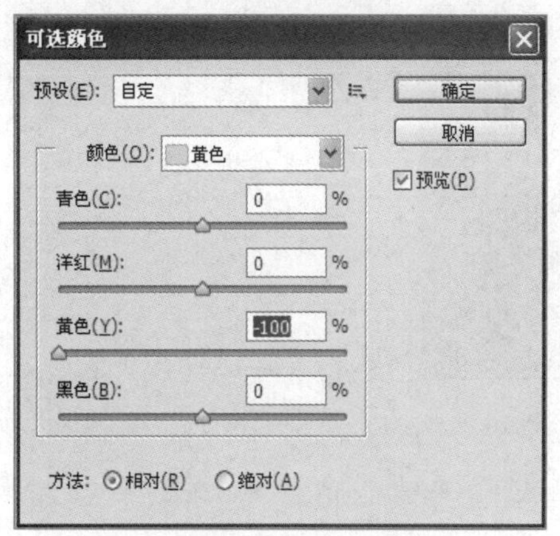

图6-91　“可选颜色”参数1

图6-92　“可选颜色”参数2

（7）单击“确定”按钮，调整后的效果如图 6-93 所示。

（8）选择【图像→调整→亮度 / 对比度】命令，在弹出的“亮度 / 对比度”对话框中，调整亮度、对比度，如图 6-94 所示。

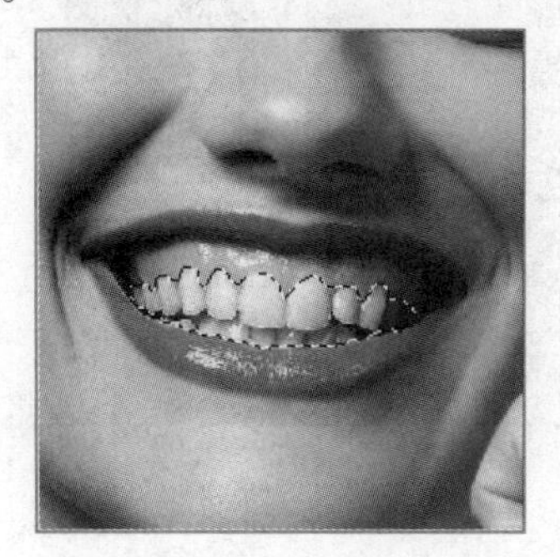

图6-93　调整可选颜色效果

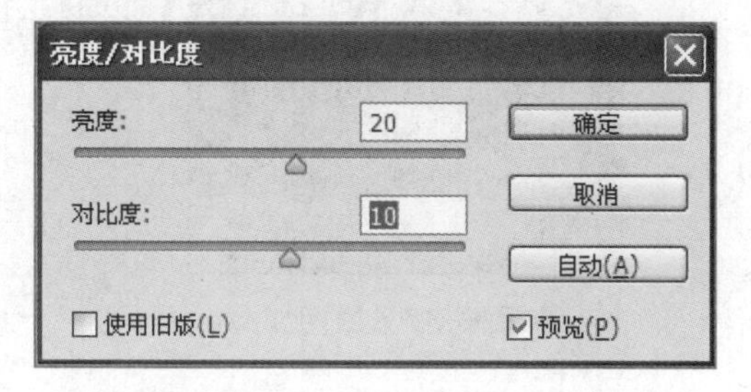

图6-94　调整“亮度/对比度”

（9）单击“确定”按钮，调整后的最终效果如图 6-88 所示。

7. 脸型修整

女孩都想拥有漂亮的脸，本案例通过使用液化、曲线等功能对脸型进行修整，将如图 6-95 所示的原图，调整为如图 6-96 所示的效果图。

图6-95 原图

图6-96 效果图

操作步骤如下：

（1）打开图像，选择“背景”图层，按住鼠标左键并拖动至“创建新图层”按钮，即可复制背景图层，得到“背景副本”图层。

（2）选择“背景副本”图层，选择【滤镜→液化】命令，在弹出的“液化”对话框中，选择向前变形工具，设置笔触大小，如图 6-97 所示。

工具选项

画笔大小：180

画笔压力：100

图6-97 设置画笔

（3）按住鼠标左键，在人物脸部左侧向右拖动，如图 6-98 所示。

（4）用同样的操作方法在人物脸部右侧向左拖动，适当调整人物下巴和脸部不协调的位置，直到脸部比较协调，如图 6-99 所示。

图6-98 调整脸型

图6-99 液化后效果

（5）选择【图像→调整→曲线】命令，在弹出的“曲线”对话框中，创建两个节点，适当调整图像的明暗度，如图 6-100 所示。

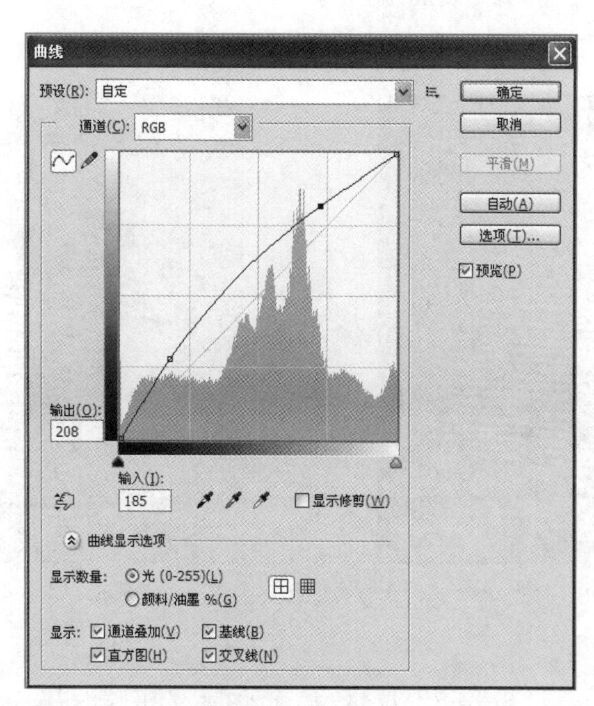

图6-100　调整曲线

（6）单击“确定”按钮，最终效果如图 6-96 所示。

8. 光滑手部

本案例主要通过使用“减少杂色”滤镜和“仿制图章工具”，将历经岁月磨砺的手变得光滑细致，将如图 6-101 所示的原图，调整为如图 6-102 所示的效果图。

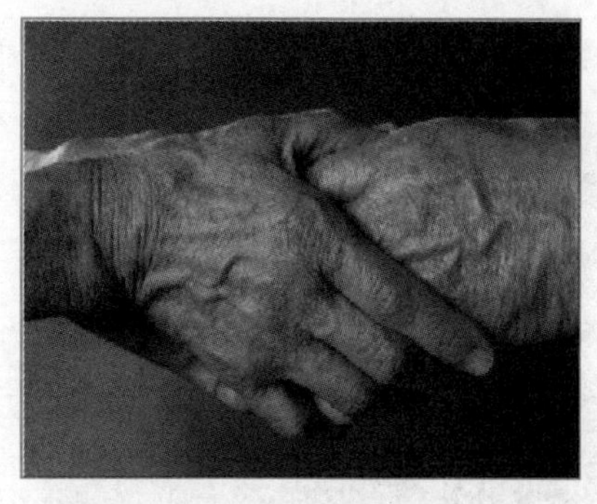

图6-101　原图

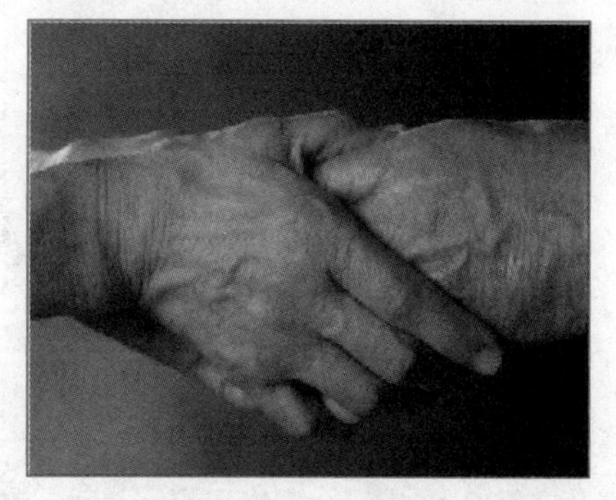

图6-102　效果图

操作步骤如下：

（1）打开图像，选择“背景”图层，按住鼠标左键并拖动至“创建新图层”按钮，即可复制背景图层，得到“背景副本”图层。

（2）选择“背景副本”图层，选择【滤镜→杂色→减少杂色】命令，在弹出的“减少杂色”对话框中，选中“高级”单选按钮，如图 6-103 所示。

（3）在“通道”下拉列表中选择“红”选项，设置参数，如图 6-104 所示。

（4）同理，在“通道”下拉列表中选择“绿”选项，设置参数，如图 6-105 所示。在“通道”下拉列表中选择“蓝”选项，设置参数，如图 6-106 所示。

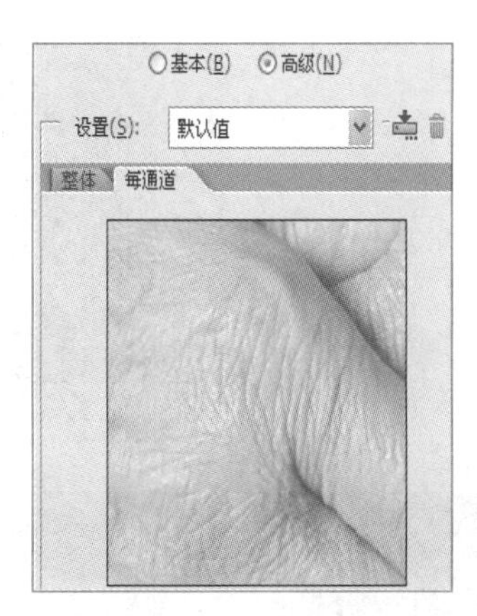

图6-103 “减少杂色”对话框

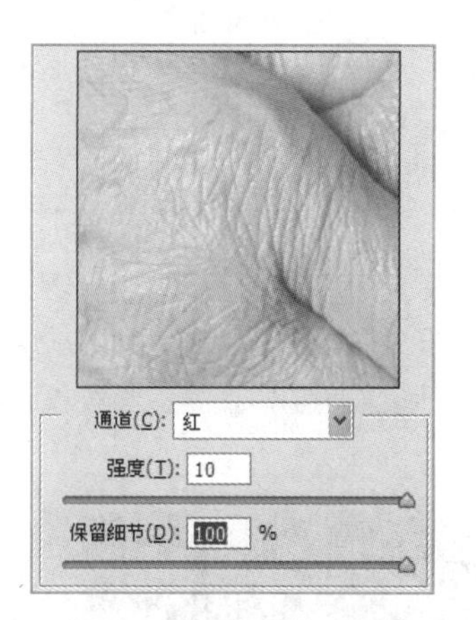

图6-104 设置红通道

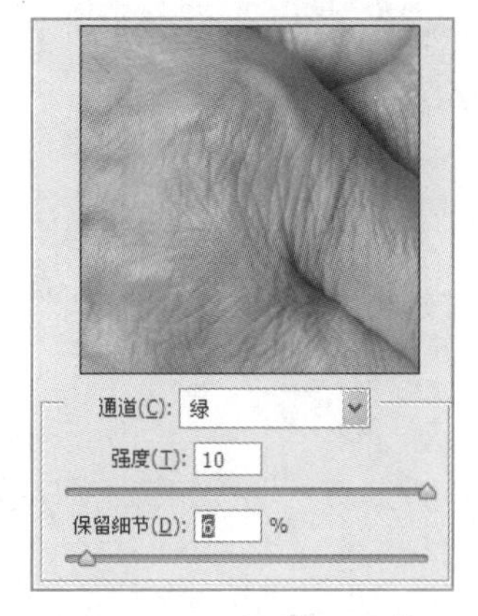

图6-105 设置绿通道

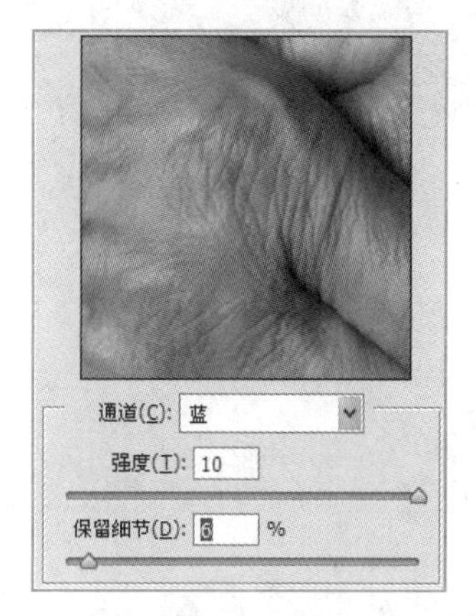

图6-106 设置蓝通道

（5）单击“确定”按钮，得到如图 6-107 所示的效果。

（6）在工具箱中选择仿制图章工具，在选项栏设置“不透明度”“流量”的参数，如图 6-108 所示。

（7）在工具箱中选择缩放工具，将手部放大显示，在手部较光滑处，按下【Alt】键鼠标显示为⊕形状时，单击鼠标进行取样。在手部纹理明显的位置单击并拖动鼠标，修饰手部皮肤，如图 6-109 所示。

（8）继续仿制图章工具，在手部皮肤进行取样和涂抹修饰，效果如图 6-110 所示。

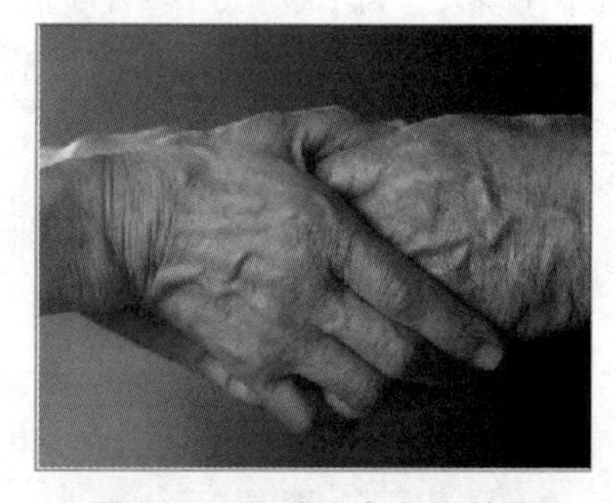

图6-107 “减少杂色”效果

不透明度： 50% 流量： 100%

图6-108 选项栏设置参数

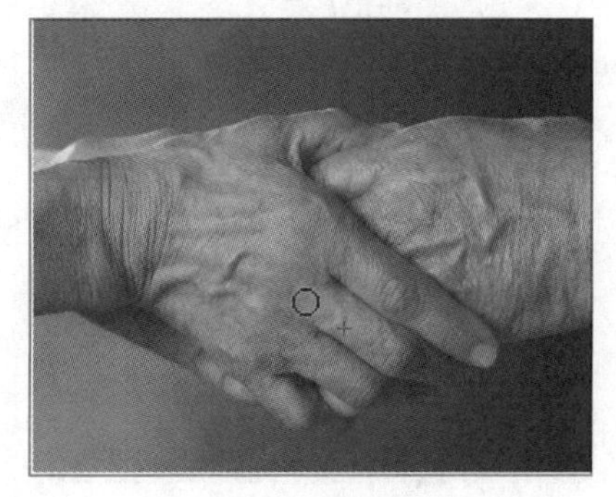

图6-109 修饰手部皮肤

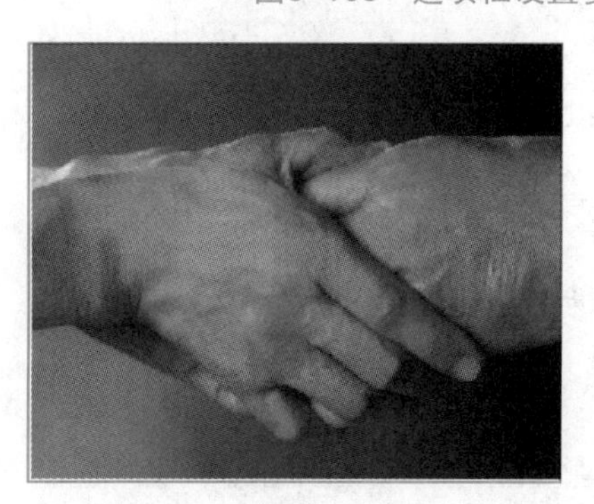

图6-110 修饰后效果

（9）在图层面板处，设置不透明度为55%，如图6-111所示。最终效果如图6-102所示。

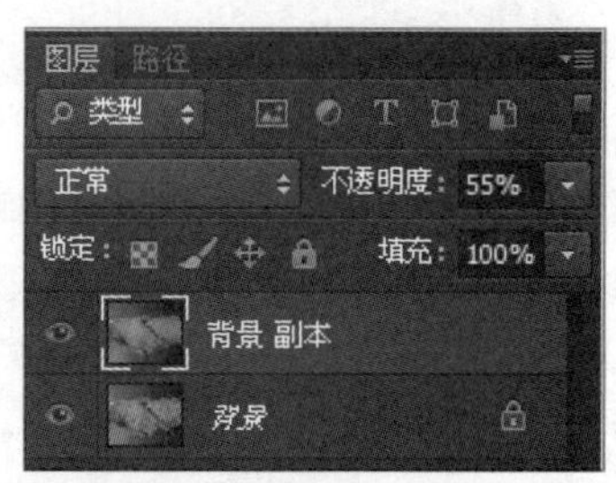

图6-111 设置不透明度

6.1.4 图像的艺术处理

1. 制作网格效果

本案例主要讲解制作网格效果的方法，运用马赛克滤镜、强化边缘滤镜、图层混合模式、图层蒙版等功能，将如图6-112所示的原图，制作出如图6-113所示的效果图。

图6-112 原图

图6-113 效果图

操作步骤如下：

（1）打开图像，选择“背景”图层，按住鼠标左键并拖动至“创建新图层”按钮，即可复制背景图层，得到“背景副本”图层。

（2）选择“背景副本”图层，选择【滤镜→像素化→马赛克】命令，在弹出的“马赛克”对话框中，设置单元格大小为105，如图6-114所示。单击“确定”按钮，效果如图6-115所示。

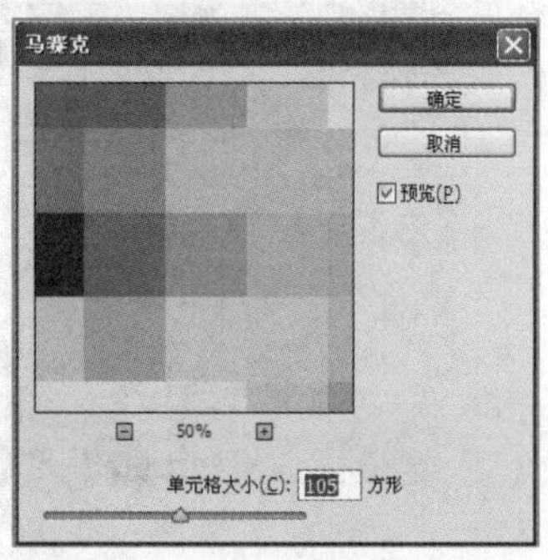

图6-114 “马赛克”对话框

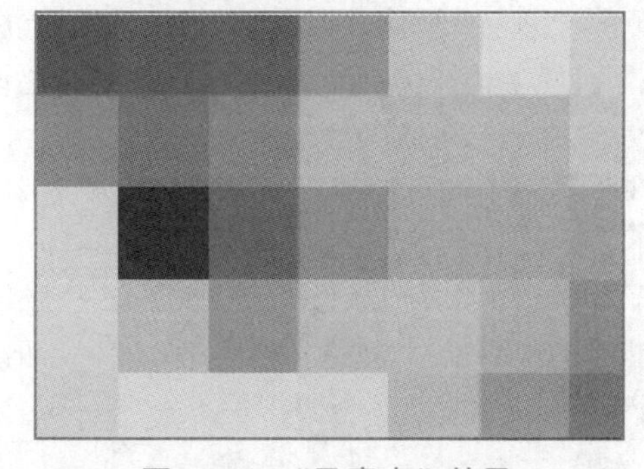
图6-115 “马赛克”效果

（3）选择【滤镜→滤镜库→画笔描边→强化的边缘】命令，在参数设置区设置边缘宽度、边缘亮度、平滑度，如图6-116所示。单击“确定”按钮，效果如图6-117所示。

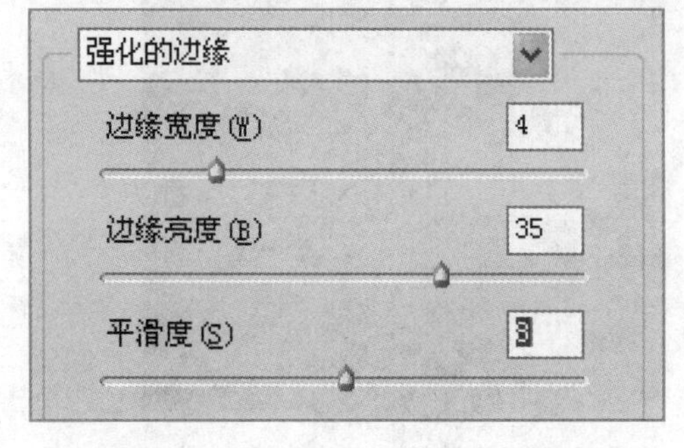

图6-116 设置强化边缘参数

图6-117“强化边缘”效果

（4）设置“背景副本”图层的图层混合模式为“正片叠底”，效果如图 6-118 所示。

（5）单击图层面板下方的“添加图层蒙版”按钮，给“背景副本”添加图层蒙版。编辑图层蒙版，设置前景色为黑色，在工具箱中选择画笔工具，设置合适的画笔大小，在人物脸部进行涂抹，效果如图 6-119 所示。

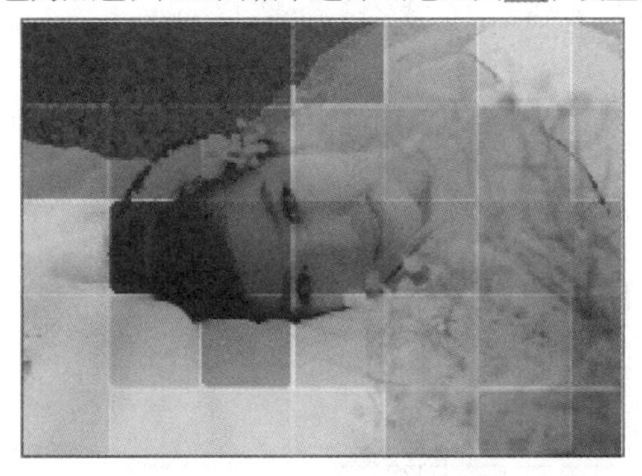

图6-118 “正片叠底”效果

图6-119 添加图层蒙版效果

（6）按【Ctrl+Shift+Alt+E】组合键，盖印所有可见图层，得到“图层 1”，设置“图层 1”的“混合模式”为“滤色”，“不透明度”为 50%，得到的效果如图 6-120 所示。

（7）新建图层“星星”，在工具箱中选择画笔工具，为图像添加星光效果，效果如图 6-121 所示。

图6-120 滤色效果

图6-121 添加星星效果

（8）在工具箱中选择文字工具，输入文字，并调整好文字位置，得到最终效果如图 6-113 所示。

2. 制作电影胶片效果

本案例主要讲解制作电影胶片的方法，运用画笔预设、图层蒙版、变形等功能，制作出如图 6-122 所示的效果图。

图6-122 效果图

操作步骤如下：

（1）选择【文件→新建】命令，在弹出的“新建”对话框中设置参数，如图 6-123 所示。单击“确定”按钮，新建一个空白图像。

（2）按【D】键，恢复默认的前景色为黑色、背景色为白色。单击图层面板中的“创建新图层”按钮，新建一个图层。在工具箱中选择圆角矩形工具，并在选项栏设置“半径”为5像素，在图像中绘制一个圆角矩形，如图6-124所示。

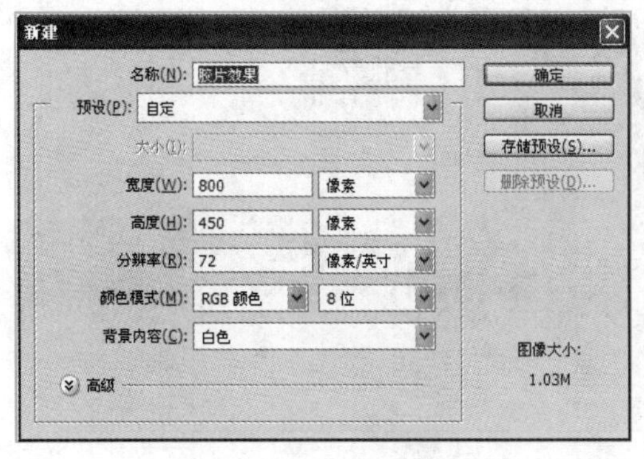

图6-123 “新建”对话框

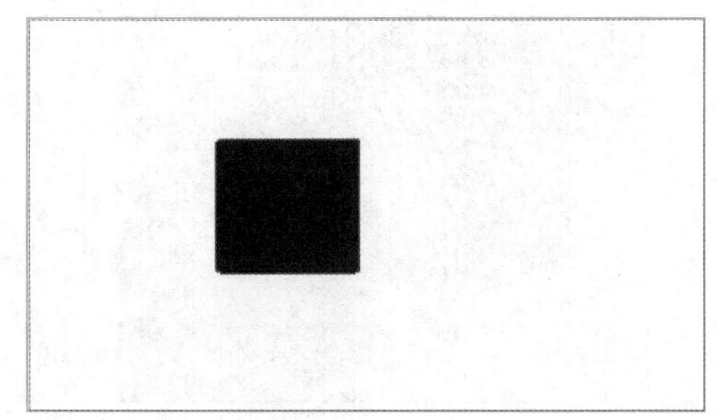

图6-124 绘制圆角矩形

（3）选择【编辑→定义画笔预设】命令，在弹出的“定义画笔预设”对话框中设置画笔名称，如图6-125所示。单击“确定”按钮，将绘制的圆角矩形定义画笔预设。

（4）在图层面板选择图层“圆角矩形1”，拖动至“删除图层”按钮，将其删除。

（5）单击图层面板中的“创建新图层”按钮，新建一个图层，重命名为“矩形1”。在工具箱选择矩形工具，在图像中绘制一个矩形，如图6-126所示。

图6-125 “画笔名称”对话框

图6-126 绘制矩形

（6）在工具箱选择画笔工具，并在选项栏选择定义的画笔，如图6-127所示。切换到画笔面板，设置参数如图6-128所示。

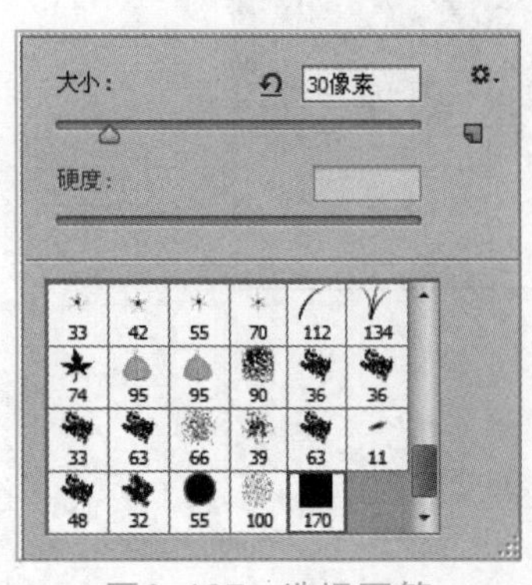

图6-127 选择画笔

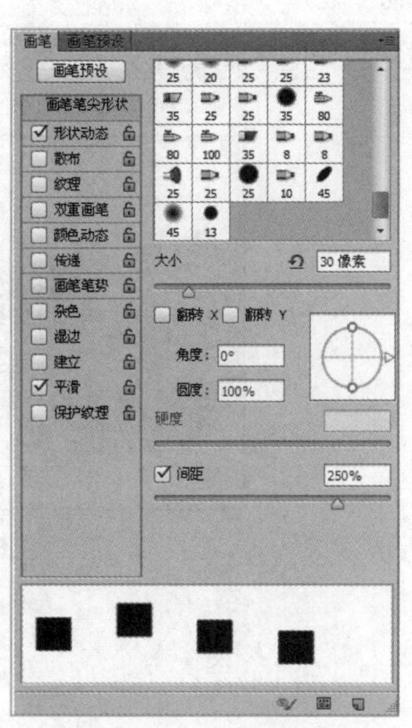

图6-128 设置画笔参数

（7）选择【图层→栅格化→形状】命令，对图层“矩形 1”进行栅格化。在工具箱设置前景色为白色，按住鼠标左键并拖动，绘制出胶片的边缘，如图 6–129 所示。

（8）在画笔面板中，设置“大小”为 180 像素，“间距”为 170%，按住鼠标左键并拖动，绘制出中间的矩形，如图 6–130 所示。

图6–129 绘制边缘

图6–130 绘制中间矩形

（9）将人物素材打开，并在工具箱中选择移动工具，将人物素材拖动到图像“胶片效果”中，将图层重命名为“人物素材 1”，调整好大小和位置，效果如图 6–131 所示。

（10）单击图层“人物素材 1”前面的“指示图层可见性”按钮，将“人物素材 1”隐藏。选中图层“矩形 1”，在工具箱中选择魔棒工具，将图像中间的圆角矩形选中，如图 6–132 所示。

图6–131 添加人物素材

图6–132 创建选区

（11）单击图层“人物素材 1”前面的“指示图层可见性”按钮将显示图层，并将图层选中，单击图层面板上的“添加图层蒙版”按钮，为图层“人物素材 1”添加图层蒙版，效果如图 6–133 所示。

（12）采用同样的方法，将其他人物素材添加到图像中，效果如图 6–134 所示。

图6–133 添加图层蒙版效果

图6–134 添加其他人物素材

（13）将除“背景”图层以外的图层选中，按【Ctrl+E】组合键将图层合并。选择【编辑→变换→变形】命令，在选项栏设置参数，如图 6–135 所示。

图6–135　设置变形参数

（14）按【Enter】键，确定变形，最终效果如图 6–122 所示。

3. 制作双胞胎效果

本案例主要讲解制作双胞胎效果的方法，运用钢笔工具、变换、图层蒙版、调整图层、曲线等功能，将如图 6–136 所示的原图，制作出如图 6–137 所示的效果图。

图6–136　原图

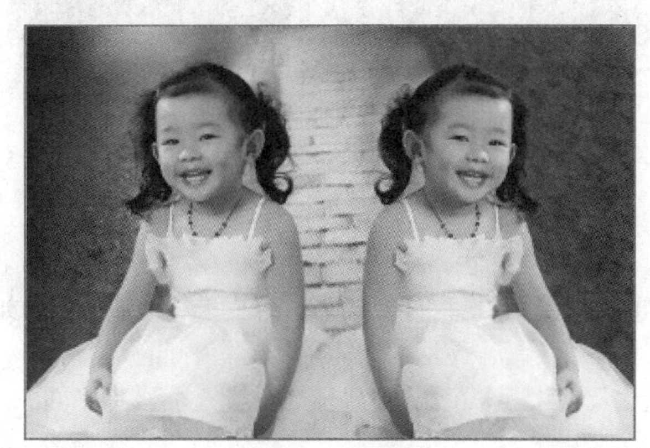

图6–137　效果图

操作步骤如下：

（1）打开图像，选择“背景”图层，按住鼠标左键并拖动至“创建新图层”按钮，即可复制背景图层，得到“背景副本”图层。

（2）选择“背景副本”图层，在工具箱中选择钢笔工具，沿着人物头部的外轮廓绘制路径，如图 6–138 所示。按【Ctrl+Enter】组合键，将路径转换为选区。

（3）使用磁性套索、矩形选框等选区工具，选择人物的其他部分添加到选区中，如图 6–139 所示。

图6–138　绘制路径

图6–139　创建选区

（4）在工具箱中选择移动工具，按住【Alt】键，拖动鼠标，将人物选区复制一份。选择【编辑→变换→水平翻转】命令，水平翻转人物选区，并调整其位置，效果如图 6–140 所示。

（5）按【Ctrl+D】组合键，取消选区。单击图层面板上的“添加图层蒙版”按钮，添加图层蒙版。在工具箱中选择画笔工具，设置合适的画笔大小，涂抹图像边缘，将不需要显示的区域隐藏，效果如图 6–141 所示。

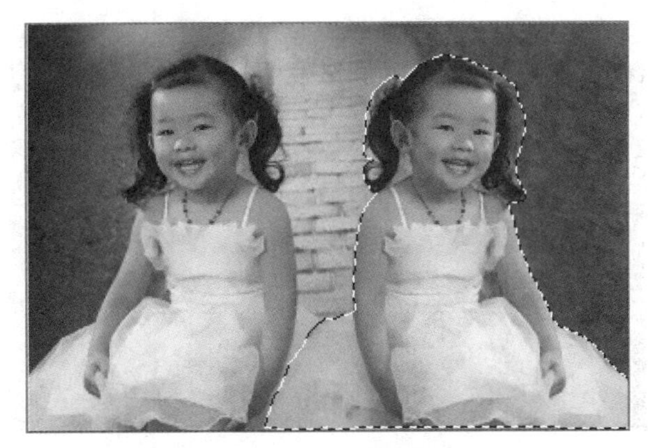

图6-140 复制选区

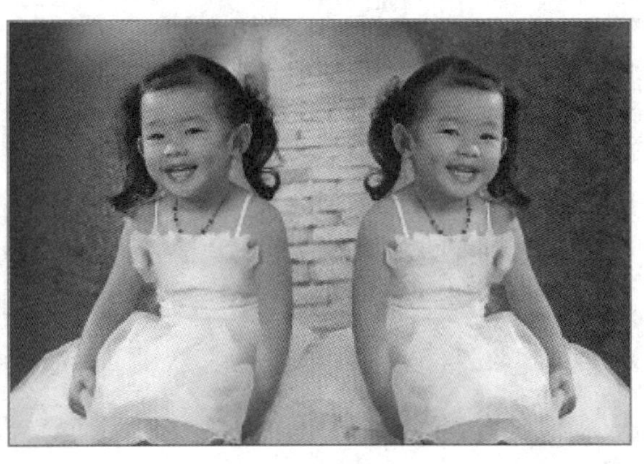

图6-141 添加图层蒙版效果

（6）选择【图像→调整→曲线】命令，在弹出的“曲线”对话框中，创建节点调整图像的明暗度，如图 6-142 所示。

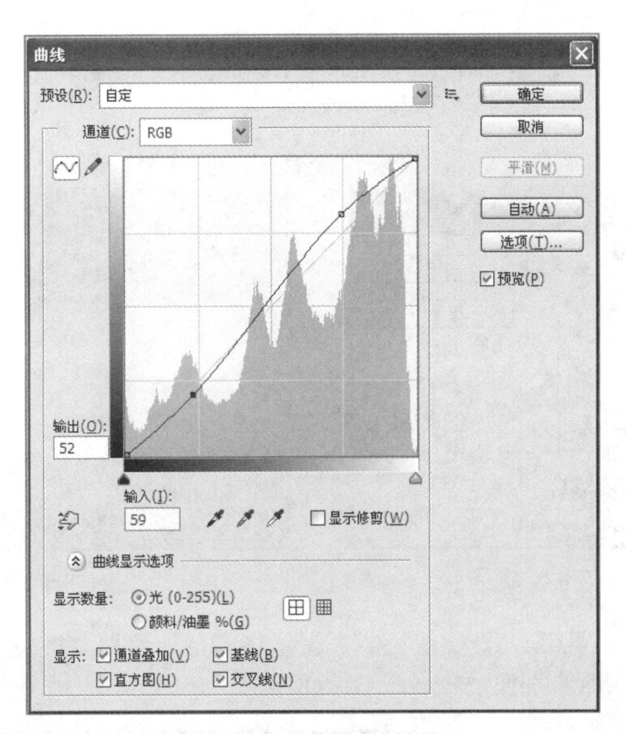

图6-142 “曲线”对话框

图6-143 “照片滤镜”属性

（7）单击图层面板上的“创建新的填充或调整图层”按钮，在弹出的菜单中选择“照片滤镜”，在弹出的属性框中设置“颜色”为红色、“浓度”为 35%，如图 6-143 所示。最终效果如图 6-137 所示。

4. 制作LOMO特效

LOMO 特效强调随性和仿古色调，让色彩平淡的画面展现独具吸引力的效果，可将照片调出随性的 LOMO 风格效果。本案例主要讲解制作 LOMO 特效的方法，运用渐变填充、图层混合模式、选区羽化、图层蒙版等功能，将如图 6-144 所示的原图，制作出如图 6-145 所示的效果图。

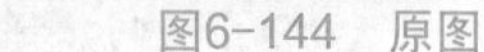

图6-144　原图

图6-145　效果图

操作步骤如下：

（1）打开图像，选择“背景”图层，按住鼠标左键并拖动至“创建新图层”按钮，即可复制背景图层，得到“背景副本”图层。

（2）选择“背景副本”图层，单击图层面板上的“创建新的填充或调整图层”按钮，在弹出的下拉菜单中选择“渐变”，在弹出的“渐变填充”对话框中设置参数，如图6-146所示。单击“确定”按钮，效果如图6-147所示。

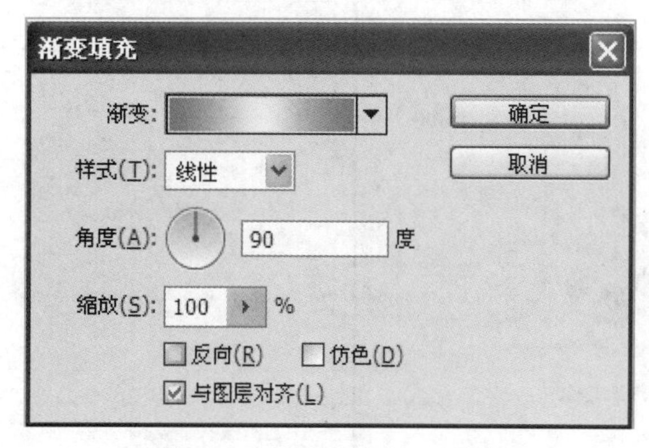

图6-146　“渐变填充”对话框

图6-147　渐变填充效果

（3）此时图层面板增加了图层“渐变填充1”，设置其“混合模式”为“正片叠底”、“不透明度”为90%，图层面板如图6-148所示。图像效果如图6-149所示。

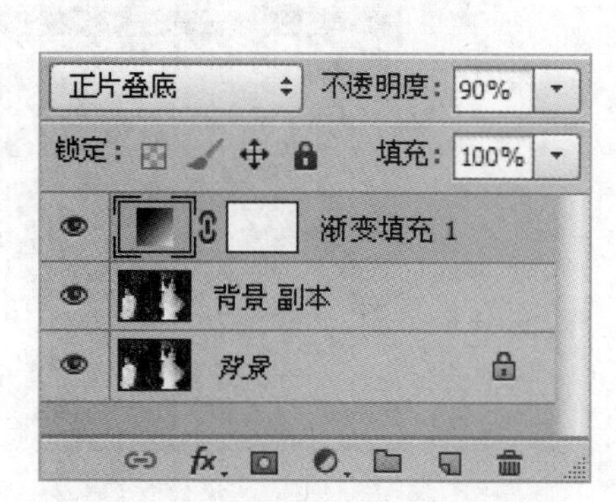

图6-148　图层面板

图6-149　正片叠底效果

（4）按【Ctrl+Shift+Alt+E】组合键，盖印所有可见图层，得到“图层 1”。

（5）单击图层面板的“创建新图层”按钮，新建“图层 2”，选择【编辑→填充】命令，将“图层 2”填充为黑色。

（6）在工具箱选择矩形选框工具，并在选项栏设置“羽化”为 80 像素，在图像中绘制矩形选区，如图 6–150 所示。

（7）选择【选择→反向】命令，将选区反选。单击图层面板上的“添加图层蒙版”按钮，为“图层 2”添加图层蒙版，此时图层面板如图 6–151 所示。图像最终效果如图 6–145 所示。

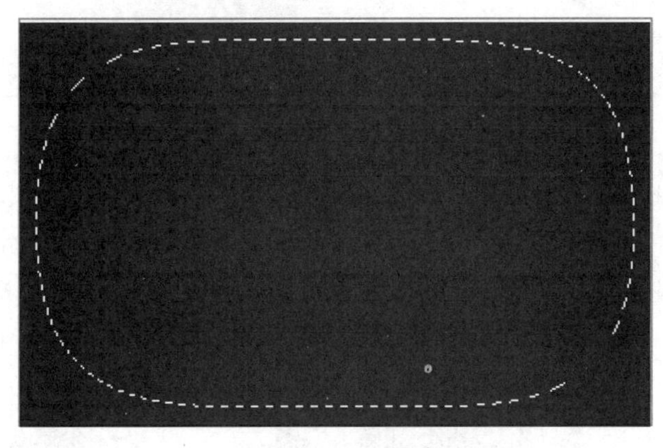

图6–150 绘制选区

图6–151 图层面板

5. 虚化人物图像效果

虚化人物图像效果主要针对一张照片中有多个人物，为了突出其中的主要人物，而将其他次要人物及背景进行模糊处理。本案例主要运用高斯模糊、调整图层、图层蒙版、模糊工具等，将如图 6–152 所示的原图，制作出如图 6–153 所示的虚化背景效果图。

图6–152 原图

图6–153 效果图

操作步骤如下：

（1）打开图像，选择“背景”图层，按住鼠标左键并拖动至“创建新图层”按钮，即可复制背景图层，得到“背景副本”图层。

（2）选择“背景副本”图层，选择【滤镜→模糊→高斯模糊】命令，在弹出的“高斯模糊”对话框中，设置半径为 4 像素。单击“确定”按钮，效果如图 6–154 所示。

（3）单击图层面板上的“添加图层蒙版”按钮，为“背景副本”图层添加图层蒙版。

（4）在工具箱中选择画笔工具，设置合适的画笔大小，涂抹主要人物，隐藏其模糊效果，如图 6–155 所示。

图6-154　高斯模糊效果

图6-155　添加图层蒙版效果

（5）单击图层面板上的“创建新的填充或调整图层”按钮，在弹出的菜单中选择“亮度/对比度”，生成图层“亮度/对比度1”及其图层蒙版，在弹出的属性框中设置亮度、对比度，如图6-156所示。

（6）选择“亮度/对比度1”的图层蒙版，在工具箱中选择画笔工具，涂抹主要人物以外的区域，取消其亮度/对比度效果，得到的效果如图6-157所示。

图6-156　“亮度/对比度”属性

图6-157　调整亮度对比度效果

（7）单击图层面板上的“创建新的填充或调整图层”按钮，在弹出菜单中选择“照片滤镜”，在弹出的属性框中设置“颜色”为红色、“浓度”为25%，如图6-158所示。执行“照片滤镜”命令后，图像添加暖色调，颜色加深。

（8）按【Ctrl+Shift+Alt+E】组合键，盖印所有可见图层，得到“图层1”，在工具箱中选择模糊工具，设置合适的画笔大小，涂抹主要人物以外的区域，增加模糊程度，最终效果如图6-153所示。

图6-158　“照片滤镜”属性

6. 制作铅笔素描效果

本案例主要讲解制作铅笔素描效果的方法，运用去色、反相、最小值、高斯模糊等功能，将如图6-159所示的原图，制作出如图6-160所示的效果图。

操作步骤如下：

（1）打开图像，选择“背景”图层，按住鼠标左键并拖动至“创建新图层”按钮，即可复制背景图层，得到“背景副本”图层。

（2）选择“背景副本”图层，选择【图像→调整→去色】命令，去除图像颜色，得到的效果如图6-161所示。

（3）将“背景副本”图层复制一份，得到“背景副本2”图层。

（4）选择“背景副本2”图层，选择【图像→调整→反相】命令，得到的效果如图6-162所示。

图6-159　原图

图6-160　效果图

图6-161　去色效果

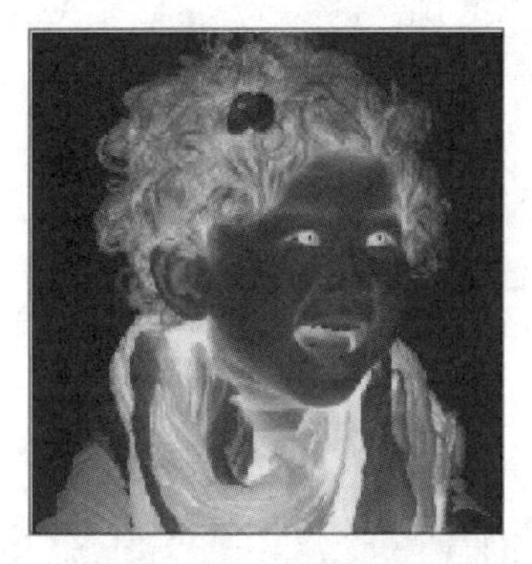

图6-162　反相效果

（5）设置“背景副本 2”图层的“混合模式”为“颜色减淡”。

（6）选择【滤镜→其他→最小值】命令，在弹出的“最小值”对话框中设置参数，如图 6-163 所示。单击“确定”按钮，效果如图 6-164 所示。

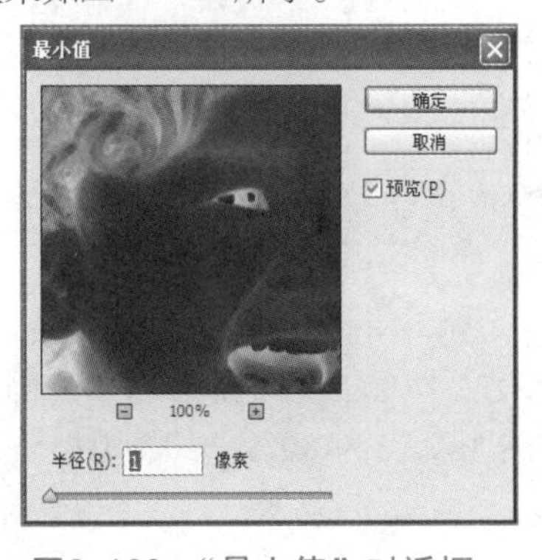

图6-163　“最小值”对话框

图6-164　最小值效果

（7）选择【滤镜→模糊→高斯模糊】命令，在弹出的“高斯模糊”对话框中设置参数，如图 6-165 所示。

（8）单击“确定”按钮，最终效果如图 6-160 所示。

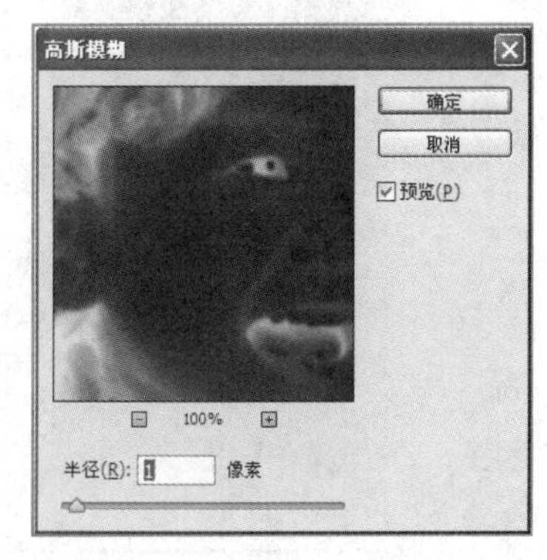

图6-165　“高斯模糊”对话框

7. 制作油画效果

本案例主要讲解制作图像油画效果的方法，运用亮度 / 对比度、滤镜、图层混合模式、色相 / 饱和度等功能，将如图 6-166 所示的原图，制作出如图 6-167 所示的油画效果图。

图6-166　原图

图6-167　效果图

操作步骤如下：

（1）打开图像，选择“背景”图层，按住鼠标左键并拖动至“创建新图层”按钮，即可复制背景图层，得到“背景副本”图层。

（2）选中“背景副本”图层,选择【图像→调整→亮度/对比度】命令,在弹出的“亮度/对比度”对话框中，设置亮度、对比度，（见图 6-168），单击“确定”按钮。

（3）选择【滤镜→模糊→高斯模糊】命令，在弹出的“高斯模糊”对话框中，设置半径为 2.5 像素，如图 6-169 所示。单击“确定”按钮。

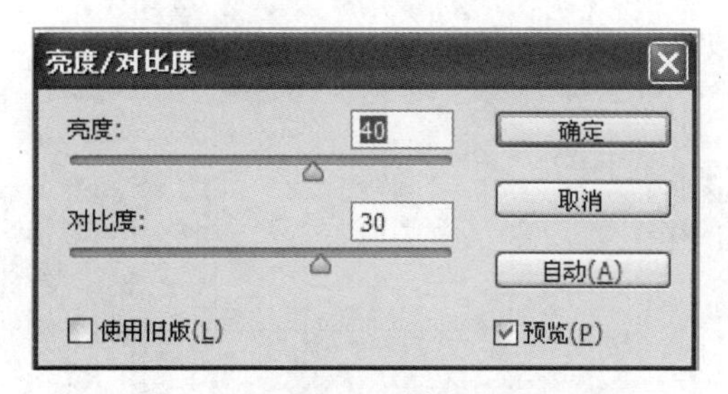

图6-168　“亮度/对比度”对话框

图6-169　“高斯模糊”对话框

（4）选择【滤镜→模糊→特殊模糊】命令，在弹出的“特殊模糊”对话框中，设置半径为 2，阈值为 25，如图 6-170 所示。单击“确定”按钮。

（5）打开素材图片“纹理.jpg”。在工具箱中选择移动工具，将“纹理.jpg”拖动到“油画.jpg”中。

（6）选中“图层 1”，选择【编辑→自由变换】命令，将“纹理”调整为和“油画”大小一致。在在图层面板中将“图层 1”的混合模式设为“叠加”，不透明度设为 80%，如图 6-171 所示，设置后的效果如图 6-172 所示。

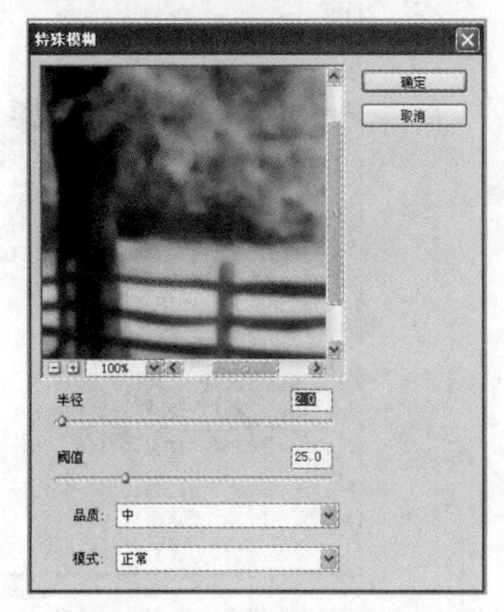

图6-170　“特殊模糊”对话框

图6-171　图层面板

（7）选中“背景副本”图层，选择【图像→调整→色相/饱和度】命令，在弹出的“色相/饱和度”对话框中，设置饱和度为20、明度为3，如图6-173所示。

图6-172 设置图层模式后效果

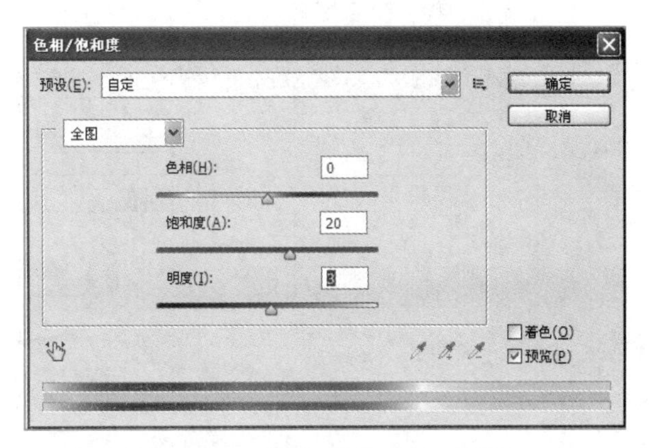

图6-173 “色相/饱和度”对话框

（8）单击“确定”按钮，最终效果如图6-167所示。

6.2 数码照片合成

6.2.1 案例简介

本案例主要围绕儿童数码照片的处理为中心，以实例制作的方式讲解其制作方法和技巧。让读者学习如何将不同的素材图片进行拼合的同时，使用色彩调整命令、图层混合模式、蒙版、图层样式、变换等工具对图像进行调整，制作出效果唯美的儿童写真。案例制作完成的最终效果如图6-174所示。

图6-174 案例效果

6.2.2 实现方法

本案例的实现步骤如下：

（1）执行【文件→新建】命令，或者按【Ctrl+N】组合键，在弹出的“新建”对话框中设置相关参数，如图6-175所示，单击“确定”按钮，新建一个空白的图像文件“可爱宝贝”。

（2）打开素材图片“草地.jpg”，在工具箱中选择移动工具，将图片“草地”拖动到“可爱宝贝”中，图层面板自动生成“图层 1”，将图层重命名为“草地”。

（3）选择【编辑→自由变换】命令，将“草地”的大小调整为与白色背景一致，按【Enter】键确定。

（4）在图层面板，设置图层“草地”的不透明度为 90%，效果如图 6–176 所示。

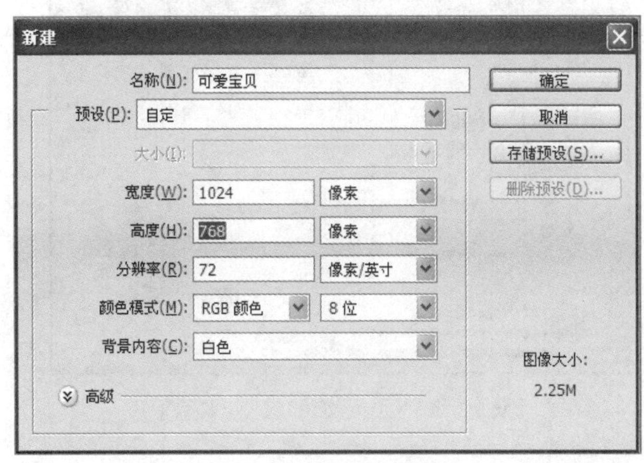

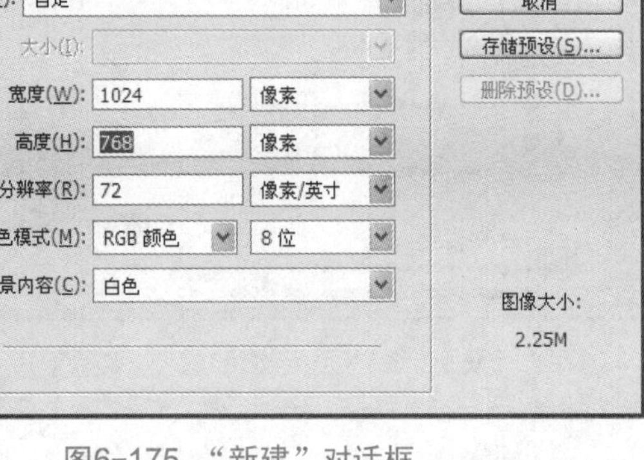

图6–175 “新建”对话框

图6–176 设置不透明度后效果

（5）打开素材图片“人物素材 1.jpg”，在工具箱中选择移动工具，将图片“人物素材 1”拖动到“可爱宝贝”中，图层面板自动生成“图层 1”，将图层重命名为“人物 1”。

（6）选择【编辑→自由变换】命令，将图层“人物 1”调整到合适大小，按【Enter】键确定，如图 6–177 所示。

（7）选择【图像→调整→曲线】命令，在弹出的“曲线”对话框中，创建两个节点，并往上拖动，提高图像的亮度，如图 6–178 所示。

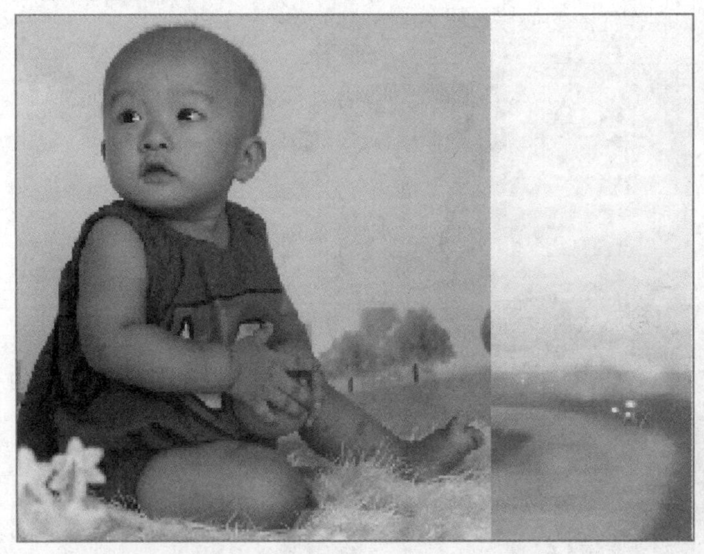
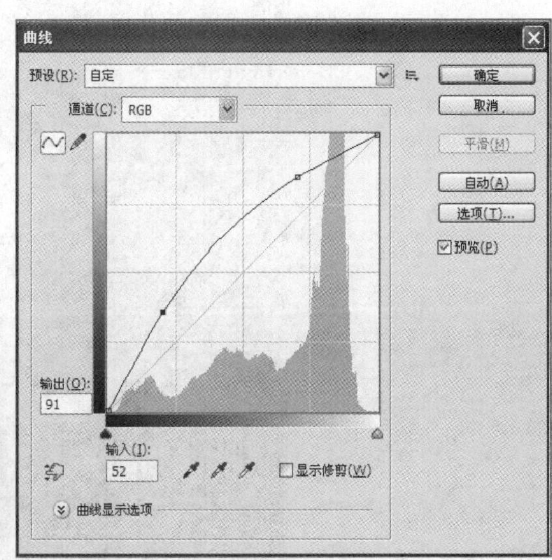

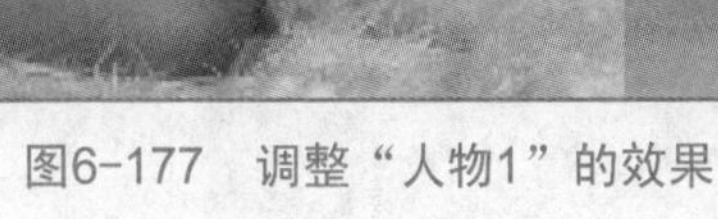

图6–177 调整“人物1”的效果

图6–178 调整曲线

（8）单击“确定”按钮，效果如图 6–179 所示。

（9）单击图层面板下方的“添加图层蒙版”按钮，为图层“人物 1”添加图层蒙版。在工具箱中选择渐变工具，在选项栏的渐变库中选择“从前景色到背景色渐变”，并在“渐变编辑器”对话框中，设置黑、白颜色所占的比例，如图 6–180 所示。

图6-179 调整曲线后效果

图6-180 "渐变编辑器"对话框

（10）按住鼠标左键，在图像中从右往左拖动，松开鼠标后，可看到图层"人物 1"的右半部分被虚化，如图 6-181 所示。

（11）将图层"人物 1"的混合模式设置为"正片叠底"，效果如图 6-182 所示，此时图层面板如图 6-183 所示。

图6-181 右侧虚化效果

图6-182 "正片叠底"后效果

（12）在工具箱中选择椭圆选框工具，按住【Shift】键的同时拖动鼠标，在图中绘制一个正圆形选区，如图 6-184 所示。

（13）新建一个图层，重命名为"圆形 1"，设置前景色为白色，按【Alt+Delete】组合键对选区填充前景色，按【Ctrl+D】组合键取消选择，效果如图 6-185 所示。

（14）双击图层"圆形 1"，弹出"图层样式"对话框，选择"描边"选项，设置填充颜色为浅绿色，RGB 分量值为（216,243,151），设置描边参数，如图 6-186 所示。单击"确定"按钮，效果如图 6-187 所示。

（15）打开素材图片"人物素材 2.jpg"，工具箱中选择移动工具，将图片"人物素材 2"拖动到"可爱宝贝"中，图层面板自动生成"图层

图6-183 图层面板

1”，将图层重命名为“人物 2”。

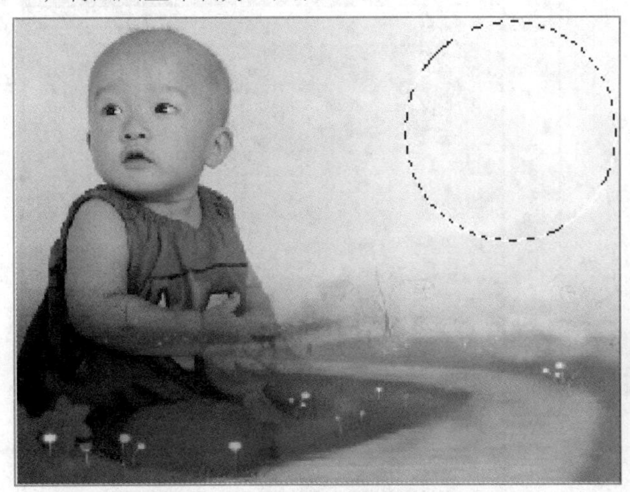

图6-184　绘制正圆形选区

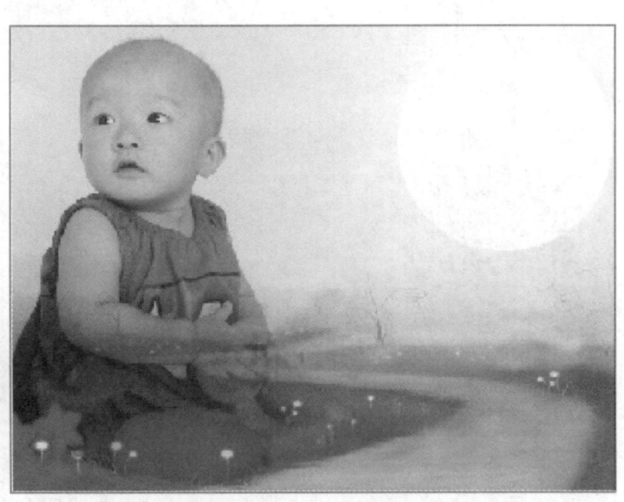

图6-185　填充背景色效果

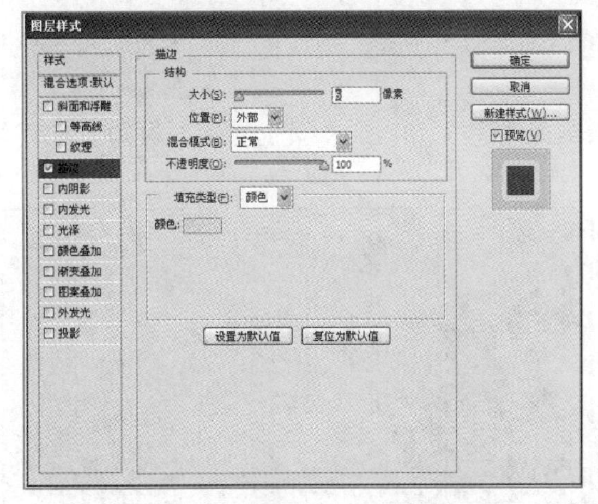

图6-186　设置“描边”样式

图6-187　设置描边后效果

（16）选择【编辑→自由变换】命令，将图层“人物 2”调整到合适大小，按【Enter】键确定，效果如图 6-188 所示。

（17）选择【编辑→变换→水平翻转】命令，将图层“人物 2”水平翻转，效果如图 6-189 所示。

图6-188　调整“人物2”大小

图6-189　水平翻转效果

（18）选择【图像→调整→亮度 / 对比度】命令，在弹出的“亮度 / 对比度”对话框中设置参数，如

图 6-190 所示。

（19）将图层“人物 2”拖动到上面创建的圆形位置，按【Ctrl+Alt+G】组合键，创建剪贴蒙版，并调整图层“人物 2”的位置，效果如图 6-191 所示。

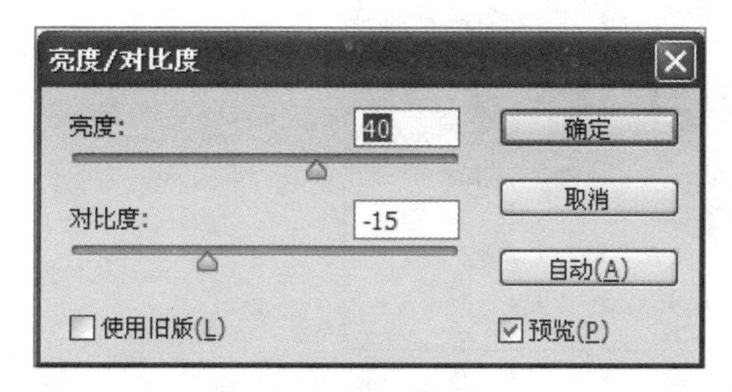

图6-190 “亮度/对比度”对话框

图6-191 创建剪贴蒙版的效果

（20）运用同样的方法将图片“人物素材 3”添加到图片“可爱宝贝”中，效果如图 6-192 所示，此时图层面板如图 6-193 所示。

图6-192 添加“人物素材2”的效果

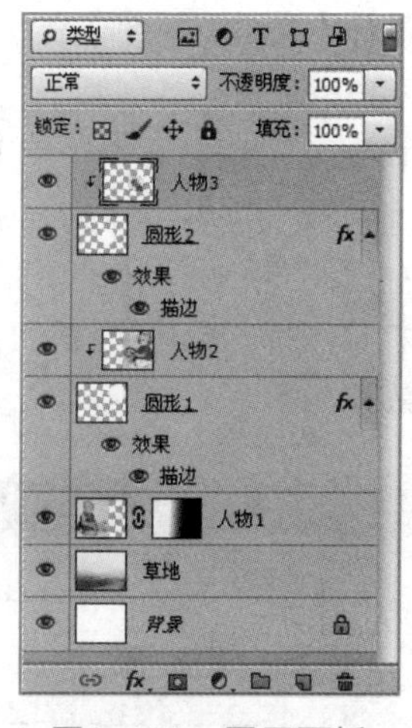

图6-193 图层面板

（21）打开文字素材“文字 1.psd”、“文字 2.psd”，在工具箱中选择移动工具，将文字素材添加到“可爱宝贝”中，调整好位置和大小，最终效果如图 6-174 所示。

6.3 制作宣传海报

6.3.1 案例简介

本案例主要以宣传海报的制作为中心，以实例制作的方式讲解其制作方法和技巧。使用渐变、变换、路径及选区、文字、画笔、图层样式、图层叠放次序等工具，制作色彩丰富的圣诞节贺卡，案例制作完成的效果如图 6-194 所示。

图6-194　案例效果

6.3.2　实现方法

本案例的实现步骤如下：

（1）选择【文件→新建】命令，在弹出的“新建”对话框中设置参数，如图 6-195 所示，单击“确定”按钮，新建一个空白的文件“圣诞贺卡”。

（2）设置前景色、背景色的 RGB 分量值分别为（1,102,179）、（28,180,238）。在工具箱中选择渐变工具，在“渐变颜色库”下拉列表中，选择“前景色到背景色渐变”，设置渐变类型为“线性渐变”，在图像中按住鼠标左键，从上往下拖动填充图像的背景。

（3）打开图片“园林素材”，并复制到“圣诞贺卡”中，选择【编辑→自由变换】命令，调整园林的大小和位置，效果如图 6-196 所示。

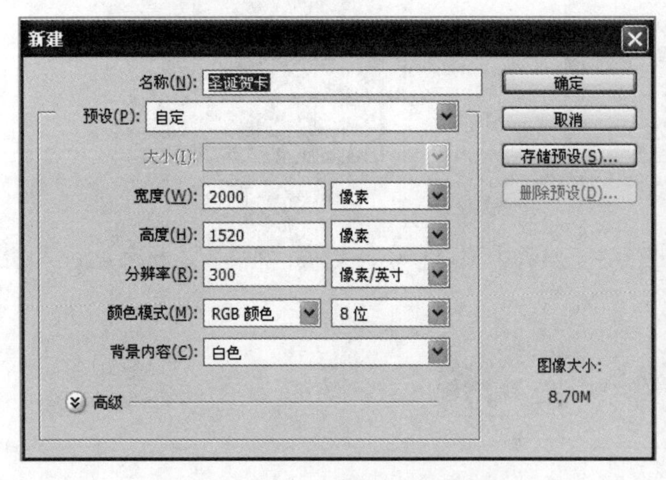

图6-195　“新建”对话框

图6-196　园林效果

（4）单击图层面板下方的“创建新图层”按钮，在图层面板增加“图层 1”，将图层重命名为“白色光”。

（5）选中图层“白色光”，创建矩形选区，如图 6-197 所示。

（6）在工具箱中选择渐变工具，在“渐变颜色库”下拉列表中，选择“白色到透明渐变”，渐变类型为“线性渐变”。按住鼠标左键，在矩形选框中从下往上拖动填充白色到透明的渐变，效果如图 6-198 所示。

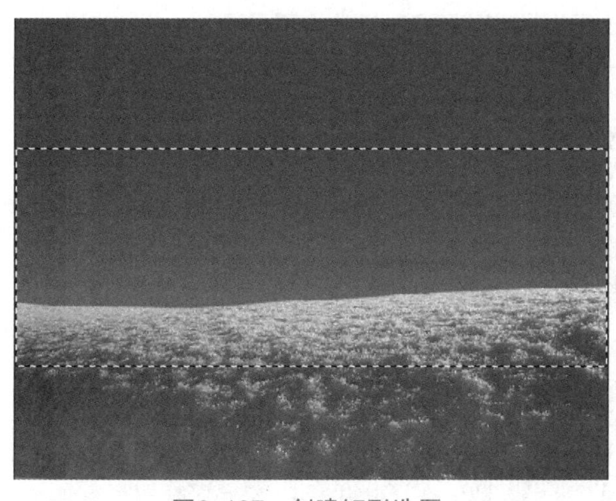

图6-197　创建矩形选区

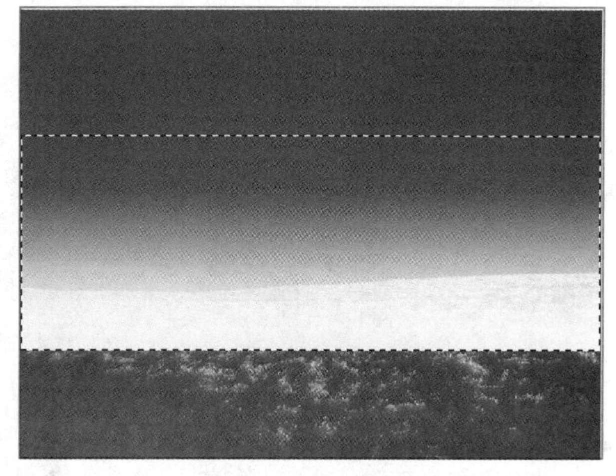

图6-198　填充颜色

（7）按【Ctrl+D】组合键，取消选择。调整图层的叠放次序，将图层“白色光”调整到“园林素材”的下方，效果如图 6-199 所示。

（8）将图像“圣诞素材 .psd”中的图层“礼盒”复制到图像“圣诞贺卡”中，并适当调整位置和大小，如图 6-200 所示。

图6-199　调整图层叠放次序

图6-200　礼盒效果

（9）单击图层面板下方的“创建新图层”按钮，将新建的图层重命名为“红色区域”。使用钢笔工具在图层中创建路径，如图 6-201 所示。

（10）打开路径面板，选择工作路径并右击，选择“建立选区”命令，如图 6-202 所示，将路径转换为如图 6-203 所示的选区。

图6-201　创建路径

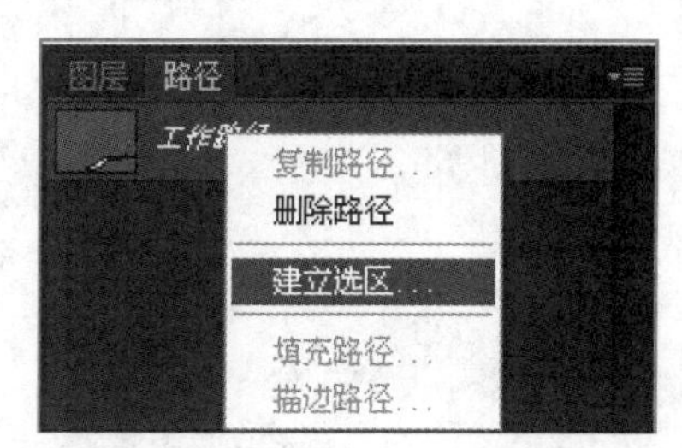

图6-202　选择命令

图6-203 建立红色选区

（11）设置前景色、背景色的 RGB 分量值分别为（140,23,31）、（209,31,39），在工具箱中选择渐变工具 ，在“渐变颜色库”下拉列表中，选择“前景色到背景色渐变”，设置渐变类型为“线性渐变”，在选区中按住鼠标左键，从左往右拖动填充渐变颜色。按【Ctrl+D】组合键，取消选择，将图层“红色区域”调整到“礼盒”的下方，效果如图 6-204 所示。

（12）单击图层面板下方的“创建新图层”按钮 ，将新建的图层重命名为“白色区域”，使用钢笔工具创建路径，并转换为选区，如图 6-205 所示。

图6-204 红色区域效果

图6-205 建立白色选区

（13）将选区填充为白色，将图层“白色区域”调整到“红色区域”的下方，效果如图 6-206 所示。

图6-206 白色区域效果

（14）在工具箱中选择文字工具 ，输入文字“愿您的新年充满美妙的时刻”“愿佳节的祝福与未来的每一天同在”，在选项栏设置字体格式为“华文新魏、14 点、红色”，效果如图 6-207 所示。

（15）将图像“圣诞素材 .psd”中的图层“大树”“小树”“冰”“星光”“雪花”复制到“圣诞贺卡”中，并适当调整位置和大小，效果如图 6-208 所示。

图6-207 输入文字

图6-208 添加素材效果

（16）将“文字.psd”中的文字图层复制到“圣诞贺卡”中，效果如图6-209所示。

（17）单击图层面板下方的“创建新图层”按钮，将新建的图层重命名为“小星星”，在工具箱中选择画笔工具，设置前景色为白色，在图像中绘制圆点，更改画笔大小后，继续绘制圆点，如图6-210所示。

图6-209 添加文字素材效果

图6-210 绘制圆点

（18）选中“小星星”图层，单击图层面板下方的“添加图层样式”按钮，在弹出的菜单中选择“外发光”样式，在“图层样式”对话框中设置参数，如图6-211所示。

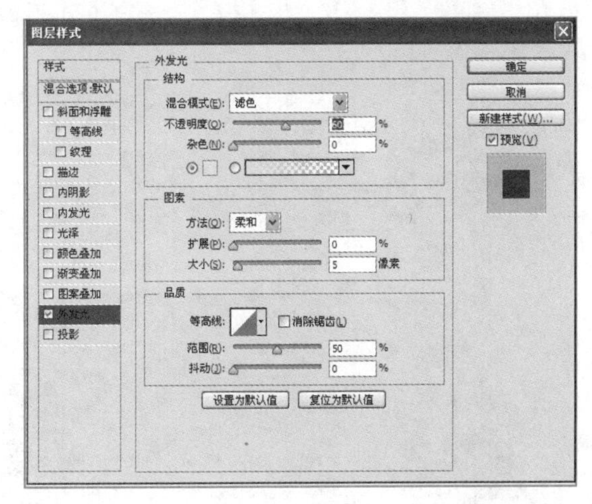

图6-211 “图层样式”对话框

（19）单击“确定”按钮，圣诞贺卡的最终效果如图 6-194 所示。

课 后 练 习

操作题

1. 收集一些自己生活中的人物及风景照片，对色彩不佳的照片进行色彩色调调整，对有瑕疵的照片进行美化，并对照片进行艺术处理。

2. 使用本章“课后练习”文件夹下的“图 1.jpg”“图 2.jpg”“图 3.jpg”“图 4.jpg”“图 5.psd”，对人物进行合成处理，制作如图 6-212 所示的效果。

3. 使用本章“课后练习”文件夹下的“图 6.jpg”，制作如图 6-213 所示的儿童节海报。

图6-212　人物合成效果

图6-213　儿童节海报效果

4. 小明所在的学院，计划于 2016 年 12 月 12 日、12 月 19 日，分别举办“第五届校园歌手大赛”和“第六届校园辩论赛”。试收集所需的资料，为比赛设计宣传海报。

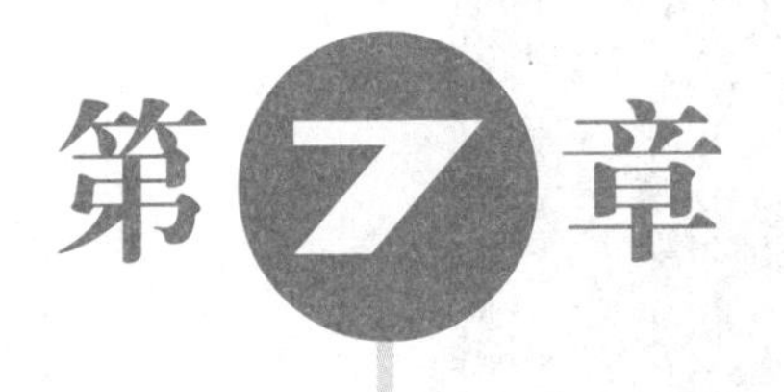

第7章 会声会影视频处理

学习目标

- 了解会声会影的工作界面及视频编辑的基础知识。
- 掌握导入素材及素材库的基本操作。
- 掌握会声会影视频剪辑的技巧。
- 掌握视频滤镜的添加方法。
- 掌握视频转场的添加方法。
- 掌握视频字幕、音频的添加与编辑方法。
- 了解视频输出的操作。

会声会影（Corel Video Studio）是由Corel公司推出的影音编辑工具，是目前应用最广泛的视频制作软件之一。会声会影X7可以使用户以强大、新奇和轻松的方式完成视频片段从导入计算机到输出的整个过程。它可以快速加载、组织和裁剪视频剪辑，并配以音乐、标题和转场等效果为视频增添创意，其可视化操作页面和多变特效被广大非专业人员应用并且制作出了高水平视频。

本章采用会声会影X7版本，并结合“美丽广州”电子相册的制作，讲解会声会影导入素材、视频剪辑、添加转场和滤镜效果、视频输出等操作。

7.1 预备知识

7.1.1 会声会影X7工作界面

会声会影X7在以前版本的基础上新增了许多功能，如支持无限条覆叠轨、更多的滤镜效果、更多的转场效果、3D视频输出等，为用户制作出更加完美的视频影片提供了很多支持。启动会声会影X7后，通过加载进入工作窗口，如图7-1所示。窗口包括标题栏、菜单栏、步骤面板等7部分。

（1）标题栏：位于窗口最顶端，包括左侧标题Corel VideoStudio X7和右侧窗口控制按钮。

（2）菜单栏：包括常用的“文件”“编辑”“工具”“设置”“帮助”等菜单。

（3）步骤面板：包括视频编辑的3个步骤：捕获、编辑与共享。单击步骤面板的按钮，可在不同的步骤之间进行切换。

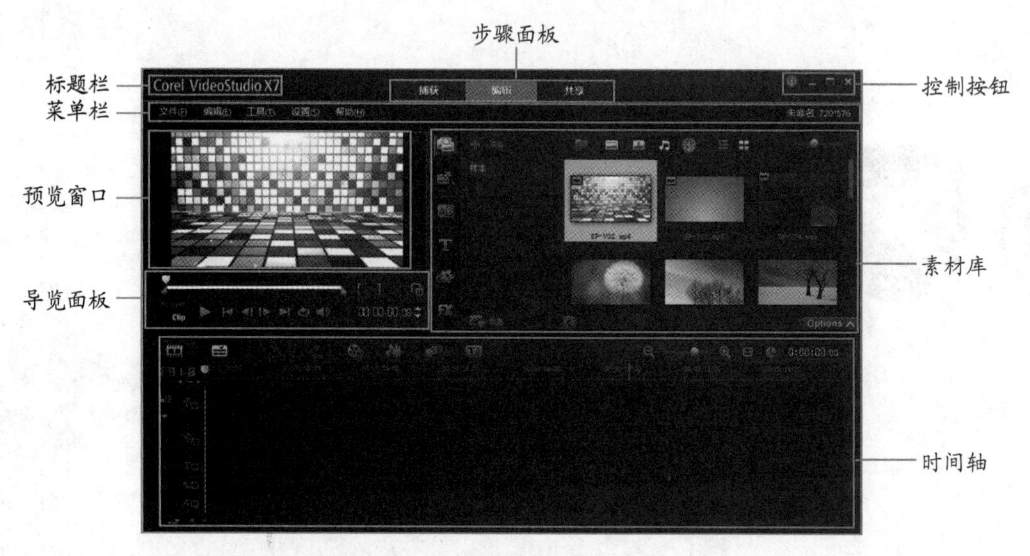

图7-1 会声会 影X7工作界面

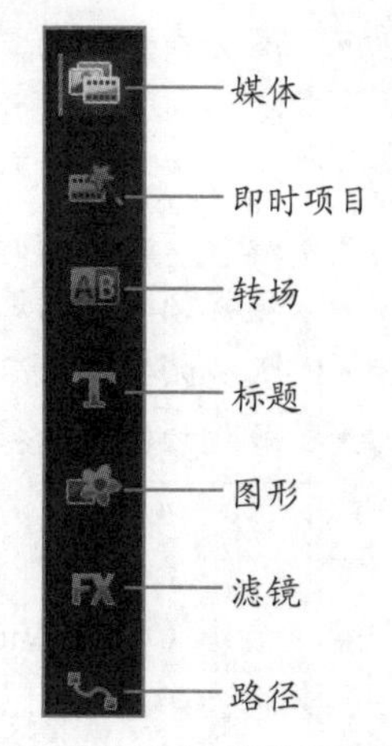

图7-2 素材库素材类型

- 捕获：可直接将视频源中的素材捕获到计算机硬盘中，包括视频捕获、DV快速扫描、从数字媒体导入、定格画面、屏幕捕获。
- 编辑：会声会影的核心，可以整理、编辑、修整素材，还可以对素材添加特效。该选项面板下包括5个选项卡：媒体、即时项目、转场、标题和图形。
- 共享：影片编辑完成后，通过该步骤可以创建视频文件，将影片输出到计算机、DVD光盘或者移动设备上。

（4）预览窗口：查看正在编辑的项目或者预览视频、转场、滤镜、字幕等素材的效果，对视频进行的各种设置基本都可以在此预览窗口显示出来。

（5）素材库：素材库中存储了制作影片所需的全部内容如视频素材、照片、即时项目模板、转场、标题、滤镜和音频文件等，如图7-2所示。

素材库是会声会影中非常重要的素材来源，用户不仅可以直接使用默认素材库中的素材进行编辑，还可以在不同素材库中自定义文件夹并添加素材文件。

（6）导览面板：预览窗口的下方就是导览面板，如图7-3所示。在导览面板上有一排播放控件与功能按钮，主要用于预览和编辑项目中使用的素材。表7-1为导览窗口中按钮的说明。

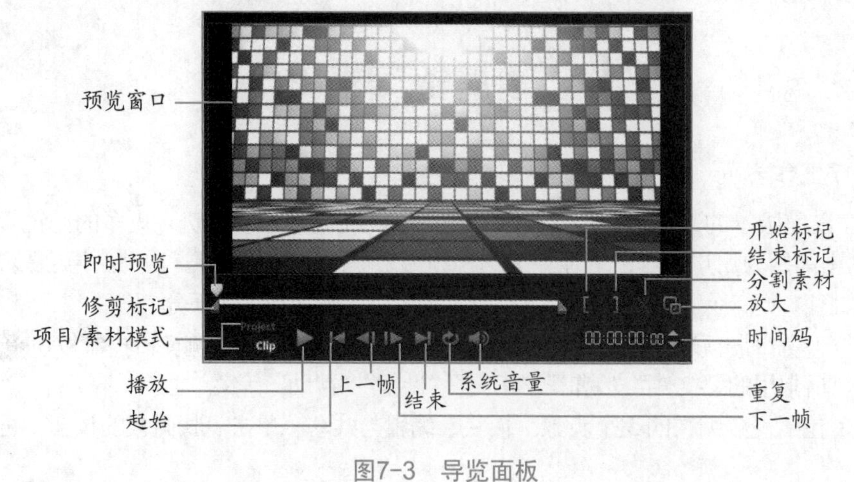

图7-3 导览面板

表7-1　导览窗口中的可控制项

按　钮	名　称	描　述
	即时预览列	浏览项目或素材
	修剪标记	可以拖动设置项目的预览范围或修整素材
项目 素材	项目 / 素材模式	指定预览整个项目或只预览所选素材
	播放	播放、暂停或恢复当前项目或所选素材
	起始	返回起始片段或提示
	上一帧	移动到上一帧
	下一帧	移动到下一帧
	结束	移动到结束片段或提示
	重复	循环播放
	系统音量	可以拖动滑条来调整计算机扬声器的音量
00:00:17.14	时间码	通过指定精确的时间码，直接跳到项目的某个部分
	放大	放大预览窗口的大小
	分割素材	分割选定的素材
[　]	开始 / 结束标记	设置项目的预览范围或修整素材的开始和结束点

（7）时间轴：显示项目中包括的所有媒体、标题、转场效果等素材，还可以对素材进行剪辑。不同类型的素材放在不同的轨道，主要包括以下轨道：

- 视频轨：包含视频、图片和转场。
- 覆叠轨：包含覆叠素材，可以是视频、图片、色彩素材和转场。
- 标题轨：包含标题素材。
- 声音轨：包含声音素材。
- 音乐轨：包含音频文件的音乐素材。

时间轨上的一些工具列，可方便存取编辑指令来提升编辑效率，表 7-2 详细介绍这些工具的功能。

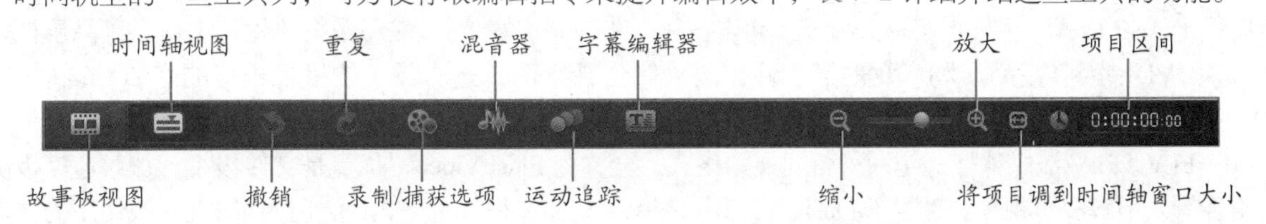

表7-2　时间轴中工具列按钮

按　钮	名　称	描　述
	故事板视图	按照时间顺序显示媒体缩略图
	时间轴视图	允许用户在不同的轨道中对素材执行精确到帧的编辑操作
	撤销	还原上一个动作
	重复	重复上一个还原的动作
	录制 / 捕获选项	显示“录制 / 捕获选项”面板，可捕获视频、导入文件、录制旁白以及抓拍快照等操作
	混音器	启动“环绕混音”和多音轨的音频时间轴，可以自定义音频设置
	动态追踪	将追踪路径套用到选定的视频素材
	字幕编辑器	启动“字幕编辑器”对话框，可轻松地在选取的视频素材中编辑字幕

续表

按　钮	名　称	描　述
	缩放控件	使用缩放滑动条和按钮，调整时间轴的视图大小
	将项目调整到时间轴窗口大小	将项目视图调整到适合于整个时间轴的长度
0:02:55:21	项目区间	显示项目的总时间长度

若想在播放或编辑视频时，隐藏不使用的轨道，可选择设置轨道可视性，“轨道可视性”按钮的眼睛睁开表示轨道可见，眼睛关闭表示轨道隐藏。

单击“轨道管理器”按钮，或选择【设置→轨道管理器】命令，在弹出的“轨道管理器”对话框中，可以添加不同类型的轨道，如图 7–4 所示。

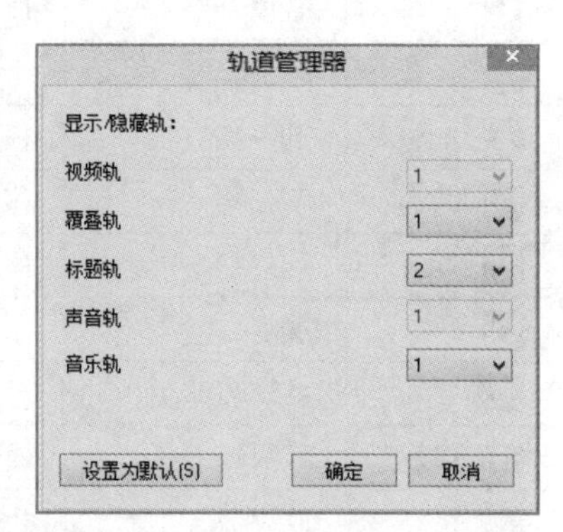

图7–4 “轨道管理器”对话框

7.1.2 常用术语

随着信息技术的迅速发展，数字视频与音频设备、数字软件的更新换代，视频与音频等文件的格式也不断增多，全新的术语层出不穷。在学习会声会影编辑处理视频时，了解视频编辑的常用术语，以便能够更快、更容易地使用会声会影。

1. 视频常用术语

（1）AVI：由微软公司推出的视频格式，优点是被各种平台广泛支持，图像质量好；缺点是体积较大，压缩标准不统一。

（2）WMV：微软公司推出的一种流媒体格式，它是由“同门”的 ASF 格式升级延伸而来。在同等视频质量下，WMV 格式的体积非常小，因此适合在网上播放和传输。

（3）MPEG-2：主要用于制作 DVD，在一些高清晰的电视广播和一些高要求的视频编辑处理上也有一定的应用。使用 MPEG-2 的压缩法，可以将一部 120 min 长的电影压缩到 4~8 GB。

（4）MPEG-4：使用 MPEG-4 算法的 ASF 模式可以把一部 120 min 长的电影压缩到 300 MB 左右，但是图像质量比 ASF 格式文件好很多。常用于移动设备和网络视频流媒体，以较低数据传输速率提供高品质视频。

（5）DVD：因其高品质和广泛的兼容性，成为制作视频的首选。除了能呈现极佳的音质和画质之外，DVD 还能利用 MPEG-2 格式来产生单面或双面、单层或双层的光盘。

（6）FLV：FLV 流媒体格式是一种新的视频格式，全称为 FlashVideo，优点是文件极小、加载速度极快。它的出现有效地解决了视频文件导入 Flash 后，导出的 SWF 文件体积过于庞大，不能在网络上有效使用的缺点。

2. 音频常用术语

（1）MP3：MP3 是 MPEG Audio Layer-3 的简称，可以极小的文件产生接近 CD 的音频品质，让用户迅速地在网络上传送音频，是目前应用最广泛的音频格式。

（2）WMA：WMA 的全称是 Windows Media Audio，以减少数据流量但保持音质的方法来达到更高的压缩率，音频质量优于 MP3，适合在网络上在线播放。

（3）WAV：WAV 是微软公司开发的一种声音文件格式，它符合 RIFF 文件规范，用于保存 Windows 平台的音频信息资源，被 Windows 平台及其应用程序广泛支持，支持多种音频数字，取样频率和声道，标准格式化的 WAV 文件和 CD 格式一样。

（4）MID：数字音乐电子合成乐器的统一国际标准。它定义了计算机音乐程序、数字合成器，以及其他电子设备交换音乐信号的方式，可以模拟多种乐器的声音。

3. 视频编辑常用术语

（1）动画：通过迅速显示一系列连续的图像而产生的动态模拟。

（2）帧：视频或者动画序列中的单个图像。

（3）关键帧：素材中的特定帧，它可标记特殊的编辑或操作，以便控制完成动画的流、回放或其他特性。

（4）渲染：在应用转场和其他效果之后，和原素材组合成单个文件的过程。

（5）转场效果：两个场景之间，采用一定的技巧如划像、叠变、卷页等，实现场景或情节之间的平滑过渡，或达到丰富画面吸引观众的效果。

（6）滤镜：用来改变视频素材显示效果的方法，或作为一种修正方式来弥补拍摄失误，也可以有创意地将其用来为视频实现特定的效果。

（7）时间轴：时间轴是影片时序的图形化呈现方式。素材在时间轴上的相对大小可让用户精确地掌握媒体素材的长度，以及影片段、覆叠和音频的相对位置。

（8）项目文件：会声会影的项目文件（*.VSP）包含了链接所有相关影像、音频与视频文件所需的信息。在会声会影中，必须打开项目文件后，才能编辑视频。

7.1.3　设置相关参数

在使用会声会影进行视频编辑时，合理设置各项参数，可以帮助用户节省时间，从而有效提高视频编辑的工作效率。

选择【设置→参数选择】命令，或者按下【F6】键，弹出“参数选择”对话框，包括“常规”“编辑”“捕获”“性能”“界面布局”等选项卡，如图7–5所示。

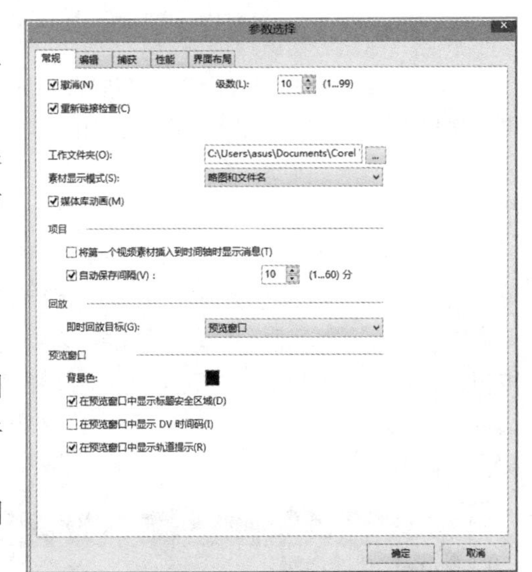

图7–5　“参数选择”对话框

1. 设置常规属性

“常规”选项卡主要设置一些基本的操作属性：

（1）素材显示模式：在下拉列表中，选择视频素材在时间轴上的显示模式，包括“仅缩略”“仅文件名”和“略图和文件夹名”3种模式。

（2）自动保存间隔：选中此复选框并指定自动保存的时间间隔，系统将会间隔性地自动保存项目文件。

2. 设置编辑属性

“编辑”选项卡主要用于设置影片素材和效果的质量：

（1）应用色彩滤镜：勾选该复选框，可将会声会影的调色板限制在NTSC或PAL滤镜色彩空间的可见范围内，以确保所有色彩均有效。若仅用于计算机显示器显示，可以不选择该复选框。

（2）重新采样质量：可以为所有的素材和效果指定质量，质量越高，生成的视频质量越好，但用于渲染的时间也越长。如果用于最后的输出，可以选择“最佳”；如果要进行快速操作，可以选择“更好”或者“好”。

3. 设置捕获属性

“捕获”选项卡用于设置与视频捕获相关的参数：

（1）从CD开始捕获：选中该复选框，可直接从CD播放器上录制歌曲的数码数据，并保留最佳质量。

（2）捕获格式：在下拉列表中可以选择从视频捕获静态帧时，文件保存的格式为BITMAP或者JPEG。

（3）显示丢弃帧的信息：选中此复选框，在捕获视频时可以显示视频捕获期间丢弃帧的数目。

4. 设置性能参数

“性能”选项卡用于设置与性能相关的参数：

（1）启用智能代理：选中该复选框，在将视频文件插入到时间轴时，将自动地创建代理文件，如图7–6所示。在“当视频大小大于此值时，创建代理：”微调框中设置一定数值，如果视频来源文件的帧大小等于或大于指定的数值，则为该视频文件创建代理文件。“代理文件夹”用于设置代理文件夹保存的位置。选中“自动生成代理模板（推荐）”，将自动生成默认的代理模板。

（2）“视频代理选项”：撤选“自动生成代理模板（推荐）”后，该选项则成为可用状态。若要更改代理文件的格式或者其他的设置，单击“模版”按钮，从弹出的下拉列表中选择合适的模板即可，如图 7-7 所示。

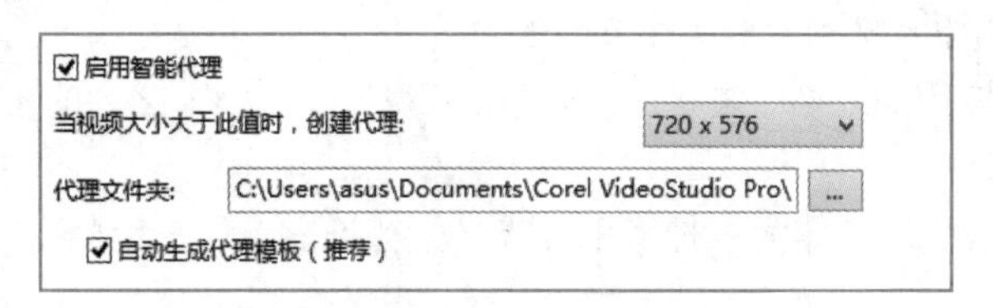

图7-6 “启用智能代理”设置

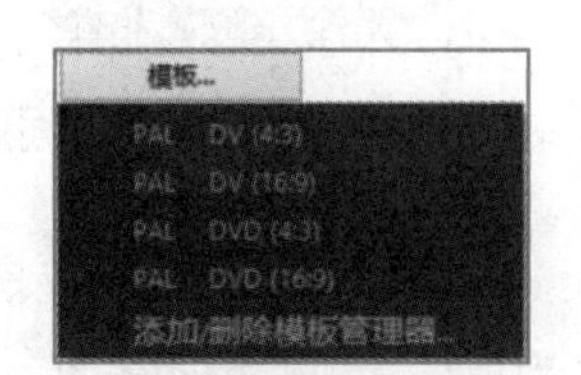

图7-7 “视频代理选项”设置

5. 设置界面布局属性

在“界面布局”选项卡中可以更改会声会影操作界面的布局，如图 7-8 所示。

6. 设置项目属性

项目属性主要用于设置项目在屏幕上预览时的外观和质量。选择【设置→项目属性】命令，弹出“项目属性”对话框，如图 7-9 所示。如果用户插入视频后再打开“项目属性”对话框，该对话框中将显示被插入视频的相关信息。

在“项目属性”对话框中，显示了与该项目文件相关的各种信息，如主题、时间长度等。在“编辑文件格式”下拉列表中，可以选择创建影片最终使用的视频格式。单击“编辑”按钮，将弹出“项目选项”对话框，如图 7-10 所示，在该对话框中可以对所选的文件格式进行自定义压缩，并进行视频和音频设置。

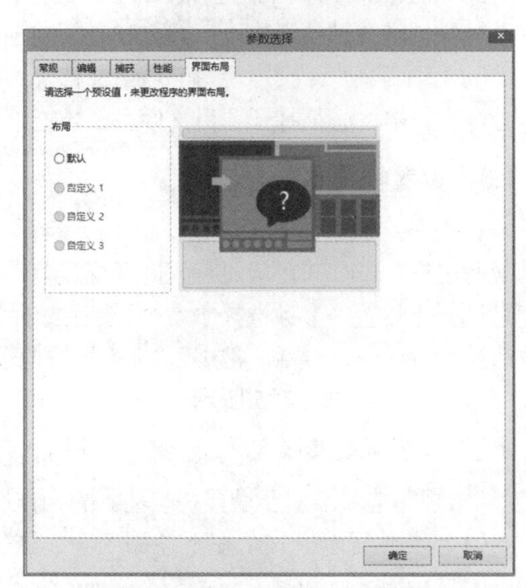

图7-8 “界面布局”相关设置

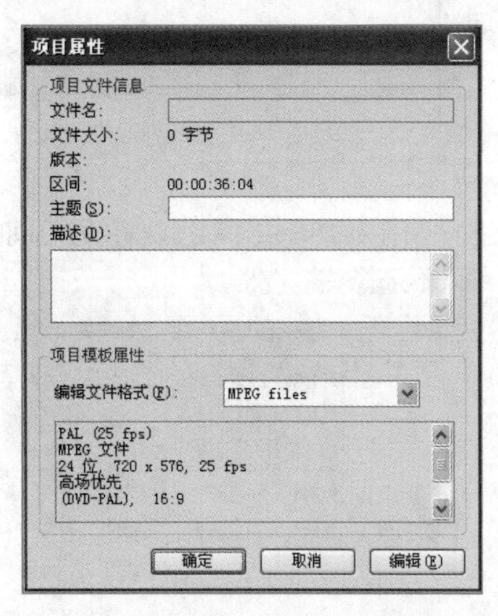

图7-9 “项目属性”对话框

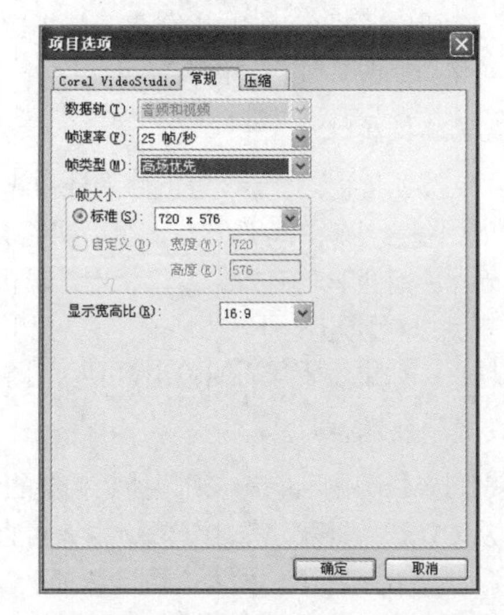

图7-10 “项目选项”对话框

7.2 案例简介

1. 案例背景

电子相册是以图片、视频为主体的视频文件，它将照片以视频的形式展示并配有背景音乐，可永久地保存，供人拾起美好回忆，也方便与家人、朋友分享。

小明国庆长假期间游历广州，期间拍摄了大量照片、视频。小明想将这些素材，制作成“美丽广州”电子音乐相册，将这些照片分享给亲朋好友，效果如图 7–11、图 7–12、图 7–13 和图 7–14。

本案例涉及的知识点包括：导入素材、剪辑与调整素材、添加与编辑文字、添加视频滤镜、添加背景音乐、添加转场效果、视频输出等。

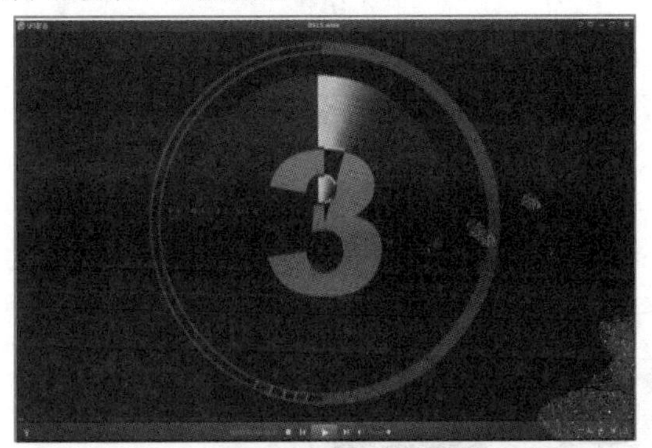

图7-11 相册头部1

图7-12 相册头部2

图7-13 相册中间

图7-14 相册尾部

2. 案例所需素材

（1）图片素材：主要为游历广州拍摄的风景照片，如“五羊 .png”“小蛮腰 .jpg”“沙面 .jpg”等，如图 7–15 所示。

（2）视频素材：包括现场游历拍摄的视频和网上下载的视频，包括“倒计时片头 .mp4”“广州风光 .wmv”“白云山观看风景 .mp4”和“长隆欢乐世界 .avi”，如图 7–16 所示。

（3）音频素材：包括“纯音乐 .mp3”和“Let It Go .mp3”，如图 7–17 所示。

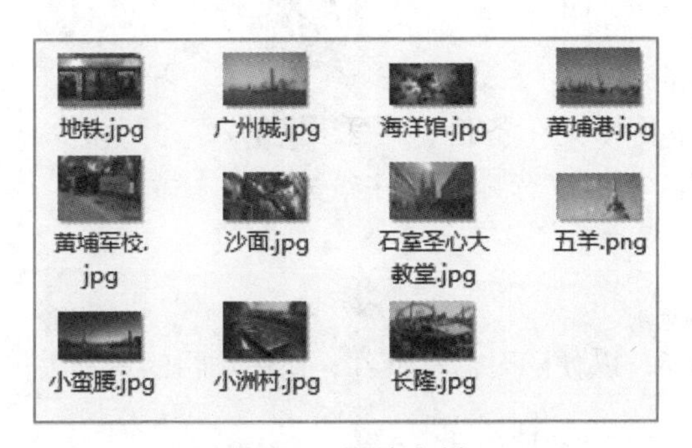

图7-15 图片素材

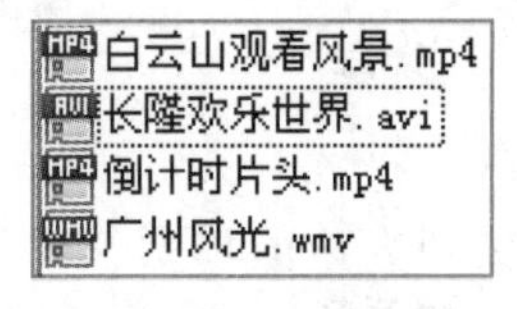

图7-16 视频素材

图7-17 音频素材

7.3 新建与保存项目

项目，就是进行视频编辑等加工工作的文件，它可以保存视频素材、图像素材、声音素材，以及字幕、特效等使用的参数信息。在会声会影中，项目在默认情况下是以 .VSP 格式保存。

1. 新建项目

在启动会声会影 X7 时，会自动打开一个新项目供用户开始制作影片，也可以根据需要新建项目。

在会声会影 X7 中新建一个项目。操作步骤如下：

（1）启动会声会影 X7。

（2）选择【文件→新建项目】命令，或者按【Ctrl+N】组合键，新建一个文件名为“未命名”的项目文件，如图 7-18 所示。

图7-18 “未命名”的项目文件

2. 保存项目

在影片剪辑过程中，保存项目非常重要。编辑影片后保存项目文件，保存视频素材、图像素材、声音素材以及各种效果。如果对保存后的影片有不满意的地方，还可以重新打开项目文件，修改其中的部分属性。

☞保存新建的项目。操作步骤如下：

（1）选择【文件→保存】命令，或者按【Ctrl+S】组合键，弹出“另存为”对话框，如图 7-19 所示。

（2）在“另存为”对话框中，设置“文件名”为“美丽广州”，“保存位置”为“E:\ 电子相册”，“保存类型”为“Corel VideoStudioX7 项目文件（*. VSP）”，“主题”为“2015.08.20”，“描述”为“关于游览广州的记录”。

（3）单击“保存”按钮。

3. 另存为项目

将当前剪辑完成的项目文件进行保存后，若需要将文件备份，可采用“另存为”命令，另存项目文件。另存为项目的操作方法与保存项目的操作方法相似，选择【文件→另存为】命令后，执行相应的设置即可。

4. 自动保存项目

会声会影 X7 中可以启用项目文件的自动保存功能，以便随时保存文件，避免项目的意外丢失。操作步骤如下：

（1）选择【设置→参数选择】命令，弹出“参数选择”对话框。

（2）选择“常规”选项，选中“自动保存间隔”复选框，并设置间隔时间，如图 7-20 所示。然后单击“确定”按钮。

图7-19　“另存为”对话框

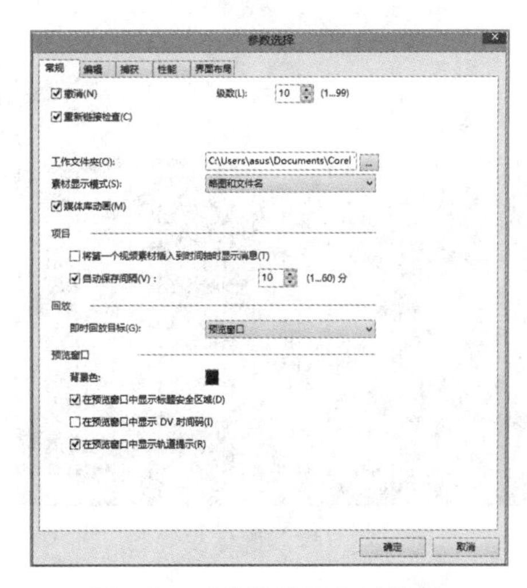

图7-20　“参数选择”对话框

5. 使用智能包保存项目

如果要备份或传送文件，以便在其他计算机上分享和编辑，可使用智能包保存项目。智能包功能中还包含 WinZip 文件压缩技术，将项目打包为压缩文件。操作步骤如下：

图7-21　“Corel VideoStudio”对话框

（1）选择【文件→智能包】命令，在弹出的“Corel Video Studio”对话框中，单击“是”按钮，如图 7-21 所示。

（2）在弹出的“智能包”对话框中设置打包的文件类型、文件夹路径、项目文件夹名、项目文件名等，如图 7-22 所示。

（3）单击“确定”按钮，将弹出提示框，提示已成功打包，在项目文件的存储路径位置将添加一个文件夹或压缩包。

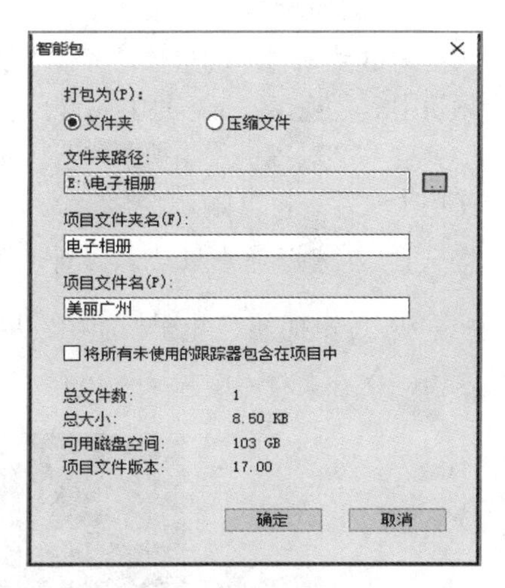

图7-22　“智能包”对话框

7.4　导入与添加素材

在使用会声会影对各种素材进行编辑之前，首先要获取素材并将其导入到软件中。在会声会影 X7 中，可以在“编辑”步骤面板中添加各种类型的素材，也可以从摄像机、光盘等移动设备中获取各种素材。

导入到素材库的素材，需要将其添加到时间轴中才能进行各种编辑，包括添加素材、移动素材、复制素材和删除素材等。在使用会声会影编辑影片时，时间轴是将不同素材组织并串联起来的主要工具，用户只要将各种类型的素材添加到时间轴，素材就成为整个项目的一部分。

7.4.1　导入素材

会声会影提供了多种导入素材的方法，可以通过素材库导入素材、选择【文件→将媒体文件插入到素材库】命令等方法。本节主要介绍通过素材库导入素材的操作方法。

☞在“美丽广州”电子相册中，通过素材库导入项目需要的图片、音乐、视频素材。操作步骤如下：

（1）单击素材库左上方的“媒体”按钮，然后单击“导入媒体文件”按钮，如图 7-23 所示。

（2）在打开的“浏览媒体文件”对话框中，选择需要的各种类型素材。

（3）单击“打开”按钮，将素材导入到素材库中，如图 7-24 所示。

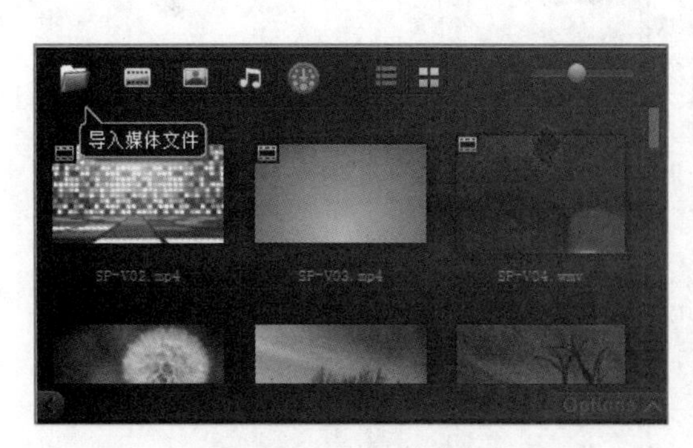

图7-23 导入媒体文件

图7-24 素材库

7.4.2 添加素材

导入到素材库的素材，需要添加到时间轴中才能进行编辑，不同类型的媒体素材放在对应的轨道，如视频轨中放置视频、音乐轨中放置音乐、标题轨中放置标题文字等。

会声会影提供了 3 种添加素材到时间轨的方式：从素材库中拖动素材到时间轨；从快捷菜单中添加素材；使用【文件→将媒体文件插入到时间轴】命令添加素材。

1. 从素材库中拖动素材到时间轴

☞在“美丽广州”电子相册中，从素材库中将素材拖动到时间轴。操作步骤如下：

（1）在素材库中选择图片素材，如“五羊 .png”，如图 7-25 所示。

图7-25 选取素材

（2）按住鼠标左键并拖动到视频轨上，释放鼠标后，素材即可添加到视频轨，如图 7-26 所示。

2. 从快捷菜单中添加素材

使用快捷菜单从素材库中添加素材至时间轴时，系统会自动识别素材插入的轨道。

☞在“美丽广州”电子相册中，使用快捷菜单从素材库中，将视频“倒计时片头 .mp4”添加至时间轴。操作步骤如下：

（1）在素材库中选择视频“倒计时片头 .mp4”，右击，在弹出的快捷菜单中，选择【插入到→视频轨】命令，如图 7-27 所示。

（2）在时间轴中，视频“倒计时片头 .mp4”已添加至视频轨上，如图 7-28 所示。

图7-26　拖动素材至视频轨

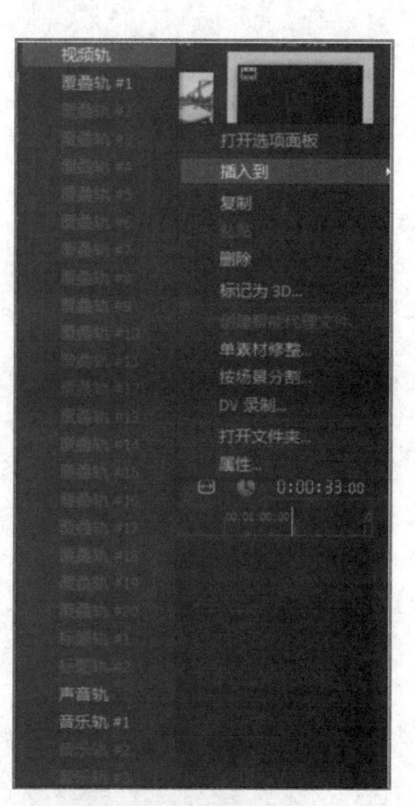

图7-27　使用快捷菜单

图7-28　添加素材至视频轨

3. 从“文件”命令中插入素材

从“文件”命令中将媒体文件插入时间轴，可以将媒体文件直接导入到时间轴，而不进入素材库。操作步骤如下：

（1）选择【文件→将媒体文件插入到时间轴→插入照片】命令，如图 7-29 所示。

（2）在打开的“浏览媒体文件”对话框中，选择需要的素材，如图片素材“小蛮腰.jpg”。

（3）单击“打开”按钮，即可将选中的素材导入到时间轴中。

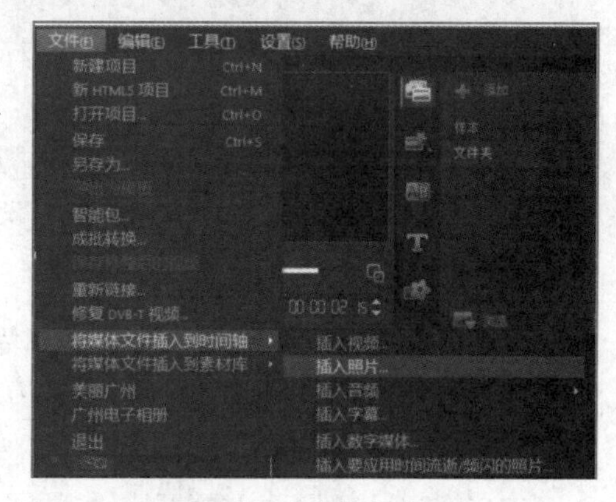

图7-29　“文件”命令

练　习

使用任意一种方法，将“美丽广州”电子相册所需的图片、视频素材添加至时间轴。

将素材添加到时间轴后，可以对素材进行移动、复制和删除等各种编辑，在时间轴中选择素材，右击，在弹出的快捷菜单中选择相应的命令即可。

7.5　剪辑与调整素材

在会声会影中制作影片常常需要大量的视频素材作为支持，很多时候，需要从视频中截取一段使用，这种操作称为剪辑。本节介绍了多种剪辑的方法，在使用时可根据视频素材的特点及操作方便性进行选择。

7.5.1　剪辑素材

7.5.1.1　去除头、尾部多余视频

会声会影提供了多种方式对素材进行剪辑，最常见的视频剪辑方式为去除头尾部分多余的片段。本节介绍使用时间轴面板、使用区间和标记视频片段来剪辑视频。

1. 使用时间轴面板剪辑视频

使用时间轴面板剪辑视频是最直观和快捷的方式，适用于对素材进行粗略修整或者修整易于识别的场景。

☞ 将视频素材“倒计时片头 .mp4”的倒计时间 5 s 剪辑成 3 s。操作步骤如下：

（1）在时间轴面板中选择视频“倒计时片头 .mp4”，视频两端以黄色标记表示，如图 7-30 所示。

（2）将鼠标移至视频的头部，按住鼠标左键向右拖动，在预览窗口中可查看当前标记对应的视频内容，拖到“3”时释放鼠标，即删除开始部分不需要的片段，如图 7-31 所示。

图7-30　选择视频

图7-31　删除头部多余片段

（3）将鼠标移至视频的尾部，按住鼠标左键向左拖动，可删除结尾部分不需要的片段。

提　示

按【F6】键或者选择【设置→参数选择】命令，在弹出的“参数选择”对话框中，在“常规”选项卡中设置“素材显示模式”为“仅略图”，设置完成后能够在时间轴上精确地查看素材各帧的画面效果。

2. 使用区间剪辑视频

使用区间剪辑视频素材可以精确控制片段的播放时间，但只能从视频的尾部剪辑，如果对整个影片的播放时间有严格的限制，可使用区间修整的方式来剪辑各个视频素材片段。

☞ 使用区间修整的方式，将图片“五羊 .png”的播放时间长度调整为 6 秒 10 帧。操作步骤如下：

（1）在时间轴面板中选择图片“五羊 .png”，右击，在弹出的快捷菜单中选择“打开选项面板”命令，在“照片”选项中，显示了图片的播放时间长度为 03 秒 00 帧。

（2）在“视频区间”文本框中，输入“0:00:06:10”，如图 7-32 所示。

（3）按【Enter】键完成剪辑，图片的播放时间长度调整为 6 秒 10 帧。

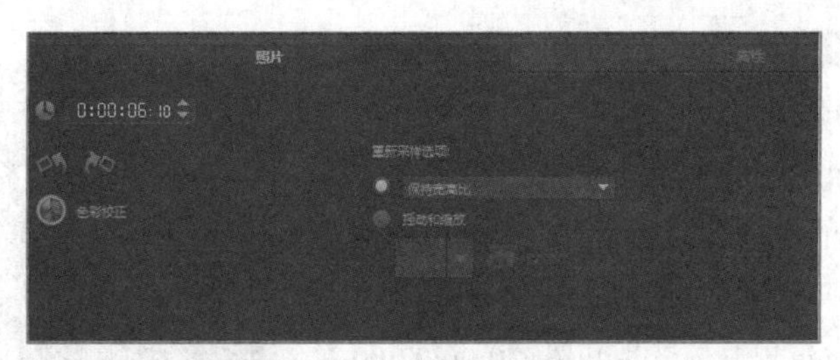

图7-32　设置视频区间

提　示

视频和音频素材，不能增大“视频区间”文本框中的数值；对于图像素材，“视频区间”文本框中的数值可增大或减小。

3. 通过标记剪辑视频

通过标记剪辑视频是一种直观又精确的方式，使用这种方式可使视频剪辑精确到帧，对视频的起始点、结束点进行精确标记或者删除不需要的片段。

☞通过标记剪辑视频素材“广州风光 .wmv”，将头部和尾部的片段去除。操作步骤如下：

（1）在时间轴面板中选择视频“广州风光 .wmv”，预览窗口中会显示视频内容及播放时间，如图 7-33 所示。

（2）单击“播放”按钮▶，开始播放视频，播放到需要剪辑的起始位置时单击“暂停”按钮⏸，再通过“上一帧”按钮◀和“下一帧”按钮▶，将起始时间精确定位为“0:00:51:16”，如图 7-34 所示。

图7-33　预览素材

图7-34　确定视频起始点

（3）单击“开始标记”按钮[或者按【F3】键，将当前位置设置为起始点，如图 7-35 所示。

（4）利用上述方法，将结束时间定位在“0:01:32:20”，单击“结束标记”按钮]或者按【F4】键，将当前位置设置为结束点，如图 7-36 所示，此时选定的区间就是剪辑后的视频片段。

图7-35　标记起始点

图7-36　标记结束点

（5）单击“播放”按钮▶，预览标记视频片段后的效果。

图7-37 确定分割点

7.5.1.2 去除中间冗余视频

如果视频素材中间某些部分效果较差，或者有一些不需要的内容，可以删除中间冗余的视频片段。使用“分割”按钮，将冗余的视频分割成一个单独的视频片段，再将其删除即可。

☞ 在视频“长隆欢乐世界.avi”中，将时间段“0:00:02:00—0:00:22:18”中的冗余视频片段删除。操作步骤如下：

（1）在时间轴上选择视频“长隆欢乐世界.avi”，在预览窗口中播放视频，并精确定位在要分割的时间点“0:00:02:00”，如图7-37所示。

（2）单击“分割”按钮，在当前位置将视频分割为两段，在时间轴中显示分割后的片段效果，如图7-38所示。

图7-38 分割视频

（3）选择后一段视频，再次定位分割的时间点“0:00:22:18”，单击“分割”按钮，后一段视频被分割为两段。

（4）在时间轴中显示，中间的冗余视频被分割成一个单独的视频片段，如图7-39所示。

图7-39 分割中间冗余视频

（5）选择中间的冗余视频，按【Delete】键将其删除，单击“播放”按钮▶预览效果，如图7-40所示。

提 示

使用“分割”按钮时，若不想其他轨道同一时间的素材被剪辑掉，可在分割素材之前，单击轨道前的禁用按钮，如“禁用视频轨”按钮，将不需进行剪辑的轨道禁用。

图7-40 预览效果

7.5.2　调整素材

在会声会影中，调整素材与剪辑素材对视频处理的侧重点有所区别。剪辑素材主要是对素材的播放长度、内容进行调整。调整素材是在整个素材序列中改变素材播放顺序或速度、调整素材音量等。

1. 调整播放顺序

将素材添加到时间轴时，素材会按添加的先后顺序进行排列。如果顺序不合适，可以进行适当的调整。在时间轴中，用户可以在同一轨道或不同轨道之间移动素材的位置。

将视频“倒计时片头.mp4”调整到视频轨的最前面。操作步骤如下：

（1）在时间轴上选择视频“倒计时片头.mp4”，如图7-41所示。

图7-41　选择视频

（2）按住鼠标并拖动到视频轨的最前面，释放鼠标即可达到效果，如图7-42所示。

图7-42　调整位置

练　习

将视频轨上的素材顺序调整为：倒计时片头.mp4、五羊.png、广州风光.wmv、小蛮腰.jpg、地铁.jpg、沙面.jpg、石室圣心大教堂.jpg、黄埔港.jpg、小洲村.jpg、、海洋馆.jpg、白云山观看风景.mp4、长隆欢乐世界.avi、广州城.jpg。声音轨上的素材顺序调整为.纯音乐.mp3、Let It Go.mp3。

2. 调整播放速度

调整播放速度是指快速播放或慢速播放素材，用来实现快动作或者慢动作，为影片营造更动感的效果。

将视频“白云山观看风景.mp4”播放速度加快到150%。操作步骤如下：

（1）在时间轴上选择视频“白云山观看风景.mp4”，如图7-43所示。

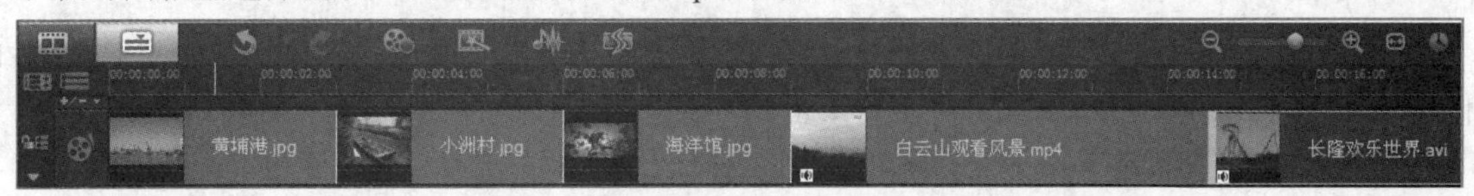

图7-43　选取素材

（2）右击，在弹出的快捷菜单中选择“打开选项面板”命令，在打开的面板中单击“速度/时间流逝”按钮。

（3）在弹出的“速度/时间流逝”对话框中，设置“速度”为“150%”，如图7-44所示。

（4）单击“预览”按钮查看调整后的效果，再单击“确定”按钮，即可将效果应用到视频中。

（5）如果设置“速度”为小于“100%”，可使视频播放速度变慢。

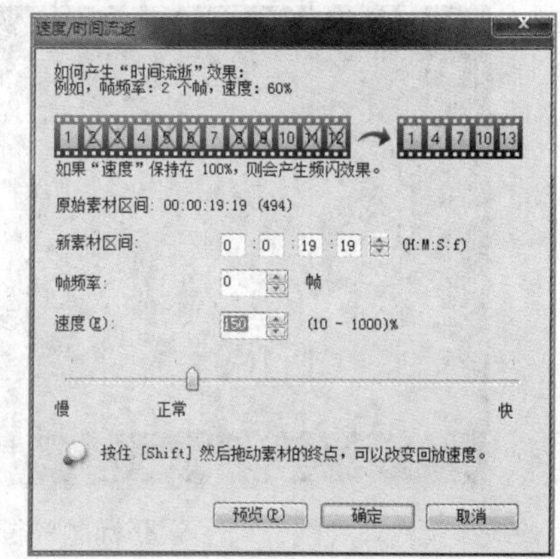

图7-44　“速度/时间流逝”对话框

7.6 添加文字

在影片中适当添加字幕，不仅可以起到解释说明影片内容的作用，有时还可以作为一种图文结合的方式来装饰画面。会声会影提供了使用素材库和字幕编辑器两种添加文字的方法。

7.6.1 使用素材库添加文字

☞在“美丽广州”电子相册中，使用素材库给图片素材添加文字。操作步骤如下：

（1）单击素材库中的“标题”按钮，打开标题素材库。

（2）单击标题 Lorem ipsum，并拖动到图片“五羊 .png”对应的“标题轨”，如图 7-45 所示。

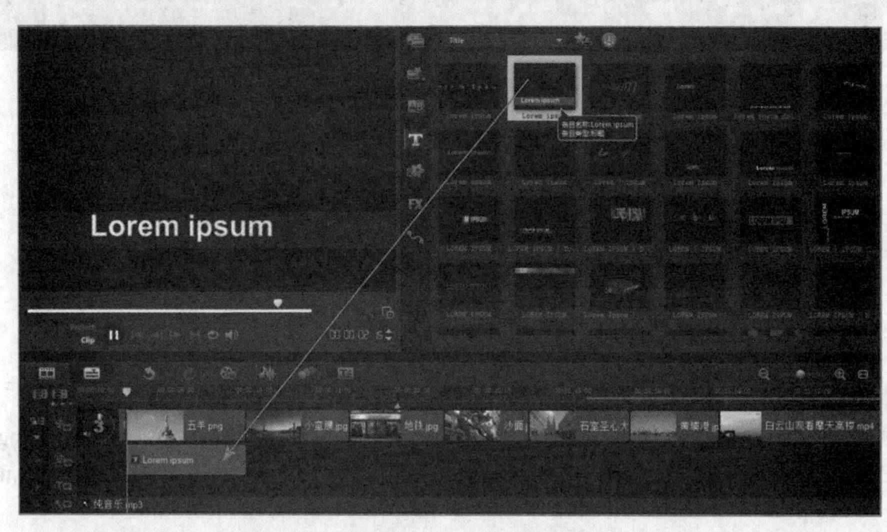

图7-45 添加标题

（3）双击标题轨中的 Lorem ipsum，使其在预览窗口中处于可编辑状态。当鼠标变成形状时，拖动标题编辑框，调整标题在图片中的位置，如图 7-46 所示。

（4）将标题 Lorem ipsum 文本框中的文字删除，输入文字“美丽广州魅力羊城”，并适当调整文本框的位置，如图 7-47 所示。

（5）右击标题轨上的“美丽广州,魅力羊城”,从弹出的快捷菜单中选择“打开选项面板”,在“编辑”选项中，设置“停留时间”为“0:00:05:05”，“字体”为 Arial，“字号”为 65，“加粗”显示，如图 7-48 所示。

（6）在标题素材库将 LOREM IPSUM DOLOR SIT AMET 拖到标题轨 2，放在标题“美丽广州 魅力羊城”位置的下面，如图 7-49 所示。

图7-46 调整标题的位置

图7-47 输入标题

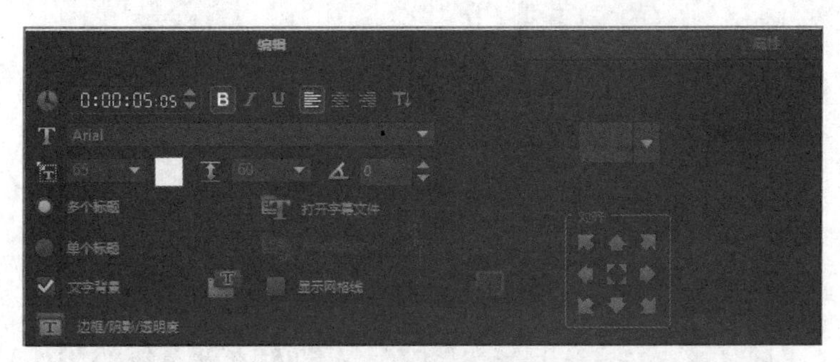

图7-48　设置标题格式

图7-49　添加标题

（7）双击标题轨 2 中的 LOREM IPSUM DOLOR SIT AMET，调整其在图片中的位置，效果如图 7-50 所示。

（8）将 LOREM IPSUM 文本框中的文字删除，输入文字“电子相册”“2015.08.20”，并适当调整位置。

（9）在选项面板的“编辑”选项中，设置文字“电子相册”的“停留时间”为“0:00:03:13”,“字体”为“楷体”,“字号”为“50”,“加粗”显示。设置文字“2015.08.20”的“停留时间”为“0:00:03:13”，“字体”为“楷体”，“字号”为“30”，“加粗”显示，如图 7-51 所示。最后的文字效果如图 7-52 所示。

图7-50　继续添加标题

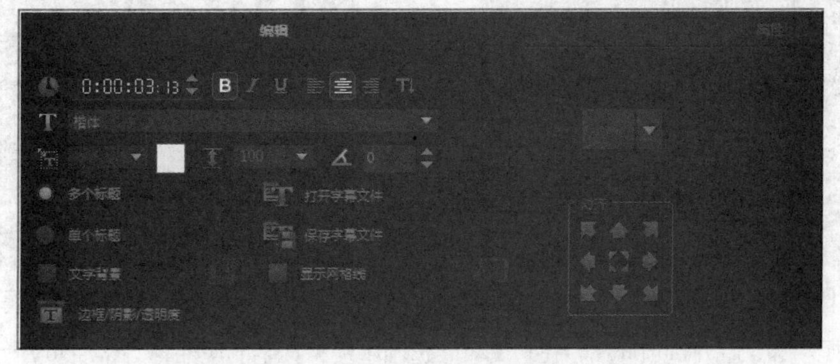

图7-51　设置标题格式

图7-52 最终效果

☞ 在“美丽广州”电子相册中，添加片尾滚动字幕。操作步骤如下：

（1）单击素材库上的标题按钮，打开标题素材库。单击具有滚动效果的标题样式 Lorem ipsum dolor sit amet，并将其拖到时间轴的末尾，如图 7-53 所示。

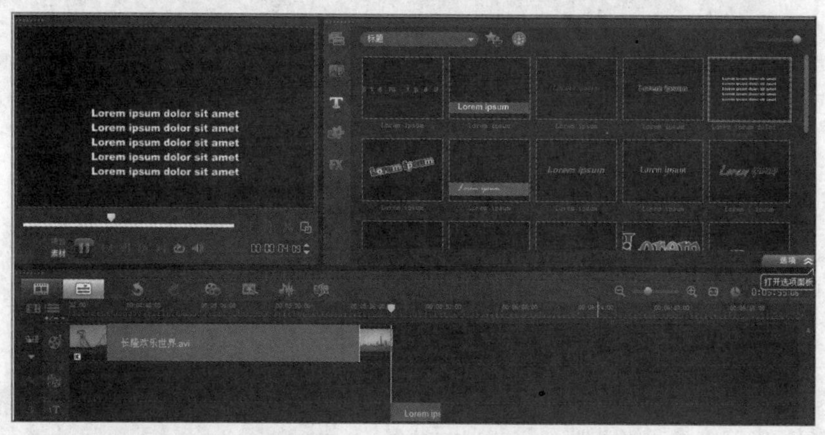

图7-53 添加片尾滚动字幕

（2）双击标题轨上的 Lorem ipsum dolor sit amet，当鼠标变成手形状时，拖动标题编辑框，调整片尾字幕在预览窗中的显示位置，如图 7-54 所示。

（3）将标题 Lorem ipsum dolor sit amet 文本框中的文字 Lorem ipsum dolor sit amet 删除，输入文字“导演：小明广州欢迎你谢谢观赏”，如图 7-55 所示。

图7-54 调整位置

图7-55 输入文字

（4）双击片尾字幕，打开选项面板，在“编辑”选项中编辑文字的属性，如图 7-56 所示。

（5）单击预览窗口中的“播放”按钮，观看到片尾字幕自下而上慢慢滚动，效果如图 7-57 所示。

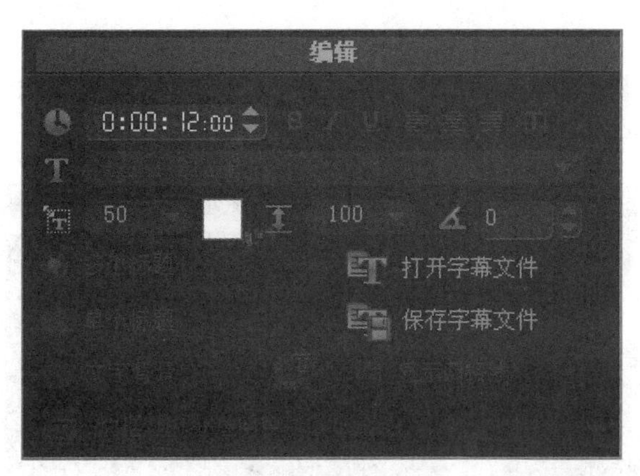

图7-56 设置文字格式

图7-57 滚动字幕效果

提 示

如果需要将标题保存成预设项目，可右击时间轴中的标题，在弹出的快捷菜单中选择“添加到收藏夹”命令，将标题保存为预设项目后，可以重复使用该标题。

练 习

给“美丽广州”电子相册中其他图片素材添加文字。采用素材库标题 LOREM IPSUM DOLOR SIT AMET，给风景照的图片都输入相应的说明文字，如“小蛮腰.jpg”输入文字“小蛮腰”、“沙面.jpg”输入文字“沙面”等，统一设置“字体”为 Arial，“字号”为“54”，“加粗”显示，“方向”为“垂直”。“广州城.jpg”输入文字“广州再见”，设置“字体”为 Arial，“字号”为 54，“加粗并倾斜”显示。

7.6.2 使用字幕编辑器添加文字

字幕编辑器是会声会影 X7 新增的功能，可以将文字添加在各种素材。手动新增字幕时，使用时间码可以使字母与素材精准相符；也可以使用声音侦测自动添加字幕，以便在更短的时间内获得准确的结果。

使用字幕编辑器添加文字，操作步骤如下：

（1）在时间轴中选择视频“白云山观看摩天楼.mp4”，单击时间轴上方的“字幕编辑器”按钮，打开 Subtitle Editor（字幕编辑器）窗口，如图 7-58 所示。

（2）在 Subtitle Editor 窗口中，播放视频至要添加文字的位置。单击“开始标记”时间按钮和“结束标记”时间按钮，标记字幕的时间长度。

图7-58 字幕编辑器窗口

（3）单击 Add a new subtitle 按钮，在弹出的文本框中输入文字“白云山”，如图 7-59 所示。

（4）单击 Subtitle Editor 对话框中的 Text options 按钮，在弹出的“文本选项”对话框中，设置“字体”为 Arial，“字号”为 60，“对齐方向”为“居中”，如图 7-60 所示。

图7-59 添加文字

图7-60 “文本选项”对话框

（5）单击“确定”按钮完成设置。

7.7 添加转场效果

转场是指影片片段与片段之间的切换，转场为场景切换提供了创意的方式，实现场景之间的平滑过渡。时间轴上每个素材之间有一些细小的空隙，可以在这些空隙中添加素材间的转场效果。会声会影的转场素材库中提供了 16 种类型的转场效果，如图 7-61 所示。添加转场效果有手动添加和系统自动添加两种方式。

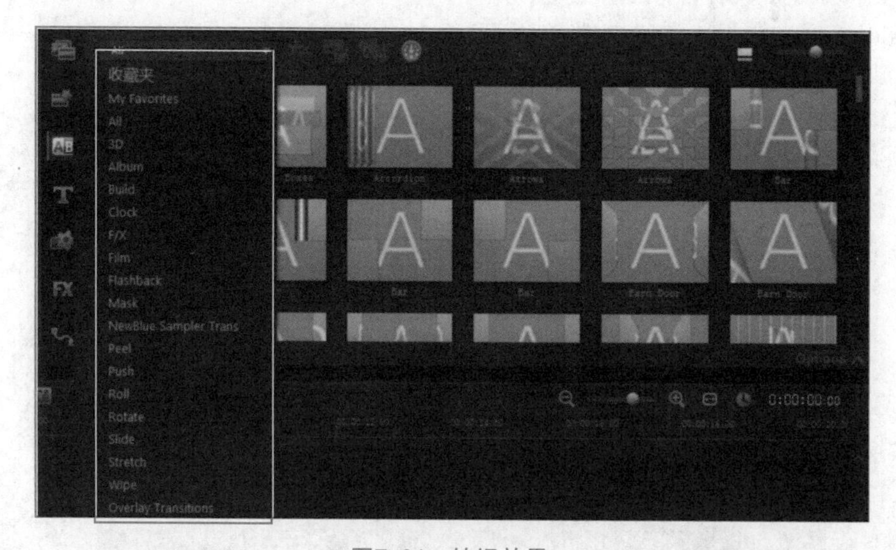

图7-61 转场效果

7.7.1　手动添加转场效果

☞在“美丽广州”电子相册中，给素材手动添加转场，操作步骤如下：

（1）单击素材库中的“转场”按钮AB，素材库会显示所有的转场效果缩略图，如图7-62所示。

图7-62　转场效果缩略图

（2）在缩略图中选择Blinds，拖动到时间轴“小蛮腰.png”与“地铁.jpg”之间，释放鼠标，转场效果成功添加到时间轴中。

（3）单击预览窗口上的“播放”按钮▶，预览转场效果，如图7-63所示。

图7-63　预览转场效果

练　习

给不同场景的素材之间添加转场效果，如在“沙面.jpg”与“地铁.jpg”之间添加“Bar”转场、在“白云山观看风景.mp4”与“长隆欢乐世界.avi”之间添加“Flying Cube”转场，其他场景之间的转场自定效果。

提　示

双击素材库中的转场效果，可以插入到第一个没有转场的位置，重复操作可以插入到下一个无转场的位置。

7.7.2　系统自动添加转场效果

系统自动添加转场效果，操作步骤如下：

（1）按【F6】键或者选择【设置→参数选择】命令。

（2）在弹出的“参数选择”对话框中，打开“编辑”选项卡，在“转场效果”选项组下选中“自动添加转效果”复选框，并在列表中选择要自动添加的转场效果“随机”（见图 7-64）。然后单击“确定”按钮。

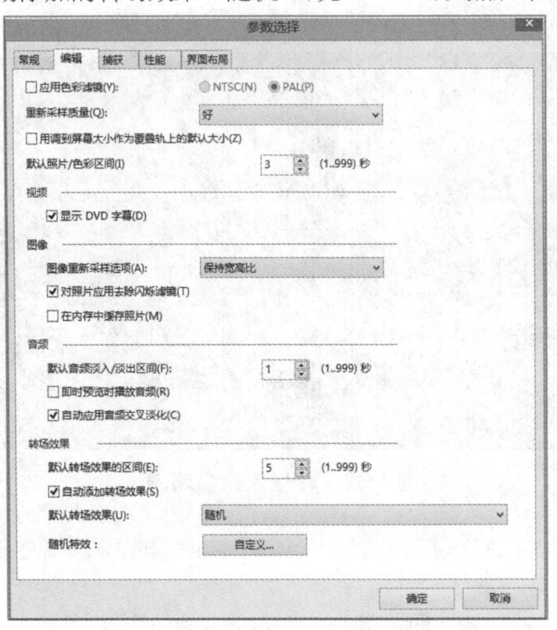

图7-64 “参数选择”对话框

（3）添加图片“黄埔港.jpg”到时间轴，如图 7-65 所示。

（4）添加图片“黄埔军校.jpg”到“黄埔港.jpg”后面，两个图像之间会自动地添加转场效果，如图 7-66 所示。

（5）单击预览窗口中的“播放”按钮▶，预览添加的转场效果。

在会声会影中，无论使用何种方法添加转场，都无法一次往时间轴中添加多个转场效果。实际上，在会声会影 X7 的素材库中，除了转场和滤镜之外，其他素材均可一次性选中多个并添加到时间轴中。

图7-65 添加素材

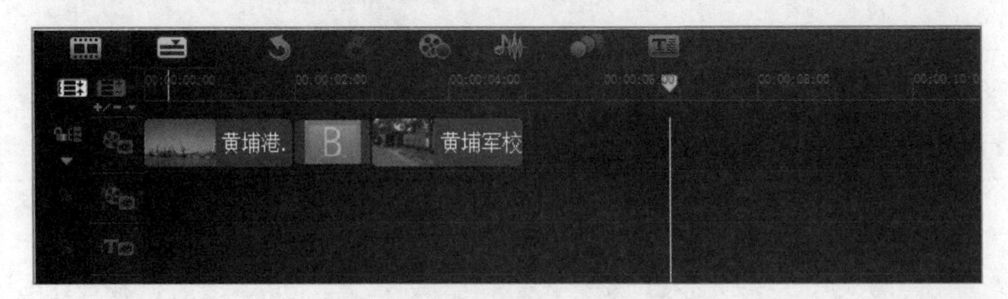

图7-66 继续添加素材

提 示

若要将选取的转场效果添加至所有素材，单击“对视频轨应用当前效果”按钮即可；或右击转场效果，在弹出的快捷菜单中选择“对视频轨应用当前效果”命令。

7.7.3　保存和删除转场效果

一些较好的转场效果，可以保存在收藏夹，以便下次直接使用，操作步骤如下：

（1）在转场素材库中，选中转场效果，如图 7–67 所示。

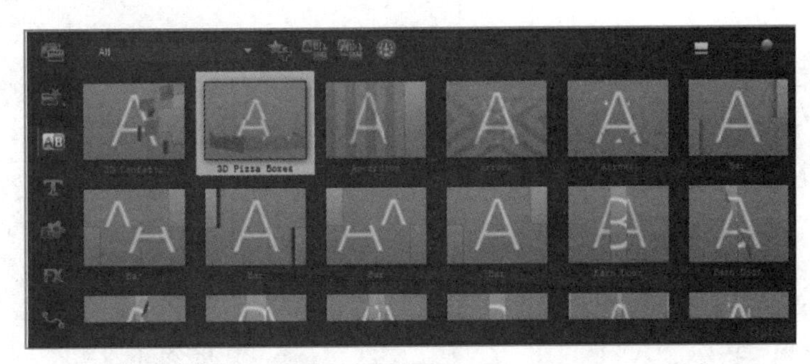

图7–67　选取转场效果

（2）单击“收藏夹”按钮，即可完成转场效果的保存，将其添加到收藏夹素材库中。

如果插入时间轴中的转场效果不再需要，即可将其删除。常用的删除转场效果的方法有以下 3 种：

• 在时间轴中选中需要删除的转场效果，按【Delete】键。

• 在时间轴中选中需要删除的转场效果，右击，在弹出的快捷菜单中选择“删除”命令。

• 选择添加转场效果的其中一个素材，按住鼠标左键拖动，分开具有转场效果的两个素材。

7.8　编 辑 音 频

声音是影片中不可或缺的重要元素，如果没有背景音乐，制作的作品就没有灵动活气。下面介绍在电子相册中添加、编辑音频的常用方法。

1. 添加背景音乐

☞ 在电子相册“美丽广州”中添加背景音乐，操作步骤如下：

（1）在素材库中，选择音频“纯音乐 .mp3”，并拖动到音乐轨。

（2）调整音频“纯音乐 .mp3”在声音轨的位置，使其头部与图片“五羊 .png”的头部对齐，如图 7–68 所示。

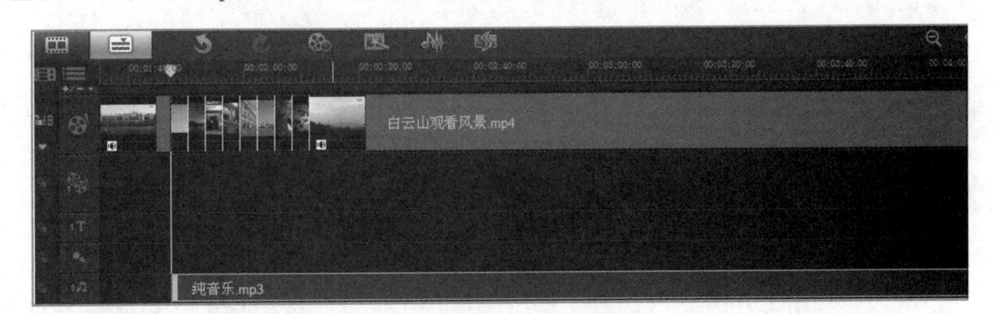

图7–68　添加音频至时间轴

（3）选择音频“纯音乐 .mp3”，向左拖动右侧的黄色标记到视频“白云山观看风景 .mp4”的尾部，释放鼠标，去除尾部不需要的音频，如图 7–69 所示。

（4）在预览窗口中单击“播放”按钮，在预览过程中，调整视频与音乐的融合效果。

2. 分割视频素材中的音频

☞ 会声会影可以将视频中的音频分割到声音轨，操作步骤如下：

（1）选择视频“白云山观看风景 .mp4”，右击，在弹出的快捷菜单中选择“分割音频”，如图 7–70 所示。

图7-69 剪辑音频

图7-70 选择"分割音频"命令

（2）在声音轨中自动添加分割出的声音"白云山观看风景"，如图 7-71 所示。

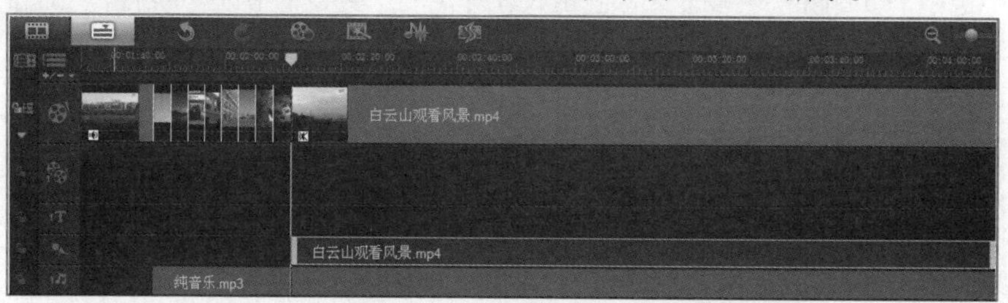

图7-71 分割视频中的音频

练 习

将音频 Let It Go .mp3 添加到时间轴，调整其在声音轨的位置，删除该音频的前 58 s，调整其头部与视频"长隆欢乐世界 .avi"的头部对齐，将视频"长隆欢乐世界 .avi"的音频分割并删除。

3. 调整音频素材的音量

在会声会影中，调整音频音量常用的方法是通过"音乐和声音"面板中的"音量"选项和音量调节线来完成调节。

使用"音乐和声音"面板调节音量，操作步骤如下：

（1）在时间轴中选择音频素材。

（2）双击素材即可打开"音乐和声音"面板，如图 7-72 所示。从该面板中可以看到当前音乐的音量为 100。

（3）在"音量"文本框中输入具体的数值，或者单击后面的小三角形按钮调节音量，如图 7-73 所示。此外，也可以单击按钮，在激活的音量控件中拖动滑块快速调节音量。

图7-72 "音乐和声音"面板

图7-73 调节音量

（4）单击"淡入"按钮和"淡出"按钮，可让音乐的进入、退出更加自然。

> **提　示**
>
> “淡入”按钮，使素材起始部分的音量从 0 开始逐渐增加到最大。“淡出”按钮，使素材结束部分的音量从最大开始逐渐减少到 0。

“音乐和声音”面板中的“音量”选项，控制音频的整体音量，使用音量调节线可以对音频音量进行局部控制。音量调节线是声音轨中央的水平线条，仅在音频视图中可以看到，用户可以在这条线上添加关键帧，上下拖动关键帧的位置，即可调整相应位置的音量。

使用音量调节线调节音量，操作步骤如下：

（1）在时间轴中选择音频素材。

（2）单击时间轴上的“混音器”按钮，声音轨中央增加水平线条，如图 7–74 所示。

（3）在 4 秒处，单击鼠标添加控制点，并向上拖动增加音量，如图 7–75 所示。

图7–74　混音器

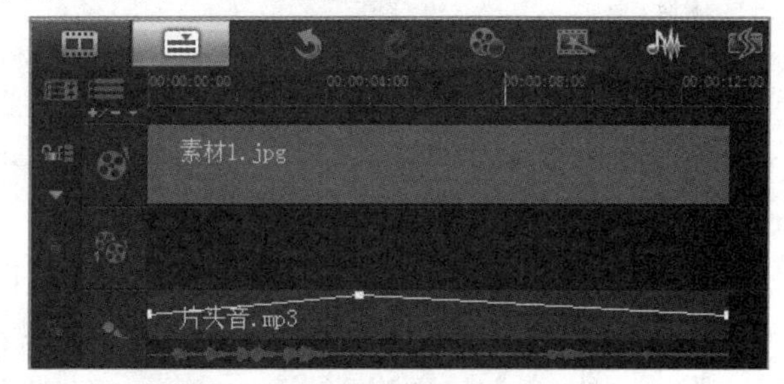

图7–75　增加音量

（4）在预览窗口中单击“播放”按钮，预览效果。

4. 设置音频素材的回放速度

音频回放速度就是设置音频播放的快慢，操作步骤如下：

（1）在时间轴中选择音频素材。

（2）双击素材，打开“音乐和声音”面板。

（3）单击“速度 / 时间流逝”按钮，在弹出的“速度 / 时间流逝”对话框中，设置“速度”为 80%，如图 7–76 所示。

（4）单击“预览”按钮可以试听设置的效果。

（5）单击“确定”按钮确认设置，时间轴如图 7–77 所示，速度变慢，音频素材播放的时间相应变长。

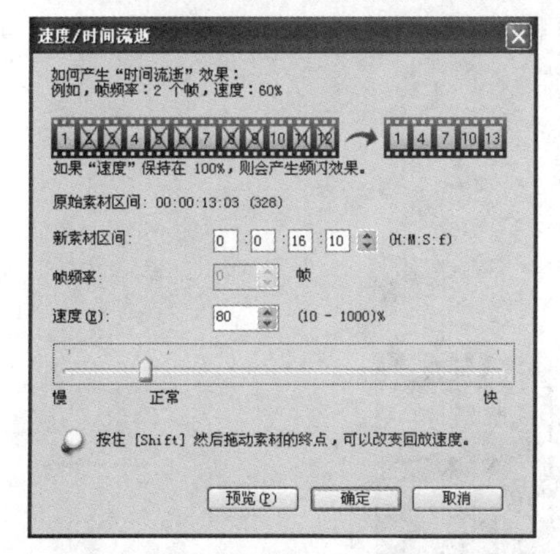

图7–76“速度/时间流逝”对话框

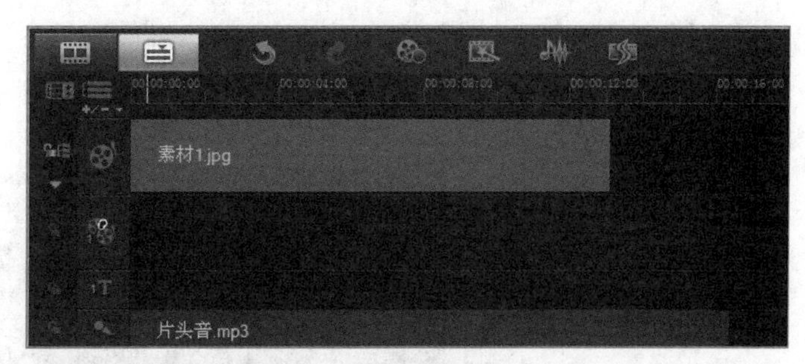

图7–77　时间轴效果

5. 制作背景音乐特效

在会声会影中，除了对各种照片和视频等素材进行编辑，对音频素材应用不同的音频滤镜，可以制作出

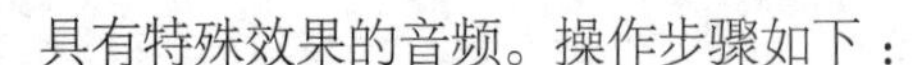

具有特殊效果的音频。操作步骤如下：

（1）在时间轴中选择音频素材。

（2）双击素材，打开“音乐和声音”面板。

（3）单击“音频滤镜”按钮，在弹出的“音频滤镜”对话框中，选择合适的滤镜效果应用到素材中，如图 7-78 所示。

（4）单击“选项”按钮，在弹出的对话框中，可以自定义滤镜的值，如图 7-79 所示。

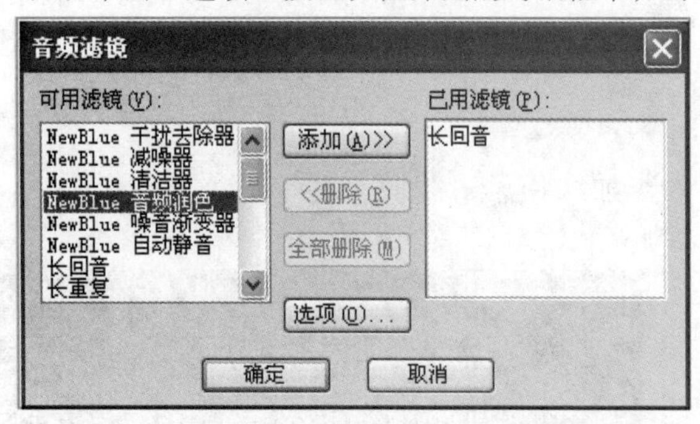

图7-78 “音频滤镜”对话框

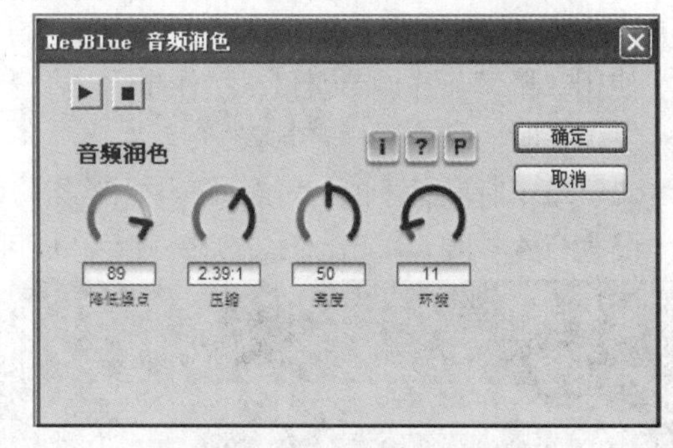

图7-79 自定义滤镜

常用的音频滤镜：

- 音频润色：对音频素材进行润色，使音频音色得到改善。
- 回音：为音频素材添加回声效果，使音乐变得余音袅袅、回味无穷。
- 音量偏移：使音频的音调产生偏移，使其升高或降低，从而影响音乐的音色。
- 混响：声音遇到障碍会反弹，所以这个世界充满混响。为音频添加混响效果，使音乐听起来更温润、响亮。

7.9 添加滤镜

视频滤镜是可以应用到素材的特殊效果，用来改变素材的样式或外观。在会声会影中，视频滤镜起到的作用主要是处理由于拍摄不佳或人为、自然条件的影响造成的有瑕疵的影片，也可以为影片添加一些特殊效果，使影片的内容更充实、不单调、更具吸引力。

会声会影提供了 13 类近百种的滤镜效果，这些滤镜可以模拟各种艺术效果并对素材进行美化，为素材添加光照或气泡等特殊效果，从而制作出精美的视频作品。在会声会影 X7 中，用户可以方便地对视频或者图像素材添加一个或多个滤镜效果，还可以对滤镜进行替换和删除操作。

7.9.1 添加滤镜

☞ 在“美丽广州”电子相册中添加滤镜。操作步骤如下：

（1）单击素材库中的“滤镜”按钮，切换到视频滤镜素材库，显示会声会影的各种视频滤镜特效，如图 7-80 所示。

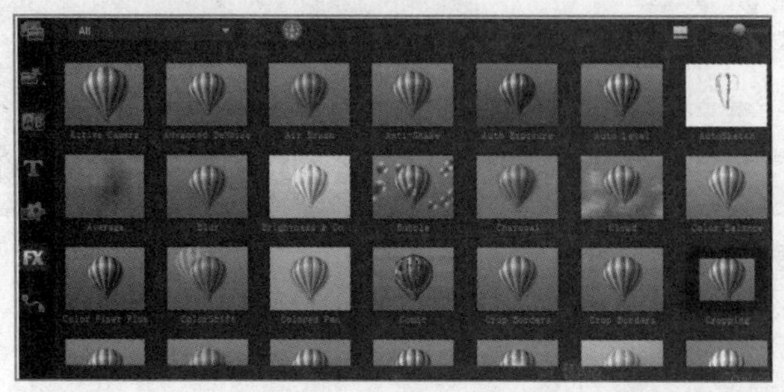

图7-80 视频滤镜列表

（2）选择 Cloud 滤镜，拖动到视频轨中图像“五羊 .png”的上方，如图 7–81 所示。

图7–81　添加滤镜

（3）释放鼠标后，即可为图像素材添加滤镜效果。在预览窗口中单击“播放”按钮▶预览效果，如图 7–82 所示。

（4）使用相同的方法为图像素材添加“气泡”滤镜效果。单击“素材库”面板中的“选项”按钮，可以查看已经添加的滤镜效果，如图 7–83 所示。

图7–82　预览滤镜效果

图7–83　查看添加的滤镜

（5）为素材添加多个视频滤镜后，在“选项”面板中将显示所有添加的视频滤镜，选择需要删除的滤镜，单击“删除滤镜”按钮✕，即可将其删除。

提　示

会声会影最多可以向单个素材添加 5 个滤镜。如果一个素材应用了多个视频滤镜，单击“上移滤镜”按钮▲或“下移滤镜”按钮▲，可以改变滤镜的应用顺序。

7.9.2　自定义滤镜

在会声会影中，虽然每一种滤镜都提供了预设效果，但是这些效果毕竟有限，难以满足每个人的需求。在预设效果右边有一个“自定义滤镜”按钮，单击该按钮可以弹出滤镜的属性对话框，在对话框中可以调整出更加多变的滤镜效果。

自定义滤镜是通过在素材中添加关键帧，来指定不同的属性或行为方式，可以灵活地决定滤镜在素材任何位置上的外观。

自定义滤镜的操作步骤如下：

（1）在时间轴中选择图像“五羊.png”，并添加滤镜效果 Cloud。

（2）单击“素材库”面板中的“选项”按钮，在“选项”面板中单击“自定义滤镜”按钮。

（3）打开“云彩”对话框，在该对话框中设置滤镜的各项参数，如图 7-84 所示。

图7-84 “云彩”对话框1

（4）在“关键帧控件”面板中拖动滑块到需要添加关键帧的位置，单击按钮，此时在时间轴上出现红色菱形标记，为一个关键帧，如图 7-85 所示。

图7-85 “云彩”对话框2

（5）在“基本”选项卡中，设置效果控制、颗粒属性等参数，如图 7-86 所示。

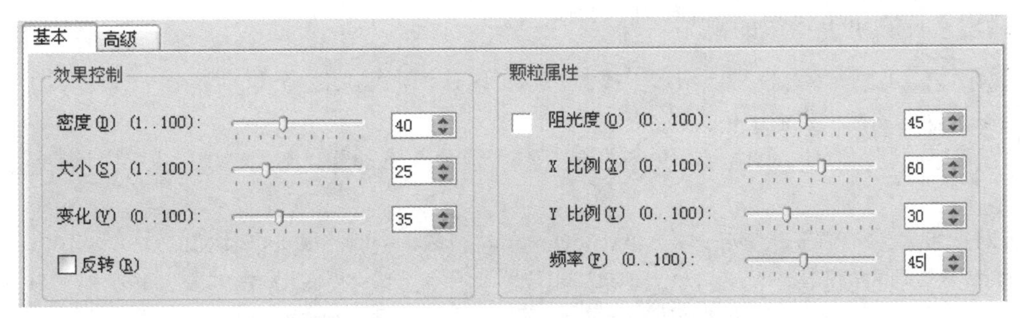

图7-86 “云彩”颗粒属性对话框

（6）在“高级”选项卡中，设置速度、移动方向等参数，如图 7-87 所示。

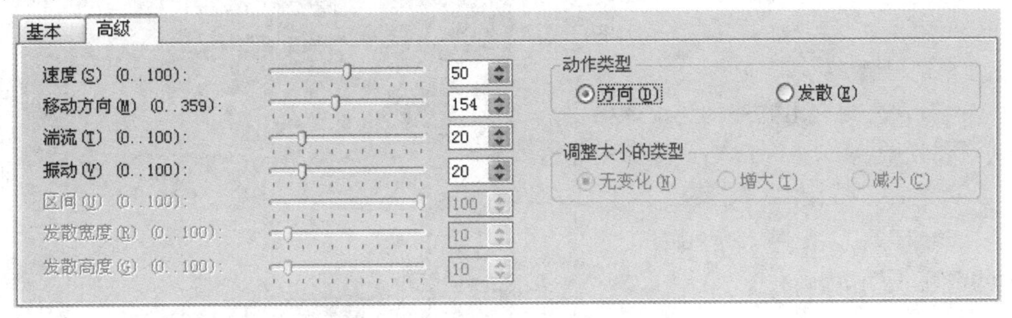

图7-87 “云彩”高级属性设置

（7）单击“启用设备”按钮，再单击“播放”按钮，预览效果。

7.10　渲染输出视频

通常在会声会影中制作完成一个项目后，保存的格式是 .VSP。这种格式的影片只能在会声会影中打开，观看很不方便。渲染输出后的影片可以在任何视频播放器中直接打开，非常方便、快捷。

打开“共享”面板（见图 7-88），窗口左上方为视频预览窗口，左下方为输出驱动器的相关空间显示，窗口右边为共享设置窗口。会声会影 X7 提供了 5 种共享类别，包括“创建能在计算机上播放的视频”“创建能够保存到可移动设备或摄像机的文件”“保存视频并在线共享”“将项目保存到光盘”“创建 3D 视频”等。

本节主要介绍“创建能在计算机上播放的视频”，“创建能够保存到可移动设备或摄像机的文件”，以及“单独输出影片音频”的方法。

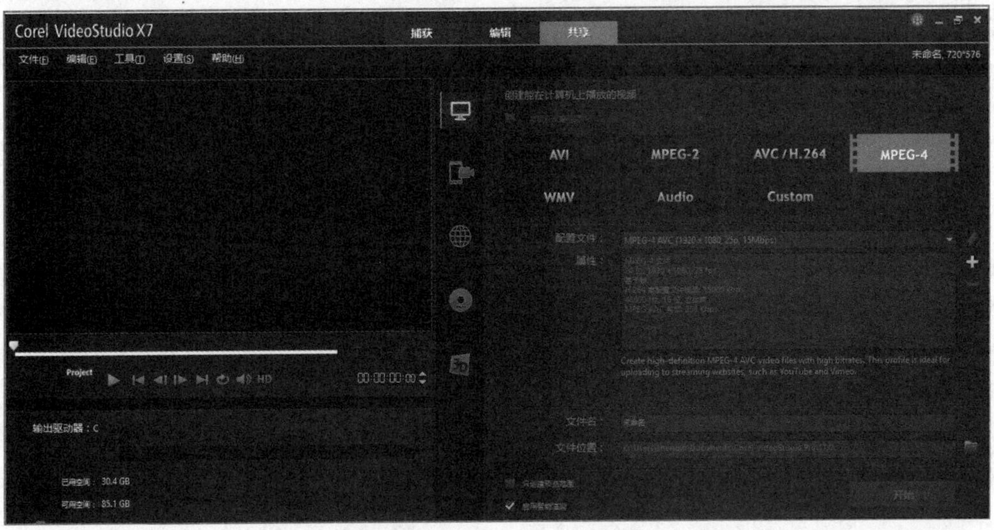

图7-88 “共享”面板

7.10.1 输出在计算机上播放的视频

输出能在计算机上播放的视频，用户可将影片项目保存为视频文件格式，以方便在计算机上播放。会声会影 X7 提供了以下几种视频输出格式。

- AVI：该格式调用方便、图像质量好，压缩标准可任意选择，是应用最广泛，也是应用时间最长的格式之一。
- MPEG：包括了MPEG-1、MPEG-2和MPEG-4在内的多种视频格式。其中MPEG-1和MPEG-2是采用相同原理为基础的预测编码、变换编码等第一代数据压缩编码技术。MPEG-4是基于第二代压缩编码技术指定的国际标准，它以视听媒体对象为基本单元，以实现数字视音频、图形合成应用及交互式多媒体的集成。
- AVC/H.264：由ITU-T视频编码专家组和动态图像专家组联合组成的视频组提出的高度压缩数字视频编解码器标准。
- WMV：微软公司推出的一种流媒体格式，在同等视频质量下，WMV格式的体积非常小，因此适合在网上播放和传输。

☞ 将项目“美丽广州”电子相册，创建能在计算机上播放的视频。操作步骤如下：

（1）在“共享”步骤面板，单击“计算机”按钮，打开“创建能在计算机上播放的视频”窗口。

（2）设置“视频输出格式”为 MPEG-4，“文件名”为“美丽广州 电子相册”，“文件位置”为“E:\ 电子相册”并选中“启用智能渲染”复选框，如图 7-89 所示。

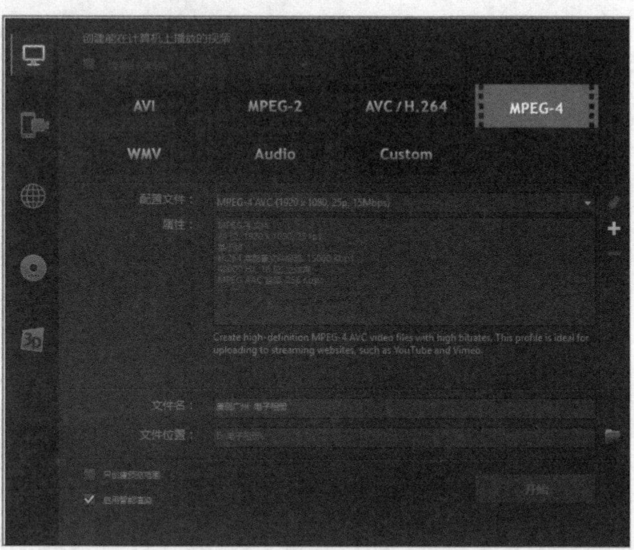

图7-89 输出项设置

（3）单击“开始”按钮，开始渲染视频，如图 7-90 所示。若在渲染过程中想中止视频渲染，可按键盘上的【Esc】键。

图7-90 视频渲染

（4）渲染完成后，在文件保存的位置打开视频，欣赏电子相册效果。

7.10.2 输出到可移动设备的文件

会声会影可以将影片项目保存到可移动设备上播放的文件格式。会声会影 X7 内置了多种配置文件，可以优化影片以便在特定设备上播放。主要包括以下移动设备：

- DV：将项目转换为DV兼容视频文件，便于写回 DV 摄录放影机。需要将摄录放影机开机并连接到计算机，然后将其设为播放/编辑模式。
- HDV：将项目转换为HDV 兼容视频文件，以便可以写回HDV摄录放影机。
- Mobile Device：创建兼容于大部分平板计算机和智能手机的高画质MPEG-4、AVC文件，包括iPad、iPhone和Android 设备等。
- Game Console：创建与PSP设备兼容的 MPEG-4 AVC 视频文件。

创建能够保存到可移动设备或摄像机的文件。操作步骤如下：

（1）在“共享”步骤面板，单击“设备”按钮，打开“创建能够保存到可移动设备或摄像机的文件”窗口，如图 7-91 所示。

（2）选择其中一种移动设备，如 DV，并在下方选择“配置文件”，并查看其属性。

（3）设置“文件名”和“文件位置”，如图 7-92 所示。

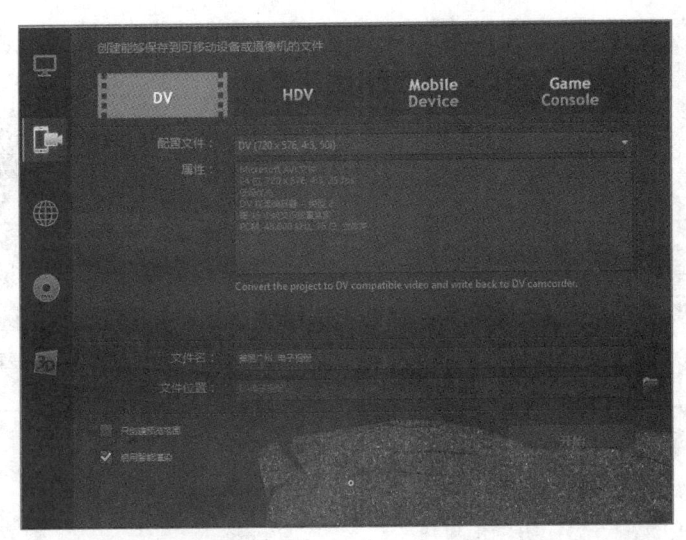

图7-91　“创建能够保存到可移动设备或摄像机的文件”窗口

（4）单击“开始”按钮，开始视频输出。

7.10.3　输出影片音频

如果用户只需要输出影片中的声音部分，而不需要将整个影片输出。在会声会影中可以将影片中的声音部分单独输出，以便于使用其他音频软件进行再加工。会声会影 X7 提供了 4 种音频保存格式，其中 WAV 格式的声音质量最好，但是文件比较大。

☞ 将项目“美丽广州”电子相册中的音频部分单独输出。操作步骤如下：

（1）在“共享”步骤面板，单击“计算机”按钮，打开“创建能在计算机上播放的视频”窗口。

（2）设置“视频输出”为“Audio（音频）”，“属性格式”为“WAV 音频”，“文件名”为“美丽广州”，“文件位置”为“E:\ 电子相册”，并选中“启用智能渲染”复选框，如图 7-92 所示。

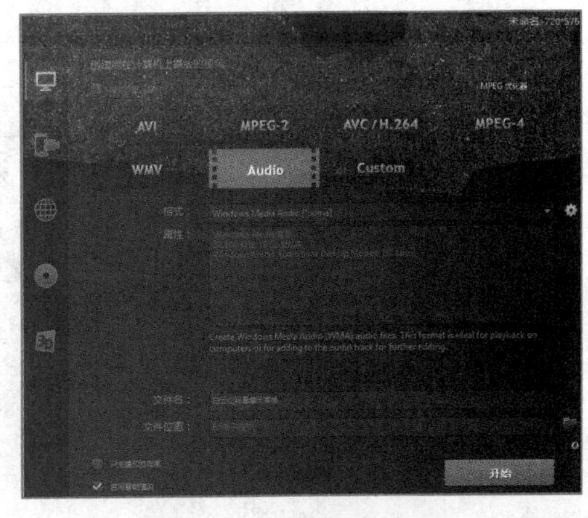

图7-92　音频输出设置

（3）单击“开始”按钮，开始渲染视频，如图 7-93 所示。

图7-93　音频渲染

（4）渲染完成后，在文件保存的位置生成音频文件“美丽广州 .WAV”。

课 后 练 习

操作题

按照要求，使用会声会影制作“四季之歌”视频，展现春夏秋冬的壮美英姿，效果如图 7-94 ～图 7-99 所示。

（1）新建一个项目，保存文件，文件名为“四季之歌”，保存路径设置为“E:\”，保存类型为“Corel VideoStudioX7 项目文件（*.VSP）”，主题为“2015.11.16”，描述为“春夏秋冬的美景”。

（2）将视频素材“春 .mp4”“夏 .mp4”“秋 .mp4”“冬 .mp4”和“蝴蝶飞舞 .mov”及音频素材“轻音乐——天籁之音 .mp3”导入素材库。

（3）将视频素材“春 .mp4”头部，时间点“0:01:15:22”前的冗余视频片段删除。

（4）将视频素材“夏 .mp4”的中间冗余部分，时间段“00:07:40:00—00:08:38:12”的冗余视频片段删除。

图7-94　片头

图7-95　春

图7-96　夏

图7-97　秋

图7-98　冬

图7-99　片尾

（5）调整视频轨的素材顺序依次调整为“蝴蝶飞舞 .mov”“春 .mp4”“夏 .mp4”“秋 .mp4”“冬 .mp4”。

（6）将视频素材“冬 .mp4”的播放速度变快到 120%。

（7）调整视频素材“春 .mp4”音量为 120，并添加淡入、淡出效果。

（8）在视频“蝴蝶飞舞 .mov”中添加标题，应用样式 Lorem ipsum，输入文字“四季之歌”，并设置文字格式及动画效果。

（9）在片尾添加字幕“制作：小明；2015.09.01”，应用样式 Lorem ipsum dolor sit amet，并设置合适的字体格式，字幕滚动速度。

（10）在视频“蝴蝶飞舞 .mov”与“春 .mp4”之间添加转场效果，使用样式 MaskC，在选项面板中设置转场的时间长度、色彩等。

（11）将音频“轻音乐——天籁之音 .mp3”添加至音乐轨，使其头部与视频素材“蝴蝶飞舞 .mp4”的头部对齐，并对音频进行剪辑，将其尾部，时间点“0:01:40:21”后的多余音频片段删除。

（12）添加视频滤镜：“春 .mp4”添加 Lensflare 滤镜，“夏 .mp4”添加 Rain 滤镜，“秋 .mp4”添加 Light 滤镜，“冬 .mp4”添加 Bubble 滤镜，并设置合适的滤镜参数。

（13）在“四季之歌”视频中，创建能在计算机上播放的视频，视频输出格式为：MPEG-4，文件名为“四季之歌”，文件位置为“E:\ 电子相册”。